2014年版

超超临界火电机组技术问答丛书

热工控制系统技术问答

柴　彤　主编
孙奎明　张　华　主审

中国电力出版社
CHINA ELECTRIC POWER PRESS

内 容 提 要

本书是《超超临界火电机组技术问答丛书》之一。本书可作为《超超临界火电机组丛书·热工自动化》的配套教材使用。

本书共分六章，介绍了超超临界机组控制系统的硬件组成、超超临界机组的控制与保护、现场总线技术在火电厂中的应用、超超临界机组外围辅助车间控制、超超临界机组仪表及执行机构等内容。

本书可供从事超超临界火电机组热工控制工作的技术人员培训使用，也可供电厂其他技术、管理人员和高等院校相关专业师生参考。

图书在版编目（CIP）数据

热工控制系统技术问答/柴彤主编．—北京：中国电力出版社，2008.6（2020.5重印）

（超超临界火电机组技术问答丛书）

ISBN 978-7-5083-7375-1

Ⅰ．热… Ⅱ．柴… Ⅲ．火电厂-热力工程-自动控制系统-问答 Ⅳ．TM 621.4-44

中国版本图书馆CIP数据核字（2008）第086921号

中国电力出版社出版、发行

（北京市东城区北京站西街19号 100005 http://www.cepp.sgcc.com.cn）

三河市百盛印装有限公司印刷

各地新华书店经售

*

2008年6月第一版 2020年5月北京第三次印刷

850毫米×1168毫米 32开本 17.625印张 462千字

印数 4501—6000册 定价 **55.00**元

编　委　会

前　言

超超临界发电技术是在超临界发电技术基础上发展起来的一种成熟、先进、高效的发电技术，可以大幅度提高机组的热效率，在国际上已经是商业化的成熟发电技术。近十几年来，世界上许多发达国家都在积极开发和应用超超临界参数发电机组。超超临界发电技术是我国电力工业升级换代，缩小与发达国家技术与装备差距的新一代技术，因此随着超超临界火电机组的国产化，我国在今后新增的火电装机结构中必将大力发展超超临界机组。超超临界火电技术的发展，还将带动制造工业、材料工业、环保工业及其他相关产业的发展，创造新的经济增长点，是电力工业可持续发展的战略选择。

为帮助从事超超临界火力发电机组设计、制造、运行和检修工作的技术人员和管理人员尽快掌握超超临界火力发电技术，山东省电力学校组织编写了《超超临界火电机组技术问答丛书》。

《超超临界火电机组技术问答丛书》以山东邹县发电厂超超临界火电机组为例，编写内容紧密结合现场实际，知识点全面，数据充分，可作为《超超临界火电机组丛书》的配套教材使用，既可供从事超超临界火力发电机组运行、检修工作的技术人员培训使用，也可供电厂管理人员和高等院校相关专业师生参考。

《超超临界火电机组技术问答丛书》共五个分册：《超超临界火电机组技术问答丛书　锅炉运行技术问答》、《超超临界火电机组技术问答丛书　汽轮机运行技术问答》由山东省电力学校张磊主编，《超超临界火电机组技术问答丛书　电气运行技术问答》由山东省电力学校李洪战、霍永红主编，《超超临界火电机组技术问答丛书　热工控制系统技术问答》由山东省电力学校柴彤主编，《超超临界火电机组技术问答丛书　环境保护与管理技术问答》由山东省电力学校张磊、刘红蕾合编。

在《超超临界火电机组技术问答丛书》的编写过程中，华电国际、中国东方电气集团公司、西北电力设计院、山东省电建一公司、山东省电建三公司、山东省电力研究院、山东省电力咨询院提供了大量的技术资料和帮助，在此表示衷心的感谢。

由于水平所限，加之时间仓促，疏漏之处在所难免，恳请广大读者批评指正。

《超超临界火电机组技术问答丛书》编委会

2008年3月

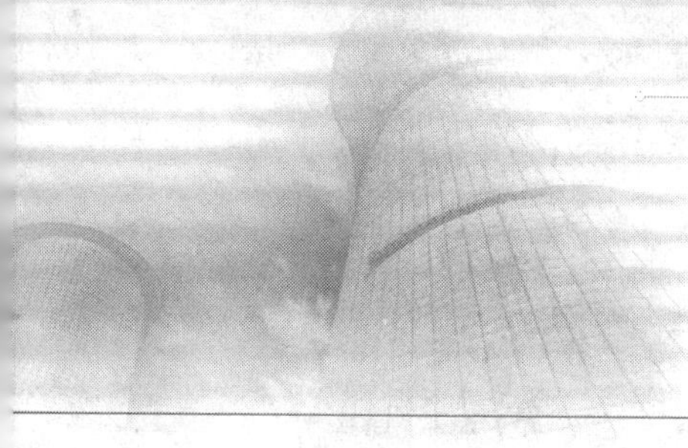

本书前言

本书由山东省电力学校编写，是《超超临界火电机组技术问答丛书》之一。主要以华电国际邹县发电厂四期 2×1000MW 超超临界火电机组热工控制系统的结构、原理、特点及功能为编写重点，突出 1000MW 超超临界火力发电机组热工控制系统的技术特点。

本书介绍了 1000MW 超超临界火电机组控制系统的设计选型原则；着重介绍了国内常见的、适用于超超临界机组的 DCS 系统，包括上海西屋控制系统有限公司的 Ovation 系统、北京 ABB 贝利控制有限公司的 Symphony 系统、西门子电站自动化有限公司的 Teleperm-XP 系统、日立（北京）公司的 HIACS-5000M 系统等；介绍了菲利浦 MMS6000 系统、本特利公司 3500 系列汽轮机监控系统；还介绍了给水泵汽轮机控制系统 MEH 采用的 WOODWARD505 控制系统，超超临界机组外围辅助车间利用 PLC 控制方式连接成的辅助车间控制网络、常用的 PLC 控制采用的施耐德公司的 Modicon 系列、ABB 公司的 CONTROL LOGICS 系列及西门子公司的产品，超超临界机组采用现场总线技术的原因以及存在的困难，超超临界机组采用的仪表及执行机构。

本书由山东省电力学校柴彤主编并统稿。全书共分六章。第一章由山东省电力学校片秀红编写，第二章、第三章由山东省电力学校柴彤编写，第四章至第六章由山东省电力学校张东风编写。本书的主审由山东省电力学校孙奎明、华电国际邹县发电厂张华担任。

由于编者水平所限，加之时间仓促，书中疏漏之处在所难免，恳请读者批评指正。

编　者

2007.10

目录

第二章 百万千瓦超超临界机组控制系统的硬件组成

第三章 百万千瓦超超临界机组的控制与保护

第四章　现场总线技术在火电厂中的应用

第五章 百万千瓦超超临界机组外围辅助车间控制

第六章　百万千瓦超超临界机组仪表及执行机构

第一章 概　论

1-1　生产过程自动化的主要内容包括哪几个方面？

生产过程自动化的主要内容包括自动检测、自动控制、顺序控制、自动保护四个方面。

（1）自动检测。利用检测仪表自动地检查和测量反映生产过程运行情况的各种物理量、化学量以及生产设备的工作状态，以监视生产过程的进行情况和趋势，称为自动检测。

锅炉、汽轮机装有大量的热工仪表，包括测量仪表、变送器、显示仪表和记录仪表等。它们随时显示、记录、计算和变送机组运行的各种参数，如温度、压力、流量、水位、转速等，以便进行必要的操作和控制，保障机组安全、经济运行。

大型机组一般采用巡回检测方式，对机组运行的各种参数和设备状态进行巡测、显示、报警、工况计算和制表打印。

（2）自动控制。利用控制装置自动地维持生产过程在规定工况下进行，称为自动控制。自动控制的目的就是为了使表征生产过程的一些物理量，如温度、压力、流量等保持为规定的数值。电力用户要求汽轮机发电设备提供足够数量的电力和保证供电质量。电力频率是供电质量的主要指标之一，为了使电的频率维持在一定的准确度范围内，就要求汽轮机具备高性能的转速自动控制系统。锅炉运行中必须使一些重要参数维持在规定范围内或按一定的规律变化，如维持汽包水位为给定值，以及保持锅炉的出力满足外界的要求。

锅炉的自动控制主要有给水自动控制、燃烧过程自动控制（包括燃料控制、送风控制、引风控制）、过热蒸汽温度和再热蒸汽温度自动控制等。大型机组的自动控制系统还应具有丰富的逻辑控制

功能，以便根据机组的工作状况，决定机组的运行方式，并能实现全程控制和滑参数控制。

汽轮机自动监控系统以监视为主，除了转速自动控制系统以外，一般还有汽封汽压、旁路系统、凝汽器真空与水位等自动控制系统。

(3) 顺序控制。根据生产工艺要求预先拟定的程序，使工艺系统中各个被控对象按时间、条件或顺序有条不紊地、有步骤地自动进行一系列的操作，称为顺序控制。

顺序控制主要用于机组启停、运行和事故处理。每项顺序控制的内容和步骤，是根据生产设备的具体情况和运行要求决定的，而顺序控制的流程则是根据操作次序和条件编制出来，并用具体装置来实现的，这种装置称为顺序控制装置。顺序控制装置必须具备必要的逻辑判断能力和连锁保护功能。在进行每一步操作后，必须判明该步操作已实现并为下一步操作创造好条件，方可自动进入下一步操作；否则中断顺序，同时进行报警。

锅炉上应用的顺序控制主要有锅炉点火，锅炉吹灰，送、引风机的启停，水处理设备的运行，制粉系统的启停等。汽轮机的顺序控制主要是汽轮机的自启动和停机。

采用顺序控制可以大大地提高机组自动化水平，简化操作步骤；避免误操作，减轻劳动强度；加快机组启停速度。随着高参数、大容量机组的大量应用，我国应用顺序控制装置的水平正逐步提高。

(4) 自动保护。当设备运行情况异常或参数超过允许值时，及时发出警报并进行必要的动作，以免发生危及设备和人身安全的事故，自动化装置的这种功能称为自动保护。

随着机组容量的增大，生产系统变得复杂起来，操作控制也日益复杂，对自动保护的要求也越来越高。锅炉的自动保护主要有灭火自动保护，汽包高低水位自动保护，超温、超压自动保护，辅机启停及其事故状态的连锁保护。汽轮机的自动保护主要有超速保护、润滑油压低保护、轴向位移保护、胀差保护、低真空保护、振动保护等。

1-2　自动控制的常用术语有哪些？ 它们的概念分别是什么？

（1）自动控制系统：自动控制系统是由起控制作用的自动控制装置和控制器控制的生产设备（被控对象）通过信号的传递、联系所构成的。简言之，被控对象和控制器通过信号的传递，相互联系组成自动控制系统。

（2）被控对象：控制的生产过程或工艺设备称为被控对象。

（3）控制量：被控对象中需要加以控制的物理量叫控制量或控制参数。不能把从对象中流入或流出的物质，如水、汽等介质当作被控对象的控制量。

（4）给定值：根据生产的要求，规定控制量应达到并保持的数值叫做控制量的给定值。

（5）输入量：输入到控制系统中并对控制参数产生影响的信号（包括给定值和扰动）叫做输入量。不可把控制设备使用的能源（如压缩空气、电源等）当作控制系统的输入量。

（6）扰动：引起控制量变化的各种因素称为扰动。来自系统内部的扰动称为内扰，来自系统外部的扰动称为外扰。阶跃变化的扰动叫做阶跃扰动。

（7）反馈：把输出量的全部或部分信号送到输入端称为反馈。反馈信号与输入信号极性相同时称为正反馈，极性相反时称为负反馈。

（8）开环与闭环：输出量和输入量之间存在反馈回路的系统叫作闭环系统，反之，叫作开环系统。

（9）控制器：用于控制系统的控制装置称为控制器。

（10）执行机构：接受控制器输出信号对被控对象施加作用的机构叫做执行机构，执行机构有机械的、电动的、液动的、气动的等几种类型。

1-3　自动控制系统的组成是什么？

现场自动控制系统大多采用反馈控制系统，即根据控制量偏离给定值的情况，通过自动控制装置按照一定的控制规律运算后输出控制指令，指挥控制机构动作，改变控制量，最后抵消扰动的影响，使控制量恢复到给定值。简单来讲，自动控制系统由以下几个单元构成。

（1）测量变送器：其作用是测量控制量，并把测得的信号转换成易于传送和运算的信号。

（2）给定器：输入是控制量的目标值，产生与控制量信号同类型的定值信号。

（3）控制器：输入是控制量与给定值，将两值比较并得到偏差值，经过一定的控制规律进行运算，输出信号给执行器。

（4）执行器：根据控制器送来的指令去推动控制机构，改变控制量。

1-4 自动控制系统有几种分类方式？是如何分类的？

（1）按控制系统组成的内部结构来分，可分为开环控制系统、闭环控制系统和复合控制系统。

开环控制系统是指控制器与被控对象之间只有正向作用，而无反馈现象，控制器只是根据直接或间接地反映扰动输入的信号来进行控制的，这种控制方式也称为"前馈控制"。从理论上讲，只要按扰动设定的控制量合适，就能及时抵消扰动的影响，而使控制量不变。但由于没有控制量的反馈，因此控制过程结束后，不能保证控制量等于给定值。在生产过程的自动控制中，前馈控制是不能单独使用的，但用扰动补偿的方法来控制控制量的变化是十分有效的、可取的。

闭环控制系统是指控制器和被调对象之间既有正向作用，又有反向联系的系统。由于系统是由控制量的反馈构成闭环回路的，故称为闭环控制系统。又由于它是按反馈原理工作的，故又称为反馈控制系统。闭环控制系统的控制目的是要尽可能地减少控制量与规定值之间的偏差，因此，它是根据被调量与其规定值的偏差，通过不断反馈、控制，最终消除误差。闭环控制系统是自动控制中最基本的控制系统，但对于迟延较大的对象，控制过程中会出现数值较大、持续时间较长的控制量偏差。

在反馈控制的基础上，加入对主要扰动的前馈控制，构成复合控制系统，也称前馈—反馈控制系统。所谓复合控制实质上是在闭环系统的基础上用开环通道提供一个时间上超前的输入作用，以提高系统的控制精度和动态性能。

（2）按给定值变化的规律来分，可分为定值控制系统、程序控制系统和随动控制系统。

定值控制系统的规定值在运行中恒定不变，从而使控制量保持（或接近于）恒定。例如，锅炉的汽压、汽温、水位等控制系统都是定值控制系统。

程序控制系统的规定值是时间的已知函数。控制系统用来保证控制量按预先确定的随时间变化的数值来改变。例如，火电厂锅炉、汽轮机的自启停都是程序控制系统。

随动控制系统的规定值是时间的未知函数，只是按事先不能确定的一些随机因素来改变的。例如，在滑压运行的锅炉负荷控制回路中，主蒸汽压力的规定值是随外界负荷而变化的，其变化的规律是时间的未知函数。此控制回路的任务是使主蒸汽压力紧紧跟随主蒸汽压力给定值而变，从而实现机组在不同负荷下以不同的主蒸汽压力进行滑压运行。随动控制系统在大型单元机组的自动控制中应用很广。

另外，还有几种分类方法，如按控制系统闭环回路的数目分，有单回路和多回路控制系统；按系统变化特性来分，有线性和非线性控制系统。在热工生产过程的各类控制系统中，应用最广泛、最基本的是线性、闭环、恒值控制系统。

1-5 计算机控制系统硬件部分的组成是什么？

计算机控制系统是由数字计算机全部或部分取代常规的控制设备和监视仪表，对动态过程进行控制和监视的自动化系统。计算机控制系统由硬件和软件两大部分组成。

硬件是组成计算机控制系统的物质基础，一般包括被控对象、主机、外部设备、过程通道、总线、接口、操作站、通信设备及过程仪表等。

（1）被控对象。被控对象是控制的生产设备或生产过程的，是控制系统构成的必备客体。

（2）主机。主机是计算机控制系统的核心，它由中央处理器（CPU）、内存储器（RAM、ROM）、输入/输出（I/O）电路和其他支持电路等组成。主机根据过程通道送来的反映生产过程工作状态的各种实时信息，按预定的控制算法自动地对过程信息进行相应的处理、分析、判断、运算，产生所需要的控制作用，并及时通过过程通道向被控对象发送控制指令。

（3）外部设备。外部设备是指计算机系统除主机之外的其他必备的支撑设备，它按功能可分成三类：输入设备、输出设备、外存储器。

常用的输入设备有键盘、卡片输入机、纸带输入机、光电输入机等，用来输入程序、数据和操作命令。常用的输出设备有打印机、绘图机、拷贝机、记录仪，以及 CRT 显示器等，用来提供系统中的各种信息。常用的外存储器有磁带机、磁盘机、光盘机等，用来存储程序软件、历史数据，它是计算机内存储器的扩充和后备存储设备。

（4）过程通道。又称过程输入输出（process lnput output，简称 PlO）通道。它是计算机和生产过程之间信息传递和变换的桥梁和纽带。

过程输入通道有模拟量输入通道和开关量输入通道两类，分别用来输入模拟量信号（如温度、流量、压力、物位等）和开关量信号，并将这些输入的过程信息转换成计算机所能接受和识别的代码。

过程输出通道也有模拟量输出通道和开关量输出通道两类，分别用来将计算机输出的控制命令和数据转换成能控制被控对象运行的模拟量和开关量信号。

（5）系统总线与接口。系统总线是主机与系统其他设备进行信息交换的某种统一数据格式的信息通路。一般有单总线、双总线和多总线之分。

接口是外部设备、过程通道等与系统总线之间的挂接部件，用来进行数据格式或电平的转换、信息的传输或缓冲。通常接口有串行和并行之分，也有专用和标准之别。

（6）操作站。操作站是各类操作人员与计算机控制系统之间实现信息交换的设备，常被称为“人机联系设备”、“人机接口设备”。操作站一般由CRT显示装置、触摸屏、计算机通用键盘或（和）专用键盘、鼠标和轨迹球以及专用的操作显示面板等组成。用于实现对系统运行的有关操作、操作结果的显示、生产过程的状态监视等。

根据使用人员不同、职责范围不同，操作站可分为系统员操作站、工程师操作站、运行员操作站。系统员操作站用来实现系统软件编制、系统组态、控制系统的生成；工程师操作站负责控制系统的组态修改和运行调试、有关参数的设置和整定、系统运行的检查与监督等；运行员操作站负责控制系统的运行操作，保证生产过程的正常进行。操作站的设立是随系统而异的，并非所有系统都具备上述三种操作站，对于某种操作站也有可能设立多种。例如：有的计算机控制系统，工程师和运行员的工作设计在同一操作站上进行，为保证二者分别行使各自的操作职责，可通过操作站上的带锁开关决定不同的操作；有的计算机控制系统将系统员操作站和工程师操作站合二为一；也有的计算机控制系统具有多台运行员操作站。

在分散控制系统中，由于采用了面向问题的语言和功能块的系统组态方法，使得控制系统的建立与修改简单方便，这部分工作完全可由工程师完成，因此，分散控制系统一般没有单独设立系统员操作站。现阶段火力发电厂分散控制系统的运行员操作站一般是多个配置。

（7）通信设备。通信设备是实现在不同功能、不同地理位置的计算机（或有关设备）之间进行信息交换的设备。例如，计算机通信网络、网络适配器、通信媒体等。

（8）过程仪表。计算机控制系统仍然离不开必要的过程仪表。这些过程仪表主要包括测量仪表、变送器和执行器，通过他们实现计算机控制系统与生产过程的联系。

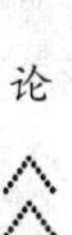

1-6 计算机控制系统软件部分的组成是什么？

硬件为计算机控制系统提供的是物质基础，是一个无知识、无思维、无智能的系统躯干。软件是计算机控制系统中所有程序的统称，是系统的灵魂，是人的知识、智慧和思维逻辑在系统中的具体体现。硬件和软件是相互依赖和并存的。计算机软件通常分为两大类：系统软件和应用软件。

（1）系统软件。系统软件一般包括汇编语言、高级算法语言、过程控制语言等语言加工程序、数据结构、数据库系统、管理计算机资源的操作系统、网络通信软件、系统诊断程序等。系统软件一般由计算机设计人员研制，由计算机厂商提供。对于计算机控制系统的设计和维护人员，要对系统软件有一定程度的了解，并会使用系统软件，以更好地编制应用软件。

（2）应用软件。应用软件是根据用户所要解决的实际问题而编制的具有一定针对性的计算机程序，这些程序决定了信息在计算机内的处理方式和算法。计算机控制系统的应用软件一般有过程输入程序，数据处理程序，过程控制程序，过程输出程序，人机接口程序，显示、报警、打印程序，以及各种公用子程序等。应用软件的开发与被控对象的动态特性以及运行方式密切相关，因此，应用软件的开发人员除掌握计算机应用技术外，还应了解被控对象的特性和运行要求，才有可能开发出合理的应用软件。

计算机控制系统软件的优劣与否，既关系到系统硬件的功能发挥，也关系到对生产过程的控制品质和管理水平，同时还影响计算机系统工作的稳定性和可靠性。例如，同样的硬件配置，采用高性能的软件，可以获得更好的控制效果，反之，硬件功能难以充分发挥，达不到预定的控制目的，甚至会造成系统“死机”等不良现象。计算机控制和管理的实时性，不仅取决于硬件指标，而且在很大程度上依赖于系统软件和应用软件。

1-7 计算机控制系统的基本类型有哪些？

目前，在生产过程自动化领域中，计算机的应用已十分广泛，其应用目的和方式是多种多样的。因此，计算机控制系统的分类方法也很多，可以按系统的功能分类，也可以按控制规律分类，还可以按系统的结构、控制方式等进行分类。

（1）按系统的功能分类。有以下几种：

1）数据采集与处理系统；

2）直接数字控制系统；

3）操作指导控制系统；

4）监督控制系统；

5）多功能分级控制系统。

（2）按系统的结构分类。有以下几种：

1）集中型计算机控制系统；

2）分散型计算机控制系统。

（3）按控制规律分类。有以下几种：

1）比例积分微分（简称 PID）控制系统；

2）程序控制和顺序控制系统；

3）复杂规律控制系统；

4）智能控制系统。

（4）按控制方式分类。有以下几种：

1）开环控制系统；

2）闭环控制系统；

3）复合控制系统。

1-8 计算机控制系统的数据采集与处理系统的简称是什么？有什么功能？

数据采集与处理系统简称 DAS（data acquisition system）。严格地说，DAS 不属于计算机控制的范畴，其输出并不直接控制生产过程，但是，任何计算机控制系统都离不开数据的采集和处理，因此，DAS 是计算机控制系统实现控制的基础和先决条件。

应用计算机对生产过程运行参数进行采集和必要的处理，是计算机在工业生产过程中应用的一种最初级、最为普遍的形式。

DAS 系统对生产过程中的各种参数进行巡回检测，并将所测参数经过程输入通道送入计算机。计算机根据预定的要求对输入信

息进行判断、处理和运算，以易于接受的形式向运行人员进行屏幕显示或打印出各种数据和图表。当发现异常工况时，系统可发出声光报警信号，运行人员可据此对设备运行情况集中监视，并根据计算机提供的信息去调整和控制生产过程。系统还具备大量参数的存储和实时分析功能，可保存有关运行的历史资料，可对生产过程趋势进行综合分析。另外，利用该系统采集到的生产过程的输入和输出数据，建立和完善生产过程的数学模型。

数据采集与处理系统对保证生产过程的安全、经济运行，简化仪表系统的设计与布置，减轻运行人员的劳动强度等有着重要的意义，其应用极为广泛。

1-9 直接数字控制系统的简称是什么？有什么功能？

直接数字控制系统简称 DDC（direct digital control）系统，该系统是由计算机或以微处理器为基础的数字控制器取代常规模拟控制器，直接对生产过程进行闭环控制的系统。在 DDC 系统中，计算机通过过程输入通道对被控对象的有关参数进行巡回检测，并将所测参数按一定的控制规律进行运算处理，其结果经系统的过程输出通道作用于被控对象，使控制参数达到生产要求的性能指标。

为了充分发挥计算机的利用率，DDC 系统中的计算机通常用来代替多台模拟控制器，控制几个或几十个控制回路。这是因为生产过程的变化速度相对于计算机的运算速度是很慢的，计算机在一个运算周期内将各回路的运算工作做完后，生产过程的控制参数还不会发生显著变化，所以各控制回路都可定时地分享计算机的各种资源。但是，计算机系统一旦发生故障，将影响所有控制回路的正常工作，会给生产带来严重后果。因此，这种系统要求计算机不仅具有良好的实时性、适应性，而且还应有很高的可靠性。为确保安全生产，可采用备用计算机或常规仪表控制系统作为冗余配置，这势必又会增加系统的复杂性和投资。

随着微处理器技术的高速发展及其性价比的大幅度提高，用一个微处理器控制一个控制回路已成为现实，这使得 DDC 系统的危险性得到了分散，系统的可靠性大大提高，促进了 DDC 系统的广泛应用。

1-10 操作指导控制系统又称为什么？有什么功能？有何优缺点？

操作指导控制系统又称计算机开环监督控制系统，该系统利用计算机实时地采集生产过程的有关数据，然后根据一定的控制规律、管理方法和数学模型，计算出各控制回路合适的或最优的设定值等，并通过CRT或打印机输出显示出来，操作人员则根据计算机提供的信息去修正各控制回路的有关参数，把生产过程控制在合适或最优状态。

操作指导控制系统还可以将一些复杂操作过程的操作条件、操作步骤、操作方法等，预先存入计算机中，计算机则根据生产工艺流程和生产状态输出相应地操作指导信息，例如，火力发电厂锅炉、汽轮机、发电机的启动或停止阶段的操作，可以采用这种方式进行操作指导。

采用操作指导控制系统，不仅可以对操作人员进行培训指导，防止操作人员误操作，而且可以较安全地进行新方案、新模型、新程序、新设备等的试验工作。其缺点是仍需要人工操作，所以操作速度受到了限制。

1-11 监督控制系统的简称是什么？有什么功能？

监督控制系统简称SCC（supervisory computer control），该系统是在DDC系统和操作指导控制系统的基础上发展起来的。

系统中的监督计算机根据反映生产过程工况的实时数据和数学模型，计算出各控制回路的最佳设定值，并对系统中的模拟控制器或数字控制器（一般为DDC）的设定值直接进行修改。显然，该系统与操作指导控制系统相比，自动化程度更高。

监督控制系统是一个闭环控制系统，它监督控制计算机。它不是直接控制生产过程，而是完成最优工况及其设定值的计算。它对生产过程的控制作用是通过改变模拟量或数字控制器的设定值来体现的。

监督控制系统实际上是一个两级控制系统，上级是以微型计算机或中、小型计算机为主体的监督控制级，下级是以模拟控制器或微处理器为主体的直接控制级。采用这种系统的主要控制目的在于实现生产过程的最优化。理论分析和实验证明，要使生产过程达到最优控制，常常要求某些过程变量的设定值在一定范围内改变，或使生产过程在给定的约束条件下从某一状态过渡到另一新状态的时间最小，这些任务都可由监督控制计算机来完成。监督控制的效果取决于控制算法的选择和数学模型的精确程度。

在有的系统中，监督计算机在执行监督控制的同时兼有直接数字控制功能，这样可进一步提高系统的可靠性，即当模拟或数字控制器所在的直接控制级发生故障时，监督计算机可以代为完成控制任务，而在监督控制级发生故障时，直接控制级仍可独立完成控制操作，只不过此时的设定值不能按优化的要求自动修改而已。

1-12　分级控制系统的简称是什么？有什么功能？

分级控制系统随着生产的发展，被控对象不断趋于复杂化、大型化，生产中的过程控制、管理和决策任务日益繁重，而且要求也越来越高，现代工业生产已不仅仅满足于生产过程自动控制的单一自动化方式。而随着科学技术的发展、时代进步的冲击、市场竞争的加剧、管理观点的更新，来自社会、技术、经济等环境的激励和保障生产体系优良运作的客观需求，迫切需要对一些大型的、复杂的生产过程的物质流、信息流、决策流进行全面有效地控制和协调。分级控制系统简称 HCS（hierarchical control system）。分级控制系统正是适应这一要求，在控制、计算机、通信、CRT 显示等技术飞速发展的基础上应运而生的多功能控制系统。

分级控制系统是一个集控制和管理为一体的工程大系统。它所要求解决的不仅是局部过程控制的优化问题，而且是全局总目标和总任务的优化问题。最优化的目标函数包括产量最高、品质最好、原料和能耗最少、成本最低、设备状况最佳、可靠性最高、环境污染最小等各项指标，它体现了技术、经济、环境等多方面的要求。分级控制系统采用纵向分级、横向分块的处理方法，体现了系统工程中“分散”与“协调”的概念，能有效地解决大型工业生产过程的控制、管理及其优化的问题。

1-13 分级控制系统由哪几级计算机系统组成？各级的功能是什么？

分级控制系统由四级计算机系统组成，各级采用不同类型、不同功能的计算机，构成具有相对独立性的子系统，承担指定的任务，各系统之间使用高速通信设备向上连接，相互沟通信息，协调一致地工作。

直接控制级是分级控制系统的最低层次，一般由DDC系统实现，也可由模拟控制器实现。它与被控生产过程直接相连（如给水泵的调速机构、送风挡板的执行机构等），可对生产过程实现数据采集、过程控制（如PID、比值、前馈、串级等控制）、设备监测、系统测试和诊断、报警及冗余切换等功能。

监督控制级除完成各生产过程的优化控制计算和最佳设定值的设定外，还负责各直接控制级工作的协调管理，以及与上位生产管理级计算机的联系。同时还可实现综合显示、操作指导、集中操作、历史数据存储、定时报表打印、控制回路组态和参数修改、故障报告和处理等功能。在火力发电厂的控制中，监督控制级往往对应着某一单元机组或某一主要生产设备

生产管理级负责全厂的生产协调，指挥和控制生产的全局，包括：制订生产计划，实现生产调度，协调生产运行；安排设备检修，组织备品备件；收集生产信息，监督生产工况，调整生产策略；分析生产数据，进行生产评估等。它还可以与上一级控制层相互传递数据，接受上级生产指令，报告全厂生产状况。

经营管理级负责企业的经营方向和决策，它全面收集来自各方面、各部门，以及用户、市场和相关企业的经济信息和技术、管理要求，按照经济规律、组织原则、整体优化和全面协调的要求，以及实际具备的能力，进行全方位大范围的综合决策，并及时将决策结果通知它的下一级管理计算机，必要时也可向上级主管部门传输有关信息。经营管理级涉及范围很广，它包括工程技术、生产、经

济、资源、商务、质量、后勤、人事、教育、档案、环境等众多方面，是企业的最高管理层次。

当然，分级控制系统并非全是以上固定模式，它的层数以及各层的功能是根据生产实际需要和实际条件而设置的。

1-14 分散型控制系统的简称是什么？组成是什么？有什么功能？

分散型控制系统简称 DCS（distributed control system），又称集散型控制系统或分布式控制系统。

分散型控制系统是以计算机技术为核心，与信号处理技术、测量控制技术、通信网络技术、人机接口和 CRT 显示技术密切结合，在不断以新技术成果充实的条件下，针对大型工业生产和日益复杂的过程控制要求，从综合自动化的角度出发，在吸收分散式仪表控制系统和集中型计算机控制系统的优点的基础上，按照控制功能分散、操作管理集中、兼顾复杂生产过程的局部自治和整体协调的设计思想，研制开发的一种处于新技术前沿的新型控制系统。

分散控制系统是由以微处理器为核心的基本控制单元、数据采集站、高速数据通道、上位监控和管理计算机以及 CRT 显示操作站等组成。

基本控制单元是直接控制生产过程的硬件和软件的有机结合体，是 DCS 的基础。基本控制单元用来实现闭环（单回路或多回路）数字控制和（或）顺序控制、梯形逻辑控制等，完成常规模拟仪表所能完成的一切控制功能。高速数据通道是信息交换的物理媒介，它把分散在不同物理位置上执行不同任务的各基本控制单元、数据采集站、上位计算机、CRT 显示操作站等连接起来，形成一个信息共享的控制和管理系统。CRT 显示操作站是用户与系统进行信息交换的设备，它以屏幕窗口形式或文件表格形式提供人与过程、人与系统联系的界面，可以实现操作指令输入、各种画面显示、控制系统组态、系统仿真等功能。上位计算机用于对生产过程的管理和监督控制，协调各基本控制单元的工作，实现生产过程的最优化控制，并在大容量存储器中建立数据库。有的 DCS 并没有设置上位计算机，而是把上位计算机的功能分散到系统的其他一些工作站中，建立分散的数据库，并为整个系统所共用，各个工作站可以透明地访问它。这种系统可以避免大量数据集中所造成的数据通信阻塞和计算机潜能饱和，使得系统的功能更加分散，可靠性更高。数据采集站主要用来采集各种数据，以满足系统监测、控制以及生产管理与决策计算的需要。网间连接器是本系统网络与其他标准的网络系统进行通信联系的接口，系统配备合适的网间连接器，可以通过网络联系把其他一些计算机系统纳入到本系统中来，使得本系统的通信性能具有时代要求的开放性。

分散控制系统采用的是多微处理器分散化的控制结构，每台微处理器只控制某一局部过程，一台微处理器发生故障将不会影响整个生产过程，从而使危险性分散，整个系统的可靠性提高。同时，由于系统硬件采用了标准的模件结构，很容易根据需要扩大和缩小系统的规模，系统结构灵活，应用范围广泛。另外，该系统还具有通用性强、系统组态便利、控制功能完善、数据处理方便、显示操作集中、人机界面友好、安装简单、调试方便、运行安全可靠的特点，这也正是计算机过程控制系统的主要发展方向。

1-15　按控制规律分类，各控制系统的特点分别是什么？

按照计算机控制系统所采用的控制规律，各控制系统的特点如下：

（1）比例积分微分（简称 PID）控制系统。控制器的输出是输入的比例、积分、微分的函数。PID 控制结构简单，参数容易调整，是一种技术成熟、应用最广的控制系统。

（2）程序和顺序控制系统。程序控制系统是使控制量按照一定的或预先设置的时间函数变化的系统，控制量仅为时间的函数。顺序控制系统是程序控制的扩展，其特点是系统的设定值在各个时期可以是不同的物理量，且每次给出的设定值既是时间的函数，又取决于对以前控制结果的逻辑判断。顺序控制系统在火力发电厂的应用十分广泛，涉及风机、给水泵、磨煤机等大型辅机的启停和输煤、吹灰、除灰除渣及化学水处理等系统。

（3）复杂规律控制系统。控制系统的性能指标除过渡过程的品质外，从生产的整体效果看，还包括能耗最小、时间最短、产量最高、质量最好等综合性指标。对于客观存在的随机扰动，仅采用PID控制难以同时满足各项性能指标的要求。此时，可根据生产的实际需要，引进相应的复杂控制规律来改善和提高系统的性能指标。例如，前馈控制、纯滞后补偿控制、串级控制是实际应用系统中最常见的复杂控制规律，除此之外，还有多变量解耦控制、最少拍控制、最优控制、自适应控制、自学习控制等。

（4）智能控制系统。智能控制系统是人工智能、运筹学和控制理论的应用体现，是先进的方法学理论与解决现实技术问题的系统理论相结合的产物。它可模仿人的思维过程、处理方法，具有很强的综合分析和决策能力。目前，智能控制在火力发电厂的应用尚处于摸索、起步阶段，例如，人工神经网络的应用研究，故障诊断专家系统的开发研究等。可以预料，在走向火力发电厂全面综合自动化的道路上，智能控制的渗透将越来越深入、应用将更广泛。

1-16 对计算机控制系统的基本要求是什么？

由于火力发电生产的复杂性、特殊性，要求所应用的计算机控制系统除了具备卓越的数据处理能力和富有竞争的性能价格比外，对计算机控制系统还有以下几点基本要求：

（1）可靠性要求高。计算机控制系统的可靠性是保证火力发电机组安全运行的基础。在火力发电生产中计算机控制系统与生产过程保持着密切的联系，计算机控制系统发生任何故障都会对生产过程产生严重影响，由于可靠性不高而影响机组的正常运行或造成运行事故，将对电力生产和电力用户带来严重的后果。因此，火力发电厂计算机控制系统应具有较高的可靠性，在数量级上应高于控制机组的可靠性，通常要求电厂计算机控制系统的可用率指标在99.6%以上。提高计算机自身的可靠性，采用分散结构的计算机控制系统，对系统的关键部件采取冗余措施，增强系统的容错能力和诊断能力，加强对系统的设计、选型、安装、调试、维护等各环节的把关，都是提高和保证计算机控制系统可靠性的有效措施。

(2) 实时性要求好。所谓实时性是指计算机系统完成生产过程指定任务的及时性。任一生产过程和计算机都有其自身的运行规律，火力发电生产严格要求计算机控制系统的采样、运算和操作速度必须与它所控制的生产过程的实际运行速度相适应，能对生产过程的微小变化及时察觉，及时地进行计算和控制，以保证系统良好的实时性。系统的实时性依赖于系统的硬件和软件两个方面，系统的实时时钟和时钟管理程序、中断优先级处理电路和中断处理程序、实时操作系统等，皆是实时性的基本保证。

(3) 适应性要求强。生产过程计算机控制系统的工作环境一般不如科学计算所用的计算机工作环境那样完善，在不同程度上处于高温、潮湿、粉尘、振动、腐蚀、高磁场、高电场等不利条件下，因此，要求所采用的计算机控制系统能适应现场环境，并在环境条件有所恶化的情况下仍能正常进行。另外，计算机控制系统应具备与过程设备连接的良好接口，能适应构成实用硬件系统的需要。当然，火力发电厂应按 DL/T 774—2001《火力发电厂分散控制系统运行检修导则》和其他有关规程的要求，满足分散控制系统外部环境的要求，以确保分散控制系统的正常工作。

(4) 人机联系要求完善。在以 CRT 为中心的监控模式下，人机对话显得十分重要。火力发电生产要求计算机控制系统必须具备完善的人机接口和人机界面，能及时有效地进行参数监视、运行操作、系统组态，以及异常情况下的故障诊断和处理等，而且要求人机联系方式简单、直观、明确、方便、快捷、规范、安全。

(5) 软件配备要求齐全。计算机控制系统除应具备驱动计算机系统各组成部分正常运转的常规系统软件外，还应具备完善的实时操作系统、数据库管理系统、文件管理系统软件，以及满足大型工业生产过程控制需要的各种应用软件，例如，控制策略和控制算法软件、系统的组态软件、系统的通信软件、图形显示软件、历史数据记录软件、图符库软件、用户操作键定义软件等。性能优良的计算机控制系统需要功能齐全的软件系统支持，这要求计算机控制系统厂商能根据实际过程控制的需要配套提供丰富的软件，用户在系统选型时对此应予以高度重视。同时，用户也应重视有关应用软件

的开发与完善。

1-17 计算机分散控制系统的概念是什么？

分散控制系统（distributed control system，DCS）是以微处理器为核心，采用数据通信技术和CRT显示技术，对生产过程进行集中操作管理和分散控制的系统，有时也称分布式计算机控制系统（distributed computer control system，DCCS），或称集散控制系统（total distributed control system，TDCS）。名称不同，只是说明不同产品的系统设计、功能和特点不同，但系统本身并无本质区别，我国电力行业习惯称其为分散控制系统。分散控制系统是4C技术（计算机－computer、控制－control、通信－communication、阴极射线管－CRT显示）的结晶，是多门类学科互相渗透、互相促进、综合发展的产物。

分散、分布或集散控制的基本思想是“控制和危险分散，管理和监视集中”。它将连续生产流程分散地采用多台微型计算机控制，即整个控制系统的目标和任务事先按一定方式分配给各个子系统，而各子系统之间可以进行信息交换。所有微型计算机可能处于平等地位，也可能有主从之分。它将全部信息集中到控制室，以便操作人员监视操作和集中管理。

1-18 Symphony分散控制系统的硬件组成是什么？

（1）现场控制单元。用于过程控制，实现物理位置相对分散、控制功能相对分散的主要硬件设备，称为现场控制单元（harmony control unit，HCU）。

（2）多功能处理器。在一个HCU中，配置数个以高性能处理器为核心，能进行多种过程控制运算，并通过子总线和相关I/O模件连接的智能模件型控制器，称为多功能处理器（multi-function processor，MFP）。

（3）人系统接口。用于过程监视、操作、记录等功能，以及报警、数据处理、数据归档、数据交换和通信等多项管理功能，并以通用计算机为基础的硬、软件有机结合的设备，称为人系统接口（human system interface，HSI）。

(4) 网络到计算机接口。Symphony 系统与其他包括系统工程工具在内的第三方计算机，以及有关控制设备接口，称为网络到计算机接口（network to computer interface，NCI）。

(5) 系统工具。采用通用计算机和操作系统，以及完整的专用组态软件系统，为过程控制应用完成软件组态、系统监视、系统维护等任务，并能够在线或离线工作的设备，称为系统工具（composer）。

(6) 通信网络。用于系统通信，把现场控制单 HCU、人系统接口 HIS 等硬件设备构成一个完整的分散控制系统，并使分散的过程数据和管理数据成为整个系统的共同资源的硬、软件结构称为通信网络（communication network），它包括控制网络（control network）在内的多层网络结构。

(7) 节点。在 Symphony 系统中，按照通信系统对通信设备的定义，通信网络中的硬件设备称为节点 Nodes。一般分散式系统中有现场过程控制设备、人系统接口设备、计算机设备及工程工具接口、网络结构等方面的节点。

系统的现场控制单元 HCU 是实现过程控制的基本硬件设备，负责过程信号的采集和处理、过程控制、顺序控制、批量处理控制以及优化等高级控制，这些功能都由构成 HCU 的多功能处理器 MFP（模件）、I/O 子模件、通信模件、电源模件予以实现，其中多功能处理器 MFP 是 HCU 的核心和灵魂。一个 HCU 中可以挂接 32 个 MFP，一个 MFP 又可以带载 64 个子模件（如控制 I/O、数字 I/O、模拟 I/O 等）。子模件完成现场信号的预处理，而 MFP 则用来实现控制功能组态与运算。高度模件化的 HCU 结构，可以通过合理选配模件，方便地满足多种控制要求，实现复杂的过程控制。在 HCU 中 MFP 可以冗余配置，以保证实时过程控制的完整性和可靠性。在一个 Symphony 系统中，可以根据控制规模设置若干个 HCU。HCU 的应用体现出系统“物理位置分散、控制功能分散”的特点。

Symphony 的人系统接口站包括工程师工作站（engineering work station，EWS）和操作员站（operator station，OS）以及过

程控制观察站（process control view，PCV），是由专用的过程控制计算机和若干个选配的显示、操作、打印等终端构成的人机接口设备，在其硬件和软件的支持下，实现对过程和系统有效地观察、操作与管理。系统从 HCU 中获取现场的各种信息，以画面、图形、趋势、报警等方式在 CRT 上显示生产过程和系统的状态与变化。运行操作人员可以利用键盘、球标、触摸屏等来操作，控制生产过程和系统的工作状态。PCV 和 OS 同时也是过程控制的管理者，它具有数据的存储管理（数据获取、数据存储、数据转存）、趋势数据的管理、记录数据（事件记录、越限记录、跳闸记录、抽点记录、事件顺序记录、特定记录等）的管理，以及报警信息（报警的应答、说明、优先级、极限、总貌、抑制等）的管理等若干管理功能。工程师工作站 EWS，是在个人计算机基础上，配以建立于 DOS 和 Windows 内核上的贝利专用软件而形成的工具性设备，是专门为工程师准备的人机接口。它用于控制系统的设计、控制逻辑的在线或离线组态、系统的调试与诊断，同时，也可从网络中获取信息，对现场进行监视，具有监视与调整生产过程的能力。

NCI 是由一组模件组成的通信口。它提供一个 RS-232C 及 IEEE-488 接口，通过该接口能实现 Symphony 系统与其他计算机的物理连接和软件沟通，达到信息交换的目的。NCI 的应用将使 Symphony 系统更具有开放性，可使其功能得到增强与延伸，形成更加开阔的工作环境。目前 NCI 支持的其他计算机有 Intel 的 X86、Pentium 和 HP-X000，以及 DEC 的 VAX 等机型。

Symphony 系统的通信网络是一个多层次（四层）、各自独立的网络结构。第一层（最低层）网络为总线结构，称为子总线（slave bus），其通信介质为印刷电路板，位于 HCU 之内；它是一个并行总线，支持多功能处理器的 I/O 子模件；每个多功能处理器通过子总线可带载 64 个 I/O 子模件；子总线的传输速率为 500Kbit/s。第二层网络也为总线结构，称为控制公路（control way）。其通信介质为印刷电路板，它位于 HCU 之内，用来支持网络管理模件的多功能处理器，带载多功能处理器的最大能力为 32 个，控制公路的传输速率为 1Mbit/s。第三层网络为总线网络，环网结构，其通信介质为同轴电缆，传输速率允许10、2、0.5Mbit/s，无中继传输距离达到4000m，可支持多达250节点。主要用于进行现场I/O状态采集、过程控制操作、过程及系统报警等管理数据交换的工作，其名称为Cnet（control network）。主要用来连接HCU、HIS、Composer等类型的节点。第四层网络为总线网络，环网结构，符合以太网标准，主要用来构成管理层数据交换的结构，其名称为Onet（operation network）。Onet通过通信介质与多种类型的计算机连接，构成企业需要的有关生产、财务、人事、培训、维护、备件及市场管理等多种内容的管理功能。

每个节点的通信模件和数据高速公路的通信电缆相互冗余配置。如果冗余的通信模件发生故障，通信系统会自动地将故障节点旁路，所有信息会继续被传送至其他节点，直至故障的模件被更换。同时，高速公路上故障节点中的控制器会以上次过程变量的定值进行正常的控制。如果一条电缆通道发生故障，备用的电缆会自动地对通信系统进行控制，发生故障的电缆会被下一个节点发现，它从备用的通道获得信息并从这两条电缆上发送至数据高速公路的对称节点上去，这时，除了故障节点至一个节点之间的这一段以外，通信系统仍然是冗余的。通信系统的故障会以报警的形式在操作员站上予以报告，并显示在系统状态屏上。模件级的问题报告也被允许联机显示，以协助及时地恢复整个系统的操作能力。

1-19 Symphony分散控制系统的软件组成是什么？其功能分别是什么？

Symphony系统有以下几种系统软件：

（1）功能码（function code，FC）。是已固化在多功能处理器中的ROM内，可供系统设计、组态时，完成过程控制、数据采集的标准子程序。在系统工程工具内，它将存储在对象交换文件内。

（2）功能块（function block，FB）。是一种在多功能处理器中、非易失的RAM存储空间内，用来描述控制策略的数据库。

（3）组态软件包（configuration software，CS）。是用于给系统设备（如现场控制站HCU、人系统接口HSI等）组态的专用软件，其中，给 HCU 的控制器组态的软件称为 Automation Architect，给人系统接口组态的软件称为 GDC。

（4）通信接口软件。用来与其他第三方计算机或现场控制、数据采集设备进行通信的专用软件称为通信接口软件（communication interface software），如 DDE、OPC 等。

（5）操作系统。根据系统要求可以使用不同的操作系统，对于 Conductor NT 使用了易于操作的 Windows NT4.0 或 Windows 2000 操作系统。

（6）组态管理工具。包括组态文件管理器 Explorer 和组态文件结构项目树（project tree）。

1-20　Teleperm-XP 分散控制系统的功能是什么？ 一般由哪几个子系统组成？

Teleperm-XP 分散控制系统，简称 TXP 分散控制系统，是西门子公司在 Teleperm-ME 的基础上研制出来的。这种数字化的控制系统可以应用在多种形式、各种规模的电厂中，并且由于它模块化的结构，该系统可以适应各种机组的不同的性能需要。

TXP 分散控制系统提供了处理和控制生产过程所必需的自动处理、操作、监视和记录功能。整个控制系统的功能分散于独立的子系统之间。TXP 分散控制系统一般由 5 个子系统组成：AS620 过程自动控制系统、OM650 操作和监视系统、SINEC 总线系统、ES680 工程管理系统、DS670 诊断系统。

1-21　AS620 过程自动控制系统的功能是什么？ 根据其性能不同， 分哪几种类型？

该子系统完成与过程控制有关的自动控制任务，它收集生产过程的测量值和状态信号，把结果、校正值或命令传送到过程，实现对设备的开环或闭环控制。同时 AS620 又是其他子系统的系统接口，它将命令从 OM650 操作和监视系统送到过程中，反过来又从过程中采集信息送到 OM、ES 或 DS 中。

AS620 自动控制系统不仅具有模拟量和数字量的数据采集，开环和闭环控制的功能，还具有与开环和闭环控制相关的保护功能。设备一旦出现故障，自动化系统中的保护系统将自动投入运行。这些保护措施用于防止危险的发生，保护设备，使设备恢复到安全状态。只要信息与设备操作相关，控制室的工作人员将被告知故障信息及消除故障的措施。

AS620 自动控制系统的高性能和综合处理能力是由其模块化结构与可扩展性决定的。AS620 的底层由面向过程的输入输出模件组成（包括功能模件与信号模件），主要实现信号的 I/O 和预处理。上层自动控制处理器 AP 是 AS620 的核心，它执行诸如开环控制、闭环控制及保护连锁等自动化功能。I/O 模件和 AP 之间通过通信模件相连，从而形成一个完整的系统。另外，在电厂中常常包含一些功能独立的辅助监控系统，例如，吹灰器系统、空压机系统等。只要这些系统是由标准的 SIMATIC S5 系列产品组成的，都可以通过 AS620 与 TXP 系统相连。由于 AS620 采用了模块化的分层结构，配置灵活，易于扩展，所以从简单的单项控制直至全厂的协调控制任务，包括机组的自动启停等功能，都可以根据用户不同层次的要求通过经济合理地配置 AS620 系统来实现。

根据 AS620 自动控制系统性能的不同，有三种不同类型，可满足所有类型电厂的自动控制要求。

（1）AS620B 适用于通常情况下的自动控制任务，完成从电站辅助设备的保护到单元机组的控制等功能。

（2）AS620F 适用于与安全特性有关的保护任务（如锅炉保护），以及与安全特性有关的开环控制（如燃烧器管理 BMS）任务。

（3）AS620T 适用于实现快速反应的控制过程，如汽轮机调速等。

为了使仪表控制系统（I&C）组件满足可用率的要求，以确保电厂安全经济运行，所有的组件都可以选择冗余配置。也可以分阶段按要求配置，既可部分冗余，也可全部冗余（包括组件）。

AS620 自动控制系统可以按常规方式集中设置，将所有组件安装于电子设备间内，也可以通过现场总线分散配置，在厂区内的使用现场按地理位置分散布置。这样过程控制系统所占用的空间可被降至最低程度，更加灵活地适应电厂的现场条件。

AS620 自动控制系统还提供了广泛的 I&C 诊断信息，使系统具有快速而可靠的故障分析功能。在测量时，AS620 能提供带有高分辨率时间标记的过程信号（其分辨率可达到 1ms），以及系统范围内 10ms 的精确度，能使操作人员快速而细致地分析系统中发生的故障。

1-22　OM650 操作和监视系统的功能是什么？

该子系统在控制室内为电厂生产过程和操作员之间提供了一个接口，操作窗口的设计可以允许运行人员操作和监视整个电厂。另外，它还提供了各过程之间的联系和保存所有详细数据的功能。

OM650 操作和监视系统是 TXP 系统的一个重要组成部分。OM 意为操作（operating）和监视（monitoring），完成整个 DCS 系统的过程控制和过程信息处理的工作，同时，OM650 又面向电厂工作人员（包括面向发电设备的运行人员和 DCS 系统的维护工程师）提供了一个完善的人机界面，即一方面全方位地反映了被监控对象（汽轮发电机组）和 DCS 系统的运行工况，另一方面又提供给操作人员干预被监控对象和 DCS 系统本身的手段。OM650 操作和监视系统执行这些功能的基础在于使用了以 X/Windows™ 和 OSF-Motif™（OSF：open software function）为标准的统一的用户人机接口（MMI）。

为了与 I&C 系统的静态和动态特性要求相适应（组态、处理速度、控制室设计），OM650 的各项功能可被分配到各处理单元（PU/SU）和输入/输出终端（OT）之中。将操作终端与过程处理单元从工作区域的组态功能上分开，可使控制室的设计变得更为灵活。在每一个监视器上，可以显示全厂所有的情况并可进行操作。在不使用常规控制台的情况下，对于过程的操作和监视仍然可以在以监视器为基础的控制室中实现。使用监视器和大屏幕显示器完全可以完成各种操作和监视功能。

过程控制和过程信息的各种应用任务可以通过在 OM650 系统中进行统一地组态来实现，而相应的功能包含在“过程控制”和

“过程信息”这两个软件包中。过程控制和信息系统是以OM650的各种基本功能为基础的。这些基本功能以操作系统、对象管理器等一些基本软件的形式安装在每一个OM-PU/SU/OT中。两个硬件和软件相同的PU/SU对可构成二选一冗余配置。

OM650系统的“过程控制”功能软件包应用于完全由监视器支持的过程控制任务。该功能软件包可实现过程操作、过程监视、故障分析等功能。

OM650系统的“过程信息”功能软件包不直接介入过程控制，而是面向过去和未来的过程事件。其主要工作是对象的修改、文件编制、规划、分析、优化及提高全厂使用寿命和可用率。可实现事件回顾、操作统计、操作时间和开关周期数统计、特性数据计算、锅炉部件的设计寿命和使用寿命监视、长期存档等功能。

1-23 ES680工程管理系统的功能是什么？ES68O工程设计及调试系统的工程组态步骤是什么？

工程管理系统ES680是TXP的组态中心，可对过程自动控制系统AS、操作和监视系统OM、总线系统及所需的硬件进行组态，对每个目标系统均分配一个特殊的组态软件包，ES集中管理所有的组态数据，这意味着数据只能够一次输入。利用功能图编辑器可交互式地把功能图输入到ES中，ES严格按照面向未来的组态原则，初始组态和修改后的组态可由组态系统用一顺序自动创建的代码来另外执行，这种方法保证所有的AS、OM、总线系统和系统硬件的文件都是最新的。

ES680工程设计及调试系统应用于整个工程设计的各个阶段，从确定任务到详细的工程设计，一直到用户的I&C系统调试、修改和升级。

TXP仪表控制系统的所有子系统都可以进行组态。从相关执行机构和传感器的设计任务定义直到转换成I&C系统的各项功能都是通过ES680实现的，包括数据采集、闭环控制、开环控制、逻辑操作、顺序控制、人机接口、报表、处理功能。

ES680设计及调试系统是一种由数据库支持的全图表系统。采用国际上成熟的标准化软件，如UNIX操作系统和关系数据库。为了使控制系统的操作快速、安全、方便，ES680采用了统一的现代化的用户接口X/Windows和OSF-Motif。ES680工程设计及调试系统的使用贯穿于整个设计过程中。基础设计和修改设计都是通过ES680实现的。所有的修改设计均被自动地装入AS620和OM650系统中。

工程设计面向工艺过程，对工程技术人员来说不需要关于I&C系统软件的专门知识。用户可在基础设计和调试过程中使用同一个工具。ES680系统中强大的浏览功能可以引导操作员快速地获得有关I&C系统任务的信息，它将替代过去那种耗时的以纸张为基础的文件处理方式，一旦出现故障，可迅速查清故障点及其故障原因。

所有的参数只需输入和检查一次，然后被统一进行管理。子功能软件包MSR-PC可用于测点和驱动输出数据的首次输入。工程师和用户也可将它安装在DOS-PC机上作为“独立”的功能软件进行操作。

无论何时需要，当前整个电厂的文件均可在线打印和显示。

ES680工程设计及调试系统的工程组态步骤如下：

（1）系统的规划与定义；

（2）AS620自动化系统的组态；

（3）OM650过程控制与信息系统的组态；

（4）网络总线系统的组态；

（5）系统硬件和现场设备组态；

（6）系统调试功能。

ES680系统不规定使用哪种标识符。它支持德国工业标准（DIN），如KKS（电厂标识系统）、AKZ（工厂标识系统）的标志符，并附有检错功能，也可使用用户特定的标识符系统。

AS620、OM650和SINEC总线系统都以相同的原则进行组态。TXP控制系统自身的系统特定参数由ES680自动地加以确定和管理，它们不需要组态。各个功能块的执行顺序也由ES680自动地加以确定。

对目标设备的代码加载可在离线操作过程中执行，也可在线加载。为了使程序设计标准化，ES680系统提供了大容量软件库和拷贝功能。

ES680的硬件配置可以改变，可由小型CU直至网络工作站或含SU和ET的PC所组成。ES680的处理提供了不同的访问权限等级，即读、读和写、管理。

组态接口和软件库有德文和英文两种版本。

1-24 SINEC总线系统、DS670诊断系统的功能分别是什么？

SINEC总线系统是一符合国际标准的局域网络（LAN），包括工厂总线（plant bus）和终端总线（terminal bus），用于TXP分散控制系统各不同子系统之间的通信。挂接在数据高速公路上的工作站，按照CSMA/CD（带冲突检测的载波侦听多路访问）标准使用数据传输线路。工作站在传输信号之前，首先要监视通信线路，只有当通信线路没有被其他工作站占据时才能传输信号。一旦线路正忙，工作站将等待线路空闲。如果几个站均在高速公路上等待传输数据包，可能发生两个或更多的站几乎同时确认到线路空闲，在同一时间发送彼此的数据。这种独立站之间的信号重叠，称之为传输线路上的数据冲突。在冲突期间，数据将遭到破坏而丢失。工作站在发送过程中，会监视线路上的信号并把它们与原数据进行比较，确认是否有冲突存在。当工作站意识到冲突时，就立即停止数据的传输，冲突后丢失的数据必须重新发送。为防止再次冲突，相关站必须在发送数据之前计算并等待一段随机时间。由于发生冲突的站计算出同样时间的概率很小，因此不大可能再次发生冲突。

DS670诊断系统是一种能使工程师进行详细的系统状态评估和系统分析的有力工具，用于监视及详细解释控制系统的故障，以及故障时可引导维护人员到故障地点并指明故障原因和消除方法。

1-25 WDPFⅡ分散控制系统的主要设备有哪些？各主要设备的功能是什么？

WDPFⅡ分散控制系统的主要设备有数据高速公路（data highway)、信息高速公路（information highway）、分布式处理单元DPU（distributed processing unit）、完全控制单元TCU（total control unit）、通用可编程控制器接口UPCI（universal programmable controller interface）、站接口单元SIU（station interface unit）、WEStation工作站、PC机接口和中心遥测单元CTU（central telemetry Unit）等。

WDPFⅡ的数据高速公路是连接系统中各个不同功能单元（站）的纽带，是各站之间数据通信的主要通道。通信介质为同轴电缆或光导纤维，通信速率为2Mbit/s，每秒钟广播16000个离散点（包括模拟量和/或数字量），使分散的全局数据库总处于更新状态，另有16000点可提供给操作员监视之用。数据高速公路长度可达6（同轴电缆）～40km（光导纤维），可带载2～254个站。0.1s内每个站有一次“讲话”的机会，能将过程数值及其标记、状态等上网广播，同时，每个站可以监听其他站广播的内容并将其感兴趣的信息保存进共享内存之中。WDPFⅡ没有通信指挥器，数据高速公路上的所有站可在没有通信开销的情况下自由地、快速地、透明地获取任何其他站的过程数据。系统的分布式处理单元DPU用来实现过程接口、数据采集、过程控制（PID控制、逻辑控制）、工程单位处理、顺序事件记录，以及卡件一级的在线自诊断等功能。DPU的硬件包括满足实际工程信号输入输出要求的Q-Line系列过程I/O卡件、冗余的通信控制器（与数据高速公路的接口单元）、共享存储器、电源、具有浮点处理及逻辑运算功能的32位微处理器、配有后备电池的RAM等。

WDPFⅡ的完全控制单元TCU可在系统中使用，也可单独使用。它将连续控制和批量控制功能组合在一个控制器内，能使WDPF进行复杂的批量控制、顺序控制和其他高级控制，其处理性能与标准的DPU相同，在TCU中配备了面向用户的英文文本编程语言VERBAL，可进行多种批量处理、复杂的启停以及紧急恢复的顺序组态。TCU内采取冗余配置，具有工程师/操作员站或PC机的接口。

通用可编程控制器接口UPCI是WDPFⅡ数据高速公路上的一

个标准站，它能有效地将现场分散的可编程逻辑控制器（PLC）集合进 WDPF 系统之中，每个 UPCI 至少能连接 9 只 PLC，它们既可以是同一种型号，也可以是不同厂家提供的不同型号的 PLC。

站接口单元 SIU 是系统与非 WDPFⅡ的计算机、设备、网络之间的一种通用接口单元。每个 SIU 由 3 台微处理器进行管理，提供 9 个 RS－422 串行通信接口，方便了 WDPFⅡ与其他系统的信息互相交流。

PC 机接口是为 IBM PC 等个人计算机提供的接口，通过该接口可将个人计算机纳入 WDPFⅡ系统，使之成为数据高速公路上的一个站。由此，个人计算机既可产生又可接收有关过程数据，实现它与 WDPFⅡ之间的数据传递。PC 机接口中包含一个 C 语言的支持软件库，可用来编写和装配用户的应用软件。

WDPFⅡ系统可以选配中心遥测单元 CTU 和远程终端单元 RTU（remote terminal units），构成具有远程技术交流与服务（如报告、咨询、监督、指导等）的一个 WDPFⅡ站。

WEStation 工作站以精简指令集计算机（reduced instruction set computer，RISC）技术为基础，采用开放式结构，运行于 Unix 操作系统，拥有丰富的 Window 软件和多窗口显示功能。目前，已有四种类型的 WEStation 工作站应用于 WDPFⅡ系统，即工程师工作站（WEStation engineer console）、操作员工作站（WEStation operator console）、历史站（WEStatlon historian）和记录站（WEStation logger）。操作员工作站主要用来实现过程图形、操作画面、参数、状态、曲线显示，报警一览及控制，操作记录，系统诊断及状态报告，系统参数及状态调整，算法参数调整，系统时间更新与密级设置，M/A 软操作等监视和操作功能。工程师工作站除具备操作员工作站的所有功能外，还承担着数据库建立、控制逻辑组态、显示图形建立、文件设计及软件加载、历史数据组态与报告、外部通信网络数据链接等基本任务。历史站的作用是存储和检索历史信息，如报警、操作和事件顺序信息的存储，长项数据保留（600 点/数年），过程点及中间信息一览，历史数据曲线显示（8 条/帧），成组趋势显示（可定义 600 级），事件顺序及状态检索，操

作事件报告等。记录站则用来实现正点制表、召唤制表、事件追忆输出、事件顺序报表，文本数据/历史数据/现行数据输出，文件输出、报警打印、操作记录输出、屏幕硬拷贝等功能。

1-26 MAX-1000分散控制系统的主要设备有哪些？各主要设备的功能是什么？

组成系统的主要设备有远程处理单元RPU（remote processing unit)、工作站WS（work station)、通信网络。

MAX—1000系统的远程处理单元RPU是由过程I/O模板和分散处理单元（DPU）两部分组成的。过程I/O模板包括模拟量输入、模拟量输出、数字（开关）量输入、数字（开关）量输出、脉冲输入和计数、执行机构驱动、手动后备站接口等多种模板。现场的所有过程信号和控制驱动信号都是通过这些模板传输的。对于所有现场点，各模板都具有光隔离或变压器隔离，且点与点之间也实现了隔离。承担输入/输出的所有I/O模板都挂接在一条并行的I/O总线上，通过该总线与DPU进行联系。DPU是执行所有数据采集和控制功能的部件，它含有I/O处理、通信处理、数字信号处理等三个并行处理器和一个随机存储器。其中，I/O处理器连接在I/O并行总线上，负责扫描和处理该总线上的I/O模板，同时还支持两个独立的串行通信接口RS—232/RS—422，用来连接特殊传感器、PLC等外部设备。通信处理器则负责发送和接受光纤高速公路上的数据。数字信号处理器是DPU的智能中心，其核心是一个运算速度为48MHz的32位微处理器，能以24Mbit/s的速度进行浮点运算，它的锂后备电池可在掉电情况下保存动态数据和系统组态数据，数字信号处理器汇集了DPU所有的运算操作，并执行所有指定的数据变换处理和各种控制算法。驻留在数字信号处理器中的控制算法具有控制模块、数据模块、可编程模块和宏模块，每个模块执行一个特定的控制和数据采集任务，通过验明合适的输入和使用相应的模块，可建立所需的控制和信息策略，实现设备控制逻辑、连锁逻辑、时序逻辑、连续控制（PID回路控制、前馈控制、多回路控制等)、过程优化等功能。DPU可非冗余，也可设计冗余配置，每个 DPU 可处理 45 块 I/O 模板和 239 个地址。I/O 模板因功能而异，最多有 16 路信号通道，而一个地址支撑一个模拟量或 16 个开关信号。

MAX-1000 系统的工作站 WS 是一个交互式的彩色图像显示控制台，由实时处理器、操作管理装置（或信息管理装置）构成。其中，实时处理器 RTP（real-time processor）是为操作管理和信息管理装置服务的，该处理器能连接四条光纤数据高速公路，它既能与高速公路上的设备进行数据交换，又能管理各光纤高速公路之间的全部通信。同时，它还具备累积和存储工作站中其他处理器使用的数据块（包括报警、事件和趋势点）、管理和保存系统全部物理和逻辑部件的“寻址图”等功能。构成 RTP 的主要硬件是带协处理器的 32 位微处理器（80386 及更高档）和高达 16MB 的 DRAM（动态随机存取存储器）。操作管理装置是提供给运行操作人员的人机接口，它以图形处理器 GP（graphics processor）为核心，配以 CRT 或触摸显示屏、键盘、鼠标器或轨迹球等，其中 GP 为一个 32 位微处理器。它的功能是保证操作人员对生产过程进行正常的监视和方便的操作，必要时操作管理装置还可以显示信息管理装置产生的所有信息。信息管理装置的硬件核心为应用处理器 AP（application processor），它也是一个 32 位微处理器。AP 借助于通用的 Unix 操作系统、16MB 的 DRAM、150MB 后备盒式磁带、800MB 光盘（用于非易失性档案保存）以及显示、操作设备支持信息管理装置。信息管理装置是初始化系统组态和进一步增强其能力的中心，可实现的功能有：支持符合控制策略目标的完整的系统组态，MAX-1000 数据库的建立和管理，应用程序（如过程优化、性能计算、复杂的批处理、复杂的控制规律和专用的高级控制模式等）的开发和运行；为在线和离线的过程性能分析而收集、查询、通报和归档历史数据、工厂运行情况报告；帮助操作管理装置获取实时工况（如复杂的应用程序或数据库检索等）；为外部设备（个人计算机、其他计算机系统、打印机、远程设备）提供接口。

MAX-1000 系统的通信网络包括光纤高速公路、电缆数据公路、并行总线三部分。光纤高速公路为双重冗余的环形结构，两个环路同时以相反方向传输相同数据，站点选取最先正确接收的信息，以保证万一线路断开时没有开关切换时间。每个环路的最大圆周长为6100m，带载DPU和工作站的最大数目为31个。环路通信采用符合IEEE 802.4标准的高级数据链路控制（HDLC）协议，数据的交通量能超过模拟量15000个/s。电缆数据公路是光纤环网至DPU和工作站的信息通道，它为总线网，最多可带载15个节点(站)。电缆数据公路与光纤环网的衔接应用了一对光/电接口(OEI)耦合器，实现光脉冲与电脉冲信号之间的放大和转换。并行总线是RPU内部DPU与I/O接口之间的信息通道，其最大带载能力为一个（或一对互为冗余的）DPU和45块I/O模板。

一台工作站、一个远程处理单元和将两者连接在一起的光纤数据高速公路，是MAX－1000系统最基本的结构，可以完成一个小系统或大系统中的局部控制，随着控制对象的数量、系统功能要求以及复杂程度的增加，可以通过增加分散的RPU或/和工作站以及利用每个工作站的四条光纤高速公路，合理扩展MAX-1000应用系统的规模。通过电话线及其工作站上的接口，远方人员可利用个人计算机访问信息管理装置上的屏幕显示和功能、回顾和查询所有诊断信息，或用所选的电子表格、字处理软件包书写报告，或监听MAX-1000系统的呼唤。系统的每一个工作站都可挂接在上层的标准以太网络上，高层次的MIS系统与该网络连接，可全面管理MAX-1000系统。

1-27 分散控制系统的特点是什么？

分散控制系统与传统仪表控制系统相比，无论在功能、人机界面还是在灵活性、可靠性方面都具有显著特点，具体特点如下：

（1）控制分散、管理集中。分散控制系统把功能分散到各个工作站，每个站相对独立又相互联系，能独自完成所承担的任务，利用通信网络接收组态等控制信息。从另一个方面来讲，系统的危险性也得到分散和分解。同时，实时共享整个系统的资源和计算功能的增强，有利于全面了解和有效控制生产过程以及系统的运行。操作人员能在控制室中通过操作站直观、迅速、方便地监控整个机组的运行工况，控制机组的启动，停运或故障处理，以及对整个机组综合地进行各种性能计算、分析和优化处理，提高机组的运行管理水平。

（2）功能齐全、算法丰富。分散控制系统充分利用和发挥了计算机的优势，可以实现满足生产过程需求的各种控制功能。它不仅集连续控制、顺序控制和批量控制于一体，还可以通过软件的开发在原来已有的各种控制算法基础上，方便地吸纳和积累许多新颖实用的控制算法，使其不断地丰富与完善，而且可以实现串级、前馈、复合、解耦等复杂的控制方式和自适应、预报、最优、智能化等更高级、更先进的控制技术。分散控制系统灵活的组态功能，能使其丰富的控制功能得以充分的体现和应用，从而提高了系统的可控性。计算机所具有的强大的储存和逻辑判断能力，使得分散控制系统可根据生产环境和条件的变化，及时做出判断，选择最为合理的控制对策，以达到理想的控制效果，这些是常规模拟调节器所不可比拟的。除上述功能之外，分散控制系统还可以实现对生产过程的各级管理，如生产过程的平衡计算与性能计算、寿命管理、经济核算、生产计划与调度等。这不仅为实现全厂综合自动化提供了物质基础和技术条件，还大大提高了系统的可用性。

（3）界面友好，操作简便。分散控制系统采用了屏幕（如普通的CRT、触摸显示器、墙挂式大屏幕）彩色画面显示和便捷的操作工具（如键盘、鼠标或轨迹球、触屏），使人机联系得到根本的改善。通过人机联系，运行人员可以随时调用所关心的显示画面，及时获取生产过程的有关信息，了解生产过程的状况。同时，也可利用操作工具向系统输入各种操作命令，干预生产过程，改变运行状况或进行事故处理。分散控制系统运用交互图形显示和复合窗口技术，提供了各种直观实用的画面，如全貌综观、菜单引导、流程图、回路一览、历史数据、趋势曲线、实时参数、设备状态、计量图表、操作指导等。另外，以键盘为主的操作，使许多操作过程更加方便可靠，如指令的增减、阀门的开闭和开度的改变等都可在选项的前提下统一操作。丰富的画面、集中的显示、简便的操作，使得人机界面十分友好，既减轻了运行人员的工作强度，又减少了误操作的可能性。

(4) 灵活性好、适应性强。分散控制系统的硬件和软件都采用标准化、模块化和开放式的设计。硬件系统采用积木组装结构，它可通过选择不同数量、不同功能或类型的插接式模件（如控制模件、I/O模件、通信模件、显示模件等）组成不同规模和不同要求的硬件环境，以适应不同用户的需要。若要改变系统规模，只需减少或增加相应的模件，而不影响系统其他硬件功能的发挥。同时，系统的应用软件也采用模块结构，用户只需借助系统的组态软件，用回答问题或填写表格等方式，就可方便地将所选择的硬件与相应的软件模块联系起来，构成所需功能的控制系统。硬件和软件的模块化，便于系统的组态，提高了系统配置的灵活性，有利于系统的扩展与升级，适应于各种生产过程控制和管理的应用。而且，良好的硬件特性还能提高对各种应用环境的适应能力。

(5) 实时性好、协调性强。分散控制系统采用了现代通信网络和先进的微处理器，可实现各模块或工作单元间的信息高速传输、信息共享以及信息的管理，在优良的实时操作系统（如Unix等）、实时时钟和中断处理系统的支持下，所有信息的采集、处理、显示以及控制都具有良好的实时性，能及时观察到生产过程的微小变化，及时对生产过程进行控制操作，由于微处理器强大的逻辑功能和计算能力，能综合分析和协调处理各种信息，并能通过通信网络将各工作单元的工作协调起来，所以，分散控制系统既能协调系统内部的工作，也能对生产过程进行协调控制，可实现系统的总体优化。

(6) 技术先进、可靠性高。可靠性是分散控制系统应用成败的关键。生产过程控制对控制系统的可靠性要求极高，火力发电机组的控制更为如此。因此，各生产厂家采用了各种措施来提高产品的可靠性，这些以先进技术为基础的措施表现在以下几个方面：

1）危险分散，保证在局部出现故障时，系统其他部分仍正常工作而不影响全局，从而提高系统的可靠性。

2）采用先进的、高质量的大规模或超大规模集成电路，在确保选用质量可靠的元器件的基础上，大幅度减少元器件数量和应用表面安装技术，提高硬件设计和制造的可靠性，最大限度地降低硬件故障率。

3）采用冗余和自诊断技术，使系统的关键硬件（如通信网络、操作监视站、电源、主要模件等）双重化配置，系统的软件具有故障检测、诊断、处理、指令复执等功能。在系统出现差异时，可实现自动报警、故障部件自动隔离、热备用的冗余部件自动投入及手动后援。

4）采用“电磁兼容性”设计，即通过接地、屏蔽、隔离等技术手段，提高系统的抗干扰能力以充分满足系统的应用环境，保证系统的可靠性。

（7）安装简单、调试方便。分散控制系统大量采用模件化设计，包括电缆、插头、端子排、I/O卡件和其他功能插件等都是标准化的，安装非常简单。由于系统的透明度高，可以很容易地观察和修改组态，判断系统组成和控制质量方面存在的问题。同时，由于实行统一编址，根据设备编号或地址可以很容易地发现硬件方面的故障。与传统模拟仪表控制系统相比，安装调试的工作量至少减少一半。

1-28 分散控制系统的抗干扰措施有哪些？

（1）干扰源及其对系统的干扰机制。从干扰源产生的机理来看，大致分为自然干扰、人为干扰、外部干扰和内部干扰。火电厂DCS的干扰通常来自以下几个方面：

1）系统内部干扰。主要由系统内部元器件及电路间的相互电磁辐射产生。

2）系统外引线干扰。主要通过电源和信号线引入，也称传输干扰。

3）来自空间的辐射干扰。自由空间的电磁辐射干扰分布极为复杂，可由雷电、雷达、无线电、通信、太阳风等产生，它不仅能通过计算机内部的电路感应产生干扰，还可通过对计算机外围设备及通信网络的辐射，由外围设备和通信线路的感应引入干扰。辐射干扰与现场设备布置和电磁场的大小和频率有关，一般通过设置电缆和计算机局部屏蔽等方法防止其进入系统。

(2) 硬件电路抗干扰技术。抑制干扰必须从消除干扰源和切断耦合通道两方面着手，常用的抑制措施有隔离、屏蔽、平衡、接地等。针对不同情况，采用一种方法或其中几种方法结合在一起，可以获得满意的效果。

(3) 软件抗干扰技术。火电厂分散控制系统工作现场电磁干扰复杂，虽然在硬件方面已采取了一系列抗干扰的技术措施，但仍会有干扰进入系统中，所以，要想从根本上消除干扰仅仅依靠硬件是比较困难的，因此在进行软件设计和组态时，还必须在软件方面进行抗干扰处理，进一步提高系统的安全可靠性。在 CPU 处理能力允许的条件下，对那些硬件和软件均可实现的功能，应尽可能用软件来完成，这样，不仅硬件电路简单，引入和发出的干扰因素也相应减少，还有利于调试和提高系统的可靠性，节省硬件投资，降低成本。软件抗干扰的措施很多，并在不断发展和完善，常用的方法有数字滤波、设置软件陷阱及自检程序等。以下仅简单介绍数字滤波。

数字滤波的实质是通过一定的计算程序对采样信号进行平滑加工，保护有用信号，减弱或消除干扰信号。一般方法是把多次采集到的数据由小到大进行排列，去掉几个最大值和最小值，达到去伪存真的目的，以消除采样数据中的伪数据，消除在微机模拟量通道中引入的尖峰干扰。系统设计与运行时，根据被测信号的性质选用如下几种不同的方法。

1) 程序判断滤波法。适合于被测信号变化频率低的场所，如温度、液位的测量。

2) 算术平均滤波法和加权滤波法。用于对压力、流量等周期脉动的采样值进行平滑加工。

3) 中值滤波法。对于严重的干扰信号有较强的抑制作用。

4) 一阶滞后滤波法。适用于温度、液位等变化缓慢参量的滤波，相当于 RC 滤波器。

5) 复合滤波法。即在前述方法中选用两种或两种以上的方法合并使用，效果更好。

火电厂分散控制系统的抗干扰是一个重要问题，在系统的设备选型、工程设计和安装调试过程中都要考虑现场的干扰情况，并采用软硬件结合的方法对系统进行抗干扰处理，才能有效地提高整个系统的安全可靠性。

1-29　分散控制系统硬件电路的隔离措施是如何抗干扰的？

电磁干扰是影响系统可靠性的最主要的外部因素。因为干扰与距离的平方成正比，所以在条件允许的情况下，可加大微机系统与干扰源的距离来进行物理隔离，如采用光电隔离和变压器隔离。各种性质的电干扰最终都体现为不等电位干扰，为克服这种干扰，有效的方法就是将分散控制系统分为多个小部分，每部分单独共地，各部分之间采用高绝缘隔离，这样缩小了每个共地系统的空间范围，有利于消除不等电位干扰。不等电位干扰在分散控制系统I/O模件中尤为明显，因此I/O设计过程中一般采用分块隔离技术。在隔离系统中必须注意电源匹配问题，即在主机与外部设备间进行隔离，则两者必须由各自电源供电，如不进行隔离，则可采用统一供电，保证一点接地以降低不等电位干扰。

1-30　分散控制系统硬件电路的屏蔽措施是如何抗干扰的？

系统中各个部分都可能存在耦合干扰，如板内电路耦合、板间耦合、I/O信号线间的耦合、电源线与系统的耦合等。而解决耦合的方法，一种是抑制干扰源，另一种是保护易受干扰的通道。所谓屏蔽，就是这两种方法的结合。

(1) 抑制干扰源。抑制干扰源最有效的方法就是将易受干扰的通道远离强干扰源，并对干扰源进行屏蔽。对干扰源的屏蔽必须注意两个问题：

1) 采用同轴电缆对干扰源进行屏蔽时，应采用单端接地的形式；

2) 对系统各模板间的干扰可采用屏蔽板进行隔离，屏蔽板必须与系统保护地一点相连，以构成等电位屏蔽，否则会引入新的不等电位干扰。

（2）保护易受干扰的通道。对位于电路板上的易受干扰信号或器件，可在信号线两侧或器件周围加铺地网；而对于系统中I/O设备与现场的连线，常用双绞线或同轴电缆对其进行保护。在使用屏蔽层和屏蔽电缆时，屏蔽层应采用“一点接地”原则，而且屏蔽层外还要有绝缘层，以防止与其他金属导体或结构接触时形成通路，造成地电流和地电压的干扰。随着机组容量增大和计算机监控系统采用屏蔽电缆的增多，屏蔽层正确接地已成为抗干扰的重要环节。

1-31 分散控制系统硬件电路的平衡措施是如何抗干扰的？

利用电路上的平衡关系，让两根传输同一信号的导线具有相同的干扰电压，可使干扰电压在这两根导线的负载上自行抵消。用这种方法能较有效地抑制外电路的电磁干扰，如双绞线就是进行平衡处理的一种形式。

1-32 分散控制系统硬件电路的接地措施是如何抗干扰的？ 接地的一般性原则是什么？

接地是分散控制系统抗干扰的重要措施，对接地系统设计是否合理、可靠，关系到系统的安全性、抗干扰能力的强弱及通信系统的畅通。在实施隔离及屏蔽时，许多措施中都需要接地，按其目的可分为安全接地与抗干扰接地。实践中由于接地不良或接法错误造成DCS失效甚至损坏的事例很多，因此对接地问题必须慎重处理。下面给出分散控制系统接地的一般性原则：

（1）全系统采用统一的接地网。交流工作地、安全保护地和直流工作地之间应严格绝缘，在汇集板汇合后再以绝缘电缆接到接地网上，所有接地点应与接地网牢固连接，且应尽量减少接地点与接地网的距离。对于高频信号器件，电路中应采用大面积直接接地，以减少电路间的相互影响。分散控制系统的接地宜与现场电气接地网共用，否则突变电磁场的冲击（如雷电、浪涌等）将给系统带来更大的干扰。尽管目前对共用接地网还没取得共识，但国内电力系统中DCS系统的应用实践表明：分散控制系统、防雷系统与电气系统共地方式比其采用独立接地方式更安全可靠且造价低廉。

（2）信号线要选屏蔽电缆，且应合理敷设。信号屏蔽层的接地必须保证单点接地，从现场仪表到分散控制系统的I/O卡之间的连线须用屏蔽电缆（芯线1.5mm^2）。信号电缆应按传输信号的种类分层敷设，一般采用电缆桥架来敷设电缆，以免受外界电磁干扰、雷感应干扰及外界损伤，严禁用同一电缆的不同导线同时传送动力电源和信号，并避免信号线与动力电缆靠近平行敷设，即进行物理性隔离。在敷设电缆的某些区域（如穿过墙壁和天花板及突出电缆），可以减少低负荷电缆和低、中压电缆的距离，但要注意屏蔽。信号源接地时，屏蔽层应在信号侧接地；信号源不接地时，屏蔽层应在测控端接地。一定要避免多点接地。如果信号源端和测控端都必须接地，则对信号必须采用变压器隔离或光电隔离等措施，屏蔽体在信号源端接地。

（3）在I/O信号传输线上加接地电容。在输入线与地间并接电容（即滤波器）可减少共模干扰；信号两极间加装π型滤波器可减少串模干扰。应合理选择滤波器。若串模干扰频率f_n大于被测信号频率f_s，则选用低通滤波器；若$f_n < f_s$，则选用高通滤波器；若f_n超出被测信号频谱范围，则选用带通滤波器；若f_n与f_s相当，则只能选用数字滤波器。

（4）系统应有良好的安全接地。安全接地是指系统机柜及内部机件的接地。如果内部机件与机柜的接触不好，则应以铜排将其与机柜相连。控制柜上接地装置太多时，应设置接地汇流排，接地电缆宜采用焊接的方式安装。

（5）用浮地输入双层屏蔽方式抑制共模干扰。对存在共模干扰的地端，测控装置不宜采用单端对地输入方式，应采用双端不对地输入方式。对不能采用双端不对地输入的测控装置，可以采用浮地输入双层屏蔽方式来抑制共模干扰。它是利用屏蔽方法使输入信号模拟地浮空，从而达到抑制干扰的目的。Symphony系统的许多信号输入采用这种方法，应用效果良好。

（6）加装室内外闪电保护系统。加装室内外闪电保护系统可有效避免闪电对系统造成的干扰和破坏。

(7) 室外传感器及其他设备的接地。对于室外传感器及其他设备（如天线、通信设备等）的柜子应用可能最低的低感应路径连接到建筑物的钢筋或金属表面上。除天线外，所有在屋顶或在墙上高出地面 20m 传感器及其他设备应配空气端子，且应在建筑入口处加装电涌抑制电路。

(8) 参考基准点系统的接地。应避免当接地过载时出现不允许的高电位差。所有接线柜上的 24V 参考基准点（进线端）由一个 24V 中心电源供电，它必须按可能的最短线路接在接线柜的接地端处。不同建筑间用 24V 中心电源在各柜间传递信号必须采用电流隔离。

(9) 屏蔽系统的接地。屏蔽网总是按最短线路连接在机架、传感器或部件地上，由此来消除电压循环。所有主干线和副线的屏蔽网都接到屏蔽总线棒，屏蔽总线棒再和一个固定平板直接相连。就地设备的屏蔽网通过较短的线路和机箱相连。

(10) 现场设备的接地。变送器和接线盒应以最短的低感应路径与钢筋相连；其他的传感器，如热电偶、热电阻温度计应与导管相连，或者提供一个固定接头以达到最短连接，连接处必须实现安全电焊；控制台、基础框架的每个角应与钢筋以最短路径相连。

以上给出了分散控制系统接地的一般原则，但国内外研制的 DCS 中，对接地的处理和思路不尽相同。如 Foxboro 的 I/A Series 内部交流地、逻辑地、系统地是不区分的，当电源的三根线（相线、零线、地线）接到机柜的配电盒时，即完成了系统接地。为保证系统接地的安全，应采用任一个机柜的接地线都接到配电盘的接地铜板上，由配电盘接地端统一接地，来自现场的屏蔽电缆层连接到机柜安全地上，每个机柜的通信电缆屏蔽层接到系统地上。Teleperm-XP 系统采用了一个接地点且与电气网共地方式。HIACS-3000 系统的安全地采用了就地接大地或接入汇集板，而系统地（直流工作地）则采用汇集板（总接地板）接地方式。而 Symphony 则以大地零电位为参考电位。综上所述，各分散控制系统都有其特殊性，在安装过程中要严格按照各系统的设备技术规范要求进行安装，以免造成不必要的损失。

不同的接地方式对接地电阻的要求也不同，必须严格分开。DCS（DAS）接地电阻的要求是：在采用独立接地时接地电阻要求小于4Ω；在采用与电气网共地时接地电阻应小于1Ω；在采用防雷地、电气地、DCS地三者共地时应小于0.5Ω；实测结果说明火电厂电气接地网的接地电阻可达到小于0.1Ω。

1-33　提高分散控制系统可靠性的措施是什么？

提高分散控制系统的可靠性应从以下三方面考虑。

（1）尽量使系统不发生故障。通过对元器件进行严格老化筛选，元件和部件进行冗余化设计，采取对故障的自动检查和恢复技术，并采取上述的各种抗干扰措施，以尽量使系统不发生故障。

（2）尽量使系统的故障迅速排除。故障的存在是客观现实，因此必须考虑排除故障的措施。它依靠外加硬件、外加信息、外加时间和外加技术的冗余化设计来达到掩蔽故障的影响，尽量使系统的故障迅速排除，达到尽快恢复系统或达到安全停机的目的。

（3）即使发生故障但系统不受影响。当控制系统发生故障时，所希望采取的动作是由被控生产过程的要求所决定的。一种极端情况是不采取任何动作，而另一种极端的情况是转由备用设备对生产过程进行控制，不停止生产。在这两种极端情况中间还会有许多可选择的方法。在各种情况下，均应保持生产过程的正常运行。为了实现这一目的，应作技术可行性的最终成本的综合分析。

对于以上两种极端情况的前一种，应使故障对系统的影响最小，称为“故障局部化”，或者将系统的原来功能降低，称为“体面降价使用”；对于后一种情况，应采用各种冗余技术，使故障时系统仍能正常运行。

1-34　1000MW超超临界机组锅炉的主要技术特点有哪些？

1000MW超超临界机组锅炉的主要技术特点如下：

（1）具有高参数、大容量；

（2）大量采用新材料；

（3）具有高效率；

（4）环保型设计；

（5）锅炉运行适应能力强。

1-35　1000MW 超超临界机组锅炉的主要参数及其大小是什么？

1000MW 超超临界锅炉主要参数及其大小见表 1-1。

表 1-1　　1000MW 超超临界锅炉主要参数及其大小

参　　数	单位	B-MCR	BRL
锅炉蒸发量	t/h	3033	2889
过热器出口蒸汽压力	MPa	26.25	26.11
过热器出口蒸汽温度	℃	605	605
再热蒸汽流量	t/h	2469.7	2347.1
再热器进口蒸汽压力	MPa	5.1	4.841
再热器出口蒸汽压力	MPa	4.9	4.641
再热器进口蒸汽温度	℃	354.2	347.8
再热器出口蒸汽温度	℃	603	603
省煤器进口给水温度	℃	302.4	298.5

1-36　1000MW 超超临界机组锅炉主要采用了哪些新材料？ 这些新材料具体分布在哪里？

1000MW 超超临界机组锅炉大量采用的新材料主要有 SUPER304H、HR3C、SA-335P92、SA-335P91 等，具体分布如下：

（1）屏式过热器、高温过热器、高温再热器的受热面管子外三圈采用 HR3C 材料，其余内圈均采用 SUPER304H 材料。

（2）屏式过热器出口分配集箱、出口混合集箱、出口连接管和二级减温器及高温过热器出口分配集箱、出口混合集箱均采用 SA-335P92 材料。

（3）高温过热器进口连接管、进口混合集箱、进口分配集箱和再热器出口分配集箱、高温再热器出口混合集箱均采用 SA-335P91 材料。

1-37　1000MW 超超临界机组锅炉运行适应能力强体现在哪些方面（以某电厂为例）？

（1）锅炉带基本负荷并参与调峰，且能满足锅炉 RB、50％和

100%甩负荷试验的要求。

(2) 制粉系统采用双进双出钢球磨煤机正压直吹式制粉系统，每炉配6台磨煤机，5台磨煤机运行时带BRL负荷。

(3) 给水系统配置2×50%B-MCR调速汽动给水泵和一台30%B-MCR容量的电动调速给水泵，实现全程给水控制。

(4) 汽轮机旁路系统采用25%B-MCR一级电动大旁路，仅启动时用，之后关死。

(5) 除渣方式采用刮板捞渣机，实现固态连续排渣。

(6) 锅炉在燃用设计煤种时，不投油最低稳燃负荷不大于锅炉的30%B-MCR，并在最低稳燃负荷及以上范围内满足自动化投入率100%的要求。

(7) 锅炉采用定压—滑压—定压运行方式，在大于30%B-MCR或小于90%THA负荷下采用滑压运行方式。

(8) 采用高压缸启动方式，锅炉的启动时间（从点火到机组带满负荷）与汽轮机相匹配，具体情况如下：

冷态启动（停机超过72h）：10～11h。

温态启动（停机32h内）：4～5h。

热态启动（停机8h内）：3～3.5h。

极热态启动（停机小于1h）：＜3h。

1-38　1000MW超超临界机组汽轮机的总体结构如何（以某电厂为例）？

汽轮机总体结构采用四缸、四排汽、单轴布置方案。从机头到机尾依次串联一个单流高压缸、一个双流中压缸及两个双流低压缸。高压缸呈反向布置（头对中压缸），由一个双流调节级与8个单流压力级组成。中压缸共有2×6个压力级。两个低压缸压力级总数为2×2×6级。机组总长为36.59m，末级叶片高度为43英寸(1092.2mm)，根径为73英寸（1854.2mm），轴向排汽面积为10.11m²，总轴向排汽面积为40.44m²。采用一次再热，双背压凝汽器。高、中压动叶结构形式采用自带冠（CCB），低压动叶均为CCB结构。

1-39　1000MW超超临界机组汽轮机的主要特点是什么(以某电厂为例)?

1000MW超超临界机组汽轮机的主要特点如下:

(1) 总体结构紧凑先进。在百万千瓦容量等级机组上,采用单轴全转速四缸(其中高压缸为单流)四排汽总体结构布置,是当今世界上最紧凑先进的方案。

(2) 采用只升温不升压的方式。超临界技术发展之路有三条,技术难点截然不同。只升温不升压只涉及材料问题;只升压不升温涉及结构、强度、循环、通流、调节等多重问题;既升温又升压则兼具上述全部问题。只升温不升压之路代表当前超超临界机组发展的主流,反映了技术发展的内在规律,实践证明是一条成功与省力之路。

(3) 对高温部件作特殊精心设计。根据不同高温区域、不同应力水平的部件采用不同的耐高温材料。例如:高、中压转子及高、中压第一级动叶片采用改良的12Cr锻钢(12CrMoVNbW,耐温600~610℃);低压转子采用高纯净低Si、Mn能防回火脆化的3.5NiCrMoV钢,以满足因再热温度大幅度提高导致低压进口温度高达391℃的工作条件。结构上采取有效冷却措施——高压主蒸汽管壁上开有小孔,引入冷却蒸汽对CrMoV锻钢制成的高压外缸进行冷却。中压缸进汽部分除了有类似的高压缸的冷却结构外,还通过专门设置的管道用冷却蒸汽去冷却双流型中压转子温度最高的中间部位。对高、中压转子的轴颈部位用CrMo钢进行表面堆焊,防止被轴承表面磨损。

(4) 采用多项先进通流技术,保证较高经济性。针对不同部位的通流部分,采用了多项有效的先进通流技术,以提高通流内效率,如平衡层流叶栅、AVN-S及AVN-L静叶成型技术等。

1-40　1000MW超超临界机组发电机的主要技术参数是什么(以某电厂为例)?

1000MW超超临界机组发电机的主要技术参数如下:

型号:TFLQQ-KD。

额定容量:1120MVA。

额定功率：1000MW。

最大连续容量：1064MW。

额定电压：27kV。

额定功率因数：0.9（滞后）。

额定频率：50Hz。

效率：99%。

额定转速：3000r/min。

冷却方式：水氢氢。

励磁系统：自并励静态励磁。

1-41　1000MW超超临界机组对热工自动控制的要求是什么？

与亚临界机组相比，1000MW超超临界机组主机系统表现为高参数、高功率、监控量大、控制难度高等特点，具体要求如下：

（1）主机系统输入/输出工艺变量多，系统规模显著增大。单台300MW机组主机I/O点约6000点，600MW机组I/O点约9000点，1000MW机组I/O点大于10000点，最终系统总点数约120000～150000点。

（2）动态过程加快。一方面由于主蒸汽压力参数上升，介质刚性提高；另一方面由于做功工质占汽水循环总工质的比例增大，造成动态过程加快，机、炉、电的总体性能增强。

（3）数学模型不精确。直流锅炉是汽水一次性循环，不具有类似于汽包的储能元件，锅炉储能小，很难找到类似于热量信号的仅反映燃料的变化不反映汽轮机调节阀及给水流量变化的信号。直流锅炉/汽轮机是复杂的多输入多输出的被控对象，燃料量、给水量、汽轮机调节阀开度任一发生变化均会影响机组负荷、主蒸汽温度、主蒸汽压力变化，它们之间相互影响不能忽略。

（4）外围辅助车间数量增多，地域分散。基于环境保护的要求越来越高，污染物的排放、水资源的利用都受到了严格的限制。新上火电机组工程项目中，在原有的输煤系统、除灰渣系统、化学水处理系统、凝结水精处理系统、制氢站、工业水泵房等的基础上，城市中水处理、反渗透水处理、海水淡化、脱硫及脱硝设备及系统又成了必须配置的生产辅助车间，这样外围辅助车间的数量又增加了很多，辅助车间的范围继续扩大，大型火电机组中外围辅助车间的控制规模也相应增大，对这些系统的集成提出了新的要求。

1-42　1000MW 超超临界机组热工控制系统的设计选型原则是什么？

热工控制设备选型统一化、控制系统一体化的设计在火电厂中已成为一种趋势，这样方便运行人员操作、检修人员维护与检修、人员培训、备品配件储备。现在有的电厂甚至把外围车间的控制都纳入了主机 DCS。这样做在 600MW 以下特别是 300MW 以下机组是可行的，因为技术发展已经很成熟，设备选择余地较大。但对于大型火电机组，特别是大型超超临界机组，其主机和主要辅机性能参数要求高，很多设备要求进口，选择余地较小，而进口设备的控制供货方一般都要求配其自己的控制系统，如汽轮机、旁路系统等，不同意纳入主机 DCS 中进行控制，否则不保证设备性能。这造成热工控制系统一体化设计与选型非常困难。

大型火电机组热工控制系统的选型中，在处理热工控制系统一体化与机组整体性能的问题上，应逐次从以下七个方面进行考虑。

（1）是否能保证主机安全。控制系统设计首先应能保证发电机组主机的安全，保证在机组参数超出最大允许范围，出现不可逆转的工况时，迅速跳掉主机，保证设备安全。

（2）是否能保证辅机安全。在保证主机安全的前提下，当重要辅机参数超出最大允许范围，出现不可逆转的工况时，迅速跳掉辅机，保证辅机安全。

（3）是否能保证机组控制的可靠性。在保证机组安全的前提下，所选择的控制设备应是可靠性较高，MTBF 时间较长的设备，只有这样才可以保证机组控制的可靠性。

（4）是否方便机组的操作与控制。所选择的控制系统应方便操作与控制，自动化程度高，人机界面友好。

（5）是否方便检修、维护。所选择的设备备品供应应可靠，检修方便。DCS系统各种报表功能应齐全，方便出图等。

（6）是否方便安装、调试。

（7）是否影响美观。

热工控制系统的首要任务是保证主辅机设备安全。热工控制系统中负责此项工作的是FSSS和ETS。由于保护系统对处理速度的要求，早期的FSSS大都通过PLC实现，但随着DCS控制器处理速度的发展，又因为相对于汽轮机和发电机而言，锅炉的惯性较大，其控制系统是一个慢速系统，当前的典型设计是将FSSS放入DCS中，专用一个处理器完成此项功能。这样做的好处是在保证设备安全的情况下，减少了控制系统的种类，方便第一故障显示和跳闸原因查找，方便运行、维护与检修。汽轮机是一个快速系统，对其保护系统的响应时间要求也较高，因而现在新上或改造电厂仍采用继电器硬接线回路实现汽轮机的保护是有其道理的，但这样不方便跳闸原因查找且没有历史追忆。比较好的办法是采用能与主机DCS通信且能在主机DCS的工程师站上进行组态的专用PLC，这样既方便了跳闸原因查找和历史追忆，又能很好地保证保护动作的实时性。对于保证汽轮机安全停机的事故油系统，其连锁应保留不依赖主机DCS的硬连锁。辅机的保护一般在DCS中实现，但重要辅机的润滑油泵也应保留硬连锁，防止DCS连锁的不及时。除此之外，独立于DCS的手动停机、停炉回路不可省略，这是保证机组安全的最后防线。

在保证机组安全的前提下，设备选型其次应该考虑控制系统的可靠性，只有控制系统可靠，平均无故障时间较长，控制系统与被控对象能够密切配合，各种控制策略能够充分实现，机组才能可靠运行。因而无论控制系统还是就地检测设备或执行机构，都应选择有良好应用业绩的产品和技术实力雄厚的成套商。

在热工控制系统可靠的前提下才可进一步要求控制系统控制的方便性、人机界面的友好性和设备级、系统级、机组级自动控制的完整性。只有这样才能做到减人增效，保证企业的经济效益。在热工控制系统的可靠性与控制的方便性相矛盾时，应首先保证机组的可靠性。如国外进口的汽轮机一般都要求配自己的控制系统

(DEH 和 MEH)，这与业主要求的控制系统选型的统一性相矛盾，在招标时可以要求对方的控制纳入 DCS，但在对方不响应的情况下，按照首先保证机组可靠性的原则，应接受对方成熟设计，采用其他措施或办法提高控制的方便性。

在此基础上，应进一步要求热工控制系统的可维护性，如 DCS 控制系统卡件种类不可太多，控制柜内电源种类不可太多，单块 I/O 卡件上的通道数不可太多，接线端子不可太小，工程师站可以方便调用各种逻辑图、各种报表，操作员站方便做各种趋势图及各种过程画面切换等。又如电动执行机构能否实现免开盖调试，变送器能否远方测试等。

在此基础上，再进一步考虑热工控制系统的安装、调试的方便性，如控制柜内接线端子排和走线槽等布置应合理，控制柜应坚固，就地设备的接线出口应标准等。

以上都能满足的情况下，最应该考虑的就是系统的美观性了，这在集控室的布置上表现的最明显。采用何种形状、材质、颜色的操作台，是否设立触摸屏、大屏幕，是否保留光字牌和常规仪表等。这些虽然对实现机组控制没有多大影响，但可以影响人们对这台机组的感受。

判断一台机组的热工控制系统是否先进，应首先看其是否能够保证机组安全经济运行。在大型火电机组进行设备选型时，由于很多设备国内技术不过关，涉及很多国际招标，会受到各种因素制约，设备选型的统一性很难保证，此时应按以上原则加以权衡、取舍。

另外，为了提高设备可靠性及机组自动化水平，就地过程仪表及控制机构依据维修方便原则，设备选型尽量统一。

1-43 1000MW 超超临界机组典型控制系统配置和在厂房内的布置情况是怎样的（以某电厂为例）？

大型火力发电厂典型控制系统一般分为主厂房控制系统（主控制系统）及外围辅助车间控制系统。主控制系统一般包含 FSSS、ETS、MCS、DEH、SCS、ECS、DAS、BPS、MEH、吹灰程控系统、TSI 等部分，以上系统的功能实现可采用统一的 DCS 硬件平台，同时，也有个别系统采用与 DCS 不同的硬件平台，例如：有些工程主机 DEH、MEH 作为汽轮机功能整体的一部分，随汽轮机供货，采用与 DCS 不同的控制硬件；有些工程 FSSS 采用 PLC 或继电器硬接线实现等。

但随着技术的发展，主控制系统采用统一 DCS 已成趋势。目前国内常见的较适用于大型火电机组的 DCS 主要有北京 ABB 贝利控制有限公司的 Symphony、上海西屋控制系统有限公司的 Ovation、西门子电站自动化有限公司的 Teleperm-XP、日立（北京）公司的 HIACS5000-M 等。TSI 国内较常用的为 BENTLY3500 和 MMS6000。很多工程给水泵汽轮机的控制系统随给水泵汽轮机供货，控制系统采用 MEH，硬件多采用 WOODWARD505 控制系统。外围辅助车间地理上布置较分散，各辅助车间多采用 PLC 控制方式，然后通过辅助控制车间控制网络将各分散的辅助车间控制系统联接成一个大的控制网络，称辅助车间控制网络。可实现在主集控室内对外围车间进行监控，达到减人增效的目的。

随着环境要求的逐步提高，新上火电机组必须同步配备脱硫和脱硝系统，由于脱硫和脱硝系统较复杂，其控制系统多采用 DCS。

1000MW 超超临界机组将控制系统划分为主厂房区域及外围辅助厂房区域。包括凝结水在内的主厂房区域设备的控制采用 DCS。外围厂房由于地理上较分散，且与主厂房区域内的设备在控制上关联性不强，分为输煤、除灰渣、脱硫、中水处理、反渗透等辅助车间，采用 PLC 控制。DCS 采用上海西屋过程控制有限公司的 Ovation 控制系统，该系统控制能力强大，扩展能力强，兼容性好，I/O 卡件支持 HART 协议，方便设备维护及状态检修，同时该系统还支持各种现场总线，人机界面友好，非常方便运行人员操作及故障原因排查，方便工程师系统维护及管理。在本工程中所有变送器卡件采用支持 HART 协议卡，炉顶大包温度、汽轮机缸壁温度及轴封系统汽温、汽压调节等采用了现场总线。所有外围辅助车间的控制流程通过辅助网络，可以实现在集中控制室监控。

集中控制室布置简洁、明快，操作台上只有液晶显示器、操作键盘、鼠标及事故按钮，立屏布置机组重要参数显示屏及等离子电视，等离子电视用于显示炉膛火焰、全厂闭路电视系统、DCS过程画面及外围厂房控制流程图。

1-44 艾默生、西门子、北京贝利、上海福克斯波罗、日立公司的DCS系统各有何特点?

(1) 艾默生过程控制有限公司（Ovation）：艾默生过程控制有限公司推出的是Ovation控制系统，Ovation是工业中最可靠、能实时响应的监控系统，它具有多任务、数据采集、潜在控制能力和开放式网络设计，Ovation系统利用对一个当前最新的分布式全局型、重要的相关数据库作一次瞬态和透明的访问来执行对控制回路的操作。这种数据库访问允许把功能分配到许多独立的站点，而通常这些功能归属于一个中央处理器。因为每个站点并行运行，这就使它能集中在指定的功能上不间断地运行，无论同时发生任何其他事件，系统的性能都不会受到任何影响。

(2) 西门子电站自动化有限公司(Teleperm-XP)：西门子电站自动化有限公司推出的是Teleperm-XP分散控制系统，Teleperm-XP成功地完成了从自动控制系统到全方位协调管理系统的快速转变。Teleperm-XP不断引入最先进的技术，并结合从电厂运行中获得的丰富知识和经验，以提供最佳的解决方案。TXP的结构始终适应现代电厂的工程要求，整个自动控制系统根据不同的自动化水平要求分层组织，各个部件设备与系统之间的联系得到最佳的支持。由于采用了智能现场设备，现场级被完全地结合进了自动控制系统中。开放式的接口及网络技术允许Teleperm-XP有选择地融入综合IT系统中。

(3) 北京ABB贝利控制有限公司（Symphony）：北京ABB贝利控制有限公司的分散控制系统Symphony是ABB公司在火电厂分散控制领域最新的技术，包括桥路控制器BRC，智能化IO模件，模块化电源系统MPSIII，操作员站Conductor-NT和工程师站Composer等。贝利公司在20世纪90年代初推出了Infi 90 Open，与其以前的分散控制系统一起，成功地在各类工业领域使用，已成为过程控制工业中使用较多的分散控制系统。

（4）上海福克斯波罗有限公司（I/A）：美国 FOXBORO 公司于 1987 年推出 I/A Series，经过改进后，能够代表当今世界先进水平的开放式 DCS 系统。I/A Series 具有完全的开放性和可靠的长寿命结构。在工业自动化方面，I/A 系统是具有先进技术的优秀的系统。在工业上，其期望的寿命始终是最长的。I/A Series 覆盖了 DAS、MCS、FSSS、SCS、旁路控制系统、DEH 和 MEH 等多个系统，并实现了 I/A Series 与电厂 MIS 系统的连接。监控级网络采用业界最先进的 1G/100MB 以太网形式，工程师站和操作员站通过各自冗余的接口接入该网，在使用单模光纤时长度可达 10km，使用多模光纤时可达 2km，如使用扩展器则可达 70km。

（5）日立公司（HIACS-5000M）：日立公司推出的 HIACS-5000M 系统是为电站控制工程专门设计的最新型自治分散控制系统，控制功能覆盖大型机组的 MCS、SCS、DAS、FSSS、DEH、MEH、ECS、旁路控制等，保证总体优化运行。该系统为开放式系统结构，能与第三方控制系统对接（包括 SIS、MIS 等），消灭信息孤岛，实现全厂综合自动化。

1-45　艾默生、西门子、北京贝利、上海福克斯波罗、日立公司的 DCS 系统的网络结构有何不同？

（1）Ovation 系统：冗余高速公路，采用双口集线器，由于交换机的推出，产生新的通信技术。通信速率为 100m/s，支持 OSI 协议标准，通信介质为光纤或铜质，网络支持 1000 个网络节点，双环拓扑结构，每秒刷新 20 万实时数据点，双环网络长达 200km，双环最大直线距离为 50km，高带宽，定时存取方式，支持同步和异步传输。由于采用了商业化硬件，不再需要常见的网口和接口，并能完全和公共的 LANs、WANs 以及企业内联网连接。完全淘汰了复杂的网桥结构。高速 Ovation 网络不同于其他高速公路，它是一种完全确定性的实时数据传输网络，信号不会丢失、衰减或延迟。

（2）Teleperm-XP 系统：采用 SIMATIC NET 工业以太网，无

通信限值。通信速率为100m/s，通信介质采用光纤，双环网结构。机组网与公用网采用网桥连接。通信协议符合IEEE 802.3以太网标准，支持ISO和TCP/IP协议标准。采用全双工并行通信模式和交换技术，极大地提高了通信速率（网络能力达200Mbit/s）。两节点之间的距离最长3000m，环网最长可扩展至150km。开放式通信，在带有OPC及WEB4TXP的Windows-PC上，可在世界各地通过企业网、互联网或超域网访问TXP。

（3）Symphony系统：通信结构是多层、各自独立、采用不同通信方式与信息类型的网络结构。“数据高速公路”是C－Net（控制网络）。信息传递的方式采用缓冲器插入方式。通信介质为双绞线电缆、同轴电缆或其他通信介质。网络为环形封闭式。节点的总数量最多是250个，传输速率为10MB。通信协议为多点、多目标存储转发式。该协议没有通信指挥器，对网络上的各节点来说，它们的通信地位是平等的。每一节点都是独立的、带有缓冲寄存器的信息转发器。每一转发器随时独立地接收、发送或撤消数据。节点间的最大距离为2000～4000m。主环与子环之间的连接节点不会降低网络的速度。Symphony系统最大的节点数目可达250×250＝62500个节点。

（4）I/A Series：网络采用业界最先进的1G/100MB以太网形式，在使用单模光纤时长度可达10km，使用多模光纤时可达2km，如使用扩展器则可达70km。通信介质为同轴电缆或光纤。通信符合IEEE 802.3标准。满足DECNET，TCP/IP网络通信可与NFS、SNA、NOVELL等网络连接，实现过程控制与管理一体化。

（5）HIACS-5000M：通信主干网络是用FDDI方式，它是一种高性能的冗余光纤令牌环状网，FDDI的基本协议几乎完全以IEEE 802.5协议为基础，其数据帧格式与IEEE 802.5数据帧格式类似。具有自动诊断、故障脱网、自恢复等先进技术，传送周期为1～1000ms。网络传送速度为100MB，通信介质为光纤，站间距离2km，最大联网长度为100km，采用高实时性的令牌访问方式。

第二章

百万千瓦超超临界机组控制系统的硬件组成

2-1　Ovation 控制系统通信网络的网络标准及特性是什么？

Ovation 采用适用于实时过程控制的通信网络，采用全冗余容错技术的 Ovation Control Network，严格遵循 IEEE 的标准。Ovation 网络与通信介质无关，既可采用光纤，也可采用 UTP。取消了对特殊网关和接口的要求，能够与企业内部 LAN、WAN 和 Intranet 完全连通。

Ovation 网络软件使用 ISO/OSI，可以在任何一个标准物理网络层中通信，具有所有网络的特性，即冗余、同步、确定和令牌传输。与以太网、快速以太网、令牌环或其他拓扑结构相连时它使用 TCP/IP 协议。允许用户在系统中集成其他厂商的产品。基于开放式的通信协议，Ovation 系统可将全厂区域自动控制和信息组成一个整体。

网络标准特性是：速度为 100MB/s；容量为 200000 实时点/s；长度为 200km；站点为 1000 个。

2-2　Ovation 控制器的作用是什么？

Ovation 控制器采用 Intel 奔腾处理器，可执行简单或复杂的调节、逻辑控制、数据采集，提供与 Ovation 网络和 I/O 子系统的接口。控制器内部使用标准 PC 结构并提供无源 PCI/ISA 总线接口，可以和即插即用（plug and play）的标准 PC 产品相兼容。Ovation 控制器使用多任务商用实时操作系统（RTOS）处理数据。RTOS 用来执行和协调多应用区域的控制与网络通信以及对控制器内部统一管理。

2-3 Ovation 控制器有什么特色？

Ovation 控制器的特色是：具有处理多种应用程序（包括网络）的能力；控制器能够完全无扰切换；兼容第三方用于数据通信、控制、用户 C 语言编程和仿真的软件；支持多任务和优先任务计划；完全符合 POSIX1003.1b 的开放系统标准；用容易理解的命名方法来增加过程点（优于使用复杂的名称或硬件地址加偏移量的命名法）；RTOS 所占内存仅为 32KB；RTOS 存储和启动使用闪存（flash memory）；RTOS 的模块式结构只执行控制算法和通信的功能；应用软件的组态程序记录在闪存中。

2-4 Ovation 控制器操作系统有什么特色？

Ovation 控制器所使用的操作系统不同于其他操作系统，如 Unix，它只适用于兼容 POSIX 的 RTOS 核心部分，内嵌于 Ovation 的控制器中。RTOS 通过 TCP/IP 提供有优先计划的多任务安排和网络通信。网络通信通过商用适配器，执行物理和媒介层处理的通信功能。诸如路径确定、站到站的连接等通信协议中的高级功能以及文件的传输，都由控制器软件处理。

Ovation 网络执行 TCP/IP 协议仅仅是 RTOS 功能中的一种，它也兼容其他实时操作系统，如 Microsoft NT、Unix。

2-5 Ovation 控制器的硬件有什么特色？

Ovation 基于奔腾处理器结构及 PCI 总线方式。使用 PCI 总线作为系统的设计思路，可以支持其他的 PC 设备。Ovation 控制器被设计为可适用在不同硬件平台上。Ovation 控制器的硬件平台和操作系统以工业标准为基础，具有降低硬件和软件淘汰的风险、降低硬件和软件更新成本、提高跟踪技术发展的能力等优点。

2-6 Ovation 控制器硬件的规格是什么？

控制器硬件的规格见表 2-1。

表 2-1 控制器硬件的规格

项　　目	规　　格
处理器	Intel 奔腾

续表

项　　目	规　　格
时钟速度	266MHz
内存	64MB DRAM
闪存	32MB
控制内存	3MB
总线结构	PCI 总线
I/O 模件	最多 128 个就地卡件
点的类型	最大量
发生点（有点名）	最多到 16000
模拟量（硬接线）	1024
数字量（硬接线）	2048
SOE（硬接线）	1024
过程控制区域	最多 5 个
冗余切换时间	<5ms
I/O 采样速度	10ms～30s
I/O 接口	PCI 总线

2-7　Ovation 标准控制器的控制功能是什么？

Ovation 控制器使用奔腾处理器，具有同时处理 5 个过程控制区域的能力，扫描频率从 10ms～30s。每个控制组态均可包含 I/O 过程点和算法。

2-8　Ovation 系统的模件有哪些？

（1）模拟量输入/输出模件；

（2）数字量输入/输出模件；

（3）LC 模件；

（4）速度检测模件；

（5）阀定位模件；

（6）HART 协议接口卡。

2-9　Ovation 系统模拟量输入输出模件有哪些特性？

模拟量输入输出模件有如下特性：

（1）IEEE 抗浪涌能力；

（2）直观的 LED 诊断/状态指示灯；

（3）自动归零，自动增益修正；

（4）符合 IEC 801-2～5 标准；

（5）通道间及通道与逻辑间电气隔离；

（6）14 位分辨率；

（7）提供调节过的隔离电源（使用二维变压器技术）；

（8）在线初始认定，使用 EEPROM 存储整定常数。

2-10　Ovation 系统模拟量输入模件、输出模件的特点分别是什么？

Ovation 系统模拟量输入模件的特点如下：

（1）每块模件 8 路信号输入。

（2）不同输入等级组态：±20mV，±50mV，±100mV，0～1V，0～5V，0～10V，4～20mA，1～5V DC。

（3）每个通道 10 次/s 转换。

（4）热电偶开路检测。

（5）广泛使用低电耗的晶片。

（6）点的品质状态报告。

（7）单通道隔离和单通道 A/D 转换器。

Ovation 系统模拟量输出模件的特点如下：

（1）每块模件 4 个通道。

（2）3 种输出量程：0～5V，0～10V，0～20mA。

（3）电源输出提供过流和低于额定电流指示。

（4）故障模式下保持上一个状态或关闭。

（5）2 个电流输出模件可以冗余，只需将信号线串接。

（6）单通道隔离和单通道 D/A 转换器。

2-11　Ovation 系统热电阻检测（RTD）模件的特点有哪些？

热电阻检测（RTD）模件的特点如下：

（1）8 个输入通道；

（2）支持 2 线、3 线和 4 线制 RTD；

（3）每个通道提供开路电流检测；

（4）单通道隔离和单通道 A/D 转换器。

2-12 Ovation 系统数字量输入输出模件有哪些？ 特性是什么？

Ovation 系统数字量输入输出模件如下：

（1）数字量输入模件；

（2）接点输入模件；

（3）数字量输出模件；

（4）历史事件顺序模件（SOE）；

（5）脉冲累计模件。

数字量输入输出模件有如下特性：

（1）IEEE 抗浪涌能力；

（2）直观的 LED 诊断/状态指示灯；

（3）点到点及点到系统的对地 1000V 光绝缘。

2-13 Ovation 系统数字量输入模件的特征是什么？ 输出模件的特征是什么？

数字量输入模件的特征是：16 路微分或单边的数定量输入；两种输入等级组态；24V DC 或 48V DC；125V；符合 IEC 801-2 和 801-4～IEC 801-6 标准；过压熔断状态检测；现场电缆允许最长达 1000 英尺。

数字量输出模件可以直接与处理器、机械式或固态继电器设备接口。

数字量输出模件的特征是：16 路单边输出；符合 IEC801-4 等级 4 标准和 IEC801-5 等级 3 标准；从 I/O 总线到现场输出的光隔离对；对接点的时间输出周期和动作（关或保持）可用软件组态通信；熔丝熔断检测。

2-14 Ovation 系统接点输入模件的特征是什么？

接点输入模件的特征是：16 路单边接点输入；48V 带内部电压监视的卡件内电源；符合 IEC 801-2 和 IEC 801-4～IEC 801-6 标准；熔丝熔断检测；接地出错检测。

2-15　Ovation 系统历史事件顺序模件（SOE）的功能是什么？其特征是什么？

SOE 模件是与 I/O 接口总线兼容，用来测试历史事件顺序的子系统。这种模件监视现场点，并标出点状态改变的时间标签。SOE 模件是 SOE 子系统中的一个元素，它的功能是收集一组用户组态的接点输入状态变化的序列。控制器将扫描 SOE 事件并读入缓冲区，同步比较 SOE 模件和数据高速公路的时钟，然后将信息发至两个指定站中的一个。

SOE 模件的特征是：16 点单边接点输入；48V 带内部电压监视的卡件内电源；符合 IEC801-2 和 IEC 801-4～IEC 801-6 标准；熔丝熔断检测；接地出错检测。

2-16　Ovation 系统脉冲累计模件的作用是什么？

脉冲累计模件累计现场脉冲信号输入。脉冲量输入信号可能来自位置编码器、转速计和流速计。脉冲累计模件提供多电压类型的两个通道，它还具有执行脉冲计数、脉冲宽度和频率的测量能力。

2-17　Ovation 系统 LC 模件的作用是什么？其特征是什么？

LC 模件安装在控制器 I/O 底板上，可以和一个控制器相连。有两个串行端口。主要为第三方设备或系统提供使用接口，编程端口可以和 IBM 兼容计算机 COM1 或 COM2 串行端口相连。

LC 模件的特征是：16 位处理器（80C186），可以执行 IBM 兼容个人计算机代码；1M 字节静态随机访问存储器；64K 字 EPROM，用于个人机 BIOS 用户版本；256K 非易失性存储器，用于存储操作系统程序和应用程序；RS-232/RS-485 电流隔离 COM1；所有内部元件最大耐 85℃操作温度；电子 ID 识别 I/O 模块类型、组、系列号和版本号；具有热交换能力；RS-232 编程端口。

2-18　Ovation 系统速度检测模件分哪两种？其特点是什么？

速度检测模件分 16 位、32 位两种。速度检测卡件由一个现场卡和一个逻辑卡组成。现场卡内有一个信号处理电路，用来读取转速器送来的正弦或脉冲序列输入信号。在转速计和逻辑卡信号之间采用光学耦合器连接，使信号之间电子隔离。

速度检测模件的特点是：接收转速器输出的正弦或脉冲序列输入信号；速度检测为5ms更新一次数据；更新信号速率适应速度控制规则；高速情况下达到快速反应采用双板上C型输出；回路开路检测功能；冗余电源；现场信号与逻辑信号之间1000V电子隔离；条形码辨别模块类型；具有热交换能力；16位分辨率为1Hz。

2-19　Ovation系统阀定位模件的作用是什么？阀位驱动卡件的特点是什么？

阀定位模块可以设定阀的位置设定值。在模块内部80C196微处理器提供实时阀位的闭环PI控制。阀位设定值通过处理送出冗余的输出控制信号，这些控制信号驱动电液伺服执行器上的线圈和安装在阀杆上的LVDT检测到的阀位信号一起构成闭环回路。

阀位驱动卡件的特点是：回路扫描时间10ms；PI增益和积分时间常数可编程设定；可手动或正常模式控制；电隔离输入/输出；3个备用伺服阀执行器线圈；1个LVDT初级绕组输入；1个LVDT次级绕组输入；1个数字量输入；1个数字量输出；1个阀位点反馈电压测试点；1个RS-485；1个用于本地调节的非隔离RS-232串口；1个用于驱动伺服阀执行器线圈的16位微处理器计时监控器；用于I/O总线通信的计时器、监视器；CE标记证明；具有热交换能力；耐±1000V绝缘隔离。

2-20　Ovation系统HART协议接口卡分哪两种？

HART协议接口卡分8路HART协议AI接口卡、8路HART协议AO接口卡两种。

2-21　Ovation操作员站的作用是什么？操作员用户界面的特征是什么？

Ovation操作员站提供了一个高分辨率的窗口，以处理控制画面、诊断、趋势、报警和系统状态的显示。通过工作站，用户可以获取动态点和历史点、通用信息、标准功能显示、事件记录和一个复杂的报警管理程序。

通过一个面向厂区处理的窗口，Ovation操作员站提供了获取控制、诊断、趋势、报警和厂区情况的实时图形接口。为了能够处理快速变化的厂区处理数据，操作员站的通信是通过一个高速、确定的网络来完成的。

通过高速、高分辨率的实时显示画面来简单回顾和分析历史、实时过程数据信息，报警画面和一套图形用户界面（GUI）。Ovation操作员站还可提供自选格式报表和执行性能计算等功能。

操作员用户界面的特征是：Solaris操作系统的工作站、PC基准的Windows、Java/浏览器远程工作站三种标准平台可供选择；单显示器或双显示器支持，全面多任务操作；使用开放式Windows主题的环境，具有包括不同的第三方组件或软件的能力；Ovation操作员站允许对150000动态点进行访问；具有快速直接访问信息能力，例如：通过导向调节显示页的缩放；支持多种语言、字符集和文化背景转换的能力；标准平台确保多用户支撑和对将来硬件发展的兼容性。

2-22 Ovation工程师用户界面的特征是什么？

Ovation工程师站在操作员站功能的基础上增加了创建、下载和编辑过程图像、控制逻辑和过程点数据库等所需的工具。

工程师用户界面的特征是：执行在线控制和图形编程双重功能；重新使用图形源码，存储时间和确保图表转换的连贯性；用系统参考工具库在线使用各种手册；多窗口功能允许用户同时对控制、数据库和图形进行编程；顺应工业标准（ODBC/SQL），允许兼容其他数据库系统。

2-23 Ovation标准操作员站的作用是什么？ 它通过什么来表示标准的回路和显示方式？

用户可通过选择操作员站监视器上的图标来访问标准操作员站，即报警、组态显示、算法参数调节、浏览用户过程控制。当图标被激活时，相应的标准控制功能会显示在一个窗口内，它可以按照多窗口显示的格式被任意调整尺寸和移动。最多可由7个不同功能的窗口同时显示。这些窗口可以任意调用、定位和调节。操作员站可调用存储在硬盘内的由工程师站用CAD类型的图形建立器绘制的用户过程画面。过程画面可定义为操作员站通用和特定站使用两种方式。为了加快调试进度，控制回路和布尔逻辑方案可以用工程师站绘制的精确的图形方式在线激活和修改。

Ovation操作员站提供了一个菜单系统，来表示标准的回路和显示方式，它包括图形显示、程序执行、逻辑子系统、通用信息显示、报警显示画面、拖/放点名功能、点信息及系统自诊断。

2-24 Ovation标准操作员站具体有哪些功能？

标准操作员站具体有以下功能：

（1）测点的回顾；

（2）点的信息；

（3）操作员时间记录；

（4）报警管理；

（5）报警目的地；

（6）报警优先级；

（7）声响报警；

（8）报警确认；

（9）报警复位；

（10）过程画面；

（11）班组日志；

（12）趋势。

2-25 Ovation标准操作员站如何来回顾点的生成？

允许用户通过一系列特性、状态、质量码来回顾点的生成。

限位：数值限位、工程范围限位、报警限位、合理限位、数值嵌位限制、传感器限位以及限位检查移位；

质量码：Bad，Poor，Fair，Good。

具体包括：SID报警；报警检查移位；剪切块无效；报警剪切；工程范围检查关闭；合理检查关闭；数值嵌位关闭；输入数

值；外部校验；扫描移位；标标签；测试模式；扫描清除；超时。

2-26　Ovation 标准操作员站对每一幅过程画面，动态点给出的点击区包含哪些内容？硬件信息有哪些？下拉菜单能实现哪些数据采集功能？

允许操作员浏览选中的过程点的完整数据库记录，并可以调整扫描状态、报警状态、报警限位和数值。对每一幅过程画面，动态点都自动给出点击区，通过它可以快速移动过程点。

点击区的内容包含：过程信息；点名、说明、数值和质量码；广播频率。

硬件信息有：I/O 地址和信号类型；扫描状态（开/关）；报警状态信息（报警检查开/关，限位检查开/关）和限位（低、高、增量和死区）；系统信息，如起始站名和系统指示。

下拉菜单能实现的数据采集功能有：改变扫描状态；改变报警状态；改变数值；改变限位。

2-27　Ovation 标准操作员站的每个操作员事件消息包含哪些内容？Ovation 控制器初始的信息类型有哪些？

每一个操作员的操作动作会引发 Ovation 操作员站给标明记录事件的站点发出一条事件消息。这个站点马上生成一个有时间标签的 ASCII 码消息，并通过 Ovation 网络传给历史记录设备。随后可在历史记录设备上显示或打印出来。

每个操作员事件消息包含的内容有：事件子类型；日期/时间（最接近的秒）；事件说明；根据事件的不同。

每个消息还可能包括：点、设备或站点名；点的描述；以前的数值/模式和新的数值/模式；回路号、算法名称和算法类型。

Ovation 控制器初始的信息类型有：离散量控制消息；调节控制消息；各方面的其他消息；Ovation 控制器软件逻辑出错判断。

2-28　Ovation 标准操作员站的报警显示可选用哪几种类型？

允许操作员按照梯级浏览和确认报警显示，可以选用 4 种类型的报警显示。

（1）图形模块化报警。最多200个图形模块可用来表示报警点集合。一旦发生报警，相应的图块会改变颜色，提供快速的视觉指示。图块可以直接送至特定的过程画面。组态模块化报警时，也可使用位图制作图块。报警组可用点的优先级和特性作为框架。报警图块的位图可由用户定义优先级和用未确认状态来定义颜色码。用来定义图块的过程图形可以是任意类型，例如，过程概貌，手操站或点的集合等。

（2）报警清单。按照时序来显示现存记录的报警。点的报警状态改变将标明登录列表的更新情况。报警点的恢复也可标明（在对点进行组态时要说明）。

（3）历史报警清单。按照时序显示最近发生的5000条报警，包括发生和恢复。

（4）未确认报警清单。按照反时序序列显示未确认的报警。最近发生的报警将增加到清单的底部。当一个报警发生后，操作员必须按窗口上的报警确认按钮，以确保提供一个内部的反应。

2-29 Ovation标准操作员站报警目的地是什么？报警优先级是如何划分的？

操作员站可以通过特定厂区范围的过滤功能将报警送至特定站或整个系统。点名的第一个字母可以标明点所在的控制处理区域，通过这个方式，每个报警可以特定的表示它所在的控制区域。

为了区分报警的重要性，过程点定义为1～8挡优先级，8级最低，1级最高。模拟量报警的高低限可以安排各自的优先级。传感器标识一个输入点的失败，使用两数值中较大者；恢复时标识一个报警点恢复正常，使用两个数值中的较小者。

2-30 Ovation标准操作员站声响报警的作用是什么？其声音文件在哪两种模式下运行？

当报警发生时，声响报警将产生声音提醒操作员注意：一个或数个报警发生。声响报警可以连续也可以不连续，连续声响可以设为响一段时间间隔或响到报警确认为止。每个报警优先级可以定义不同的音调，如果收到报警，音调将按照报警中的最高优先级。这个功能将帮助操作员辨别报警的重要性。连续声响系统可以在一台或一组操作员站中运行。不连续的声响（一个用户定义的声音文件）在点报警时仅响一次。

声音文件可以在两种模式运行，即优先级或目的地。不同的音调可以定义给特定的目的地或优先级；同样的音调也可定义给不同的目的地或优先级。

2-31 操作员如何确认报警？报警复位的功能是什么？

操作员可以使用基本报警端口上的报警确认按钮来确认报警。报警确认标明操作员知道一个报警的情况，然后完成确认的行为。

在完成确认后，报警必须重新复位以便于从报警清单清除。报警复位功能标明所有系统中可重新恢复的报警，允许它们复位。

2-32 过程画面的附加功能是什么？班组日志的典型内容包括什么？

用高分辨率的图像和增强功能（如窗口缩放）来组织和显示过程信息。

附加功能有：图像可通过图形模块访问，用户可以自定义图形元素和文本的颜色、类型和大小，以便标识报警和操作条件的状态，图像可以包括连接或点击区来显示其他图像、窗口或点的信息，不属于系统内网络上的设置点可以定义并插入过程图像中，提供一个标准图形元素库，单幅图像可以链接多个组的点。

班组日志允许操作员填入每个班组的信息操作摘要和数据观测值。日志内容可以广播到其他操作员站或存储在历史站内。

典型的内容可以包括厂区情况、流程偏差、过程检测。

2-33 Ovation 系统操作员站趋势显示的功能是什么？

趋势图用图像或表格形式并按照选择的时间周期来显示系统网络上的实时点采样。操作员站可以浏览实时和历史数据两种趋势显示。操作员站可以建立特定的趋势组，以便于快速地访问一组预先设定点。

其他趋势显示功能包括：滚动、细微移动功能可以阅读实际趋势数值；基本颜色功能允许选择实际数值和设定点的色差；标明点退出扫描状态；水平、垂直、$X-Y$ 或表格形式可选；操作员可选趋势颜色；趋势采样周期为 1、3、10、30s，1、5min 和 1h。

2-34 Ovation 系统工程师站的功能是什么？工程师站特殊工程功能包括哪些内容？

Ovation 工程师使用 Windows 环境和高分辨率的显示画面来执行编程、操作和维护功能，并包含了 Ovation 操作员站的所有功能。工程师站提供了创建、编辑和下载过程图像、控制逻辑和过程点数据库的必要工作。为了组态和维护 Ovation 系统，Ovation 工程师站包含了称为工程工具的一整套工具。这些工具用来创建和编辑过程图像、控制逻辑、键入过程点数据库和站点组态文件，并将新建或改变后的数据文件存入系统软件服务器。工程师站提供一套带安全系统的、简单易用的图形用户界面重要数据库。Ovation 数据库是分布式数据库，每个站点处理它相关部分的数据，再通过网络连接在一起。所以，主体数据库具有一致和精确的可维护性。全域的数据库一直在更新报告当前的数值。工程工具可把数个来自不同硬件平台的应用程序单独或同时展开并执行。

Ovation 工程师站执行系统管理功能并存储所有的系统软件，系统目标码和应用源程序代码也存储在工程师站中。因为具有工程和操作双重功能，工程师站提供了多样的功能库。处于工程模式时，可以开发、下载和维护所有站点的应用软件。新的组态程序将通过 Ovation 网络传递到目标站点。

工程师站特殊工程功能包括：数据库和控制组态；组态厂区各种显示图像和操作画面；报表和历史点组态；组态与其他网络的数据链接；下载所有工作站和站点组态程序；所有设计的文本文件。

2-35 Ovation 系统历史站的作用是什么？

Ovation 系统历史站为整个 Ovation 过程控制系统的过程数据、报警、SOE 记录提供大容量的存储和回复信息。Ovation 历史站具有高速、高效和高度灵活的特点，它能组织巨大数量（20000）的实时过程数据和有意义的信息，并将之提供给操作员站、工程师站和系统维护人员。所有过程数据可以以 0.1s 或 1s 的时间间隔扫描和存储，以备今后恢复和分析。收集的数据可在工程师/操作员站上显示、打印、传输给其他文件或归档。

2-36 Ovation系统历史站的特征是什么？

Ovation系统历史站功能在客户/服务器结构下操作运行。

服务器部分所有软件都运行在历史站内。服务器通过Ovation通信网络接收实时数据，处理数据，再将收集到的数据传递给内部存储器归档存储，并应答所有对收集数据的访问。

客户用户界面（UI）运行在操作员/工程师站上。UI提供对历史站服务器收集到的数据进行显示、打印或按预定格式存储报表的工具。操作员站接口不用考虑数据的来源（就地趋势数据、历史数据文件、归档数据文件或过程点链接数据），直接提出要求并通过过程趋势来浏览整个集合的数据。显示格式有多种类型，并提供标准的缩放功能和简化操作员要求数据的工具条窗口。

历史站服务器还包括一个强有力的中央历史数据库服务器（CHDS）。这个Oracle实时数据库管理系统周期性地采集和存储来自Ovation历史站数据文件中的摘要数据，并能访问长期存储数据和通过关系型数据库组织的计算。通过SQL和ODBC接口可以访问CHDS的数据，可提供给商业管理信息系统和企业级的应用。这个配置提供了历史站与MIS报表之间的缓冲区，方便厂区操作人员操作，并使过程数据的采集和控制系统的运作更安全。

Ovation系统历史站具有以下特征：

（1）高速扫描数据并处理（0.1s和1s），高速、高效、灵活地组织20000实时过程数据点；

（2）通过模拟量数据压缩模块，优化存储内存；

（3）数据回复连续无缝的用户界面；

（4）提供便利的自动数据文件目录帮助恢复过程信息；

（5）全冗余操作自动数据和文件恢复；

（6）可选择标准硬件设计适合特殊要求。

2-37 Ovation系统历史站的功能有哪些？

Ovation系统历史站的功能如下：

（1）基本历史站软件包；

（2）主要历史记录软件包；

（3）历史事件顺序（SOE）；

（4）Ovation 记录服务器（LOG）。

2-38 Ovation 系统基本历史站软件包的功能是什么？

Ovation 系统基本历史站软件包提供了允许运行单个历史站软件模件的核心软件。基本历史站软件包为单个历史站应用软件提供了计划、监视和磁盘管理功能。此外，基本软件包将收集到的数据归档到光盘内，以便长期存储。

2-39 主要历史记录软件包的功能是什么？

主要历史包收集、存储和回复过程点数据。所有的点每秒扫描一次并收集点状态或数值的变化。提供最小的磁盘存储容量，但同时精确地记录活动过程。利用历史点回顾和历史趋势功能访问和分析收集到的数据。主要历史软件包也向操作员界面提供趋势功能所需要的数据。报警历史记录软件包将报警状态文本化以用于今后的分析。

报警历史软件包接收由其他站点（典型操作员站和工程师站）用报警监视功能传送来的报警。模拟量和数字量报警存储内容包括报警时间、点的数值、点的状态和报警优先级。

报警历史软件包用户接口（UI）允许操作员站或工程师站显示、打印收集到的报警或将报警存入文件中。UI 还提供按照各种因素对报警清单进行排序的功能，如点名、时间范围或初始站点。

操作员事件记录软件包按照时序创建一个系统操作行为记录，如手/自动转换、升/降命令、开/关命令、设定点变化、报警限位变化、点的热量状态变化或人工键入的数值。任何动作都将被清楚地标明、打上时间标签并按照时序存储。UI 提供按照时序、时间范围、初始站点或事件类型等回复的功能。这个清单可以显示、打印或按照 ASCII 码文件形式存储。

文件历史记录软件包存储、归档班组日志和记录报表，以数据文件的形式存储和归档操作员班组日志（由操作员站用户界面发出）和生成的报表（由记录服务站输出）。在操作员站或工程师站上的典型用户界面用来从存储在历史站的数据文件中回复所需信息。

长期历史记录软件包长期存储关键的在线数据，其功能类似主要历史记录软件包，收集和存储数字量和模拟量点的数值和质量码。长期历史功能为主要的测点提供确定的在线存储区，以使其能够长时间在线保存（数月）。

长期历史与主历史功能使用同样的数据线束工具——历史点概貌及历史趋势，因此可共用分享共同的UI。主历史和长历史测点可用这些显示方式任意组合。存储区对用户是透明的。

2-40 Ovation系统历史事件顺序(SOE)的功能是什么?

SOE控制器收集事件顺序数据，根据时间顺序分类列表，并搜寻列表后首发事件。SOE的历史用户接口在操作员/工程师站上运行，它允许操作员查阅SOE报告并根据标签控制或首发事件测点对报告进行筛选。

控制器需装备合适的I/O收集卡来完成上述功能。

2-41 Ovation系统记录服务器（LOG）的功能是什么?其有何特点?

Ovation系统记录服务器提供打印机管理报表定义及报表生成功能。打印机可直接连接到记录服务器上亦可直接连到以太网上。

LOG服务器有以下特点：

（1）可用Spreadsheets来定义LOG及报表格式，使所需培训时间最短。

（2）自由格式报表可在同一份报表中将实时数据、历史数据及文件组合在一起。

（3）打印序列中心管理及高级打印机自诊断，使打印机管理简化。

（4）记录及报表可以打印出来也可以用ASCII码或商业Spreadsheets格式将其以文件存储为历史数据存档。

基本 LOG 服务器软件包提供一个运行和监视其他 LOG 服务器的软件包，即打印机管理器、报表生成器、屏幕拷贝及报警监视。该软件包在历史站上运行，并在接口上显示系统所有 LOG 服务器状态。状态监视还提供打印管理器、报表生成器、报警监视状态及所有 LOG 服务器控制的打印机状态。

报表建立器定义 LOG 报表的格式。报表定义包括报表格式、数据及报告触发器（设定、事件、定时器）。报表建立器用 Spreadsheets 定义报表版面、支持报表模板及宏定义。LOG 服务器有足够的存储空间定义数以百计的 LOG 及报表。报表建立器一般运行在工程师站。

报表生成器使用报表建立器定义的原型及有关系统数据建立报表。数据可取自 Ovation 网络、历史站。如果需要也可以从磁盘文件中提取。报表生成器可由操作员请求、某一事件或定时器来触发。报表生成后，可将报表送往打印机打印，亦可送往历史站存档。报表生成器在操作员/工程师站上运行，用于提交报表请求、查阅报表状态或删除报表。

打印管理器接受发自其他 Ovation 站的打印请求，如操作员界面或其一打印队列的排序请求。排队打印可根据优先级排序。单个的打印请求可以通过归并同时打印。打印管理界面运行于操作员/工程师站。允许用户查看打印队列、监视打印机状态或取消打印请求。

2-42 Ovation 系统工具的作用是什么？

作为一套完全的增强型软件程序，Ovation 高效工具能够创建和维护 Ovation 控制策略、过程图像、点目录、报表生成和系统范围的组态。高效工具和 Ovation 嵌入式关系型数据库管理系统相互协调，维护和控制所有组态编译的环境，并允许与其他工厂或商业信息源实现内部简单连接。每个高效工具能在独立的硬件平台上使用多个拷贝的独立、并行执行功能。

该工具使用一个直觉的、菜单控制的环境，并且所有的工具基于同一软件包平台。使用简单易用的图形用户界面（GUI）工具来进行组态和维护。在线系统中的每个站点包括一个可按需浏览所有实时数据点的分布式数据库，可以监视和控制系统过程。

系统主管数据将数据分散到网络上的每个站点内。每个站点管理数据库管理与自己相关部分的数据接口，主管数据库只负责管理系统的可靠性和精确性。每个独立的高效工具使用同一个结构与主管数据库连接。简单而言，这种结构支持的增加、修改、删除点和它们的属性类似执行一般数据库中的查询功能。

2-43 Ovation 系统工具包含哪些模块?

Ovation 系统工具包含以下模块：

（1）组态建立器用于定义或维护系统结构数据库；

（2）控制建立器是一个友好直观的 AUTOCAD 软件包；

（3）图形建立器使用一个 CAD 型的环境来快速创建和编辑高分辨率的过程；

（4）安全建立器为系统功能和测点数据提供安全保护机制；

（5）测点建立器专为用户增加、删除或修改系统测点设计；

（6）报表建立器提供了设计和修改用户自定义类型报表的工具。

2-44 Ovation 系统工具组态建立器的作用是什么?

组态建立器用于对所有 Ovation 系统设备组态数据进行定义和维护，包括控制器参数等。用户借助这套软件定义工作软件的类型和方式、工作站软件包的参数和硬件的设定（磁盘分区、第三方软件和其他）等。组态建立器不一定建立在项目的硬件基础上，整个系统的组态可以在最终设备未完成前就完成定义。除了定义、维护站点数据之外，组态建立器还提供组态控制器（包括定义控制区域数量和执行速度），具有维护安全系统的能力。组态建立器将其传递给每个高效工具组件，把提供的数值合成缺省组态数值和系统组态的源数值等两组参数。因此在安装后，用户无需更多的工作就可以运行系统的组态程序。高效工具在运行时能支撑更多的组态组件。

2-45　Ovation系统工程师站用于站点管理的两种图形用户界面工具(GUI)是什么？其各自的作用是什么？

Ovation工程师站提供两种图形用户界面工具（GUI）用于站点管理，即初始化工具和管理工具。

初始化工具使用户能够拥有创建站点类型和指定软件组件能力。通过合成所有的分项细则，来确保站点的定义能实现需要软件实现的功能。用户可通过初始化工具内的站点类型来组态Ovation系统中的其他站点。

管理工具提供对不同软件包组态文件进行修改、维护和下载的能力，例如，管理工具具有修改Ovation操作员站趋势子系统颜色和缺省属性的能力，它还能修改图形模块化报警显示的版图。在管理工具修改所有软件服务站上的文件后，用户再将文件下载至恰当的站点内。

2-46　Ovation系统工具控制建立器的作用是什么？

控制建立器是一个友好直观的Ovation软件包，它能加速Ovation控制策略的创建，并自动生成和发送控制器创建所需的执行代码。作为图形用户接口的高效工具，控制建立器提供生成自选图形方式（含控制符号、信号名和信号连接）的能力。

作为一个快速完整的图形工具，控制建立器是Ovation控制器内控制功能的主要编程手段。它能自动创建控制器算法所需要的内部测点和缺省测点。控制建立器还提供一个标准的控制库（压缩布尔、文本和图形模块等）。

控制建立器采用一个可广域浏览、自由格式的环境，即在一幅画面中包括了所有的控制组态。作为一个标准的计算机辅助设计型软件包，控制建立器提供了一个标准的AUTOCAD的环境，允许用户使用不同工具、图形库和模块组等功能。

所有图形可定义尺寸、格式或类型，允许操作员使用任何文本过滤系统来处理用户标题块、边界组态和数字化方案，控制方案提供文本和图形两种方式来注解。另外提供调试控制器、功能生成解释和其他细节等，对控制策略加以说明，控制策略可以定义为宏模块并存储入功能库中以备今后调用。使用控制器确认功能，使得用户能了解控制器内是否能容纳现在创建模块的执行码大小。

2-47 Ovation 系统工具图形建立器的作用是什么？

图形建立器使用户能够创建和编辑鲜明全色彩的160000像素的Ovation系统显示图像。软件对对象采用标准鼠标点击功能来绘制、移动和改变尺寸，通过滚动菜单访问绘制的属性，如颜色、线宽、填充图案和文本尺寸。用户可建立交互式的器件，如按钮、复选框、选择项、事件菜单和幻灯片。本软件提供的扩展图形符号编辑器，允许用户创建、定义和存储最多256个用户自定义图形。

另外，还具备支持条件码（IF和LOOP命令）、数学运算及源文件复制功能。

2-48 Ovation 系统工具安全建立器的作用是什么？

安全建立器为系统功能和测点数据提供安全保护机制。安全子系统的组态信息格式为站点—任务—用户目标。安全性选择被存放在工具数据库中并遍及在系统的各处。软件提供就地和远程两种安全保护。这套安全系统允许定义多个级别进入系统，它可以按用户姓名或设备功能甚至逐点分别设置入口安全界面。

2-49 Ovation 系统工具测点建立器的作用是什么？

测点建立器专为增加、删除或修改测点而设计。为了防止测点重点，测点建立器在增加测点时执行一个快速的、全系统范围内的统一检查。该软件还检查测点所有属性域值类型和范围的正确性与用户填入所有必须的域值。

测点建立器窗口提供了与测点目标数据库的标准接口。软件还提供核实被删除点是否还被其他区域调用，如果发生冲突，会及时通知用户等功能。使用测点建立器用户能够定义关系到每个测点的I/O参数和执行考虑到每个测点的数据库的复杂的查询功能。I/O参数包括I/O类型、卡件类型、硬件地址、终止信息、传感器类型、校验和量程转换系数。

Ovation 工具的结构支撑在线执行（变化将立即反应到运行系统）或离线（插入进程）两种方式。支持在线和远程更新的组件包括许可管理器的在线改变。高效工具支持两种类型的商务条款整体检查：单个领域检查——检查输入值是否在可接受的范围内；多个领域检查——根据其他相关现场的内容检查输入的接受能力。

测点组的建立是通过一个普通接口建立起过程图像组、趋势组和历史组来完成的。历史组允许在线测点的建立。测点的收集频率为0.1s。在线测点的建立存储在一个动态的数据缓冲区内，用来保持过去时间的数据。

2-50 Ovation系统工具报表建立器的作用是什么？报表建立器产生的报表类型有哪些？

报表建立器是一种易于掌握的报表建立工具。它用于设计和修改用户报表格式。它允许在用户定义方式及细节信息显示方式的基础上，开发新的报表形式。

由报表建立器产生的报表类型如下：

(1) 由用户定义的绝对式或间隔时间的周期性报表；

(2) 由多种条件触发的事件报告；

(3) 由一点或多个数字化网络测点引发的跳闸报表；

(4) 按需报表。

2-51 Ovation系统工具数据库的作用是什么？

Ovation系统工具数据库为加入数据和组织数据提供基本的富有意义的工具手段，同时使得数据在遭受未经授权进入的情况下更有安全保证。它也提供跟踪该数据的手段，但Ovation工具真正强大的部分在于其处理这些数据的方式，并可修改和维护系统。一旦信息增加进数据库，Ovation工具执行一系列检查，如果系统不能支持装载的组态，它会向操作员站和工程师站发出警报。

当数据库服务器站点初始化后，一个重新确定的过程会执行，即在线站点查询和根据发现的差别更新主管数据库。为了监视其他类型的错误，Ovation工具数据库为服务器周期性地查证是否每个站点的初始测点与主管数据库同时更新。如果Ovation工具数据库检测出某个偏差，它将立即执行一个重新确定的过程。

如果目标增加或更新到主管数据库中，相应地立即会在分布式数据库内改变。为了按照一个有效的方式传输信息，所有的变化会同时广播给所有站点。每个站点监视变化消息并了解它先前丢失的消息。当一个站点检测到一个错误消息时，即刻就会执行一个重新确定的功能。

Ovation 工具数据库还支持直接从一个外部数据库读取数据的能力。这个功能使得用户的现有数据库（带测点信息）可直接输入到 Ovation 工具数据库中。

为了记录存储在 Ovation 工具数据库内的目标，测点的历史状态存储区可以存储并恢复信息。Ovation 工具应用用户可以对数据库目标设置任何数值的变化。

其他用户不能访问数据库目标（仅能改变但永远不能存储）。应用程序的不正常始终不会发生任何丢失性的变化。高效工具可以覆盖存储或丢失用户的改变来覆盖发生的任何情况。

2-52　HIACS-5000M 系统网络技术特性是什么？

HIACS-5000M 系统通信网络为 μΣNetwork-100，采用 FDDI（fiber distributed data interface）标准，是一种高性能的光纤令牌环状网。它的速率为 100Mbit/s，跨越的距离可达 200km，最多可连接 1000 个站点。通信介质采用的是多模光纤，其传输数据的准确率极高，传送 $2.5 * 10^{10}$ bit 误码率远低于 1bit。FDDI 是以 IEEE 802.5 协议为模板的，其数据典型桢格式如图 2-1 所示。

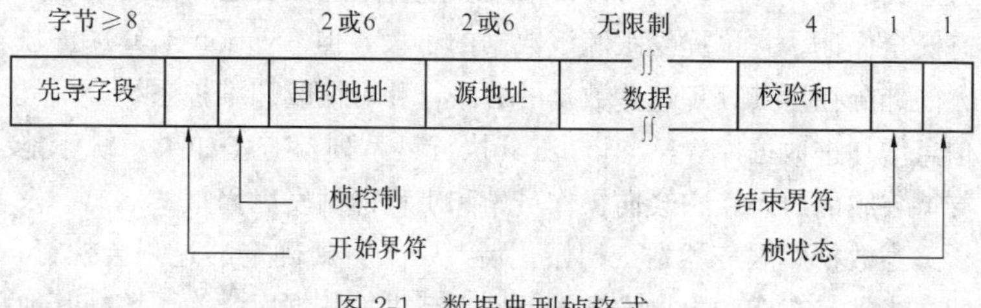

图 2-1　数据典型桢格式

2-53　HIACS-5000M 系统网络主要特点是什么？

（1）高性能。采用光纤作为通信介质，网络传送速度为 100Mbit/s，最大电缆长度为 100km，采用令牌访问方式，适合于大规模实时控制系统。

(2) 高可靠性。由于采用光纤作为传输介质，可有效避免电磁干扰。采用环型结构并冗余配置，即采用外环和内环，结合“回绕”技术，最大限度地降低了由于线路损坏对系统造成的影响。内环的令牌（tokes）传输方向是逆时针方向，外环路令牌为顺时针方向，令牌环行一周，每个站获得一次发信权。一般情况下，外环为主网环路，内环为热备份网络。当主网（外环）故障时（如网络折断），主网停止运行，备份网投入运行，不影响数据传输。当内环故障时，站间数据依靠外环传输系统仍可正常工作。

(3) 实时响应稳定。令牌网的最大优点是数据传输的稳定实时响应。即使在重负荷工况下，令牌网的环行周期仍然是可设计和可控制的，在128个挂站的情况下。精心设计的硬件和软件，仍可保证令牌网的环行周期在10ms之内。因此，可以设定的令牌网环行周期为大于10ms，如50、100ms，这就意味着每个站每秒可获得10～20次发送权，每个控制站每秒将可发送20～30KB数据量，对一个控制站来说，不可能达到这样的数据传输量，因此$\mu\Sigma$Network-100的通信能力十分强大且稳定。

(4) 具有自动周期传送功能。可以按一定的周期（1～1000ms，可设定）自动广播发送用户指定的数据，最大数据量为256KB（相当于12万8千个模拟量点或200余万个数字量点）。

2-54　HIACS-5000M系统网络中通信类型有哪些？

(1) 选点通信（通信协议UDP/IP）。选点通信是广播通信的一种特殊情况。广播通信是一个站点发送，网上所有站点都能接收的方式，而选点通信则是一个站点发送，网上若干个指定站点接收的方式，简称为1∶N通信，其发送与接收站点的对应关系可组态设定。

(2) 远程CPU控制通信（通信协议UDP/IP）。远程CPU控制通信是一种点对点通信，可使用不同的命令对控制器进行操作，这些操作包括复位控制器，程序装载/卸载，存储器读/写等。

(3) 信息包通信（通信协议TCP/IP）

信息包通信（外层打印网）是一种点对点通信，其作用是将一个专用数据包发给指定的站点。

(4) 周期传送（UDP/IP）。周期传送是定期广播通信，各个站点根据预先定义的周期将预先定义的数据点广播发送，每个站点都可以及时地得到其他站点的数据。

2-55 HIACS-5000M 系统典型网络结构是怎样的？

基本控制器为 R600CH，承担受控装置闭环、开环控制及连锁保护任务，是 HIACS-5000M 系统中完成控制保护任务的基本计算单元；冗余配置的高速光纤通信网络，连接了全部基本控制器及上面人—机界面系统；操作员工作站（POC）、工程师工作站（EWS）、历史数据站（HDS）、通信接口站（CIS）等挂于高速光纤网络上，构成机组级人—机界面系统。需要制表打印输出的数据由操作员工作站（POC）、工程师工作站（EWS）、历史数据站（HDS）传送到外设网络上，由打印机输出。

2-56 HIACS-5000M 系统控制器的特点是什么？

R600CH 控制器（CTL）是 HIACS 系统的基本控制单元，执行工艺过程装置或设备群组级的实时控制、连锁保护功能。该控制器的技术特性相当大程度地决定了 HIACS 系统的技术特性。R600CH 是 HIACS-5000M 系统的新一代控制器。CPU 模板中，采用 RISC 技术的新型中央处理器，内部数据宽度 64bit，用户程序内存区为 32MB，具有运算处理速度快和可靠的特点。CPU 模板直接与 $\mu\Sigma$Network-100 网连接，信号传输速度 125MB 采用了双环光纤网络。R600CH 采用了工业无源高速并行背板总线（R600CH 总线）。作为 CPU 模板与 I/O 模板之间的数据交换总线，并行总线结构实现了 I/O 模板与 CPU 模板之间的快速数据传输，从而极大地缩短了控制周期，提高了可控性。为了提高应用软件的执行效率和可靠性，R600CH 采用了高效、高可靠的 R600CH 操作系统软件。使得应用程序软件执行得更快、更可靠。

CPU 控制器内部配置有 64bit 高速并行总线。带有故障检测校正功能（error check and correct，ECC）的 DRAM 区，配置了

32MB用户应用程序及数据区，并且可以进行存储区错误的检查和改正。设置了外部电池，当系统供电丢失时，确保RAM存储数据不丢失。系统程序（PMS）放在ROM区，容量为512KB。

在控制器模板双重化配置下，为了实现主—从控制器高速实时状态下的动态数据一致，设有主—从控制器之间数据交换的专用总线Tie-Back接口，使得主—从控制器板状态数据在每个控制周期都可保持完全一致，确保了切换中无扰动。此类跟踪数据自动、周期地通过专用接口交换，不会影响I/O总线的操作和快速访问，进一步提高了控制器的处理能力和快速性。

控制器模板的前面板上设有运行指示灯三个，表示“运行-Run”、“热备用-STBY”及“故障-ERR”状态。此外设置了手动开关，可以进行“运行-Run”或“Stop停止操作”。控制器模板还设计有系统再启动后的数据自动检查和一致化功能。该程序置于系统程序（PMS）中，系统接入后，系统程序自动检查各状态，并与运行CPU模块一致化，保证正常工作。

2-57 HIACS-5000M系统控制器的参数是怎样的？

R600CH控制器参数见表2-2。

表2-2 R600CH控制器参数

项　目	规　格
处理器	32bit RISC处理器
ROM	512KB
用户内存（RAM）	32MB
内存类型	带有后备电池的RAM芯片
连接网络	μΣNetwork-100，100Mbit/s
I/O总线	高速并行总线
组态语言	POL（problem oriented language）
系统软件	PMS实时管理软件
控制周期（ms）	20，50，100，200，250，500
控制周期最小设定间隔（ms）	10

续表

项目		规格
应用程序执行方法		处理器存储程序直接执行方式
I/O机箱扩展能力		主机箱+7个扩展机箱
最大标签量	模拟量	可设定变量数YY*****，每位*为16进制数，即为16^5
	开关量	可设定变量数XX*****，每位*为16进制数，即为16^5
内存备份电池		ER17/75WK13，1100h
自诊断		ECC（错误校验及校正） 非法指令校验 非法地址校验 看门狗定时器（WDT） 内存校验 内存写保护及失电保护

R600CH硬件结构和软件设计的最终效果，可由控制器负荷率(η)及内存占用率(ξ)的实测数据反映出来。η和ξ的定义为

η=控制器程序实际执行时间/控制周期设定值

ξ=控制器内存实际使用值/控制器用户可用内存（32MB）

2-58 HIACS-5000M系统控制器的双重化技术是什么？

控制器或CPU模板双重化是电站控制工程的基本要求。为了实现双重化主控制器内部数据，必须与从控制器完全一致。以PI调节器为例，当主CPU状态数据与从CPU状态数据在切换前完全一致时，对受控阀门或其他装置来说切换后才不会产生扰动。

为了提高主—从CPU状态数据的相互传送，R600CH控制器内设置了专用内存（dedicated memory）和专用数据总线（DCM-BUS）。主—从CPU之间的状态跟踪数据，不经过$\mu\Sigma$Network-100网，而是通过专用总线进行传输，从而保证了数据的及时性和可靠性。主—从CPU之间的数据跟踪传输是在每个控制周期内自动地进行的。为了提高可靠性，设计了输出数据环路反馈校验比较程序。当比较器检查出数据不一致时，发出报警。设计了数据读反馈校验程序，主CPU发送到从CPU模板后，从CPU把接收到的数据再传送回主CPU，与主CPU的数据进行比较验证，当不一致

时，发出故障报警，并进入故障处理程序。

2-59 HIACS-5000M系统控制器的三重化技术是什么？

在实际工程实施中，FSSS系统中的FSS部分采用三重化控制器及I/O的安全型的配置方法。每系控制器及I/O都配置了双重化的电源装置。这样的结构无论从外部故障（现场信号故障）到FSS系统内部（控制器故障或I/O故障）故障，都最大程度地保证了系统的设备安全，而且控制器及模板均可在线便捷更换，更使FSS系统本身故障导致保护失效的可能降低到最低程度（几乎为零）。MFT出口的设计更有效地杜绝了FSS发出MFT信号的拒发和误发，更使这样的FSS系统达到最大的可靠性、安全性。

2-60 HIACS-5000M系统I/O总线的特点是什么？常用的I/O模板有哪些？

HIACS-5000M系统I/O总线是工业无源背板总线，位于控制器机箱和扩展机箱目的背部，具有并行、高速的特点，CPU模板、各种I/O模板，可直接插接在机箱槽内，连接在该总线上。

系统常用的I/O模板有AI（模拟量输入模板）、AO（模拟量输出模板）、DI（隔离型开关量输入模板）、DO（隔离型开关量输出模板）、PI（隔离型脉冲量输入模板）等。

2-61 HIACS-5000M系统常用的I/O模板各有什么主要特性？

（1）模拟量输入模板（AI：LYA000B）的主要特性如下：

1）智能化、隔离型模拟量输入模件；

2）每板8路差动输入，路—路隔离；

3）每路具有一个A/D变换器；

4）具有板上处理器，能够完成零漂校正和增益校正功能；

5）输入信号范围4～20mA或0～5V DC；

6）输入阻抗大于500kΩ，满量程精度±0.1%。

（2）模拟量输出模板（AO：LYA100B）的主要特性如下：

1）带有微处理器的隔离型模拟量输出模件；

2）8路电流型控制信号输出；

3）路与路之间完全隔离；

4）每路一个D/A转换器；

5）每一路AO均具有增益校正功能及板上；

6）完善的故障自诊断功能，适用于0～5V、4～20mA，－5～＋5V、0～10V、－10～＋10V信号输出；

7）满量程精度为±0.2%。

（3）隔离型开关量输入模板（DI：LYD000B）的主要特性如下：

1）隔离型16路开关量输入模件；

2）每一路均采用独立的光—电转换器隔离；

3）采用48V DC作为现场接点状态的查询电压。

（4）隔离型开关量输出模板（DO：LYD105B）的主要特性如下：

1）隔离型16点开关量输出模件；

2）每路具有独立的驱动电路和光电隔离器；

3）用于控制输出，外接继电器可扩大触点容量，适应现场的不同需要。

（5）隔离型脉冲量输入模板(PI：LPP100B)的主要特性如下：

有CPU和脉冲计数器的智能型16路脉冲量输入模件。

（6）热电偶输入模板（THC：LYA210B）的主要特性如下：

1）提供8路THC输入＋1路冷端补偿输入（RTD输入）；

2）输入信号范围为－10～＋10 mV，－20～＋20 mV，－50～＋50mV，－100～＋100mV（可选）；

3）冷端补偿输入电阻（RTD）为－50～＋50mV。

（7）热电阻输入模板（RTD：LYA220B）的主要特性是：

1）8路热电阻信号输入模件；

2）每路热电阻均设有独立的测量电桥；

3）输入信号范围为±50，±100，－100～＋250，－100～＋500mV（可选）。

（8）SOE事件顺序记录板（SOE：LPD250B1）的主要特性

如下：

1）本模板为智能型模板，模板上设有硬时钟，用于SOE计时，并可与GPS同步；

2）每块模板提供16路开关量输入通道，1路GPS校时通道；

3）为光电隔离型，内设防抖动诊断电路；

4）事件分辨率为1ms；

5）前面板带有各通道状态指示灯。

（9）转速测量模件（PTI：LYT000A）的主要特性如下：

1）本模板专门用于汽轮机电液调节系统（DEH）设计的转速脉冲量板，可接收汽轮机低转速直到额定转速的脉冲信号；

2）每板4点测量通道；

3）智能化、隔离型输入；

4）低转速和高转速信号均可输入；

5）可测瞬态汽轮机转速。

2-62 HIACS-5000M系统人—机接口包括哪些部分？各部分的作用分别是什么？

HIACS-5000M系统人—机接口包括操作员工作站、工程师工作站、历史数据站、通信接口站、值长工作站。

（1）操作员工作站。操作员工作站是HIACS-5000M集散型控制系统的重要组成站点之一，是运行人员与机组过程进行人—机联系的接口。运行人员可以通过操作员工作站提供的操作界面，实现对机组操作端的控制操作及过程信息查询。操作员工作站通过显示、打印等输出设备向运行人员提供机组运行信息。

（2）工程师工作站。HIACS-5000M系统的高功能工程师站，把电厂的工程师从复杂而大量的工作量中解放出来。具体表现在：编程语言采用POL（problem oriented language，不需要工程师具有专门的计算机语言的知识）使用大宏指令能进行控制逻辑回路的阶层设计；装有高功能的Hierarchical CAD系统，绘图简便；通过逻辑仿真功能，在实体的控制器上检证FDB逻辑演算，该功能，在现场的调整和大修时，能减少系统恢复确认等工作量。工程师工作站（engineer work station）是 HIACS-5000M 系统的应用系统生成、系统修改、监视的工具。工程师工作站采用图形界面，使站式操作方式，应用系统程序员使用方便、灵活。

（3）历史数据站。历史数据站是 HIACS-5000M 集散型控制系统的重要组成部分，采用单元配置，主要用于采集和保存机组运行数据、SOE 记录、事故追忆、数据报表、报警信息、操作员操作记录等，并提供相应的检索、显示和打印等手段，满足电厂发生事故时的调查分析以及平常机组运行状态的记录。

（4）通信接口站。HIACS-5000M 系统的通信接口站，将 μΣNetwork-100 通信程序和数据库设计成一个标准平台，运行通用接口软件。这时 DCS 系统就可与其他具有标准协议的外部系统交换信息。各种辅助系统的不同通信程序作为可选软件模块，这些可选的软件模块是可以针对不同的通信协议进行设计的。在实际使用时只要根据电厂的需要将不同的软件模块连接到标准平台上即可，就像搭积木一样。

2-63 HIACS-5000M 系统操作员工作站的功能有哪些？

（1）离线功能。具体包括：①数据库组态；②画面组态；③操作组态；④报表组态；⑤性能计算组态；⑥MIS 通信组态。

（2）在线功能。具体包括：①在线监视；②在线记录；③在线操作。

2-64 HIACS-5000M 系统数据库组态的功能是什么？

数据库组态软件用于管理用户数据和系统维护，它是操作员工作站系统的一个支撑工具软件，完成应用系统的数据记录的编辑、计算公式的生成和在线运行数据的装载。电厂所有测点和计算点的所有信息都记录在数据库中，每个数据用一个记录来定义，记录由多个字段构成，对数据库进行编辑等操作都很方便易学。数据库分 7 种数据类型：模拟量输入、数字量输入、模拟量输出、数字量输出、模拟量计算、数字量计算和脉冲累计。

2-65 HIACS-5000M 系统画面组态的功能是什么？

画面组态功能可以完成 DCS 系统内所有的过程点（包括模拟

量输入、模拟量输出、数字量输入、数字量输出、中间变量和计算值）的显示，对显示的每一个过程点，均可显示其标志号（通常为Tag)、中文说明、数值、性质、工程单位、高低限值等。符号库定义自由，用户使用方便。系统对画面数量没有具体限制，用户可自由定义画面数量，每幅画面能容纳的图素为1280×1024，每幅画面上的实时更新和被控制的过程测点没有具体限制，以视觉清晰、舒适为准。

2-66　HIACS-5000M 系统操作组态的功能是什么？

CRT 操作组态是实现运行人员对电厂被控对象操作的软件，表现形式为棒状图或按钮（统称为操作端），操作端可多个组合成组（不超过 8 个）操作，或与系统图关联在系统图显示画面调用操作端进行操作。操作端数据不限。

2-67　HIACS-5000M 系统报表组态的功能是什么？

系统提供的报表组态功能是一套功能完善的软件，可定义收集班报、日报、月报、年报和触发型事件报表，收集变量可以是数据库中的任何一点，收集变量数量没有限制。

2-68　HIACS-5000M 系统性能计算组态的功能是什么？

对于简单的计算功能可以在数据库组态中直接进行定义，当需要进行复杂的计算时（如计算发电机组和辅机的效率，性能参数和各种能耗），包括按不同条件进行不同的计算时，可以通过性能计算组态工具来完成。其计算结果可以打印、显示，供操作员参考，以提高机组运行效率和寿命，大部分计算采用输入数据的算术平均值。

此外，还为工程研究提供一种交互式的性能计算手段，使用户可以在软件组态中嵌入自己用 C 语言编写的计算程序（如锅炉寿命计算）。

2-69　HIACS-5000M 系统 MIS 通信组态的功能是什么？

MIS 通信组态是针对电厂不配置 SIS 系统且 MIS 系统规模较小（点数较少或点数较多且实时性要求不高）时使用的组态工具。

对于较大规模的MIS系统，可通过通信接口站实现连接。

2-70 HIACS-5000M系统在线监视包括哪些功能？

在线监视包括如下功能：

(1) 系统图显示画面。提供对机组运行工况的画面开窗显示、滚动画面显示和图象缩放显示；重要报警弹出画面显示；控制测点每秒更新；支持打印。

(2) 报警监视画面。滚动式显示画面，最新的报警信息显示在最上面；根据颜色、闪烁状态区分报警状态；可按报警级别区分信息；支持打印。

(3) 机组启停曲线画面。可设定理想启停曲线；在线观察启、停机时各重要信息与理想值的偏差；可设定20组，共160点；支持打印。

(4) 系统监视画面。DCS系统的监视画面，可诊断显示至通道级；支持打印。

(5) 画面事件触发。当事件发生时，自动推出用户定义的显示画面。画面显示有两种方式：弹出窗口显示；弹出提示显示。

(6) 二、四分图。二分图为画中画形式显示；四分图为画面一分为四，一般情况为大屏幕显示监视用。

(7) 列表显示画面。用数据列表的形式显示系统中所有数据点的基本信息，包括PID点号、名称、KKS码、实时数值和状态/单位，其中，系统点的数值将根据点的不同状态显示为不同的颜色。数据列表有一览式和成组式两种显示方式。

一览显示方式全部点按照PID点号的顺序以一览的形式显示出来。显示分类有：①全部数据一览；②报警一览；③报警停止一览；④扫描停止一览；⑤坏点一览；⑥人置点一览。所有一览均支持选择数据库类型分类、筛选、查询、打印全部信息、打印选定信息。例如，在“报警停止一览”状态下，选择“模拟量输入”分类，在筛选框中写入“泵”后确认，系统将“报警停止一览”中所有名称包含“泵”字的模拟量输入点筛选出来，并可打印。数据库类型分类包括：模拟量输入、模拟量输出、数字量输入、数字量输出、模拟量计算、数字量计算、脉冲量输入及全部信息。对数据进行报警停止、扫描停止、人置点操作时，设有密码保护，以防误动、乱动。

成组显示方式以数据组的形式显示PID点的一览。每台操作员工作站上可设定100组，每组可显示20个点，即每台操作员工作站可定义不同的成组显示。

2-71 HIACS-5000M系统的在线记录包括哪些？功能是什么？

(1) 趋势记录显示画面。每一台操作员工作站可定义500点趋势记录；在一幅趋势画面上，采用不同颜色，同时显示8个趋势；每个数据趋势曲线包括900个趋势值；实时趋势可保存4h或32h。

(2) 事故追忆记录显示画面。记录事件触发前10min后5min信息；可设定共记100点的触发条件，收集点的数量不受限制；收集间隔为1s，可选择1、5、10s为显示时间间隔。

(3) SOE记录显示画面。可记录20组触发信息，每组最多512条信息；支持自动打印和请求打印。

(4) 报表记录显示画面。所有数据库中定义的点均可写入报表内；可随时查询收集信息；支持自动打印和请求打印。

(5) 机组负荷曲线记录显示画面。可设定理想机组负荷曲线；在线观察各重要信息与理想值的偏差；可设定2组，共16点；支持打印。

(6) 信息一览记录显示画面。对系统收集的信息（包括报警信息、报警恢复信息、操作员操作信息、状态变位信息及SOE信息）进行记录、显示；记录20组，每组2000点信息；支持查询、筛选、打印。

2-72 HIACS-5000M系统的在线操作包括哪些功能？

(1) 手/自动控制方式选择。可根据需要设定手、自动切换按钮。

(2) 系统图调用操作端操作。在系统画面图监视状态下，可进行调用操作端进行操作，方便用户在操作的同时监视其他设备状态。

(3) 固定操作端画面操作。系统设有固定操作画面，每幅画面可设定8个操作端，利用专用键盘可同时对这8个操作端进行操作，在紧急情况下可以快速操作设备。

2-73 HIACS-5000M系统工程师站的主要功能是什么？

(1) 系统监视。主要功能如下：

1) 逻辑监视。逻辑图的在线监视（可调节在线参数，可设定/解除仿真）。

2) 趋势监视。控制器数据的在线趋势监视。

3) 历史趋势编辑。在线趋势数据编辑成历史数据。

4) 历史趋势显示。历史趋势监视。

5) 趋势点号更新处理。逻辑图数据和收集数据一致化。

(2) 编程。主要功能如下：

1) 逻辑编辑。逻辑图、PI/O表的制作和修改。

2) 逻辑编译预处理。逻辑图编译预处理。

3) 编辑编译。逻辑图的编译。

4) PI/O的编译。PI/O表的编译。

5) 编辑执行顺序设定。逻辑图执行顺序的设定。

(3) 系统比较。主要功能如下：

1) 程序比较。比较H/D与控制器间控制器程序。

2) 传送表比较。指定控制器间连接一致性的比较。

3) PCM/CPU间比较。CM/CPU间连接的一致性比较。

4) 他系比较。与他系控制器比较程序。

5) MO比较。MO-H/D间控制器程序的比较。

6) 来历比较结果显示。显示来历结果的比较。

7) Loading数据比较。H/D加载后的数据比较。

(4) 系统登录。主要功能如下：

1) 相关子程序的登录。将子程序设定到各个控制器中。

2) 系统构成设定。各个控制器的模板安装、网络连接和地址设定值。

3）TASK 登录。标准外任意任务的登录。

4）传送连接表设定。对已连接控制器的网络定义。

5）SYSDEF 编译。参照定义文件，设定在 HIACS-5000M 中所缺省的固定常数。

（5）管理功能。主要功能如下：

1）双重化控制器生成。在 H/D 上双重控制器中，从系软件的生成。

2）输入输出清单制作。将逻辑图中传送的输入输出项目编制成传送清单。

3）时间参数一致性检查。时间参数一致性检查功能。

（6）图形生成。按应用需求生成各类显示画面以及接口画面等。各个画面定义信息采用自动文档管理，提高其可维护性。

2-74 HIACS-5000M 系统历史数据站的功能是什么？

（1）历史数据组态。可以直接从数据库中选择需要做历史记录的点，所有数据库中的点都可以作为数据被记录。数字量采集周期为 1s，模拟量采集周期有 3 种：1、5、30s。例如：可设定每 1s 采集点为 5000 点和每 5s 采集点 15000 点；或每 5s 采集点 40000 点，采集周期混合组态使用。另外，还可设定模拟量的扫描死区，更加合理使用硬盘存储空间。

（2）历史数据一览。将历史数据以一览表的方式显示。共可定义 100 组每组 8 个点的显示点，一次最多显示 2h 的历史数据，可方便地进行组的设定、修改、删除等操作，可设定历史数据一览显示的起点、终点时间。

系统也同时提供打印功能，打印方式有全部打印、打印指定的页、打印选定的内容等。

（3）历史趋势显示。历史趋势显示是将历史数据用曲线显示出来，通过趋势显示可直观方便地分析问题、查找原因、解决问题，也可以了解相关设备过去的运行状况，给电厂正常生产提供可靠的保证。所有历史数据均可做历史趋势回放，历史趋势显示可以定义 100 组，每组 8 个点，可以是数字量也可以是模拟量。

(4) 历史报表显示。历史报表的数据保存在D盘上，长周期报表（月报等）保存最近5年的历史数据，短周期（日报等）和事件性报表保存最近6个月的数据。

(5) 历史SOE显示。历史数据站保留最近30天的SOE数据，并且每天最多保留400次。

(6) 历史事故追忆。历史数据站可保留最近30天的事故追忆数据，可显示设定100组，每组8点。

(7) 历史信息一览显示。历史数据站保存最新200组信息一览，每组包括2000条记录，

(8) 历史数据的存储。可对历史数据、历史SOE、历史事故追忆、历史报表以及历史信息一览等数据进行存储，并可选择多种存储介质，存储时可以选择是否进行压缩。对于存储有两种方式：

1）请求转储：按需要在任何时刻将历史数据转储到其他存储介质上。

2）自动转储：在启动在线前做自动转储的设定后，则系统自动将历史数据转储到指定的存储介质上。对于历史SOE、历史事故追忆、历史报表以及历史信息一览都可以在任何时刻进行保存。

2-75 HIACS-5000M系统历史数据站存储量的计算方式是什么？

系统配置的历史数据站可以直接从数据库中选择需要做历史记录的点，所有数据库中的点都可以选取。数字量采集周期为1s，模拟量采集周期有3种：1、5s和30s，非重要过程点的采集周期可适当加大，采集周期可混合使用。采用差异存储方式。

历史数据站的数据存储文件分为数据文件和其他辅助文件，其中数字量数据的存储空间为1Byte/点，模拟量数据的存储空间为5Byte/点。假设历史数据站的历史点定义和点的变化如表2-3所示（单元机组），则收集一天后：数字量的容量约8.7M；模拟量的容量约860M；辅助信息约50M。

表 2-3　　历史数据站的历史点定义和点的变化

项　目	数　量
数字量历史点	4000 点/s
	4000 点/5s
	6000 点/30s
模拟量历史点	3000 点/s
数字量的变化率	200 点/s
模拟量超死区变化率	2000 点/s

对历史数据的存储可选择多种存储介质（硬盘、光盘等），转储的方式分请求转储和自动转储两种方式，同时还可以选择是否在转储时对数据进行压缩。压缩后的数据文件大小约为原数据文件大小的15%～25%，这样，历史数据站的硬盘即可提供极大的数据存储量。历史数据站配置不小于80G的硬盘（系统区只需要10G，其他全部用于数据存储）和光盘刻录机。

对以上的计算条件，经压缩处理后，每天的文件大小约不超过230M，按硬盘占用不超过60%计算，可存储超过6个月数据。

以上的计算条件已远远大于工程项目的实际数据记录量，因此实际存储量不会超过200M/天（实际记录量根据机组工况的不同亦有不同），存储时间更长。

2-76　HIACS-5000M系统历史数据站的系统软件包包括哪些？

HIACS-5000M系统软件包包括系统软件、操作员工作站软件、工程师工作站软件、历史数据站软件等。

2-77　HIACS-5000M系统操作员工作站软件的组成及各自功能分别是什么？

（1）趋势管理软件。

（2）信息管理软件。功能是：全部信息一览；操作记录；系统变位信息；SOE信息记录。

（3）报警管理软件。功能是：越线报警；记录报警及报警恢复信息；已确认报警记录；未确认报警记录；报警闭锁；报警死区；设定报警优先级。

（4）事故追忆管理软件。功能是：设定追忆信息；收集触发前10min后5min信息。

（5）报表管理软件。功能是：事件型报表；时间型报表；班报表；日报表；月报表；年报表。

（6）综合显示管理软件。功能是：系统监视画面；成组信息显示画面；系统显示画面；机组启停曲线画面；机组负荷曲线显示画面；二分图显示画面；四分图显示画面；列表显示画面。

（7）基本性能计算软件包。

2-78　HIACS-5000M系统工程师工作站软件的组成及各自功能分别是什么？

（1）监视软件。功能是：逻辑监视；趋势监视；历史趋势编辑；历史趋势显示；趋势点号更新处理。

（2）编程软件。功能是：逻辑编辑；逻辑编译预处理；编辑编译；PI/O编译；编辑执行顺序设定。

（3）系统比较软件。功能是：程序比较；传送表比较；PCM/CPU间比较；它系比较；Loading数据比较。

（4）系统登录软件。功能是：系统构成设定；传送连接表设定；编译。

（5）功能管理软件。功能是：双重化控制器生成；输入输出清单制作；时间参数一致性检查。

（6）控制生成。功能是：按控制逻辑组态、生成及程序下装。

（7）图形生成。功能是：按应用需求生成各类显示画面以及接口画面等。各个画面定义信息采用自动文档管理，提高其可维护性。

2-79　HIACS-5000M系统历史数据站软件的组成是什么？

（1）历史数据组态软件；

（2）历史报表软件；

（3）历史趋势软件；

（4）历史事故追忆软件；

（5）历史数据存储软件；

（6）历史 SOE 软件；

（7）历史数据显示软件。

2-80　HIACS-5000M 系统通信接口站的作用是什么？

HIACS-5000M 系统与其他系统/设备之间的通信与数据交换主要通过通信接口站予以实现。它是基于 Window XP 平台的应用软件，可选配有以太网（用于 TCP/IP 通信），各串口卡（用于与多个串口通信），它支持多种协议（包括支持以太网 TCP/IP 协议，Modbus/Modbusplus 协议、AB 公司 DF1 协议、Mark Ⅴ/Ⅵ GSM 协议、输力强公司 S-NET 协议等近十种），可同时与多个厂家的控制系统接口，并可扩展，每一个通信接口站可同时与最多 8 路控制系统通信，通信的数据类型可以是 AI、AO、DI、DO，也可以是 event、alarm/SOE 数据或其他信息。另外，根据需要，通信接口站可以监视对方网络状态。

2-81　HIACS-5000M 系统外通信接口有哪两类？

外通信接口一般有两类：一类是连接锅炉吹灰程序控制系统，输煤程序控制系统、水处理程序控制系统等辅助系统；另一类是连接 MIS、SIS 等系统。在连接辅助系统时，DCS 处于上位机的位置；在连接 MIS、SIS 时，DCS 处于下位机的位置。HIACS-5000M 系统针对两类通信的不同性质，采用了不同的解决方案。

2-82　HIACS-5000M 系统与辅助系统的通信有哪些特点？

（1）辅助系统数量较多，各电厂对哪些辅助系统需要与 DCS 通信的要求不同。

（2）通信协议种类较多，在 DCS 招投标阶段无法确定通信协议，往往到了设计联络会时才能确定。

（3）每个辅助系统的通信点数不太多（一般为几十点到几百

点)。

针对上述特点，HIACS-5000M 系统设计了专用的通信接口站。

2-83 Industrial^{IT} Symphony 系统通信网络结构是怎样的？

Industrial^{IT} Symphony 系统通信网络为多层各自独立的标准总线和环形网络结构。其中最上层的通信结构为总线网络。它符合以太网标准，主要用来构成管理层数据交换的结构，其名称为 O-net (operation network)。O-net 通过通信介质与多种类型的计算机连接，构成企业需要的有关生产、财务、人事、培训、维护、备件及市场管理等多种内容的管理功能。

另一网络层主要用来进行现场 I/O 数据采集、过程控制操作、过程及系统报警等管理数据交换的工作，其名称为 C-net (control network)。C-net 为冗余环状结构，主要用来连接现场控制站 HCU 系列、人机接口 Conductor、系统工程设计工具 Composer 等类型的节点。它主要承担过程管理等信息传播功能。

在 C-net 中的另一网络结构为 HCU 系列结构内的冗余总线网络 Controlway。它主要用来承担本节点内控制器与其他节点控制器的通信的功能。

在 HCU 结构内另一网络为子总线 (I/O 扩展总线)，它主要承担控制器与它所配置的子模件通信，完成相应的数据采集和执行相应的控制动作。

以上这些不同的网络，其结构类型、信息传输方式、所采取的通信安全措施等都各有其特点，完成不同的功能。

2-84 Industrial^{IT} Symphony 系统通信协议的作用是什么？

通信协议是一种专门用于通信的软件、规则。就如同是网络文字一样，所有参加通信的节点都必须认识这些文字，达到理解、传送、通信的目的。O-net 遵守以太网协议 TCP/IP (符合 IEEE802.3)；C-net 遵守环形网络使用存储器插入式的存储转发协议；Controlway 使用自由竞争式协议。

2-85 Industrial^{IT} Symphony通信系统中使用了哪些通信技术？作用分别是什么？

为防止通信通道的堵塞，保证通信传输的畅通和提高网络的通信效率，以及最有效地利用信息传输中的每一个信息字节，Industrial^{IT} Symphony通信系统中，使用了两种有效的通信技术，即例外报告技术、信息压缩技术。

（1）例外报告技术。所谓例外报告就是在过程控制中，产生的一些涉及测量数据、操作、报警、管理的信息，经过一定技术处理，形成一种反映信息值的专门报告。这一报告的显著特点是只反映某一时间间隔内发生显著变化的信息，而对没有发生显著变化的信息，不产出报告。所谓例外报告技术，就是利用计算机软件技术来处理每一个信息的、更像是活动监视器的专门加工的成型技术。

（2）信息压缩技术。信息压缩又可理解为信息打包。在C-net环状网络中，传输的信息格式规定为两帧式，其中，第一帧为标题帧，第二帧为信息帧，并且两帧之间有一定的间隔。所谓信息包就是以上所讲的两帧格式所含有的内容。所谓打包技术就是把去同一地址的所有信息压缩在一起，使用一个标题帧把信息发送出去的专有技术。

在一个信息包中，两帧所描述的内容是不相同的。标题帧内包括目的地址，各种安全校验措施。信息帧内包括系统运行中需要和产生的各种有关数据，所以这一帧才是信息包的核心。在实际形成信息包时，要想减少标题帧使用的次数和节省节点的寄存器，采用信息打包技术是一种非常有效而又成功的方法。通过使用这一技术，不仅大大节省了信息格式在存储转发中所占用的缓冲寄存器的容量，而且使每一个信息包有较大的空间去接纳数据报告，使寄存器的有效占有率有较高的水准。在通信环中传输的每一个信息包，可容纳63个节点的数据，实现信息的多址传输。

虽然在Industrial^{IT} Symphony系统的通信网络中，信息传输都是数字化的，但是每一层网络的信息类型是各异的。在过程控制信息的传递中，现场的检测信号、控制输出信号，均不形成例外报告。而送往其他节点的信息将变成例外报告，再形成信息包加以传输。这种信号的传递过程，既保证了控制信号的快速形成及传递，又控制了网络中的信息数量。

2-86 Industrial^{IT} Symphony 通信系统中，例外报告的含义是什么？

例外报告的含义可以这样理解：自上次报告数据的时刻开始计时，规定一个最小例外报告时间；一个最大例外报告时间。在最小例外报告时间内，信号的变化不被报告。如果在达到最小报告时间的时刻，及其以后的时间内，信号的值与上次报告的值差超过 Δ 时，则将信号的值报告。如果在最大例外报告时间之内，信号的值始终未超过 Δ，则仅在最大例外报告时间时刻发出报告，并重新开始计时。任何时刻，信号达到报警值或从报警值回到正常值之时，不受时间限制，都要发出相应的报告。但是对报警的报告要划定死区，以避免在信号值处于信号报警限附近时，可能出现的反复报警。实际上，例外报告所描绘的是发生变化的数据，并且变化越大、越快，相对来讲，产出的报告就越多，就相当于建立起一个自由活动的监视器。哪里的变量变化大就往哪里看，变得越快，看得越细，得到的报告就越多。从采样的观点来理解例外报告的产生过程，可以把这种采样的扫描方式看成是变周期式采样，并且周期的变化与信号的变化相一致，从而提高了信息的利用效率。

2-87 例外报告技术的三项基本要素是什么？其主要功能分别是什么？

（1）例外报告死区。用 DB 表示，其主要功能是用来判定信息是否发生了显著变化，一旦判定为没有发生显著变化，将不会形成例外报告。

（2）最小例外报告时间。其主要功能是划定一个不产生例外报告的时间间隔。在此间隔内，即使是信息发生了显著变化，也不产生报告，这对于抑制干扰或现场发生故障时，会出现反复报警、多点连续报警等，都有较好的限制作用，减少了在网络中重复传递已明了的信息。

（3）最大例外报告时间。其主要功能是划定一个产生例外报告的时间间隔。在此间隔内，即使是信息没有发生显著变化，也要产生报告。这对于惯性较大的信息反映是十分有利的。也就是说，在最大例外报告时间内所产生的报告，要表明信息的状态，通道的状态等。简言之，最大例外报告时间是为长期不发生显著变化的信息所准备的发言权。有一系列参数用于判定这些变化，如高报警限、低报警限、报警死区、有效变化。

以上 DB、报警限、有效变化量、最小例外报告时间、最大例外报告时间要素在系统中均有默认值，设计人员也可以在组态过程中修改，填入功能块中的参数即可。例外报告将按块内所设定的参数运行，这样既保证了每一信息报告的可用性，又最有效地抑制了网络中的信息量。

需要注意的是，DB、报警限、有效变化量、最小例外报告时间、最大例外报告时间的参数应根据生产工艺要求而设计，并且要考虑到系统的响应特性。另外，在产出例外报告后，DB 会自动整体平移，形成 DB 的新位置。

2-88 Industrial ^{IT}Symphony 系统通信网络的特点是什么？

Industrial ^{IT} Symphony 系统的分级通信网络可组成大、中、小型的分布式控制系统，并可借助微波、卫星通信等技术构成异地的通信网络。

在 Industrial ^{IT} Symphony 系统的 C-net 中，充分使用了网络技术，使其具有很好的开放性。在系统环形网络中，使用存储器插入式存储转发通信协议，使网络中所有节点在同一时刻内均能发送、传递、接收信息，而没有通信指挥器的参与，省去了由指挥器等所占用的时间，形成了通信网络最快的响应和利用率最高的优点。

在系统的通信中，使用了例外报告、信息打包等技术，十分有效地控制了在通信网络中传输的信息量。既提高了网络中的内存使用率，又保证了通信通道的畅行无阻。

在通信网络中，通过通信介质冗余、通信模件对冗余等措施，提高了系统的可靠性及可用率。

Industrial IT Symphony 系统的通信网络，具有能与其他计算机、PLC 设备及其他类型通信网络进行通信的能力。做到了系统容易扩展、增容、对外开放，使系统更具有竞争性。

Industrial IT Symphony 系统内，控制用处理器与通信用处理器是分开的。这样在信息通信时不占用控制处理器的运算时间，既提高了控制的响应速度，又可以保证安全。

2-89 Symphony 系统过程控制单元（HCU）包括哪些设备？有何特点？其数量由哪几个因素决定？

Symphony 系统过程控制单元（HCU）是控制网络环路上的节点。它包括了执行现场过程控制所用到的有关设备，即智能控制器（桥路控制器）、I/O 子系统、端子、电源和机柜及其保护系统。所有部件都安装在放有标准的 19 英寸机架的机柜中。以微处理器为基础的控制模件构成了过程控制单元的核心，用于控制、运算、I/O 管理、过程接口和组态调整。模件安装在机柜的模件安装单元中，控制器模件与系统中其他模件通过通信总线通信。

位于控制网络上的过程控制单元在功能上独立于控制网络上的其他节点。如果过程控制单元与其他节点失去通信，过程控制单元在做出相应的处理的同时继续执行控制方案，也就是说，控制网络的故障不影响过程控制单元的运行。过程控制单元可以对这些故障做出诊断、响应和处理。

在通常的工程项目中，过程控制单元数量由三个因素决定：①系统规模的大小；②工艺过程的划分；③I/O 点的分布情况。

2-90 Symphony 系统中的桥路控制器？他有哪些优点？

桥路控制器（Bridge Controller，BRC）是 Symphony 系统中完成过程控制的主要过程处理器，是高性能、大容量的过程控制器。它被设计成能够与 Symphony 企业管理和过程控制系统 I/O 的接口。Harmony 桥路控制器在系统功能、通信及支持的软件包方面全面与 Symphony 系统兼容。桥路控制器与过程 I/O 连接，进行各种控制运算，并输出信号至过程的现场设备。它不仅能够与系统的其他节点或控制器交流信息，而且还能够从网络上的操作接口站、计算机得到相应的控制命令。它与通信总线上其他Symphony系统桥路控制器进行通信。桥控制器与其他系统节点的通信将通过C-net上的通信模件完成。

桥控制器支持多种控制语言，如功能码、C、Basic、Bacth90和Ladder等。桥控制器高级处理能力和大的内存容量，可以使控制器具有从数据采集，到过程控制及过程管理等广范的应用。桥路控制器由高性能处理器、稳定的时钟与定时器、大容量的内存、I/O总线、独立的串行通信通道等部分组成。

桥控制器是一个单板的能够插进模件安装单元，并占一个槽位的标准模件。它能够控制I/O子系统。就BRC100桥控制器来讲，一个过程总线适配器卡连接在模件的后部，它提供电缆连接至I/O子系统和端子单元。作为一个标准，模件安装单元对系列模件提供内部连接，构成一个完整的系统。

桥控制器具有优秀的32位处理器；在板非易失存储器可用来存储控制算法和用户组态；模件前面板的LED用来显示错误信息和诊断数据；一个具有红/绿两色的LED显示模件的运行状态。

桥控制器不仅从I/O模件处理输入输出数据，而且控制器的数据也能够与C-net进行交流。

控制器模件可以冗余配置。如果原主模件故障，则处于热备等待的冗余模件，由于具有相同的组态和当前的数据，所以能够快速地投入运行承担控制任务，并且模件的自诊断程序不断地检查模件硬件和固定存储器的完整性，以保证控制器模件的安全运行。另外，操作员可以通过模件前面板的LED监视模件的状态。同时它也能够借助操作站和控制站得到模件状态的运行报告。

2-91 Symphony系统中的桥路控制器的特点是什么？

桥路控制器是控制系统的关键模件，处于过程控制的中心地位，同时又与其他设备保持着密切的联系，其特点如下：

（1）集多种类型的控制于一身。桥路控制器可同时完成模拟调节、顺序控制、数据采集等控制任务。先进的过程控制算法使模件的分配不受其功能的限制。可以完全按工程师对被控过程的了解来灵活地分配系统中的桥路控制器。

（2）多任务的操作系统。设计者可以将桥路控制器中的控制策略分成八个不同的部分，每部分采用不同的执行周期，这样可以使同一块桥路控制器同时控制具有不同要求的对象。例如，一台大设备的控制，当它报警时，要求连锁控制快速响应，而数据采集的响应时间比报警连锁控制要长，调节控制的响应时间居于其中。使用了具有多任务操作系统的桥路控制器，用户可以将这三部分的控制策略放在一个桥路控制器中，选择不同的执行周期，从而使桥路控制器与工艺设备或过程对应起来，不会割裂工艺设备的完整性。

（3）在线组态。桥路控制器的组态可以在线修改，而不必将模件退出到组态方式才能修改其组态。这样大大方便了用户对组态的维护，同时有助于系统的调试。

（4）可冗余配置。桥路控制器可冗余配置，冗余配置的两个控制器分为主、从控制器，且主从是自动切换，无需人工干预的。由于控制器随时通报着运算过程的中间变量，所以切换过程不会造成任何数据的丢失。

（5）多种功能码。桥路控制器上的220多种功能码满足用户的各种控制策略设计上的需要。

（6）桥路控制器可独立运行。桥路控制器之间的通信不需要人工干预，桥路控制器之间也互不影响。如果一块桥路控制器发生故障，退出或投运都不影响其他的桥路控制器。与桥路控制器通信的设备（如串行通信口）故障，也不影响桥路控制器的运行。

（7）上电自动工作。桥路控制器的上电过程无需人工干预，自动进入正常工作状态。

（8）统一的设计风格。桥路控制器的外形尺寸等机械设计方式与其他模件完全一样。整个系统采用统一的连接安装方式。

（9）支持带电插拔。桥路控制器可以在线带电插拔，使维护过程更换非常方便。

2-92 Symphony系统中的过程输入输出模件有何优点？类型有哪些？

过程I/O模件既要与系统通信，又要与不断变化的现场设备连接。系统与现场设备都对I/O模件提出了要求。Symphony系统中的I/O模件是在其以前的I/O模件的基础上改进、发展而来的。增强了抗干扰性，减少了功耗，扩大了品种及测量范围，包括模拟量、数字量、温度量、专用模件。用户只需从几种I/O模件中选择需要的模件就可以满足数据采集的要求。在同一类模件中还可以选择不同的I/O处理方式。

通常的I/O类型有4～20mA，1～5V，其他高电平信号，热电偶，热电阻，毫伏信号，干接点，220V AC的输入、输出。

2-93 Symphony系统主要的人—机接口设备简称是什么？ 作用是什么？

Symphony系统主要的人—机接口设备称为Conductor NT，通常简称为操作员站。操作员站是以NT为运行平台的全功能的人—系统接口。

作为ABB的全企业管理与控制解决方案的一部分，操作员站起着运行员一级的信息管理系统的作用，为过程监视、控制、诊断、维护、优化管理等各个方面的要求提供强有力的支持和实际的运行界面，成为过程管理的核心。采用开放的通信网络结构，TCP/IP标准协议，以ABB贝利的应用经验为基础，把NT的画面技术与过程控制软件结合在一起，与过程控制单元的高效实时运行设备相结合，给使用者以友好的界面展现过程信息。由于它的设计以人体工程学为基础，具有适合操作员操作的特性和功能，使Symphony系统的过程监视和控制、故障排除及优化控制功能更加完备。

2-94 Symphony系统操作员站的硬件组成是什么？

操作员站设计成操作员—服务器结构，并且采用桌式操作台，其电子部件安装在操作员站内。盘、台、柜的材料、结构和颜色协调一致。

系统中设置了两个操作员站服务器，服务器系统充分利用了Windows NT的集群技术特点，采用了成熟可靠的集群技术，从而保证服务器系统的可用性大于或等于99.999%，任何单点故障不会造成系统中断服务，实现对机组的连续监测和控制。为保证服务器的性能，单台服务器所配CPU为有优异浮点数运算能力的双片PC机用CPUPⅢ或单片服务器专用CPU（IntelXeon或其他）。主频大于或等于900MHz，数据位宽大于或等于32位；ECC内存大于或等于1GB；硬盘为Uitrascsi接口的10000r/min热插拔硬盘，容量大于或等于2×9.1GB；其他如I/O配置等以保证整个服务器系统的性能为准。操作员站—服务器网络的拓扑结构和各设备的配置见投标文件的供货范围部分。为便于服务器和网络交换机的安装，采用了标准的机架式安装结构，并配置了标准机架。

为了保证在现场条件下长期稳定工作，其他客户机操作员站符合工业标准，CPU主频大于或等于866MHz，内存大于或等于256MB，硬盘（7200r/min）容量大于或等于40GB，双10M/100M自适应网卡。工程师站和数据服务器要求同客户机操作员站。

操作员—服务器网络冗余配置，主干带宽大于或等于100Mbit/s，满足整套DCS系统的性能指标，主干网络采用高性能的名牌网络交换机，并有40%的配好模件的备用端口，网络通信介质等有优异的抗干扰性能，能在大型火力发电厂较强干扰的环境中正常工作。

2-95 Symphony系统操作员站的基本功能是什么？

操作员站为工程师、操作员和维护人员提供所有与过程和系统有关的信息。操作员站是在NT环境下运行的软件。使用交互式的运行方式。操作员可以监视和控制所有来自过程控制单元的模拟控制回路及开关量控制设备。满足用户需要的过程画面显示，报警汇总，历史和实时趋势。过程画面为用户提供了对过程状态和操作员信息的即时访问。多优先级报警可以有效地对瞬间的报警情况做出响应。操作员可组态的画面使关键数据成组地在画面上显示，专门设计的操作员站画面为Symphony系统提供在线状态和故障显示。

操作员站为维护人员提供监视网络上任意系统设备操作状态的能力，可以从网络中任何一个操作员站诊断系统中设备的运行及故障情况。

操作员站还为工程师提供了组态接口，通过它来组态和修改结构图形画面，标签数据库，过程控制方案。操作员站可以打印报表及设定保密特性。立即在线地对各种参数做修改，下装组态前不需要进行编辑，因此在操作员站上进行画面及数据库的组态时，控制过程不会中断。

由于操作员站的开放特性，它可以为 Symphony 系统用户提供动态访问工厂范围或企业范围的信息的能力，这一功能强大的人系统接口可以作为过程控制与工厂的管理信息系统的接口，使控制网络通过操作员站与其他系统联系起来。

2-96 Symphony 系统操作员站的特点是什么？

概括起来操作员站的特点是：服务器/客户机的结构；可自动切换的冗余功能；直观、灵活的画面组织结构；画面总貌中包括 24 个组，每组可以包括 4、6 或 8 个点的信息显示；点状态和点趋势同时显示在一幅画面上；多种调用画面的方式。快捷键、软报警键等；每屏可开设 4 个过程工艺窗口；10000 幅可组态的画面，可回顾前 10 幅画面，具有中文显示功能；在线文档支持（可用于组态与运行），每个画面都有系统和用户帮助指导；每个服务器有 10000 条实时趋势，2000 条归档趋势；报警管理系统（过滤选择，整屏确认），64 个报警区、16 个报警级别、报警事件回顾、ADP 盘指示；事件历史数据记录；9 组保护管理方法。独立的用户网络账号；可删除的归档数据工具；操作员广播信息；与 Excel 报告系统接口；@ aGlance/IT 数据服务器；模件时钟管理；读取所有 Symphony 节点信息。

2-97 Symphony 操作员站系统的开放性体现在哪些方面？

操作员站使用了标准的 TCP/IP 协议，通过以太网把所有操作员站连接起来，可以采用 a@Glance，OPC 等接口软件从操作员站向以太网上的其他客户机提供动态数据。

以太网上的客户机可以是使用其他操作系统的通用计算机，通过以太网和TCP/IP协议把服务器中的过程数据传送到这一客户机中，而这台客户机又可作为管理信息系统的一个服务器向信息管理系统传递生产过程信息。这种通用的计算机网络结构，能够把过程控制与企业管理、市场规划结合起来，提供一个全企业范围内的信息管理方案。

2-98 Symphony系统操作员站的基本过程画面有哪些？

操作员站为操作员、工程师和维护人员对过程和操作员站操作台提供以窗口为基础的界面。操作员站的基本过程画面有：工艺过程画面；结构画面（包括总貌画面，成组画面和点画面）；快捷键调用画面；趋势画面；系统状态画面；过程报警画面；系统事件画面；信息（包括服务信息和操作员生成的信息）画面；事件历史画面；打印画面。

2-99 Symphony系统操作员站的报警管理是怎样的？

操作员站为分散控制单元、服务器、操作员站和通信网络提供了一个完整的报警管理系统。操作员站不仅为过程而且为系统报警的检查、排列、显示和确认提供了保证。报警可以按范围、优先级和时间排列。报警查阅画面提供了排列和检索报警的方法。

在Symphony过程控制单元的模件中，以用户为过程变量规定报警限。发生报警时，相关的报警状态用异样报告的方式报告到操作员站上。过程报警在操作员站画面的顶部上两行以最小报警窗口形式显示（完整的过程报警表保存在报警画面中）。由分散控制系统内部或操作员站本身原因产生的报警称作系统报警。系统报警在最小报警窗口的第三行显示（完整的系统报警表保存在事件画面中）。

过程报警条件的检查是在控制模件中进行的，以保证最快的响应时间。报警条件也可在过程画面上报告，做图形组态时，可以动态地根据报警改变图形的颜色、符号形状或者其他特征。

在操作员站中安排了由1～16级的过程报警。每个优先级可以以不同颜色组态到画面上，以帮助操作员确定每个报警的重要性。

每个点可以安排到一个相关的工厂过程区域中。在一定条件下，可能不需要报警，或是由于已知的条件产生报警，这时可以通过其他的报警状态或由操作员通过抑制报警的方法做处理。操作员还可通过信息分类和信息发送的方法来过滤信息。这一预检索特性使操作员在他所安排的过程区域中快速地查看、访问、校正故障。

各种典型的信息以系统化的形式提供。信息是分类存放的，使系统可以区分不同类型的信息，并允许进行有效地信息检索。类型的定义使操作员站快速处理并在本级内检索信息。

操作员站信息级别包括过程报警、系统事件、操作员信息、设置故障、操作状态信息、诊断、状态改变、操作错误。

通常，过程报警、系统报警、操作信息所提供的数据都是操作员要马上使用的信息，这三个级别的信息在操作员站上的最小报警窗口上显示。其他的信息级别的报警状态会使系统中的状态改变，相当于报警条件，属于这些级别的信息不在最小报警窗口上显示。信息的记录可由用户组态，如过程报警级的信息类型是高限、低限、偏差、确认等。

除了信息分级，信息的发送也允许以各参数为基础过滤，如优先级，范围，操作员站服务器。

信息发送能使任意级别的信息分别发送到任意外设上，这些外设已经通过打印机进行了组态。信息发送也可以选择对相应的应用或操作来说不重要的信息。

一个最小报警窗口位于操作员站显示屏幕的顶端。最小报警窗口用于显示有关报警、系统信息和操作员信息的过程条件。无论屏幕上显示什么画面，报警都在屏幕的头两行显示。顶行报警可以被组态以显示最新的或最早的具有最高优先级的报警。最小报警窗口提供的信息包括：标题栏；过程报警画面区域（2 行）；系统事件画面（1 行）；操作员信息画面（1 行）；报警确认键确认报警和事件；转移键使操作员可以随时调用含有报警点的工艺流程画面；报警过滤键；多个报警指示。

系统事件画面区也可以算作报警画面的范围。事件信息报告了系统事件的发生，如数据库下装和过程控制单元的状态。如果一个或几个其他报警在操作员确认之前产生，系统会对它们做排队。当过程报警多于最小报警窗口允许显示的区域时，会出现多报警指示。当第一个报警被确认时，下一个未确认的报警就会移入最小报警区。较高优先级的报警放在较低优先级的前面。操作员不用改变画面就可以查看和确认每个新的报警。点击过滤键会弹出一个用户界面的窗口，其中列有优先级、范围和其他选项，使操作员站服务器过滤有关的过程报警。

报警画面用以显示系统中产生的所有过程报警的列表，表中的排列顺序与最小报警窗口一样。用户既可以显示最新的，也可以显示最早的高优先级报警。用户还能利用报警发生时间、优先级或范围的选项去检索报警再现并显示它们。

操作员站上的音频扬声器在程序中用于产生一个声音报警，作为报警提示。在最小报警窗口工具栏上点击消音图标就可以清除报警声。在报警总貌画面上，可以每一个区域赋予一个彩色代码以指示出该区域的报警状态。

操作员站提供几种确认报警的方法。过程报警可用鼠标点击每一报警行的确认框，由最小报警窗口直接确认。如果报警再现画面在屏幕上，操作员使用确认选项，对每个可视的报警用与最小窗口类似的操作，或在报警画面上确认所有的报警。每个面板都有报警确认键允许操作员在面板级进行报警确认。

系统报警、过程报警和其他可记录的事件可以在报警/事件打印机上打印。操作员站的设备组态特性允许运行人员直接规定报警和信息的类型，并自动地在多打印机系统选定的打印机上打印，打印机记录过程报警，报警打印格式与最小报警窗口类似。

2-100　通过 Symphony 系统所配置的打印机，操作员站可提供哪些功能？

通过所配置的打印机，操作员站可提供下列功能：

（1）打印机信息发送。打印机信息发送的功能可以使任意信息级别的信息分别发送到任何设备上，这些外设已经通过打印机组态菜单的选择进行了组态。当信息送到一个文件或一台彩色打印机时，每个特定级别的信息被译成颜色代码并且做了约定。信息发送可以使多个操作员站的信息送到网络上的任何设备、打印机或磁盘文件中。

（2）过程报警和确认信息。报警信息记录有时间、点标签、点长度、报警类型、过程变量值和报警设定点，后两个量只与模拟量有关。预先选择的报警打印可由操作员站组态抑制。

（3）CRT 拷贝。使用彩色打印机，可以把 CRT 屏幕内容拷贝到一个单独的存储缓冲区中。通过操作员站画面或键盘操作，几秒钟之后，就可以将画面显示转换成相同的图形信息，通过打印机打印出来。生成拷贝的时间是打印和显示的总时间。

（4）打印信息查阅。这一功能接受一个预览打印机信息的循环文件。所有希望打印的 CRT 拷贝被储存，它的主要的用途是在打印机故障时备份打印文件。可以从循环文件中打印所选的页。

2-101 Symphony 系统操作员站有几种类型的标准记录？

操作员站支持多种报告类型，它们可以按过程需要任意组合生成统计报告数据软件包，从简单的报警记录到所有用户设计的各种格式的多页报表都能打印。操作员站有三种类型的标准记录：

（1）汇总记录。用于检测分散控制系统服务器中有一定要求（汇总类型）的数据库，并建立所有点的列表。用于储存分散控制系统数据库点的汇总类型有宏标签，输入/输出坏质量，在服务中及在报警中，报警抑制，模件设置标签。

在汇总记录中的数据被限制在规定的区域、过程控制单元、模件内。汇总记录可以按要求打印，由一个事件触发或者按规定的时间排序，如时报、日报、周报和月报。

（2）事件记录。用于检验操作员站历史数据，并建立所有在规定扫描时间内的事件表。事件记录中包括的事件可以被删除或由信息分类和信息类型过滤，类似于上面讨论的报警管理和事件查看功能。历史数据点储存在事件记录中可用的信息分类级别有：过程报警；系统事件；操作员信息；设备故障；操作状态信息；模件诊断；状态改变；操作员动作；操作员错误；优先级（16 级优先级)；区域（256个可定义的范围)；操作员站客户（可连接10个)；事件记录可由事件触发或者按规定的时间顺序打印，如时报、日报、周报和月报。

(3）电子表格报表打印。用于生成数据表格，修正表格，把数据放入分散控制系统的公用数据库中，并把它们下装到图表里，允许用户利用过程变量进行表格排列、储存及性能运算。操作员站为用户提供在NT环境下使用微软的Excel电子表格软件包的实时数据库应用程序接口。图表记录可以以规定的时间为基础排序，以与汇总及事件记录同样的方法进行打印。

2-102 Symphony系统工程师站的主要功能有哪些？

Symphony系统的工程师站是进行系统设计、组态、调试、监视和维护的管理系统。为了使这一系统在使用时得心应手，便于掌握，工程师站建立在以个人计算机为基础的NT环境下运行。它创建了一个高效的软件环境。工程师站能够满足从事过程控制和企业管理的工程师的使用需要。它的主要功能包括：

(1）控制系统组态管理。对过程控制单元进行控制逻辑的在线和离线的组态。

(2）人机接口组态管理。对操作员接口站进行数据库和显示图形及打印报表的设计组态。

(3）系统诊断。把工程师站与所需要的通信接口连接，如控制网络的计算机接口，过程控制单元内的控制通道等，使工程师站与现场的分散控制系统通信把组态下装至过程控制单元内，使工程师站具有系统诊断的能力。

(4）系统调试管理。工程师站在线操作时，是一个通信网络上的独立计算机节点，在能够从网络中得到信息同时，也能够为系统提供调整功能，使工程师站具有监视调整生产过程的能力。

(5）监控和趋势应用。工程师站在线操作时，提供监控和趋势功能，用户在不打开控制逻辑时，可以同时监控和跟踪16个功能块的输出值。

(6）文件设计。由于工程师站是在个人计算机基础上形成的管理及工具性设备，所以带有许多个人机的优点，如使用灵活、应用广泛及容易掌握等。加上各种软件的支持，使其功能不断增加和完善，成为分散控制系统中一个非常重要的设备。

2-103 Symphony系统工程师站的主要特点是什么？

(1) 易于掌握。工程师站的软件系统和操作环境与我们日常使用的计算机一样。设计人员对这一软件环境非常熟悉，容易掌握。

(2) 集多种工具于一身。工程师站既可以在线工作成为一台计算机，又可以离线工作成为设计人员设计及组态的工具。工程师站在线时，能够为系统的过程控制单元下装组态，改组态和监视组态的运行。工程师站离线时，工程师能够借助设备的软件，为分散控制系统的所有设备进行设计和组态。

(3) 在线工作。工程师站可以在现场为调试和维护人员提供系统跟踪，组态跟踪，维护跟踪，使现场的工程师通过这一设备进行有关的系统保养和系统维护。

(4) 参与仿真。工程师站不仅是控制设备，而且还是参与系统仿真、系统管理和人员培训的设备。通过各种软件加入到分散控制系统中去。

2-104 Symphony系统组态设计软件Composer的作用是什么？

Composer为Symphony系统提供工程设计和组态工具的软件应用程序，在NT的环境下运行。Composer基本软件包括开发和维护控制系统所有必需的组态功能，可以用图形法开发控制系统方案，建立并维护整个系统的数据库，管理软件中可重复使用的用户图形库。用户可以"引出"当前系统组态并组态新元素。使用"一点即用"的友好的用户界面。使用公用的系统数据库，减少了数据的多次输入，许多需重复输入的组态工作能自动完成。Composer组态工具还可提供完整系统资料以及作为系统基本元素的组态。另外，用途广泛的工程师站工具使用一个集中的浏览窗口，可以在统一的单画面中显示分散控制系统的所有组态文件。由工程师站提供的开发环境简化了分散控制系统的组态和维护。

工程师站与分散控制系统原有组态工具兼容，并有引入原有系统组态的能力，一旦引入，这些组态可以使用所有工程师站的特性。

2-105 Symphony系统组态设计软件Composer的优点是什么？

（1）界面友好易于掌握。Composer应用软件是在NT的环境下运行的，用户可以调出当前系统组态，并进行新的系统组态。使用“一点即用”的友好用户界面，容易学习，便于掌握。

（2）节省工程设计时间。Composer使用公共的系统数据库，减少了数据的多次输入，许多需重复输入的组态工作能自动完成。

（3）文件管理能力。用途广泛的Composer组态工具还可提供完整的系统资料以及系统组态的基本元素。它使用一个集中浏览的窗口，可以在单一画面中显示所有分散控制系统组态文件的文件结构，快速查询所需文件。

（4）多用户客户机/服务器结构。Composer支持在网络环境下运行的多用户客户机/服务器结构，用户在购置服务器时登记所支持的客户机的数量，一个服务器最多支持10个客户。Composer客户机被安装在网络的任何地方，这一结构为工程师提供一个分散的多用户的工程设计环境。

Composer的组态服务器给客户机提供系统共享的组态信息，管理并储存项目或系统组态数据库中的数据。

Composer系列客户机应用软件既可以使用户离线地开发控制应用程序及人系统接口画面，也可在线地访问Symphony系统，工程师用Composer软件调整、监视系统，使过程对象的性能满足工艺要求。这一结构为工程师提供了分散的多用户的工程设计环境。

（5）在线帮助。Composer在系统组态时为用户提供所有项目的上下文触发式的帮助提示。帮助提示来源于产品说明书。由帮助主题为Composer产品、功能码、标签组态等提供在线辅助提示。除了建立连机帮助提示，Composer产品还提供电子版的产品说明书。

（6）Composer具有功能强大的应用程序。

2-106　Composer的应用程序软件由哪几部分构成？各部分的作用是什么？

基本的Composer应用程序能组织和完成分散控制系统组态，软件由以下几部分构成。

（1）资源管理器。为组态服务器中文件和数据库的查看提供一览窗口。资源管理器与微软的文件管理器格式相同，窗口右面是系统文件路径结构，当选择某一对象时，窗口左面即显示组态服务器中相应的详细文件目录。

（2）自动化设计师。建立和管理控制应用程序的功能码组态编辑器。工程师可以用下拉图标的方法方便地组态功能码控制图、机柜布置图、电源分配图等。可以编辑下装组态，在线地对过程进行监视，调整。

（3）图形编辑器。建立和管理操作员画面的工具。可以为Conductor离线地编辑和组态画面。

（4）标签管理器。生成和管理Symphony系统数据库。用户可以在此查看，定义和修改整个系统的标签数据库。

（5）对象交换。对象交换窗口为用户打开一个建立控制系统组态时需多次调用的元素的查看窗口。对象按文件夹分类，标准的系统元素，如功能码、标准图形和符号，都在系统文件夹中，用户可以使用这些元素。由于它们是Composer标准对象的一部分，程序不允许用户从对象交换窗口中删除这些项。

2-107　Symphony系统的功能码有什么特点？

在桥路控制器上运行的过程控制软件是在ABB贝利长期从事过程控制经验的基础上设计的，可以分成十多个种类，共有220多种算法（功能码）。用户可以根据需要来使用这些功能码，将其存在多功能处理器的内存（功能块）中，形成自己的控制策略，就像搭积木一样。

评价功能码或控制算法的标准是要求功能码覆盖各种类型，特别是工业过程控制的各种应用。而且功能码的组合要方便，既能大，包含各种算法在一个功能码上；又能小，一个功能码实现最基本的运算。Symphony系统的功能码有以下特点：

(1) 功能很简单的运算功能码。如四则运算，逻辑"与"、"或"、"非"、"异或"等。使设计者可以用这些功能码灵活地组成各种所需的算法或逻辑。

(2) 运算复杂的功能码。如线性回归，高阶多项式、高阶传递函数、特殊函数运算等算法。使设计者可以方便地实现优化控制，高级算法。

(3) 用于过程控制的功能码。ABB贝利的功能码集中有很多是专门用于过程控制的功能码。例如，多状态设备驱动器，可以把一台ON/OFF设备（如一台电动门、电磁阀等）的控制指令、控制输出、操作员接口、位置反馈、状态反馈等信号，全部都仅与这一个功能码相连。一个设备对应一个功能码。大大简化了组态设计。

(4) 顺序控制功能码。它把控制一个顺序过程的信号集中在一组功能码上，例如，控制每一步的指令，控制每一步的时间，步进的方式，状态反馈，状态指示等信号都集中在这一组功能码上。一组功能码对应一个顺控过程，使组态清晰明确。

(5) 史密斯延时控制算法。史密斯算法的长处是对已知延时的控制对象，可以产生有效的控制。但理论上的史密斯算法很难使用，因为过程的延时往往不好估计或时常变化。ABB贝利功能码所表现的史密斯算法除了使对象参数可调这一优势外，还在最优调节器的基础上加了一个鲁棒性因子。用户可以通过这个因子来调节控制器能够适应更多的依赖程度，特别是对象参数不明，难于控制的过程。

(6) 与通信有关的功能码。系统之间读取信号往往是很复杂的事情。Symphony系统用功能码来实现系统之间的通信，例如，当模拟调节系统要从燃烧器管理系统读一个信号时，加上一个读控制网络数据的功能码就可以了。甚至可以在线进行，使得在系统之间建立联系非常方便。

(7) 其他功能码。这些类型的功能码包括信号转换类、硬设备接口类、高级语言类、计时计数类、执行控制类等。

功能码的形式加上工程师站上作图式的设计方法，使工程师站成为工程师得心应手的设计工具。

2-108 Teleperm XP 系统由哪些子系统组成？

Teleperm XP 系统由以下子系统组成：

（1）AS620 自动控制系统；

（2）OM650 过程控制和管理系统；

（3）ES680 工程设计系统；

（4）通信和总线系统。

2-109 AS620 自动控制系统的作用是什么？有哪两种类型？作用分别是什么？

AS620 自动控制系统负担基本的自动化控制任务。它从过程中采集测量值和状态量，完成开环和闭环控制，并把产生的命令送往过程。

AS620 自动控制系统是 TELEPERM XP 与过程的接口。它采集来自现场变送器的过程模拟量及开关量，根据应用情况，这些信息在 AS620 中作开环和闭环的控制算法处理，然后 AS620 再发出命令到执行机构（电动机，阀门等）。自动控制系统中的保护连锁在电厂运行故障时自动启动，用以防止危险，保护电厂，使电厂恢复到安全状态，只有当故障信息与当前的机组运行有关时，控制室工作人员才会得到故障和所采取的故障排除措施的信息。

AS620 自动控制系统的高性能和高处理密度以及它的可扩展的模块结构，能使用户以低廉的价格实现不同层次、不同范围的自动控制。因此，对不同程度的自动化，从低档次自动化电厂到包括自动启停机的全自动化电厂，AS620 都能给出一个经济的解决方案。

AS620 自动化系统有两种类型：AS620B 型，适用于标准的自动控制；AS620T 型，适用于汽轮机的自动控制。

AS620B 负担普通的自动控制任务——从辅助设备的开环控制到机组协调控制，除了传统的集中布置在电子设备室中，还可利用现场总线 PROFIBUS 分散布置在电厂的各处。大量职能的现场传感设备，现场站、电动机、执行器和变速设备可以接入 PROFIBUS-DP。该现场总线还可以选用冗余的配置。AS620B 标准型用于普通对安全特性无特殊要求的自动控制任务，包括汽水循环、烟气循环、烟气净化和机组协调控制。

AS620T 基于 SIMADYN 处理器系统，用于汽轮机快速控制。AS620T 自动控制系统是为燃气轮机、蒸汽轮机和发电机的闭环控制设计的。其开环控制和保护功能由 AS620B 完成。

2-110 OM650 过程控制和管理系统的作用是什么？

OM650 过程控制和管理系统是功能强大的人机接口，符合人体工程学的原则，可灵活配置，适用于各种规模的电厂。它是对过程进行操作和监视的窗口。

2-111 ES680 工程设计系统的作用是什么？

ES680 工程设计系统用来对 TELEPERM XP 所有的子系统进行组态。组态的内容包括电厂设备的自动控制，过程控制及过程信息软件功能，有子系统之间通信，以及整个系统的硬件。所采用的原则是"向前式组态"，它基于功能相关及位置相关文件，用来生成自动化软件。

在小型系统中，OM650 及 ES680 的功能可以在共同的硬件平台（PC 机）上运行。

2-112 Teleperm XP 系统中通信和总线系统的作用是什么？

Web4txp 开拓了 Teleperm XP 应用网络技术的性能。在全世界范围内，通过内部网/因特网都可对 Teleperm XP 应用进行访问，实现标准网"任何时间，任何地点，连接任何设备"的口号。

主要功能及接口可以在一个屏幕上显示出来。Teleperm XP 应用的可视化只需要在输入/输出设备上安装标准浏览器。标准 Windows PCs 及其他网络设备，如 Web pads 都适用。其灵活性甚至能满足系统组态过程中的最麻烦的要求。Web4txp 易与已有过程控制系统集成，可以对此类系统进行改造。为了提供理想的访问保护，系统应用了大量的用户可编程的安全等级。

在 Teleperm XP 系统中，AS620、OM650、ES680 子系统之间的通信任务由电厂总线来承担。OM 和 ES 系统与操作终端 OT 和 ET 之间的通信任务由终端总线来承担。电厂总线和终端总线物理上相同。Teleperm XP 系统中采用的 SIMATIC NET 是一种符合国际标准，速度快、功能强的工业以太局域网络。

Teleperm XP 中的许多性能支持与各种外部网络的通信，其中包括符合国际标准的开放接口。可选择的 CM 通信组件提供与 Modbus、IEC60870 及连接外部自动控制和过程控制系统的协议接口。标准的，开放的，由非特殊生产商提供的 OPC 接口（选项）支持与 Microsoft Windows 应用数据的导入与导出。

2-113 Teleperm XP 总线系统的组成是什么？

在过程控制系统中，工业以太网结构的 SINEC 总线系统担负过程控制系统中各组件之间的通信任务。总线系统由电厂总线和终端总线组成。电厂总线用于 AS620 和通信模件 CM 与 OM650 和 ES680 之间的通信，终端总线用于 PU/SU 和 OT 以及 ET 之间通信。

该总线结构是通过高性能的工业以太网建立起来的，采用 IEEE802.3 标准。这种成熟技术结合 100Mbit/s 技术（快速以太网 IEEE 802.3u）使用于大型网络系统中。

它的组成部分如下：

（1）通信网络：由包括相应的连接和传输部件在内的传输介质组成。

（2）通信处理器：CP 及 LAN 接口卡，由此 Teleperm XP 的部件连接至总线中。

（3）通信协议：支持 Teleperm XP 连网部件数据传输。

2-114 Teleperm XP 系统总线有什么特点？

Teleperm XP 总线有如下特点：

（1）全电厂所有 TXP 冗余组件的连接，如 AS，CM，PU 及 SU。

（2）由于采用交换机技术，使通信容量没有限制。

（3）具有单一故障容错的高度可用率，通过快速冗余切换实现。

（4）网络元件使用于严格的工业环境。

（5）可根据用户要求自由选择和搭配不同的传输介质（光缆、工业双绞线和双绞线）。

（6）采用高效的信号采集概念，监视网络部件的状态。

2-115 使用SIMATIC NET接口模件（OSM/ESM）的快速以太网技术具有什么特点？

终端和电厂总线可由光缆总线接口（OSM® ）和光缆或电缆总线接口（ESM® ）和工业双绞线电缆组成。工业双绞线电缆用于单个 Teleperm XP 部件的连接。

使用 SIMATIC NET 接口模件（OSM/ESM）的快速以太网技术具有如下特点：

（1）可以组成具有全部性能和数据速率的网络子系统和网络分区。

（2）通过以太网固定地址过滤，保持当地数据的当地通信，只有与以太网其他子系统终端通信的数据通过交换机传送。

（3）网络设备最长可达 150km。

（4）现有网络可简单且兼容地扩展。

（5）10Mbits/s 设备，100Mbits/s 传输速率及现有 10Mbits/s 以太网网络可同时集成于一个系统中。

（6）主时钟接收器连接至电厂总线，用于对 Teleperm XP 子系统 AS620、CM、OM650 和 ES680 进行对时。它通过电厂总线传送时间信息。作为选项，主时钟也可以使用外部时钟（如 GPS 或 DCF77）进行对时。

2-116 Teleperm XP 总线的通信协议是什么？

连接 AS620 子系统、OM650、ES680 和通信模件 CM 的电厂总线以国际标准认证 ISO 协议为基础，ISO 协议是过程工业中常用的协议，并应用于 SINEC AP 中。

Teleperm XP 部件在终端总线上，通过 TCP/IP 和 RPC-以及应用层上的 X.11 协议进行通信。

2-117 Teleperm XP 总线的可用率和可靠性如何？

工业以太网总线系统的特点使系统总线在单一故障情况下仍可继续正常工作。Teleperm XP 冗余部件通过两个独立的接口模件与总线系统相连接。因总线部件冗余，所以当一台接口模件发生故障时，不会导致相连的 Teleperm XP 部件的所有通信链路出现故障。

接口模件是工业以太网的中心部件。整个网络连接于环网结构，其中一个接口模件上带有的冗余管理器处于激活状态。被激活的冗余管理器将环网结构分隔成总线结构（虚拟环），并通过数据介质及接口模件监视数据的传输。

当传输失败时（如缆线断裂或接口模件故障），冗余管理器自动关闭并重组总线结构。这样的重组过程可以在不到 0.3s 的时间内完成，不会对终端设备造成任何影响，因此在重组过程中过程控制可以保持。

2-118 AS620B 自动控制系统的结构如何？

AS620B 系统的核心是自动控制处理器 AP。AP 的硬件基础是功能强大的 SIMATIC 中央处理单元。AP 执行诸如开环控制、闭环控制及保护等自动控制功能，在软件库中存放着大量专用的电厂软件功能块来完成这些功能（如子组控制器、闭环调节器）。ES680 工程设计系统以图形方式完成功能图的逻辑连接，并为 AS680B 自动生成程序代码。

AS620 的通信处理器将自动控制处理器与电厂总线连接。通过这种方式，自动控制处理器之间可以进行通信，而且还可以实现自动控制处理器与上位过程控制装置之间的通信。

为了节省空间，两个自动控制处理器可以合装在一层子机架中，形成紧凑型冗余 AP 配置。

2-119 AS620B 自动控制系统结构设计的优点是什么？

AS620B 中的模件用于和过程进行通信，变送器和执行机构等外部现场设备与模件相连，AS620B有两种模件类型，以组成集中式结构和分散结构：FUM-B模件（功能模件）用于集中结构；SIM-B模件（信号模件）用于分散结构。

要实现集中结构，把FUM模件安排于中央电子机柜的子机架上，FUM模件通过机柜总线与AP连接；要实现分散结构，SIM组件以分站的形式安装于现场设备的附近，站与站之间的相互连接及与AP的连接则通过Profibus DP系统。分散安装的一个优点是电子设备室需要的空间较小，只有自动控制处理器柜安装于电子设备室中。

自动系统配置灵活，可把FUM集中结构和SIM分散结构融为一体，为用户提供不同的设计方案。除了用ET200现场分站配置分布的SIM结构外，还可以有下列方式的AS620B通过Profibus-DP的直接操作：SIMOCODE用于连接电动机、执行器及定位器；DP/ASL-link用于连接负荷支路，如气动阀、电磁阀、小于7.5kW的驱动器，可由执行器/传感器接口驱动；DP/ASL-link用于连接传感器和位置控制到Profibus PA。

2-120　AS620B自动控制系统可提供哪些冗余的方式以提高可用率？

为了经济地满足过程自动化控制系统可用率的各种要求，AS620B可提供下列冗余的方式供选择：自动控制处理器；机柜总线；电厂总线和现场总线与总线连接；FUM模件；ET200M远程站。

冗余一词的含义是2取1硬件配置，即并行地使用两个完全相同的模件以增强系统的可用率。如果一个模件在运行中出现故障，那么其热备用模件可迅速实现无扰动切换。系统综合了广泛的冗余机理及自诊断功能，无需人工干预，便可自动完成故障辨识和切换。

Profibus-DP可以采用冗余结构，有两种可能的方案。一种是远程站通过冗余Profibus总线和冗余的主站连接至AP。另一种选择是远程站采用完全冗余的结构，单个总线接口的智能现场设备分别采用Y形开关连接到冗余的PROFIBUS现场总线中。

2-121 AS620T自动控制系统的结构如何？

AS620T由APT汽轮机自动控制处理器和相关的外围AddFEM模件（前端模件）组成。APT以SIMADYN系列功能强大的处理器模件为基础，APT极小的响应时间和极快速的处理周期保证了最快的闭环控制处理。

AS信号到现场通过SIMATIC Add7生产线的AddFEM模件实现。AddFEM模件的连接是特殊设计的，以满足快速响应的汽轮机控制的要求，通过Profibus DP来实现。与OM650及其他部分的数据交换通过AP完成。通过通信模件，APT连接至工厂总线。

2-122 AS620T自动控制系统可提供哪些冗余的方式以提高可用率？

为了最大限度地提高可用率，APT也可设计为2取1冗余双通道结构，采用两个相同的闭环控制器，其中一个处于“热备用”状态，每个控制器安装在各自的子机架上并带有独立的电源。两台控制器通过高性能的当地数据总线（并行数据线路）相互通信。一旦主控制器发生故障，则由监视机制将主动控制功能切换至热备用控制器。冗余的变送器信号被并行地送于两个控制器并被平行地处理，但只有主控制器输出信号。

2-123 Teleperm XP系统功能模件FUM所承担的主要任务是什么？

FUM模件是特地为满足电厂的各种技术要求而开发的，高性能已经成为它的一个重要特征。FUM模件所承担的主要任务如下：

（1）提供信号的采集、设定、处理、分配和监视，以及变送器电源；

（2）提供独立的开—闭环控制器；

（3）提供1ms分辨率的时间标签和采用FUM210，GB-I方式全系统范围内6ms的时间精度；

（4）提供具有大范围故障识别的监视功能，用以在故障发生时做出简明而精确的诊断；

（5）需要时可通过 ES680 进行信号模拟。

由 ES680 工程设计系统提供槽位分配和参数化功能。模件自行分配自己的参数，由此在更换模件时，系统无需操作员介入便可自动对模件进行参数化。

FUM 的设计和连接技术是目前最先进的，这些模件安装于背面带有机柜总线和过程信号连线端子的子机架之中，每层子机架可装 19 个 FUM 模件。一个机柜可容纳 3 个子机架连同必需的电源、熔丝、机柜监视模件和机柜端子排。所有的模件可以在线插拔，无需专用工具。

2-124 OM650 过程控制和管理系统的作用是什么？

OM650 过程控制及管理系统作为 TXP 过程控制系统的一个组成部分承担过程控制和过程信息以及过程管理的任务。它采用以 X/WINDOWS 和 OSF-MOTIF 为标准的统一的人机界面。

为了与电厂自动控制系统的静态和动态要求相适应（I/O 数量、处理速度、控制室设计），OM650 的各项功能被分配于处理单元（PU/SU）和输入/输出终端（OT）之中。将过程处理单元连同工作区组态功能一起从操作终端上分离出来，使控制室的设计变得十分灵活。

每一个监视器都可以对全厂设备进行监视和操作。

2-125 OM650 过程控制和管理系统的特点是什么？

OM650 突出的特点在于：过程控制和信息有统一的人机接口；优化操作员操作；电厂设计、过程设计及自动控制系统设计三种信息显示方式；处理单元与输入/输出终端分离；通过 ES680 工程设计系统实现集中组态；不同规模硬件及软件设计方案；数据及功能的分散化；过程控制及过程信息的功能包；所有部件可冗余配置；多机组集中式机组间过程控制及信息；综合了各种国际标准（UNIX，C，X \ WINDOWS，OSF-MOTIF，ISO-OSI）；OM650 可用于多机组电厂的集中过程控制及信息，即对机组 1～n 进行集中的操作监视和数据存档。

2-126　根据电厂结构，OM650过程控制和管理系统的三种设计方案是什么？

（1）利用监控终端总线进行多机组运行。分布的控制室上层有中央多机组控制室。

（2）利用机组间通信进行多机组运行。在机组专用的控制室中通过两终端总线之间的网桥对其他机组进行监控操作。

（3）利用AS-AS间通信进行多机组运行。机组间的沟通处于最低层。通过两电厂总线间的网桥进行机组间监控操作。

2-127　OM650过程控制和管理系统的功能软件包有哪几个？

OM650中的过程控制、过程信息和过程管理的各种应用软件可以一起配置。相应的功能包含在“过程控制”、“过程信息”和“过程管理”这三个软件包中。过程控制、过程信息和过程管理的执行由OM650的各种基本功能支持，这些基本功能以操作系统、目标管理器及基础软件的形式安装于每一个OM-PU \ SU \ OT之中。

2-128　OM650“过程控制”功能软件包的功能有哪些？

“过程控制”功能软件包利用监视器来进行过程控制。

该功能软件包括：过程操作；开停机；额定负荷运行；消除故障；过程监视；偏差检测；结果分析；采取措施；故障分析；报警处理；故障识别；初发故障的消除；避免即将发生的故障；可供选择的附加过程控制功能（作为单个或机组控制器的连续紧凑控制器，操作窗口中可选择功能图，自动报警抑制，用户状态报表/OM组态状态报表）。

2-129　OM650“过程信息”功能软件包的功能有哪些？

“过程信息”功能软件包的各种功能并不直接介入过程控制，而是面向过去和未来的过程事件。其首要任务是过程事件的文档管理和分析，以及提高电厂可用率。

它包括的过程信息功能有：长期存档；事故追忆报告；运行统计；运行时间和开关次数计数；笔记本功能；操作手册；单项报警抑制；E-mail/SMS 提醒；报表归档；OM 可组态的顺序报表；在线报表。

2-130　OM650 "过程管理" 功能软件包的功能有哪些？

"过程管理" 功能软件包包含的功能并不参与过程，而用于监视、规划、优化及增加电厂的运行寿命。

它包括的过程管理功能有：热力学基本函数；锅炉性能计算；蒸汽轮机性能计算；给水性能计算；燃气轮机性能计算；每日热率性能计算；与其他系统的数据变换；紧凑控制器的优化；操作员权限分级；灵活象形图；结构和操作方式。

2-131　OM650 部件（PU、SU）的硬件构成是什么？

OM650 部件（PU、SU）的硬件部分由 UNIX-PC 构成。对 OT 的硬件，可根据需要选择 UNIX、LINUX 或 WINDOWS（web4txp）PC 机。显示大屏幕（2m×1.5m）能与 OT 相连接，该屏幕提供大屏幕全图形显示。应用于小型发电厂时，PU、SU、OT 功能可合并在一台 CU（紧凑单元）中。

在 CU/OM-ES 模式中，OM650 及 ES680 同时运行在一台 PC 硬件平台。

2-132　OM650 部件 PU 的任务是什么？

（1）保持所辖电厂功能区当前数值或状态的映象。

（2）将所辖功能区中所有的数据变化（事件）存于短期档案库。

（3）组合开关状态信息和计算上位状态变化（总报警，事故追忆）。

（4）过程信息功能处理。

（5）执行计算。

（6）为操作终端提供动态信息（输出及更新画面的动态显示信息）。

（7）PU可配置2取1冗余结构，两个PU具有相同的硬件和软件，并且互为冗余。

2-133 OM650部件SU的任务是什么？

（1）在中央数据库（Informix）内存储由ES680组态的数据描述，为人机接口功能和全网报表功能等提供信息。

（2）报表功能。

（3）长期存档，还可利用光盘进行外部数据转存。

（4）SU可配置2取1冗余结构，两个SU具有相同的硬件和软件，并且互为冗余。

（5）SU/PU是将SU和PU的任务结合在一个PC机上完成。

2-134 OM650部件OT的功能是什么？

（1）执行所有人机接口功能，在当地硬盘上存储所有的画面。

（2）通过终端总线，OT能访问所有的短期或长期文档数据（可能被分散存储），因此可执行全厂的操作和监视任务。

Teleperm XP设计将PU/SU的处理功能与OT的显示功能分离开来。在OT和PU/SU之间不存在固定的定位分配。OT和PU/SU之间只进行模拟量和开关量的过程数据和操作信息的交换。使用多个OT时，它们彼此间是相互平行的冗余关系，如果一台OT发生故障，其他的任意一个OT可以代替它进行工作。

PU/OT可以在一台PC机上同时完成PU和OT的功能。

2-135 OM650部件CU的功能是什么？

（1）CU将PU、SU、OT的各种功能结合起来，是一个独立的系统，它只与本机数据和外围设备发生联系。

（2）人机接口（MMI）。

2-136 OM650过程控制和管理系统提供了哪些全图形用户界面？

OM650的全电厂过程控制和过程信息功能，提供了统一的全图形用户界面。它具有先进的窗口显示方式。该系统基于X\WINDOWS、OSF-MOTIF和DYNAVIS-X图形系统等国际标准。

通过不同种类的显示图将过程显示出来以满足运行人员的具体要求。①电厂画面；②图像插入；③过程画面；④动态功能图；⑤画面组织；⑥画面选择；⑦快速的操作员故障分析引导；⑧过程操作；⑨报警系统；⑩故障分析；⑪报表；⑫OM650 组态报表；⑬ES680 组态报表；⑭数据管理。

2-137 OM650 电厂画面、过程画面的作用是什么？图像插入的作用是什么？

用 P&ID 图的形式将电厂的过程全部或部分地表示出来。画面上除了背景，还以数值、棒图、颜色等形式动态显示过程状态，如温度、压力、总报警等，操作人员依此进行操作、监视和故障分析。

过程画面以曲线、棒图、特性曲线工作点等形式将过程当前的和历史的状态显示出来。过程画面可以以基本画面或窗口显示。过程画面被组织成不同的层次或其他结构存放，在顶级则存放过程的概貌图。

电厂的实际图像可以通过摄像机传送给大屏幕画面，作为 OM 窗口显示。

2-138 OM650 动态功能图的作用是什么？

动态功能图被用于自动控制系统自动化功能，包括保护连锁和顺序控制的在线显示，它主要用于运行时的在线故障分析，也可用于调试。

动态功能图上的输入输出表可选择性地显示标识符（KKS）或简单的文字说明。输入输出的连接端是动态的，缺乏步进条件或使能信号可立即被判别出来。还可进一步从功能图调用操作窗。

2-139 OM650 画面组织的作用是什么？ 画面选择的作用是什么？

为与电厂生产工艺相匹配，各种画面组织在不同的层次上。画面的分层机构是与电厂的组织结构和自动控制系统的各种功能相适应的。在画面生成的过程中，系统将画面分配到不同的层次上，并建立同级或不同级别的画面之间的逻辑连接。操作员可以根据需要在不同类型和级别的画面之间进行搜索。

无论当前的显示和操作状态如何，OM的画面选择功能都可以让操作员快速、直接地查找到所需的画面。他们可以利用选择菜单和画面上的热键。

2-140　OM650过程操作的作用是什么？

所有的过程操作是通过操作窗口来实现的。它们等同于常规的控制室中的手操器，如开关设备的开/关，改变运行方式（手动/自动），改变设定值和位置变量，设置操作块。

操作窗口是由窗口边框、控制器以及一个或两个扩展窗口组成。

控制操作块用于自动控制系统功能的监视及操作。在设备画面、过程画面和功能图中的可操图符上，通过光标操作可选择开窗。可操作键和不可操作键用颜色加以区分，并且根据当前的操作状态不断地刷新。

某些操作窗口所附有的相应功能图以及相应的详细信息窗口可利用软键选择打开。在窗口框架上还设计了更多的软键，用于特定功能，需要时还可分配其他功能。详细信息窗口以动态文本的形式显示该操作/显示窗口所表示功能的各个状态和故障。

2-141　OM650报警系统的任务是什么？报警系统处理哪些报警？

OM650报警系统的任务是将过程或自动控制系统中即将发生的故障或当前的故障尽快通知操作员并且提供故障分析的相关信息。

报警量是一类必须让操作员确认的事件。这些事件包括模拟量超限、现场设备的功能故障、自动化控制系统的功能故障、设备损坏等故障。像“启/停”、“开/关”这些事件为正常操作事件，无需确认。所有的事件都存于档案之中。根据重要性、来源和用途，报警分为不同的级别。报警系统处理下列报警。

（1）A：报警。

（2）W：预警。

(3) T：越限。

(4) F：自动控制系统功能故障。

(5) L：当地故障。

(6) C：状态变换。

(7) M：维修及服务。

(8) S：上位自动控制系统故障。

(9) D：设备故障。

(10) I：非直接设备故障。

公共报警指示（CAI）为屏幕上闪光标志，它们是来自各个设备、成组、区域直至全厂报警的逻辑“或”，CAI 的分层结构与画面的分层结构相对应。全厂总报警指示一直显示在屏幕的上端，只要有一条没被确认的报警存在，它就会闪烁。

报警顺序显示为在屏幕上按时间顺序显示的简明报警列表，它包括信号标识符 ID、报警说明、时间等。

通过配置，系统可以在 ASD 的第一行或最后一行显示最新警报，与电厂相关的标准做法保持一致。

可选的警报抑制和单个信号撤消可以在两级实现。在第一级中没有进入警报缓冲区，但可以归档；在第二级中则既没有进入警报缓冲区，也不可以归档。

2-142 OM650 故障分析的作用是什么？

快速寻找过程或自动控制系统中的故障原因是过程控制系统的一个最重要功能。快速的操作员引导系统能使操作员尽可能快地发现并消除过程和自动控制系统中的故障。声光报警提醒操作员发生了报警。总报警指示引导操作员以最快的方式得到相关的详细信息。

总报警指示逻辑无需组态，是由系统在画面分层结构中自动产生的，它减少了组态工作量，并保证不遗漏一条总报警指示。系统还提供快速具体的故障分析，关联报警功能使操作员在一条报警顺序显示记录上按动鼠标即可调用相关画面，以便进行相关的纠错操作。

2-143 OM650报表的作用是什么？

报表是包括了名称和说明的长/短期存档数据经过筛选的输出，筛选方式由所选参数而定。在执行报表功能之前，所选参数必须从键盘输入。常用报表的不变参数可以由工程设计系统定义。

2-144 OM650组态报表的作用是什么？ OM650可组态报表的种类有哪些？

OM650可组态的报表是具有特定格式的报表。在系统安装过程中，这种特定的格式可用工程设计系统装载于服务单元SU或紧缩单元CU的数据库中，报表内容则在执行报表功能过程中由所选参数决定。OM650可组态报表种类如下：

（1）状态报表。当前或过去某一时间的模拟量、开关量的状态。状态报表包括如下类型：

1）开关量状态；

2）模拟量状态；

3）无效或故障的开关量；

4）无效或故障的模拟量；

5）操作员报警状态；

6）自动控制系统报警状态；

7）开关计数；

8）运行计时；

9）事件记数；

10）累计值；

11）峰值。

（2）顺序报表。可以给出一段时间内的模拟量或开关量的状态或趋势。顺序报表包括如下类型：

1）报警顺序；

2）操作顺序；

3）自动控制系统故障顺序；

4）事件顺序。

“关闭型”的顺序报表选择时段的开始和结束皆为过去的某一

时刻。而“开放”的顺序报表选择时段的开始可以是过去的某一时刻或现在，而结束则总是将来的某一时刻。结束时间可在报表功能激活的过程中加以定义或者保持开放状态，但随时可由操作员终止。

(3) 组态报表。在一个 OM650 组态报表中可定义若干个 ES680 组态报表。每个的选择参数不同，用不同的报表名称加以识别。

可组态报表的选择参数不仅可在执行报表功能的过程中被确定，而且可以通过 ES680 系统加以组态。经过 ES680 系统组态的参数应用于随后的所有激活的报表。

在线报表是开放型顺序报表，一旦激活便不断地由打印机输出，输出可手动终止。每一个在线报表都通过组态分配一台打印机。事件报表就是在线报表的一个例子。

2-145 OM650 数据管理的作用是什么？

所有由自动控制装置送来的或在 OM650 中由计算产生的数据都储存于 OM650 系统的文档之中。文档被设计为数据的长期硬盘存储。

需快速得到的数据（用于画面的动态显示、计算等），存储于 PU/SU 的内存中，它们可保持几个小时。

数据及报表都可以存放于长期文档之中。

数据作为事件由数据管理 100%存档，不经压缩。事件是永远保存的，根据产生的原因为每一事件定义事件类型。可以利用事件类型将全厂或区域的事件分类，它与事件的重要性相对应。事件对于操作员和值长以及自动控制系统维护服务的工程师来讲都是十分重要的。

2-146 OM650 数据管理中，事件类型有哪些？

(1) 有关操作员的事件类型。

S：信号变化（模拟量、开关量）或计算量。

A：报警（如模拟量超越报警限值）。

W：预警（如模拟量超越预警限值）。

T：越限（如模拟量超越容限）。

M：提示操作员采取手动操作（操作窗中操作员跟踪，参见HMI）。

F：仪控系统的功能故障。

S：自动控制系统的故障（如AS或组件的故障）。

L：就地设备故障（如自动水箱溢流中水箱水位过高）。

Z：预定义开关或功能的状态变化（如切换到备用泵）。

M：必须进行维修服务（如滤网堵塞，切换到备用滤网）。

P：操作员执行的过程操作（操作员事件）。

（2）有关仪控工程师的事件类型。

G：设备故障（指示设备故障的自动化控制系统报警）。

I：非直接设备故障（指示非直接设备故障的自动化控制系统报警，如控制偏差过高、监视时间越限）。

2-147　OM650数据管理中，文档类型有哪些？作用是什么？

（1）短期文档。短期文档被保存于PU/SU的内存中，用于事件的快速存取，例如，为画面显示和功能块输入提供数据，存储功能块的运算结果等。

每个单元的短期文档按时间顺序将所有来源于所属自动系统或由本单元计算产生的所有事件存于其中。短期文档为环状存储结构，存满后，最早的事件将被新的事件覆盖。每20s，短期文档中的新事件便被转入长期文档中。

（2）长期文档。长期文档将由事件和报表长期存储在SU的硬盘中，这些事件和报表可在需要时转存于连在SU上的外部光盘（MOD）中或从光盘读取。为了对电厂运行情况进行跟踪和评估，保存了从自动控制系统运行以来所采集到的全电厂所有的事件以及存档报表。

（3）事故追忆文档。事故追忆文档保存事故发生前和后的情况以便分析。事故追忆文档的激发信号产生于与事故相关的开关量事件的逻辑结果。它与相关被测值在事故发生前和后的趋势一起形成事故追忆文档（STAD）。

为了输出 STAD 信息，需从故障事件表中选出故障事件。选择一个故障事件即可输出一幅曲线图，以图形方式对事故顺序进行分析。形成曲线的数据（事件）是从文档中读出来的。故障事件发生的时间自动地定位于显示曲线图时间轴的中间，光标线也落在此处，因此，事故前后的曲线趋势就被显示出来。

2-148　OM650 数据管理中，特征值的作用是什么？哪些设备的特征值可以在 OM650 上计算出来？

特征值用于对单个设备乃至全电厂机组效率的监视。操作人员根据特征值可识别由于结垢、磨损、泄漏等所造成的运行特性变化，以及与最佳运行状态的偏离。连续的效率降低总伴随着故障，所以对特征值的跟踪是十分有用的，它可以避免故障，提高电厂的可用率。

特征值可以在 OM650 上计算出来的设备有给水加热器、给水泵、蒸汽发生器、空气预热器、蒸汽轮机、冷凝器、燃气轮机。

计算结果作为事件存放于短期文档中，并且能以曲线、棒图、模拟量指示和报表等标准形式显示出来。

2-149　ES680 工程设计及调试系统可用于工程管理的哪些阶段？

ES680 工程设计及调试系统可用于工程管理的所有阶段，即任务澄清阶段、详细设计阶段、测试及诊断阶段、调试阶段。

2-150　ES680 一体化的工程设计系统体现在哪些方面？

（1）ES680 工程设计系统是一个由数据库支持的全图形系统。采用国际上成熟的标准化软件，如 UNIX 操作系统和关系数据库，以及 X/WINDOWS 和 OSF-MOTIF。

（2）ES680 提供了连贯的前向工程设计，从功能图的形成到代码的生成都自动完成。OM650、AS620B、CM 以及终端总线和电厂总线的基础设计和详细设计都是通过 ES680 实现的。

（3）工程设计面向过程控制的工程设计任务定义，代码生成不需要仪表控制系统软件的专门知识。用户可在基础设计、详细设计、调试以及维护中使用同一个工具。强大的引导功能可以引导操作员快速进入有关自动化控制系统任务，以获取信息，搜索故障及诊断故障。替代了过去费时的纸面文本上的查找方式。

（4）根据系统内部规则，统一进行所有数据的检查和管理。

（5）所有最新的DCS系统文件可在线打印和显示。

（6）ES680工程设计系统涵盖了全部的工程组态步骤：①自动控制功能组态；②过程控制和过程信息功能的组态；③调试；④运行阶段的技术支持。

2-151 ES680工程设计及调试系统的特点是什么？

（1）ES680系统不规定使用哪种标识系统。它支持符合IEC标准的KKS和AKZ，带有检错功能，也可使用用户特定的标识符。在标准过程功能中，可提供库扩展和复制功能。

（2）TXP的系统参数由ES680自动地加以确定和管理，不需要用户组态。各个功能块的执行顺序也由ES680自动地加以确定。

（3）对目标设备的首次代码下载在离线操作过程中执行，所有可能的结构变化可通过在线功能下载。

（4）ES680硬件配置可变，从小型CU直至由网络工作站所组成，也可以是PC机的终端，ES680提供了不同的访问等级：读，读和写，系统管理。

（5）组态接口和软件库有德文和英文两种版本。

2-152 ES680工程设计系统如何通过编辑功能图，对AS620自动控制系统进行组态？OM650过程控制和管理系统的组态包括哪些内容？

在制作各级功能图时利用了专为电厂设计的图符集，这些图符有标准化的缺省设置，只须对不同之处进行组态。

要进行图符与输入/输出表格中输入/输出变量之间的图形连接，以及图符之间的图形连接，功能图的逻辑连接能自动生成。只有过程设计参数需要输入到对应图符下出现的对话框里，而自动控制参数是不需要输入的，它们由ES680系统自动地进行分配和管理。同样，也由系统决定功能块调用的顺序。

为了有效地制作功能图，ES680具有强大的拷贝功能。为了确保程序和功能以正确的顺序被执行和逻辑连接的正确，ES680对功能图进行检查。这些检查同时还确保了对地址和参数的正确使用。

(1) 引导。系统提供了从一个控制级到另一个控制级的功能图纵向引导功能。在单项控制级功能图上，信号能在水平方向上超越功能图及页号的范围始终被跟踪。

单项级功能图与可组态模件的插槽布置图之间的引导也是可能的。

(2) 信号连接。部件间的连接取决于拓扑结构图，它是自动控制系统中各部件间信号通信的基础。ES680系统可依此自动进行信号连接并对连接进行管理，而用户只需通过功能图对信号的逻辑连接进行组态就可以了。自动控制系统子部件间的信号路径是自动生成并自动分配给信号的。

(3) 自动代码生成。在自动控制系统中，由图符、参数和连接组成的单项控制级的功能图由代码生成器直接变换成自动系统的用户程序软件。生成的软件通过电厂总线下载于相对应的自动系统中。为了便于系统调试，系统具有离线装载和在线装载功能。

(4) 修改处理。所有任务定义的修改均需通过ES680接口输入，并转化成系统代码。这种连贯的前向文件管理方法可以保证设计文件与AS620和OM650子系统中的运行程序永远保持数据一致性。

(5) 动态功能图。由ES680制作的功能图可以是动态的，即动态显示过程的当前状态，以便调试、优化及故障分析。

(6) 过程信号模拟。过程信号可以用模拟值输入来检查过程值及优化闭环控制器。该值作为模拟值又传送至AS620，并应用于程序中。

(7) 现场设备集中参数化和诊断功能。作为选项，ES680还支持通过PROFIBUS-DP或PROFIBUS-PA连接于AS620B的选定变送器和执行器的集中参数化。它能更快捷方便和更可靠地对正调试的现场设备设定参数。

ES680支持的现场设备远程诊断简化了电厂运行中的日常维

护。它可以调用和显示集中储存于单独现场设备中的诊断信息。维护信息和诊断信息可以做到按需维护现场设备。

OM650过程控制和管理系统的组态包括用户画面制作，画面与过程的连接，报表定位。

2-153 Ovation系统网络的主要特点是什么？

(1) Ovation系统采用的是基于交换机技术的、通信速率为100MB/s的、单层的、一体化对等通信的快速以太网。

(2) 系统通信无瓶颈，消灭网桥网关。

(3) 网络最多可挂接1000个接点，容量为200000点，任何两个站之间的最大距离为2000m。采用标准的开放的TCP/IP协议。

(4) Ovation支持多网络结构，可实现多网络的闭锁和互操功能。

2-154 Ovation系统控制器的主要技术指标是什么？

西屋公司最新的Ovation控制器的主要技术指标：采用基于INTEL主流奔腾级CPU，内嵌航空用的高效的具有精简指令集的POSIX嵌入式实时多任务的系统；控制器主频为Pentium 266MHz；控制器内存为64MB；控制器闪存为32MB；控制快速控制内存为3MB；控制器容量为16000点；控制器分区为5个，每个控制分区相当于一个单独的控制器；每个控制区速率为10ms～30s可调；采用双机并用的技术，通过回溯功能，真正做到了无扰切换。

2-155 Ovation系统I/O模件的主要特点是什么？

Ovation系统的I/O模件具有低密度高可靠性的特点。I/O模件采用DIN导轨安装、电子模件和特性模件分离技术；所有模件均为低密度卡件，Ovation系统模拟量模件输入仅为8点/块，模拟量输出仅为4点/块，脉冲输入模件为2点/块；单点隔离，每点均有独立的A/D、D/A转换器；开关量模件输入/输出为16点/块，均为单点隔离的方式；系统诊断到通道级；I/O模件具有自动和周期性地进行零漂和增益校正功能；SOE模件本身具有0.125ms精度的时钟脉冲；RTD模件采用了恒流源技术；具有专用的DEH测速、控制和驱动模件；采用低功耗的表面封装技术。

2-156 Ovation 系统的远程 I/O 能力体现在哪里？

Ovation 系统具有极强的远程 I/O 能力，具体体现如下：

(1) 通信速率 10MB/s；

(2) 带点能力为 16000 点；

(3) 冗余的配置，通信介质为光缆。

2-157 Ovation 系统的接口能力体现在哪里？

Ovation 系统开放性能极强，具体体现如下：

(1) 采用标准的通信协议；

(2) 能将具有 TCP/IP 通信协议的第三方设备和系统无缝连接到系统中；

(3) 能将具有 Modbus 协议的第三方设备和系统连接到系统中；

(4) 通过 OPC 接口能与第三方系统连接。

2-158 Ovation 系统人机接口的主要特点是什么？

系统具有 NT 和 UNIX 操作平台可选方案：支持双 CRT 和 8 个窗口，可实现无级缩放、随意拖拽矢量的多窗口功能；支持 8 个不同的报警级别；强大的历史服务功能，最小分辨率为 100ms；采用磁盘阵列、自动光盘刻录、自动检索等技术，可实现对电厂所有数据的实时、长期和有效的保存。

2-159 Ovation 系统组态工具的主要特点是什么？

(1) 以 AutoCAD 为工具，以标准的 SAMA 图方式实现系统的组态；

(2) 具有在线修改、增加、删除功能。

2-160 Ovation 系统电源的主要特点是什么？

(1) 宽范围的供电；

(2) 32ms 的输出保持时间；

(3) 自动的功率因数校正。

2-161 Ovation系统工作站的分布是怎样的？

某发电厂Ovation系统采用的工作站为DELL（戴尔）工作站。操作员站共7台（DROP210～DROP216），均为Dell™ OptiPlex™ GX620系列工作站，其中DROP210作为凝结水精处理操作员站用，其余工作站为主机操作员站，主要用于运行人员对机组进行参数监控、设备操作等；工程师站2台DROP200（服务器）、DROP201，采用Dell™ Precision™ 670系列服务器，主要提供数据库存储及工程师组态等功能；历史数据站（DROP160）采用Dell™ PowerEdge™ 2800系列服务器，主要用于历史数据的存储。

全部工作站均配备21英寸三星液晶显示器。Ovation系统采用的是基于交换机技术的快速以太网，系统使用Cisco Catalyst 2950系列24口10/100自适应交换机组成的网络上的任何站点之间均为点对点的对等单层网络结构。

2-162 Ovation系统操作员站的硬件配置是什么？

机组共有操作员站7台（DROP210～DROP216），采用Dell™ OptiPlex™ GX620系列工作站，工程师站1台DROP200，采用DELL（戴尔）GX670系列工作站。

操作员站采用Dell™ OptiPlex™ GX620系列工作站。Dell™ OptiPlex™ GX620系列机箱采用镂空设计，整机散热更为有利，保证了系统的稳定运行。在设计上，这款机型采用了领先的环保设计，许多部件都采用了无铅技术。Dell™ OptiPlex™ GX620配置上采用了Intel Pentium D 820处理器，主频为2.8GHz（2MB二级缓存，800MHz前端系统总线），应用英特尔945G芯片组，安装一条512MB类型为533MHZ DDR2 SDRAM内存，集成GMA950显卡，集成AC97声卡，还集成Broadcom 10/100/1000以太网卡，采用容量为40GB的SATA接口硬盘，最高转速达到7200r/min。接口方面，该机器配备有7个USB 2.0端口（2个前置、5个后置），1个串口、1个并口、1个RJ-45网络接口、麦克风、耳机、立体声输入、输出等；此外工作站装有一个16倍速的DVD-ROM光驱，以及一块供操作员站与高速公路接口用的双网口Adaptec ANA-

64022LV 网卡，其最大传输速率为 400 Mbit/s。

另外，所有操作员站均配有 21 英寸三星 214T LCD 液晶显示器，其亮度达到 300cd/m^2，对比度为 1000：1，灰阶响应时间为 8ms，支持模拟 RGB 、DVI 数字连接、CVBS 及 S-Video 多种输入信号接口。所有操作员站均安装 Windows XP Service Pack 2 操作系统及 Ovation 3.0.2 应用软件。

2-163 Ovation 系统工程师站的硬件配置是什么？

工程师站采用 Dell™ Precision™ 670 系列服务器。Dell™ Precision™ 670 系列服务器在配置上采用 90 纳米技术的 64 位英特尔至强处理器，具有 8KB 的一级（L1）高速缓存和 1024 KB 的二级（L2）高速缓存。运作频率达到 3.60 GHz，并整合 Demand Based Switching（DBS）以及 Enhanced Intel SpeedStep 技术，能机动调整功率并降低处理器的耗电需求。还支持 Intel Extended Memory 64 技术（Intel EM64T，EM64T），提供 64 位的内存寻址能力，突破目前 32 位电脑系统的 4GB 内存上限，达到 16 GB 的内存存取量，让用户体验 64 位的运算能力的同时又能高效率地执行现今市面上所有的 32 位应用程序，带来更高的应用程序弹性。英特尔超线程技术的改良能提升多重线程程序的效能，而 Streaming SIMD Extensions 3（SSE3）指令集则针对媒体与游戏等应用改进线程的同步运作效率，提高系统的响应速度。Precision 670 工作站除了提供 64 位运算能力外，还通过新一代的 Intel E7525（曾用代号为 Tumwater）芯片组主板，支持 DDR2 内存架构及 PCI Express 总线技术，DDR2 架构能满足处理器、绘图、I/O 子系统在速度提升后所衍生的带宽需求。PCI-Express 架构可提升 4 倍的绘图卡传输频带宽，改善内部数据联机，并为外围设备提供专用的高速界面（在 4 倍速模式下传输带宽可达 2 GB/s）。该机采用 Intel E7525 芯片组，安装 2 条 512MB 类型为 400MHZ DDR2 SDRAM 内存；配置 128MB 独立显存的 ATI FireGL V3100 显卡一块；主板集成 U320 SCSI 和 SATA1.5 接口控制器，安装 4 个 36GB SCIS 接口高转速硬盘；接口方面配备有 8 个 USB 2.0 端口（2 个前置、6 个后置），2

个9针串口支持16550、1个25针（双向）并口、1个RJ-45网络接口、6针迷你DIN PS/2键盘接口、6针迷你DIN PS/2鼠标接口、1/8英寸音频输入微型插孔、1/8英寸音频麦克风输入微型插孔（前、后置）、1/8英寸音频耳机微型插孔（前&后置）、一个IEEE 1394a连接器等；工作站还安装3.5英寸1.44MB软驱及只读光驱以及可读写CD-RW DRIVE各一部。另外，安装一块供工作站与高速公路接口用的双网口Adaptec ANA-64022LV网卡并配有21英寸三星214T LCD液晶显示器。作为服务器，工作站安装Microsoft Windows Server 2003 R2 Service Pack 1操作系统、Ovation 3.0.2应用软件及OPH3.1.0历史站应用软件。

2-164　Ovation系统历史数据站的硬件配置是什么？

历史数据站（DROP160）采用Dell™PowerEdge™2800系列服务器。Dell™PowerEdge™2800使用前端总线为800MHz的64位英特尔至强处理器，具有8 KB的一级（L1）高速缓存和1024 KB的二级（L2）高速缓存。该机采用Intel E 7520芯片组，内存采用2条容量为512MB的144位ECC带寄存器的PC2-3200 DDR2 SDRAM DIMM，具有双路交叉存取功能；带有16 MB的SDRAM显存的ATI Radeon 7000 33MHz PCI接口独立显卡；支持最多10个1英寸内部热插拔U320 SCSI，安装5个SCSI接口容量为73GB硬盘；接口方面配备有4个USB 2.0端口（2个前置、2个后置），1个9针串口支持16550、1个25针（双向）并口、1个RJ-45网络接口、1个6针迷你DIN PS/2键盘接口、1个6针迷你DIN PS/2鼠标接口等。安装一块供工作站与高速公路接口用的双网口Adaptec ANA-64022LV网卡并配有21英寸三星214T LCD液晶显示器。作为历史数据服务器，工作站安装Microsoft Windows Server 2003 R2 Service Pack 1操作系统、Ovation 3.0.2应用软件及OPH3.1.0历史站应用软件。

2-165　Ovation系统交换机的硬件配置是什么？

Ovation系统采用的是基于交换机技术的、通信速率为100MB/s的、单层的、一体化对等通信的快速以太网，组成这一网络结构的则为 Cisco Catalyst 2950 系列 24 口 10/100 自适应交换机。Cisco Catalyst 2950 提供 8.8Gbit/s 交换结构和基于 64 字节数据包的传输速率，24 个 10BaseT/100BaseTX 自适应端口，提供最大 200Mbit/s 的带宽；所有端口共享 8MB 数据包缓存内存结构，具有 16MB DRAM 和 8MB 闪存，8000 个 MAC 地址。支持 IEEE 802.1x，支持 10BaseT、100BaseTX、1000BaseT 端口上的 IEEE 802.3x 全双工操作；支持 IEEE 802.1D 生成树协议、IEEE 802.1p CoS、IEEE 802.1Q VLAN 及 IEEE 802.3ab 1000BaseTX 规范、IEEE 802.3u 100BaseTx 规范和 IEEE 802.3 10BaseTx 规范。

2-166 Ovation 系统控制器的特点是什么？

Ovation 系统控制器的特点如下：

（1）具有处理多种应用程序（包括网络）的能力。

（2）控制器能够完全无扰切换。

（3）兼容第三方用于数据通信、控制、用户 C 语言编程和仿真的软件。

（4）支持多任务和优先任务计划。

（5）完全符合 POSIX1003.1b 的开放系统标准。

（6）用容易理解的命名方法来增加过程点（优于使用复杂的名称或硬件地址加偏移量的命名法）。

（7）Vxwork 所占内存仅为 32KB。

（8）Vxwork 存储和启动使用闪存（flash memory）（无需电池固化的内存）。

（9）Vxwork 的模块式结构只执行控制算法和通信的功能。

（10）应用软件的组态程序记录在闪存中。

2-167 Ovation 系统控制器的硬件配置是什么？

在硬件方面，Ovation 基于奔腾处理器结构及 PCI 总线方式。PCI 是一种 32 位用于奔腾和奔腾处理器中的扩展总线。使用 PCI 总线作为系统的设计思路，可以支持其他的 PC 设备。控制器采用奔腾 266MHz 处理器，64MB 的内存加上 IDE 接口 32MB 的“闪存”，具有同时处理 5 个过程控制区域的能力，扫描频率从 10ms～

30s。每个控制组态均可包含I/O过程点和算法。SAMA形式的逻辑及控制回路的组态方式，Serial&Parallel I/O通信方式。

2-168 Ovation系统控制器提供的应用程序和功能是什么？

Ovation系统控制器提供了大量的应用程序和功能，主要包括：

（1）连续（PID）控制；

（2）布尔逻辑；

（3）特殊逻辑和定时功能；

（4）数据采集；

（5）SOE处理；

（6）冷端输入补偿；

（7）过程点传感器/限位检验；

（8）过程点报警处理；

（9）过程点转换为工程单位；

（10）过程点数据库存储；

（11）就地和远程I/O接口；

（12）过程点上标签。

2-169 Ovation系统标准控制器的功能是什么？

（1）历史事件顺序（SOE）。整体的SOE处理能力由I/O子系统和标准软件提供。SOE记录用户设定的数字量输入变化状态序列的分辨率为1/8ms。

（2）报警处理。基于每个过程点的定义，Ovation控制器在输入量程的范围内执行基本报警处理功能。任何一个点报警的状态将会在Ovation网络上不断地更新和广泛传播。例如，一个点的状态会被标明超出传感器或用户定义的量程范围、改变了状态或超过一个增幅的限制。如果用户要求，报警的报告可以延迟一个用户预定义的时间间隔。

2-170 当控制器和用户界面有接口时，Ovation控制器具有哪几种报警能力？

当控制器和用户界面有接口时，Ovation控制器具有报告6种独立的报警能力：

(1) 4个高限；

(2) 用户定义高限；

(3) 最高的增幅限制；

(4) 4个低限；

(5) 用户定义低限；

(6) 最低的增幅限制。

用户界面能够按照用户选择报警的重要性来报警排序。当报警显示在报警画面上时，它可以标明报警叙述为“警报”或“信息”。一个报警确认功能允许操作员输入报警确认，激活的报警将从报警清单中消除。如果过程点从报警清单中清除后改变报警的状态，它将自动恢复到不能再次被释放的状态。

2-171 Ovation 控制器的组成是什么？各部分的作用是什么？

控制器由母板、CPU卡、电源卡、网络卡、I/O接口卡的硬件组成。

(1) 电源卡：Power Supply (DC/DC)，为内部卡件提供工作电源。

(2) CPU卡：ISA/PCI Processor (CPU Card)，中央处理器。

(3) 闪存：Flash Disk，与CPU相连，内有逻辑算法、操作系统。掉电不丢失数据。

(4) 网络接口卡：Network interface Card，控制器与网络接口。

(5) I/O接口卡：I/O Interface Card (PCQL/PCRL/PCRR)，控制器与I/O模块的接口，与CPU通过总线相连。

2-172 Ovation 系统控制器的冗余配置是指什么？

当主控制器故障时，位于控制器背板上得“看门狗”检测电路将会通知一直处于跟踪状态的后备控制器进行无扰切换，在切换时系统将自动回溯到切换前的一个周期的状态，保证系统的真正无扰切换，从而保证系统的控制和保护功能不会丢失或延迟。Ovation

冗余控制器的切换时间小于5ms。

2-173 Ovation控制器能够提供哪些关键设备的冗余？

Ovation控制器的设计是能够提供不同关键设备的冗余，包括：

（1）网络接口；

（2）功能处理器、内存和网络控制器；

（3）处理器电源；

（4）I/O电源；

（5）输入电源；

（6）I/O电源；

（7）输助电源；

（8）远程I/O通信媒介。

全冗余的控制器能配备的设备如下：

（1）双奔腾基础的功能处理器；

（2）双网络接口；

（3）双处理器电源；

（4）双I/O电源；

（5）双输助电源；

（6）双输入电源；

（7）双I/O接口。

2-174 Ovation控制器的冗余功能具体指什么？

每个冗余功能处理器都执行同样的应用程序，但只有一个能与I/O通信并且运行在控制模式下。备份处理器必定运行在后备、组态或离线模式。这两种模式被称为“控制模式”和“后备模式”。在控制模式下，主处理器的功能类似一个非冗余的处理器。它直接对I/O进行读取、写入和执行数据采集、控制功能。此外，主处理器监视着“后备”处理器和网络的状态和良好。在后备模式下，后备处理器诊断和监视主处理器的状态。后备处理器维持控制所需的数据，并且通过Ovation网络获取所有控制处理器发出的信息，包括过程点数据、算法块的参数和变量点的属性。Ovation控制器的冗余功能包括自动纠错控制，如果主控制器失败，“看门狗”检测电路关闭主控制器的I/O接口并将错误通知后备控制器。后备控制器马上实现I/O总线的控制，开始执行过程控制的应用程序并通过Ovation网络广播信息。因为后备控制器中算法块一直跟踪着输出值，通过收到信息的逆运算，在第一次控制扫描期间即可提供数据，所以发生错误后控制器间可以做到无扰动切换。

2-175 Ovation系统触发自动的故障切换的事件包括哪些？

（1）控制处理器故障；

（2）网络控制器故障；

（3）I/O接口故障；

（4）控制处理器电源切断；

（5）控制处理器复位。

一旦控制权转移到后备处理器，故障的处理器可以关闭电源，修理，重新接上电源，这些都对执行控制算法没有任何的影响。重新启动后，修理好的处理器去检测到它的伙伴处理器处于控制模式下，它会充当后备控制器。控制模式下的控制器检测到后备处理器的出现会将功能调节到冗余操作。

2-176 Ovation控制器I/O接口的特点是什么？

Ovation具有灵活的标准PCI总线IOIC：PCRL本地Ovation控制器I/O接口卡件；PCRR远程Ovation控制器I/O接口卡件。

每个控制器最多可安装2个I/O接口卡（PCRL或PCRR），每个PCRL卡可有8个分支，每个分支可有8个I/O模件。配置两块PCRL卡的控制器最大可有128块就地模件。Ovation的每块PCRR远程I/O卡最多带8个远程节点。每个节点包括8个分支，每个分支最多8块I/O模件。每个控制器最多支持1024块远程I/O卡件。每条支线为2MB的通信速率，总线循环时间为31μs，控制器到节点的通信速率为10MB，远程节点间的通信速率为2MB。

2-177 Ovation系统控制器指示灯及数码管显示含义分别是什么？

8个状态灯，表示1～8条支线的状态，指示灯的颜色与含义如下：

绿色：I/O 分支的各模块工作正常。

红色：I/O 分支工作不正常。

橙色：I/O 分支个别模块工作不正常。

无色：I/O 分支未使用。

数码管显示：| 1 | 2 | 3 | 5 |

第一位：正常情况下无显示，否则显示故障代码。

第二位：正常显示“L”表示本地卡，否则为故障代码。

第三位：正常显示大写“C”为主控状态，小写“c”为原始状态，即只有操作系统无组态；大写“B”为备用状态，小写“b”为原始状态。无显示为闪存为空。

第四位：正常为“1～F”循环显示，主控制器显示速度较快，备用速度较慢。如果为“0”时则第三位无显示，即闪存为空。

2-178　Ovation 系统控制器的故障代码是什么？

控制器的故障代码如下：

故障代码（Decimal）	故障描述
66	Controller fault（控制器故障）
129	QLC or Ovation LC failure fault
170	SHC（Highway）failure fault
171	SHC（Highway）initialization fault（highway 初始化故障）
175	Server fault（服务器故障）
176	Operation station fault（membrane keyboard）
177	Historian fault
180	Log server fault
190	Data Link server fault

2-179　Ovation 系统控制器电源有何特点？

控制器电源及卡件电源均由两个 24V DC 电源提供，其输入电源分别来自机组保安段和 UPS 两路独立电源，每一个 24V DC 电源都有主、副两个 24V DC 输出，并通过电源分配模块提供给控制器和卡件。

2-180 Ovation 系统 I/O 卡件的作用是什么？

Ovation DCS 系统提供模拟量控制、顺序控制、数据采集等功能。系统中包含多种可配置的功能 I/O 卡件，它们通过 I/O 总线与 Ovation 控制器通信。I/O 卡件是控制器与现场工艺系统的接口。I/O 卡件插入在具有内置故障诊断的组件上，它们可以在大信号范围下进行多功能的工作。I/O 卡件被锁定在底座上，底座安装在控制柜内的 DIN 轨上，并接线到现场设备。

2-181 Ovation 系统 I/O 术语是什么？

I/O 术语描述见表 2-4。

表 2-4 I/O 术语描述

术　语	描　　述
AUI Cable	Attachment Unit Interface（AUI）连接 PCRR 卡至 MAU 模块
A Side	Base Unit 板对板连接左侧
B Side	Base Unit 板对板连接右侧
Base Unit	包含一块印刷线路板，不同的连接以及塑料机架。用户可以通过它将就地信号与 I/O 模件连接。它同时为 I/O 模件提供电源以及低阻抗的接地连接
Branch	配置在 DIN 轨上的一组 Base Units，并利用本地总线连接到 I/O 控制器
Electronics Module	I/O 模块的一部分，最多包含两块印刷线路板（逻辑板与就地板），提供 I/O 控制器与就地设备连接的必需的电子部件
I/O Controller	网络与 I/O 的接口
IOIC Card	控制器的 PCI I/O 接口卡，包括 PCQL、PCRL、PCRR
I/O Module	由电子模块与特性模块组成的标准 I/O 模块，Compact modules 与 Relay Output modules 不包含特性模块，这些模块实现 I/O 控制器与就地设备的接口

术　语	描　　述
MAU	连接PCRR卡（通过AUI电缆）与远方I/O的RNC（通过光纤）
Ovation Network (Data Highway)	本地Ovation网络各站之间的通信连接
PCI	Peripheral Component Interconnect（PCI），控制器CPU与I/O控制器模块间通信总线
PCRL	控制器内与本地Ovation I/O连接的IOIC卡
PCRR	控制器内与远方Ovation I/O连接的IOIC卡
Personality Module	特性模块
Remote I/O	远程控制器配置的I/O
Remote Node	通过光纤与控制器通信的一组远程I/O
RNC	远程节点控制器

2-182　Ovation系统I/O模件的组成是什么？

（1）标准组件由三部分组成。

1）电子模块（electronics module）：实现A/D转换功能。

2）特性模块（personality module）：实现信号的预处理功能。

3）基础部分（包括接线端子）。

（2）继电器输出模块由两部分组成。

1）电子模块（emod）；

2）基础部分（包括接线端子）。

2-183　Ovation系统I/O模块特性是什么？

I/O模块特性有：

（1）Ovation的I/O模块可用于远程和本地两种方式；

（2）模块分类、组、系列号和版本存储在每一个I/O电子模块内；

（3）“热插拔”能力便于维护；

（4）状态指示由标准的LED诊断灯颜色显示；

（5）每个控制器最多128块本地I/O模块；

（6）每个控制器最多1024块远程I/O模块；

（7）对继电器模块有两种基座形式；

（8）环境要求：运行温度为0～65℃；湿度为0～95%。

2-184　Ovation系统I/O模件类型有哪些？

I/O模件类型如下：

（1）模拟量输入模件；

（2）模拟量输出模件；

（3）数字量输入模件；

（4）数字量输出模件；

（5）专门模件；

（6）SLIM（回路接口卡）。

2-185　通常情况下，Ovation系统I/O模块诊断指示灯的显示含义是什么？

P＝（绿）当模块电源提供正常，指示模块电源正常。

C＝（绿）当控制器通信正常及通信时间监视器没有超时，指示模块通信正常。

E＝（红）外部故障指示灯。当模块有外部问题时，如公共的辅助电源熔丝断，指示灯亮。

I＝（红）内部故障指示灯。当模块内部发生故障时灯亮。此灯亮一般情况需要更换电子模块。

2-186　I/O卡件包括哪些？

（1）14位模拟量输入模块；

（2）高速模拟量输入及热电偶卡；

（3）模拟量输出卡；

（4）触点输入卡（CI）；

（5）数字量输入卡；

（6）数字量输出卡（DO）；

（7）继电器输出卡；

（8）RTD卡件；

（9）SOE卡。

2-187　14位模拟量输入模块的组成是什么？

14位模拟量输入模块由特性和电子模块组成。提供8个独立隔离的输入通道，输入信号通过对应的特性模块有条件地传输到电子模块。特性模块也给电子模块的输入线路提供浪涌保护。电子模块完成模拟信号转换成数字信号并作为I/O总线的接口。具体组成如下：

（1）电子模块有两组。1C31224G01：4～20mA。1C31224G02：±1V。

（2）特性模块有两组。1C31227G01：4～20mA。1C31227G02：±1V。

2-188　14位模拟量输入模块的接线端子图的缩写与含义是什么？

模拟量输入模块接线端子图的缩写与含义见表2-5。

表2-5　　模拟量输入模块接线端子图的缩写与含义

缩　写	定　义
（A1～A8）＋	模拟输入正端接头
（A1～A8）－	模拟输入负端接头
P-1～P-8	回路电源输出端（本地供电回路）
CI1～CI8	电流输入端
SH1～SH8	屏蔽连接
RSV	专用终端，不接线
⏚	接地端
PS＋，PS－	辅助电源接线端

2-189　14位模拟量输入模块的诊断灯指示的含义分别是什么？

模拟量输入模块诊断灯指示的含义见表2-6。

表 2-6　　　模拟量输入模块诊断灯指示的含义

诊断灯	含义
P（绿）	电压正常，当+5V 电源正常时亮
C（绿）	当控制器与模件通信时灯亮
I（红）	内部故障灯，除了电源丧失任何模件故障都使该灯亮，可能原因有：模件在初始化；I/O 总线超时；寄存器、闪存或静态 RAM 故障；模件复位；模件未标定；控制器发出的强制故障；现场与逻辑板通信故障
CH1～CH 8（红）	通道故障时灯亮，可能原因有：正向超限：输入电压大于全量程的+121%。负向超限：输入电压小于全量程的−121%。电流输入的熔断器烧毁或断路，或电流小于 2.5mA。组态成电流时，电流大于 24.6mA。自动校验读超限

2-190　14 位模拟量输入模块卡件的详细参数及数值是什么？

模拟量输入模块卡件的详细参数及数值见表 2-7。

表 2-7　　　模拟量输入模块卡件的详细参数及数值

参数	数值
通道数	8
输入范围	4～20mA，±1V
分辨率	Group 1：14 bits。Group 2：13 bits & Sign
保证精确度（25℃）	全量程的±0.10%
采样速率	50Hz 时每秒最小 25 次
自校验	接收到控制器指令时
诊断	内部模件故障、超量程或电流输入开路
运行温度范围	0～60℃
储存温度	−40～85℃
湿度	0～95%

2-191　Ovation 系统高速模拟量输入模块的组成是什么？

高速模拟量输入模块由特性模块和电子模块组成。八个独立隔离的输入通道提供 50 或 60 的采样转换速率，输入信号通过对应的特性模块有条件地传输到电子模块。特性模块也对电子模块的输入线路提供浪涌保护。电子模块完成模拟信号转换成数字信号并作为 I/O 总线的接口。

（1）电子模块有以下四组：

5X00070G01：4～20mA。

5X00070G02：±1V，±250mV，±100mV。

5X00070G03：±5V，±10V。

5X00070G04：±20mV，±50Vm，±100mV。

（2）特性模块如下：

1C31227G01：4～20mA。

1C31227G02：电压输入。

1C31116G02：±1mA（现场供电）。

1C31116G03：±1mA（本地供电）。

1C31116G04：温度传感器电压输入。

2-192　各组高速模拟量输入模块的范围及通道数分别是多少？

高速模拟量输入模块各组特性模件和电子模件的范围及通道数见表 2-8。

表 2-8　　模拟量输入模块的范围及通道数

范　围	通道数	电子模件	特性模件
4～20mA，Field or Locally powered	8	5X00070G01	1C31227G01
±100mV，±250mV，±1V	8	5X00070G02	1C31227G02
±5V，±10V	8	5X00070G03	1C31227G02
1mA 2 wire local powered	8	5X00070G02	1C31116G03
1mA 4wire field powered	8	5X00070G02	1C31116G02
20mV，50mV（100 Thermocouple）	8	5X00070G04	1C31116G04

2-193 热电偶功能中冷端补偿的具体措施是什么？

在模拟量输入特性模块1C31116G04上装有一个温度传感器，用来测量冷端环境温度，指定为第9通道。

2-194 1C31116G04特性模块的性能参数是什么？

（1）采样速率＝最大600ms常用300ms。

（2）分辨率＝±0.5℃。

（3）精度 ＝±0.5℃（0～70℃范围内）。

2-195 Ovation系统模拟量输出卡件的作用是什么？ 组成是什么？ 其通道数及范围是什么？

模拟量输出电子模件利用12位的D/A转换器提供了4路被隔离的输出通道，4个通道每1.5 ms更新一次。隔离方式为光电隔离。

（1）电子模块有以下四种：

1C31129G01：0～5V DC。

1C31129G02：0～10V DC。

1C31129G03：0～20mA有诊断。

1C31129G04：0～20mA无诊断。

（2）特性模块只有一种：1C31132G01。

模拟量输出卡件通道数及范围见表2-9。

表2-9 模拟量输出卡件通道数及范围

范　围	通道数	电子模块	特性模块
0～5V DC	4	1C31129G01	1C31132G01
0～10V DC	4	1C31129G02	1C31132G01
0～20mA带诊断（4～20 mA带诊断也能在组态时选择）	4	1C31129G03	1C31132G01
0～20mA无诊断（4～20mA无诊断也能在组态时选择）	4	1C31129G04	1C31132G01

2-196　Ovation 系统模拟量输出卡件的接线方式是什么？

模拟量输出卡件接线方式说明见表 2-10。

表 2-10　　模拟量输出卡件接线方式说明

缩　写	说　明
⏚	接地端子
+I	电流输出源端
RSV	不接线
SH	屏蔽（for non-CE Mark certified systems）
+V	电压输出源端
PS+，PS−	辅助电源端子
−	参考电压、电流输出

2-197　Ovation 系统模拟量输出卡件诊断灯指示的含义是什么？

模拟量输出卡件诊断灯指示的含义见表 2-11。

表 2-11　　模拟量输出卡件诊断灯指示的含义

诊 断 灯	含　义
P（绿）	电压指示灯，当+5V 电压正常时亮
C（绿）	通信指示灯，当控制器与卡件通信时亮
I（红）	内部故障灯： 地址 13（D）的 bit1 为 1 时亮，表示强制故障。 控制器与卡件通信超时时亮
CH1～CH 4（红）	通道故障灯，过电流或欠电流指示。 G01-G03：当卡件未组态时亮。 G01/G02：过流输出或丧失输出 D/A 电源时亮。 G03：过流、欠电流或丧失输出 D/A 电源时亮。 G04：没有诊断灯

2-198　Ovation 系统模拟量输出卡件各参数及数值是什么？

模拟量输出卡件各参数及数值见表 2-12。

表 2-12　　　　模拟量输出卡件各参数及数值

参　数	数　值
通道数	4
最大更新时间	2ms
输出范围	0~5V*，0~10V*，0~20mA**
分辨率	12bits
保证准确度（25℃）	全量程的 0.1%
输出负载： 电压 电流	 0--750V 最大 10mA
运行温度范围	0~60℃
储存温度范围	-40~85℃
湿度	0~95%

*　过流负载指示。

**　卡件提供回路电压、过电流与欠电流诊断指示。可以不断开回路进行电流的测量。

2-199　Ovation 系统触点输入模块的组成是什么？ 与现场的接线方式有哪两种？ 作用是什么？

触点输入模块由电子模块（1C31142G01）与特性模块（1C31110G03）组成，通过公共回路检测 16 点的输入电流通道。如果触点断开，卡件为触点提供 48V 的电压；如果触点闭合，+10V电源提供的电流使光电隔离器动作，将触点闭合状态送到 I/O 总线。

现场与模块的接线方式有两种：一种是每个触点有独立输入与返回线；另一种是现场触点公共端返回。在任何一种接线方式下，返回线都不可以接地，否则会出现故障。

触点输入信号的变化由 RC 滤波器和逻辑板上的数字信号完成。如果状态变化的时间小于 3ms，会被忽略，只有在状态变化的时间大于 7ms，该状态才会被接收。

当任何通道的输入端或返回端对地阻抗小于 5kΩ 时，卡件的接地故障检测回路动作。当回路中有单点接地时不会影响输入信号的正确性，但当一个回路中有输入与返回线都接地时，可能会导致输入信号错误。当接地故障产生时，外部故障指示灯亮，同时状态寄存器内的“接地故障”位置“1”。

2-200 Ovation 系统触点输入模块接线方式的代码是什么？

触点输入模块接线方式代码说明见表 2-13。

表 2-13　　触点输入模块接线方式代码说明

代　　码	说　　明
1（+）～16（+）	触点输入正端
1（−）～16（−）	触点输入负端
⏚	接　地
PS+，PS−	辅助电源接线
RSV	不接线

2-201 Ovation 系统触点输入卡件诊断灯指示的含义是什么？

触点输入卡件诊断灯指示的含义见表 2-14。

表 2-14　　触点输入卡件诊断灯指示的含义

诊 断 灯	含　　义
P（绿）	+5V 电源正常时亮
C（绿）	当控制器与模块通信时亮
E（红）	外部故障灯，接地故障时亮
I（红）	内部故障等，当组态寄存器的 Bit 1（强制故障）为“1”、+48V/+10V 辅助电源故障或通信超时时亮
CH1～CH16（绿）	触点闭合时亮

2-202 Ovation 系统触点输入卡件各参数及规范是什么？

触点输入卡件各参数及规范说明见表 2-15。

表 2-15　　触点输入卡件各参数及规范说明

参　数	规　范
通道数	16
卡件提供辅助电源	42（min）~55V（max）
延迟时间	最大 7ms
触点跳动检测 忽略状态变化 接收状态变化	 <3ms >7ms
触点闭合输出电流	4~8mA
诊断	内部故障与接地故障检测
运行温度范围	0~60℃
储存温度范围	−40~85℃
湿度	0~95%

2-203　Ovation 系统数字量输入卡件的作用是什么？组成是什么？各模件的范围及通道数是什么？

数字量输入模块包括 16 个通道，每个通道利用电压传感回路判断信号的通、断。模块可以接收 16 个独立的输入（双端）或有公共端返回（单端）的 16 个回路。卡件提供辅助电源熔断器损坏检测。通道是否采用公共端返回由选择的特性模件决定。现场侧与逻辑侧或 I/O 总线采用光电隔离。

单端数字量输入配置有对辅助电源监视回路，在特性模块的熔丝断及辅助电压低于输入电压的最小值两种情况，将导致监视回路向控制器发出熔断器损坏信号。

数字量输入卡件的组成如下：

(1) 电子模件。1C31107G01：24/48 V AC/V DC（单端或双端）；1C31107G02：125 V AC/V DC（单端或双端）。

(2) 特性模件。1C31110G01：单端；1C31110G02：双端。

各模件的范围及通道数见表 2-16。

表 2-16　　各模件的范围及通道数

范　围	通道数	电子模件	特性模件
24/48 V AC/V DC			
单　端	16	1C31107G01	1C31110G01
双　端	16	1C31107G01	1C31110G02
125 V AC/V DC			
单　端	16	1C31107G02	1C31110G01
双　端	16	1C31107G02	1C31110G02

2-204　Ovation 系统数字量输入卡件诊断灯指示的含义是什么？

数字量输入卡件诊断灯指示的含义见表 2-17。

表 2-17　　数字量输入卡件诊断灯指示的含义

诊断灯	含　义
P（绿）	+5V 电源正常时亮
C（绿）	通信时亮
E（红）	外部故障等，当状态寄存器的 Bit 7 为“1”时亮，表示熔断器坏或辅助电源丧失
I（红）	当组态寄存器的 Bit 1 为“1”或通信超时时亮
CH1～CH16（绿）	当输入电压大于通道最低输入电压时亮

2-205　Ovation 系统数字量输入卡件详细信息是什么？

数字量输入卡件详细信息见表 2-18。

表 2-18　　数字量输入卡件详细信息

描　述	规　范
通道数	16
接点状态传输延迟	
24V/48V DC	1.9～25.5ms
24V AC	1.9～17.0ms
125V DC	1.9～35.0ms
125V AC	1.9～40.0ms

续表

描　　述	规　　范
诊断	内部故障或熔断器坏
运行温度范围	0～60℃
储存温度范围	-40～85℃
湿度	0～95%

2-206　Ovation 系统数字量输出卡件（DO）的组成是什么？其诊断灯指示的含义是什么？

（1）电子模件。1C31122G01。

（2）特性模件。1C31125G01：卡件输出到就地的连接。

1C31125G02：将数字信号输出到本地供电的继电器模件或作为就地与卡件的连接。

1C31125G03：将数字信号输出到远方供电（继电器侧）的继电器模件或作为就地与卡件的连接。

数字量输出卡件（DO）诊断灯指示的含义见表 2-19。

表 2-19　　数字量输出卡件诊断灯指示的含义

诊 断 灯	含　　义
P（绿）	电源正常时亮
C（绿）	通信时亮
E（红）	熔断器损坏时亮
I（红）	强制故障或通信超时时亮
CH1～CH16 （绿）	ON：输出为 1 OFF：输出为 0

2-207　Ovation 系统数字量输出卡件（DO）的详细信息是什么？

数字量输出卡件详细信息见表 2-20。

表 2-20 数字量输出卡件详细信息

描　述	规　范
通道数	16
输出电压 Off 电压（max） On 电压（max）	 60V DC 1. 0V @ 500mA 0. 2V @ 100mA
输出电流 Off 电流（max） 整体输出（max） 特性模件 G01 特性模件 G02 特性模件 G03 单独输出 ON 电流（max）	 25 A @ TA=25℃，VDS=60 V DC 250 A @ TA=60℃，VDS=60 V DC 熔断器等级限制 890mA maximum for all 16 outputs 2. 2A maximum for all 16 outputs 继电器模件的熔断器限制 500mA
熔断器检测运行电压范围	15V≤现场提供电压≤60V
最大传输时间	2. 5ms for Rload=500
运行温度范围	0～60℃
储存温度范围	−40～85℃
湿度	0～95%

2-208 Ovation 系统继电器输出卡件的组成及作用是什么？其诊断灯指示的含义是什么？

继电器输出模块由电子模件、底板及继电器组成。提供现场设备的高电流、高电压切换。底板共有两种形式：一种带有 12 个继电器；另一种带有 16 个继电器。12 个继电器的底板还能够切换高直流电压。

继电器输出卡件诊断灯指示的含义见表 2-21。

表 2-21　　继电器输出卡件诊断灯指示的含义

诊断灯	含义
P（绿）	+5V 电源正常时灯亮
C（绿）	通信时灯亮
E（红）	熔断器坏时灯亮
I（红）	强制位为"1"或通信超时时灯亮
CH1～CH16（绿）	ON：有输出 OFF：无输出

2-209　Ovation 系统 RTD 卡件的作用是什么？ 组成是什么？ RTD 卡件诊断灯指示的含义是什么？

RTD 卡件的作用是卡件用于将现场的热电阻输入信号转换成相对应的数字信号并传送到控制器。

RTD 卡件的组成如下：

（1）电子模件：5X00119G01：转换各种范围的输入，只与特性模件 5X00121G01 配用。

（2）特性模件：5X00121G01：转换各种范围的输入，只与电子模件 5X00119G01 配用。

RTD 卡件诊断灯指示的含义见表 2-22。

表 2-22　　RTD 卡件诊断灯指示的含义

诊断灯	含义
P（绿）	+5V 电源正常时亮
C（绿）	控制器与模块通信时亮
I（红）	可能原因如下： 模件初始化； I/O 总线超时； 寄存器、静态 RAM 或闪存故障； 模件复位； 模件未标定； 接收到控制器的强制故障信号； 卡件与就地通信故障

续表

诊断灯	含义
CH1～CH8（红）	可能原因如下： 正超量程； 负超量程； 通道通信故障

2-210 Ovation 系统 RTD 卡件的详细信息是什么？

RTD 卡件的详细信息见表 2-23。

表 2-23　RTD 卡件的详细信息

描述	规范
通道数	8
采样速率	50Hz mode：通常为 16.67/s 自校验模式：速率降为 1/s
分辨率	12 bits
准确度（25℃）	0.10%±[0.045（Rcold/Rspan）]%±{[（Rcold + Rspan）/4096 OHM]}%±[0.5 OHM/Rspan]% ±10mV ±1/2LSB
运行温度范围	0～60℃
储存温度范围	－40～85℃
湿度	0～95%
自校验	On Demand by Ovation Controller

2-211 Ovation 系统 SOE 卡件的作用是什么？ 组成是什么？ 其各组成模件的范围及通道数是什么？

SOE 卡件能够提供 16 通道的现场数字量或触点开、关状态的监视，输入信号分辨率为 125μm，当各开关量通道的信号变化时间小于 4ms 时，信号将被忽略。

SDE 卡件的组成如下：

（1）电子模件。1C31157G01：24/48V DC 单端或双端。1C31157G02：125 V DC 单端或双端。1C31157G03：触点输入，卡

件提供 48V DC 电源。

(2) 特性模件。1C31110G01：数字量单端输入。1C31110G02：数字量双端输入。1C31110G03：触点输入。

SDE 卡件各组成模件的范围及通道数见表 2-24。

表 2-24　　SDE 卡件各组成模件的范围及通道数

范　围	通道数	电子模件	特性模件
24/48V DC			
单　端	16	1C31157G01	1C31110G01
双　端	16	1C31157G01	1C31110G02
125 V DC			
单　端	16	1C31157G02	1C31110G01
双　端		1C31157G02	1C31110G02
触点输入（卡件提供 48 V DC 电源）	16	1C31157G03	1C31110G03

2-212　Ovation 系统 SOE 卡件数字量输入与触点输入诊断灯状态与含义分别是什么？

数字量输入与触点输入诊断灯状态与含义见表 2-25 及表 2-26。

表 2-25　　数字量输入诊断灯状态与含义

诊 断 灯	含　义
P（绿）	+5V 电源正常时亮
C（绿）	当控制器与模件通信时亮
E（红）	单端输入：熔断器坏或丧失辅助电源时亮 双端输入：熔断器故障信号消失时灭
I（红）	强制故障为“1”、通信超时或控制器与模件通信停止时亮
CH1～CH16（绿）	通道输入电压大于最低电压时亮

表 2-26　　触点输入诊断灯状态与含义

诊断灯	含　义
P（绿）	+5V 电源正常时亮
C（绿）	当控制器与模件通信时亮
E（红）	就地线接地时亮
I（红）	卡件内部+48V/+10V 辅助电源故障时亮
CH1～CH16（绿）	相关通道触点闭合时灯亮

2-213　Ovation 控制系统软件的优点是什么（以某电厂 1000MW 机组为例）？

某电厂 1000MW 机组采用带 Ovation® 专家控制系统和基金会现场总线技术的 PlantWeb® 数字工厂管控方案，采用艾默生（EMERSON）过程控制有限公司基于 Windows XP 的 Ovation 系统，采用 AMS 资产优化软件能实现对智能设备的数字化管理，支持 FF 现场总线技术。

Ovation 控制系统人—机接口非常友好。系统具有 NT 和 UNIX 操作平台可选方案；支持双 CRT 和 8 个窗口；可实现无级缩放、随意拖拽矢量的多窗口功能；支持 8 个不同的报警级别；趋势窗口支持点的拖拽功能，只要用鼠标左键拖住点直至趋势窗口，该点就会自动增加到趋势图中，实时趋势所开的窗口没有限制，实时趋势中可以做的点数没有限制，历史趋势窗口最多可以做 8 个，历史趋势中最多可做 16 个点。

Ovation 控制系统具有强大的历史服务功能，最小分辨率为 100ms，采用磁盘阵列、自动光盘刻录、自动检索等技术，可实现对所有数据的实时、长期和有效的保存。

Ovation 控制系统过程画面的组态在 GB（Graphics Builder）中实现，GB 是在继承和发扬 WDPF 内 GB 的优点和功能的基础上，进一步优化了人—机界面，使其功能更加强大。

两台单元机组的控制分别由两套 DCS 实现，其中公用系统控制在 1 号机组 DCS 系统内实现，公用系统包括凝结水精处理、凝结水再生系统、仪用/厂用空气压缩机系统、电气公用厂用电系统、燃油泵房。对于炉顶过热器、再热器相对集中的温度测点采用支持现场总线接口的温度变送器848T方式。

2-214 Ovation系统DCS系统结构是怎样的？

整个DCS共分为网络级、DPU过程控制级、现场I/O执行级三级。

DCS的网络是基于交换机技术的Fast Ethernet网络结构。

由DPU控制及现场执行级组成每套子系统的过程控制，其中DPU为核心，实现I/O驱动、实时数据处理、计算控制和网络管理四大功能。各I/O站完成对现场的数据（模拟量、开关量和脉冲量等）采集和控制，通过通信总线实现与主DPU之间的数据交换，从而实现对控制过程的分布式控制和管理功能。根据网络全局点目录的配置和定义，由网络通信协议控制，完成各DPU站点间的数据广播通信，从而实现数据共享，包括各DPU站点的数据通过数据高速公路发送至各操作员站、工程师站等人—机接口，各DPU站点接受操作员站、工程师站发来的操作、组态维护命令等。

2-215 Ovation控制系统软件的配置是什么（以某电厂1000MW机组为例）？

Ovation控制系统的版本为Ovation 3.0.2。DCS系统包括：

6个操作员站，装有Windows XP操作系统，6个操作员站具备同等的权级，是机组控制的前台。

2台工程师站，其中ENG200同时为整个系统的服务器，装有Windows Server 2003，工程师站负责整个系统的管理维护和组态，通过组态软件Ovation Developer Studio对系统进行组态。

1台OPC187站，装有Windows XP操作系统，该站不仅是系统现场总线的服务器，安装有AMS资产优化软件，能实现对智能设备的数字化管理。也是DCS系统与厂级监控信息系统（SIS）的接口站。每台机组DCS配置一台专用的数据采集接口和一台硬件形式的防火墙与SIS相连。数据采集接口计算机能够让SIS系统通过该计算机访问DCS数据。SIS系统向数据采集接口计算机请求获得数据，数据采集接口计算机接到SIS系统的请求后从DCS系统取得数据并发送给 SIS 系统。SIS 接口站独立设置，能发送所有 DCS 数据点至 SIS 系统。

一台历史站 HSR160，装有 Windows Server 2003，软件版本为 HSR 3.1。负责历史点的检索、存储，支持系统中各个站的历史数据、历史报警、操作员事件、SOE 点的查看与调用。

某机组 DCS 系统包括 34 对互为冗余的 DPU，1/51DPU—34/84DPU；2 号机组 DCS 系统包括 30 对互为冗余的 DPU，1/51DPU—30/80DPU；1 号机组 31/81 DPU—34/84DPU 负责两台机组的公用系统：包括凝结水精处理、凝结水再生系统、仪用/厂用空气压缩机系统、电气公用厂用电系统、燃油泵房。

2-216 Ovation 控制系统操作员站的主要作用是什么？

操作员站是 DCS 系统中重要的人—机接口。

在操作员站上可以查看系统中所有的过程点，通过组态好的流程图，可以查看整个热力流程，操作人员可以掌握热力流程的实时状况，可以随时启动、停止设备，如电动门、泵、风机等。

操作员通过监视热力系统状态，可以及时发现系统异常，系统中的报警管理也可以实时反映系统异常。

当发生重要辅助设备异常甚至跳闸时，可以通过查看趋势图，包括实时趋势和历史趋势，分析发生故障的原因，及时排除故障，使热力系统恢复正常，保证整个系统的安全稳定运行。

2-217 Ovation 控制系统操作员站的组成是什么？ 操作员站的主机包括哪些设备？

操作员站由输入设备、主机、与网络接口卡、输出设备组成。

操作员站的主机包括 RAM、主板（CPU）、输入输出接口（I/O Interface）、硬盘（hard disk）。

2-218 Ovation 控制系统操作员站输入设备包括哪些？各设备的作用是什么？

操作员站输入设备包括普通键盘、鼠标、Ovation 的专用键盘。

和普通的计算机一样，普通键盘和鼠标可以让操作员输入操作指令，完成对系统的干预。

Ovation的专用键盘上的每一个按键可以根据用户的实际需要来定义它的用途，最大程度地方便用户需要。可以快速地切换到组态指定的流程图（Process Graphics），也可以快速地进入报警管理（Alarm Management）窗口，查看报警、确认报警等。Ovation的专用键盘的组态在工程师站组态软件Ovation Developer Studio中完成，可以对专用键盘的每一个按键来定义用途，组态完成后，对系统中的操作员站进行下装，操作员站重新启动后，专用键盘即可生效。

2-219　Ovation控制系统操作员站的主要功能是什么？

操作员站的功能主要有如下几种：

（1）流程图　Process Graphics。

（2）点信息　Point Information。

（3）点查询　Point Review。

（4）趋势　Trends。

（5）操作员事件信息　Operator Event Messaging。

（6）查点器 Viewer。

（7）报警管理　Alarm Management。

2-220　Ovation系统流程图的功能是什么？流程图窗口的打开方法是什么？

流程图是操作人员监视机组运行状态，控制机组热力系统的最重要的手段，流程图功能是否完备、人—机接口是否友好是判断控制系统性能的重要指标。

流程图窗口的打开方法是双击桌面上的“Ovation Application”文件夹图标，打开“Ovation Application”文件夹，双击该文件夹中的流程图图标，流程图窗口就会被打开，可以通过组态指定哪一个流程图被打开。

2-221　在现场的实际应用中，Ovation系统直接打开流程图某幅图的五种方法是什么？

（1）打开某幅图方法一：在打开的流程图窗口中点“File”菜单，在弹出的下拉菜单中点“Load”，则选择流程图对话框出现，在该对话框中输入或者选择要打开的流程图图号，点击“OK”即可。

（2）打开某幅图方法二：在任一打开的在流程图窗口上选择图标菜单，它将打开一幅已定义好的流程图，一般为过程的总貌图。通过总貌图可以调用其他流程图。

（3）打开某幅图方法三（此方法必须是在点组态时定义）：在其他操作窗口上，选择某点的数值显示，按鼠标右键，调出点对应的子菜单。在菜单上选择 Summary Diagram，调出与此点有关的流程图。

（4）打开某幅图方法四：用图标菜单上的“Favorite”图标调出某幅流程图，也可以用菜单上的 Favorite 功能，调出某幅流程图，在任一打开的流程图窗口中点击“Favorite”菜单，再出现的下拉菜单中点击“Goto Favorites”，在出现的“Goto Favorites”窗口中可以调出某幅流程图。

（5）打开某幅图方法五：使用 Ovation 操作员键盘，按 Window Keys（1～8），可以显示流程图窗口，Window Keys（1～8）所对应的流程图窗口可以由系统组态来定义。另外，用 Backward 键，可以回到后一幅图；用 Forward 键，可以回到前一幅图；用 Up and Down Arrow 键，可以支持向上或向下翻页；用 Left and Right Arrow 键，可以支持向左或向右翻页。

2-222　Ovation 操作员键盘的所有功能清单是怎样的？

Ovation 操作员键盘的所有功能清单见表 2-27。

表 2-27　Ovation 操作员键盘的所有功能清单

序号	术　语	功　能
1	Alarm List	打开实时报警清单
2	Normal/Priority	切换当前的报警显示模式
3	Alarm History	打开历史报警清单
4	Reset List	打开未复位的报警清单
5	Unacknowledged Alarms	打开未确认报警清单
6	Point Acknowledge	确认已选中的报警

续表

序号	术　语	功　能
7	Page Acknowledge	确认整页报警
8	Page Reset	复位整页报警
9	Point Reset	复位已选中的报警
10	Silence Audio	声音确认
11	Window Keys（1～8）	显示流程图窗口
12	Backward	回到后一幅图
13	Forward	回到前一幅图
14	Up and Down Arrow	向上或向下翻页
15	Left and Right Arrow	向左或向右翻页
16	Start/Open	激活一个数字控制算法（数字回路开）
17	Stop/Close	复位一个数字控制算法（数字回路关）
18	Value Entry	允许手动输入数据
19	Auto	切自动
20	Manual	切手动
21	Tune	打开控制回路图
22	Control Up Arrow Control Down Arrow	设定值增加 设定值减少
23	Control Up Control Down	输出值增加 输出值减少
24	User-Definable Keys	用户定义的 48 个键
P1～P10	P1～P10	可编程的键。用于控制算法中的特点定义的功能，或在图形中用 FUNC _ KEY 语句定义的键功能

2-223　Ovation 系统流程图窗口组态如何进行流程图窗口的通用项设置？

在打开的流程图窗口中，点击“File”菜单，在弹出的下拉菜单中点击“Configuration”，则出现“Configure Graphic”窗口，选中“General”，就可以进行流程图窗口的通用项设置。其中：“Number of Windows ”可以定义最多可以打开的流程图窗口，缺省为 4 个，可以根据需要更改，最多可以设为 8 个；“Number of Previous Windows”定义可以用前翻或后翻快捷键查看先前打开过的流程图窗口，缺省值为 15，用户可以根据需要更改。

2-224 Ovation 系统流程图窗口组态如何进行流程图窗口的窗口项设置？

在“Configure Graphic”窗口中，选中“Window”，就可以进行流程图窗口的窗口项设置。其中“Initial Diagram”项可以定义流程图初始启动后显示哪个流程图，“Diagram Name”中可以直接输入流程图图号，也可以用“Browse”按钮来弹出系统中所有的流程图图号，从中选择所要的图号；“Home Page”可以设置在流程图菜单条中按“Home”图标所显示的流程图，“Diagram Name”中可以直接输入流程图图号，也可以用“Browse”按钮来弹出系统中所有的流程图图号，从中选择所要的图号，一般定义为流程图总的目录窗口，从该窗口中可以调用系统中所有的流程图窗口；“Window Size”可以定义流程图初始启动后显示的大小，可以选择“全屏”、“1/4”、“1/3”、“1/2”，也可以选择“用户自定义”，当选择“用户自定义”后，“Weight ”和“Height”就不再是灰色的，用户要手动输入所要的尺寸；“Window Position”可以定义流程图初始启动后显示的位置，有“X Position”和“Y Position”两项设置，用户可以根据需要手动调整。

2-225 如何进行 Ovation 系统流程图窗口的打印项设置？

在“Configure Graphic”窗口中，选中“Print”，就可以进行流程图窗口的打印项设置。其中，“Replacement Colors ”可以设置打印该流程图画面时“Background”替换为哪一种颜色，在下拉菜单中选择。

2-226 Ovation 系统流程图中如何进行收藏夹设置？

在打开的流程图窗口中，点击“Favorites”菜单，在弹出的下拉菜单中点击“Organize Favorites”，则出现“Organize Favorites”窗口，可以新建文件夹；在打开的流程图窗口中，点击“Favorites”菜单，在弹出的下拉菜单中点击“Add to Favorites”，则出现“Add Favorites”窗口，在“Diagram Description”中可以添加收藏夹的描述。

2-227　在Ovation系统流程图中，操作面板是指什么？它分为哪两类？

在流程图中，给操作员提供了很多操作界面，统称为操作面板，如电动执行机构（电动调节门、电动截止门）；气动执行机构（气动调节门、气动截止门）；泵、风机等。

操作面板一般可以分为模拟量面板和开关量面板：模拟量面板用于最终控制调节门，而开关量面板用于最终控制截止门、泵、风机等。

2-228　在Ovation系统模拟量面板中的一些常用指示信息的含义是什么？

在模拟量面板中的一些常用指示信息如下：

Manual：手动状态。

Auto：自动状态。

Tracking：回路跟踪。

PLW（priority lower）：优先关。

PRA（priority raise）：优先开。

LWI（lower inhibit）：闭锁减。

RAI（raise inhibit）：闭锁增。

MRE（manual reject）：逻辑手动（强制切为手动）。

ARE（auto reject）：逻辑自动（强制切为自动）。

2-229　在Ovation系统开关量面板中的一些常用指示信息的含义是什么？

在开关量面板中的一些常用指示信息如下：

Stopped：停止。

Running：正在运行。

Auto：自动。

Manual：手动。

Tagout-P1：回路挂牌。

Reset-P2：回路摘牌。

Not Ready：回路未准备好。

2-230 Ovation 系统点的概念是什么？点的寄存器的组成是什么？

点是由多个寄存器组成的收集信息的数据包。

点的寄存器由以下四个部分组成：

(1) 动态数据；

(2) 静态数据；

(3) 闪存数据；

(4) MMI 数据。

2-231 Ovation 系统点根据收集信息的对象不同分为哪几类？

点根据收集信息的对象不同分为 11 大类：

(1) DU——站点；

(2) RN——节点点；

(3) RM——模件点；

(4) LA——模拟量点；

(5) DA——豪华模拟量点；

(6) LD——数字量点；

(7) DD——豪华数字量点；

(8) LP——打包点（16 个开关量）；

(9) DP——豪华打包点；

(10) LC——算法点；

(11) PD——打包数字量点（32 位开关量或 2 个 16 位模拟量，用于数据传送）。

2-232 Ovation 系统点质量符号表示及含义分别是什么？

（1）Good：正常。

（2）Fair F：点值被强制后，数值由键盘输入；点在回路中运算时，被遗传。

（3）Bad B：点扫描被停止；点数值超过了传感器的限制值；卡件硬件故障；点在回路中运算时，被遗传。

（4）Poor P：算法输入有些点质量为坏的，有些是好的，则引起算法 P。

（5）Time－out T：通信中断。

2-233 Ovation 系统中点信息的打开方式是什么？

在桌面上双击“Ovation Application”文件夹，在该文件夹中双击点信息图标，则点信息窗口出现。在点信息窗口的点名输入框中输入点名，如“LED101”，按回车键，则该点的点信息窗口出现。

2-234 Ovation 系统点搜索功能是什么？

在点信息窗口中点“Search”按钮，则出现上图右侧的“Find Points”对话框，出现控制系统中所有的 DPU，点击 DPU 号，则出现该 DPU 内所有的过程点，选中过程点，按“Apply”键，则该点的点信息窗口出现。

该功能能方便地查找到系统内所有的过程点。

2-235 Ovation 系统点信息窗口菜单共有几个？“File”菜单的功能是什么？

点信息窗口菜单共有“File”、“View”、“Help”3 个，每个菜单对应着各自的下拉菜单，每个下拉菜单有各自的功能。

“File”菜单的下拉菜单“Where Used”可以调出该过程点在整个控制系统中的引用位置。这个功能在电厂的日常检修维护中应用颇广，当对某个过程点进行检查时，首先要知道该点在整个系统在何处被引用，参与了哪些调节与保护，从而能知道该点退出正常运行对整个机组有何影响，必要时可以解除相关的调节自动，退出相关的保护，再进行检修工作。

2-236 在Ovation系统点信息窗口中，有哪些可选项？

在点信息窗口中，有下列可选项：

（1）Point：点。

（2）Config：组态。

（3）Security：安全。

（4）Value/Status：数值/状态。

（5）Mode：方式。

（6）Hardware：硬件。

（7）Initial：初始信息。

（8）Alarm：报警。

（9）Instrumentation：仪表数据。

（10）Limits：限制值。

（11）Display：显示设置。

2-237 Ovation系统点查询窗口的打开方法是什么？点查询窗口中共有几个菜单？

在桌面上双击打开“Ovation Application ”文件夹，选中“Review”图标双击打开，即可出现“Point Review”窗口。

点查询窗口中共有“File”、“Edit”、“View”、“Review”、“Help”5个菜单，每个菜单都有各自的下拉菜单，各个下拉菜单对应相应的功能。

2-238 Ovation系统点查询过滤窗口的作用是什么？

在点查询过滤窗口中，每一个选项前有一个复选框，选中的复选框中显示“√”，则表示该栏目被添加到过滤条件中去，反之，则未添加到过滤条件中。

根据需要，所有的过滤条件选择完毕后，点击“Apply”键，则点查询过滤窗口关闭，返回到点查询窗口中，在该窗口中点击“Go”，则根据过滤条件查询的结果在窗口中显示。

2-239 Ovation 系统历史信息查询窗口的打开方法是什么？

在桌面上双击打开“Ovation Application ”文件夹，选中“Historical Review”图标双击打开，即可出现“Historical Reviews”窗口。

2-240 Ovation 系统点历史信息查询的方法是什么？

在点历史信息查询过滤窗口“Historical Point Review-Filter Options”中，设置好过滤条件，如开始时间、结束时间、点质量等，点击“Ok”，则点历史信息查询过滤窗口关闭，返回到点历史信息查询窗口，在该窗口中，根据过滤条件选择查询到的点显示出来。

2-241 Ovation 系统报警历史信息查询的方法是什么？

在历史信息查询窗口的菜单条上点击“ALM”，则由点历史信息查询窗口切换到报警历史信息查询窗口，在报警历史信息查询过滤窗口“Historical Alarm Review-Filter Options”中，设置好过滤条件，如开始时间、结束时间、点质量等，点击“Ok”，则报警历史信息查询过滤窗口关闭，返回到报警历史信息查询窗口，在该窗口中，根据过滤条件选择查询到的报警历史显示出来。

在报警历史信息查询过滤出口中，在“Filter Criteria”中可以选择“All Point”，也可以选择“Single Point”，如果选择了“Single Point”，那么“Point Name”输入框就会出现，输入要查找的点的点名，就可以实现单个点的报警历史查询。

2-242 Ovation 系统操作员事件历史查询的方法是什么？

在历史信息查询窗口的菜单条上点击“PNT”，则由点历史信息查询窗口切换到操作员事件历史查询窗口，在操作员事件历史查询过滤窗口“Historical Operator Event Review-Filter Options”中，设置好过滤条件，如开始时间、结束时间、事件发生的 drop 等，点击“Ok”，则操作员事件历史查询过滤窗口关闭，返回到操作员事件历史查询窗口，在该窗口中，根据过滤条件选择查询到的操作员事件历史查询显示出来。

2-243 Ovation 系统 SOE 查询的方法是什么？

在历史信息查询窗口的菜单条上点击“SOE”，则由点历史信息查询窗口切换到 SOE 查询窗口，在 SOE 查询过滤窗口“Historical SOE Event Review-Filter Options”中，设置好过滤条件，如开始时间、结束时间等，点击“Ok”，则 SOE 查询过滤窗口关闭，返回到 SOE 查询窗口，在该窗口中，根据过滤条件选择查询到的 SOE 显示出来。

2-244 ASCII 历史信息查询的方法是什么？

在历史信息查询窗口的菜单条上点击“ASC”，则由点历史信息查询窗口切换到 ASCII 历史信息查询窗口，在 ASC 历史信息查询过滤窗口“Historical ASCII Review-Filter Options”中，设置好过滤条件，如开始时间、结束时间等，点击“Ok”，则 ASC 历史信息查询过滤窗口关闭，返回到 ASC 历史信息查询窗口，在该窗口中，根据过滤条件选择查询到的 ASC 历史信息显示出来。

2-245 COMMOM 历史查询的方法是什么？

在历史信息查询窗口的菜单条上点击“CMN”，则由点历史信息查询窗口切换到 CMN 历史信息查询窗口，在 CMN 历史信息查询过滤窗口“Historical Common Review-Filter Options”中，设置好过滤条件，如开始时间、结束时间等，点击“Ok”，则 CMN 历史信息查询过滤窗口关闭，返回到 CMN 历史信息查询窗口，在该窗口中，根据过滤条件选择查询到的 CMN 历史信息显示出来。

此功能能将其他几个查询内容放在同一窗口显示。CMN 历史信息查询过滤窗口中的复选框可以添加或者删除要在同一窗口中显示的查询类别。

2-246 Ovation 系统控制回路 SAMA 图的打开方法是什么？

在流程图窗口菜单条上选择“Control”，在此菜单上选择“System Overview”，在菜单上选择控制器，列出此控制器的控制回路清单，在清单上选择回路名，则选中的逻辑图就会显示出来。

2-247　Ovation 系统 SAMA 图中各线条、图标颜色信息的含义是什么?

模拟量的线条是实线。

(1) 正常信号：白色线。

(2) 故障信号：黄色线。

(3) 跟踪信号：绿色线。

开关量的线条颜色是虚线。

(1) "1" 信号：红色线。

(2) "0" 信号：白色线。

算法图标颜色信息如下：

(1) 算法正常：白色。

(2) 算法被激活：紫红色。

(3) 算法处在跟踪状态：绿色。

(4) 算法运算结果超限：橙色。

(5) 算法无中间点输出：蓝色（仅为逻辑算法）。

(6) 算法输出为"1"，或手动状态：红色。

2-248　Ovation 系统 SAMA 图中页面连接的功能是什么？SAMA 图中算法参数调试的方法是什么?

在 SAMA 图中，右键点击 I/O 算法图标，则该算法所有的页面连接全部显示出来，点击相应的页面描述，就会切换到对应的逻辑图页面上去。

左键选中 SAMA 图图符，则该算法的参数调整窗口出现，在该窗口中有"In/Out"、"Control Tune"、"Misc"、"Custom Tune"选项，点击相应的选项，可以进行修改。

2-249　Ovation 趋势显示的方法有哪些？Ovation 趋势显示的打开方法是什么?

Ovation 趋势显示的方法如下：

(1) Ovation 趋势显示；

(2) 趋势—图形方式显示；

(3) 趋势—表格方式；

(4) 趋势—图表分列方式。

Ovation 趋势显示的打开方法是在桌面上双击打开“Ovation Application ”文件夹，选中“Trend”图标双击打开，即可出现实时趋势“Trend”窗口。

2-250 趋势—图形方式显示的方法是什么？趋势—表格方式显示的方法是什么？

这种显示形式一般为趋势缺省的显示形式，将鼠标移至图形的某一位置时，该时间对应的点的数值就会被显示出来。

点击趋势窗口中菜单条上标有“123”字样的菜单，即可将趋势显示改为表格方式。

2-251 在趋势图窗口中，共有几个菜单？如何建立一个趋势组？

在趋势图窗口中，共有“File”、“View”、“Trend”、“Chart”、“Window”、“Help”6个菜单，每个菜单都有下拉菜单。每个下拉菜单可以完成不同的功能。

在“Trend Point & Properties”窗口中，有“Point Data”、“Trend Properties”、“Trend Config”选项，在这些选项中，可以对趋势组进行不同的设置。

点击“Point Data”，出现增加/删除过程点的窗口，在该窗口中，可以将系统内存在的任何点添加到趋势组中来，也可以将趋势组内存在的过程点删掉，对趋势组内的每一个点可以进行显示的量程修改。点的增加支持鼠标拖拽功能，可以通过鼠标拖拽将过程图中的点添加到趋势组中来。

点击“Trend Properties”，在出现的窗口中，可以修改实时趋势显示的时间段，如10、30min，1h等，最多可以选择25天。也可以选择显示历史趋势，若选择了历史趋势，那么“Range”、“Start Time”、“End Time”就不再是灰色的，用户可以根据需要修改。

2-252 出错记录窗口打开方法是什么？作用是什么？出错记录窗口中共有几个菜单？

在桌面上双击打开"Ovation Application"文件夹，选中"Error Log"图标双击打开，即可出现出错记录窗口"Ovation Error Log"。

在该窗口中每一条出错记录都有时间"Time"、优先级别"Priority"、标识"Identifier"、描述"Description"，帮组工作人员方便、快速、准确地找到出错原因，查找故障源。

在出错记录窗口菜单中，有"Filc"、"Edit"、"View"、"Help" 4个菜单，每个菜单可以实现不同的功能。

2-253 如何打开 Ovation 系统报警窗口？报警窗口是如何显示的？

在桌面上双击"Ovation Application"文件夹，在打开的文件夹中双击报警管理的图标，则打开"Alarm System"窗口。

在报警窗口中，整个系统的报警会实时显示（list）。报警条字体颜色为黑色，报警条底色为红色的为未确认的报警信息；报警条字体颜色为红色，无底色的为已经确认的报警；报警条字体颜色为黑色，报警条底色为绿色的为未确认的报警已经复位的报警信息。

2-254 Ovation 系统报警窗口菜单共有哪些菜单？报警窗口可以切换到哪些窗口？

报警窗口共有"File"、"Edit"、"View"、"Acknowledge"、"Reset"、"Filtering"、"Mode"、"Help" 8个菜单，每个菜单都有对应的下拉菜单，各个下拉菜单可以执行相应的操作。

报警窗口还可以切换到下列窗口：

(1)"History"窗口，显示历史报警窗口，在该窗口中可以设置历史时间，查看指定时间段内的报警。

(2)"Acknowledged"窗口，显示操作人员已经确认过的所有报警。

(3)"Unacknowledged"窗口，显示操作人员还没有确认过的所有报警。

（4）“Reset”窗口，显示已经复位的所有报警。

（5）“Local”窗口，显示就地网络报警窗口。

（6）“Remote Network Status”窗口，显示远程网络状态，远程报警窗口。

2-255 Ovation系统图标报警窗口具有什么优点？

由于整个机组的过程点很多，设备也很多，如果所有的报警信息都在一个报警窗口中显示，很多时候不能准确分辨报警信息。

Ovation控制系统支持图标报警窗口，图标报警窗。可以根据组态定义显示报警范围。在该窗口中，用户可以根据实际需要，设计多个图标，每一个图标代表一个组态好的报警分系统。分系统的划分可以根据用户需要任意划分，一般都设计成分系统和热力过程相对应，如给水系统、开式水系统、循环水系统、旁路系统等。

在图标窗口中，操作员只要点击对应的图标，该图标所对应的热力流程的相关报警窗口就会出现，该窗口具有和非图标窗口完全相同的功能。

2-256 Ovation系统模拟量点报警类型有哪些？

RETURN：点数据已正常。

SENSOR：传感器报警。

HIGH1-4：高1～4报警。

HI WRS：高增量报警（向更高发展）。

HI BET：高增量报警（向好的方向发展）。

H1-4/HUDA：数值超过了高1～4中的高用户定义报警。

H1-4/LUDA：数值超过了高1～4中的低用户定义报警。

HW/HUDA：数值超过了高增量报警（向坏）中的高用户定义报警。

HB/HUDA：数值超过了高增量报警（向好）中的高用户定义报警。

HW/LUDA：数值超过了高增量报警（向坏）中的低用户定义报警。

HB/LUDA：数值超过了高增量报警（向好）中的低用户定义

报警。

LOW1-4：低 1～4 报警。

LO WRS：低增量报警（向更低发展）。

LO BET：低增量报警（向好的方向发展）。

L1-4/HUDA：数值超过了低 1～4 中的高用户定义报警。

L1-4/LUDA：数值超过了低 1～4 中的低用户定义报警。

LW/HUDA：数值超过了低增量报警（向坏）中的高用户定义报警。

LB/HUDA：数值超过了低增量报警（向好）中的高用户定义报警。

LW/LUDA：数值超过了低增量报警（向坏）中的低用户定义报警。

LB/LUDA：数值超过了低增量报警（向好）中的低用户定义报警。

SP ALM：点在发送报警的周期中报过警，但在报警发送时已恢复。只在历史清单中出现。

SID ALM：当报警设有 Cutout 功能时，Cutout 功能无效；系统标识号出错。

TIMEOUT：网络通信中断。

2-257 Ovation 系统数字量点报警类别有哪些？数字量打包点有哪些？

数字量点报警除有 Alarm（数字量报警）、ST CHG（数字量数字状态变化报警）外，其他显示与模拟量一样。

数字量打包点：除数字点报警类型外的报警类型（一般打包点与数字量点一样）；转换设备信息的打包点报警状态。

CLEAR：点恢复正常。

OPERAT：操作故障。

INSENS：输入传感器故障。

OUTSEN：输出传感器故障。

ALARM _ SN：输出传感器故障且点在报警状态。

2-258 Ovation 系统报警级别有哪些？分别是用什么颜色表示的？

报警级别有 1～8 级，1 级最高，8 级最低。

1～8 级的颜色表示为：1 级—红色；2 级—玫瑰红；3 级—黄色；4 级—白色；5 级—紫色；6 级—淡褐色；7 级—酒红色；8 级—蓝色。

2-259 在 Ovation 系统报警窗口中，每条报警信息后的报警栏目含义是什么？

报警栏目含义见表 2-28。

表 2-28 报警栏目含义

Date	日期
Time	时间
AlarmType	报警类型
Code	点状态代码
Name	点名
Description	点描述
Alarm Priority	报警优先级
Network ID	网络号
Alarm Destination	点标识号
Value/quality	数值
Units	单位
Limit	限制值
Incr. Limit	增量值
Plant Mode	设置模式
Network Alias	网络别名

2-260 查找 Ovation 系统报警点的方法有哪些？

控制系统报警管理支持查找具体的报警点的功能，这样只要知道点名，就能快捷地把与该点相关的报警信息都查找出来。有以下两种方法：

（1）在报警窗菜单条上选“Edit”菜单，在其下拉菜单中选择“Find”，出现“Find”对话框，在窗口上输入点名，选择 Find Next 按钮。显示状态如下：

若能找到则点被选中；

若点没报警，则显示：该点在列表中不存在（The point is not in the list）。

若点在系统中不存在，则显示：该点在点目录中不存在（The point is not in the SPD）。

（2）点击图标菜单上的图标，也会出现“Find”对话框。

2-261　Ovation 系统报警窗口中栏目如何设置？

在报警窗口中选择“View”菜单，在出现的下拉菜单中选择“Columns”，则出现“Add/remove columns”对话框，在“Add/remove columns”对话框中，用户可根据需要增加或者删除报警窗口中栏目，复选框中是“√”，则表示该栏目被添加到报警窗口中，反之，则未在报警窗口中显示。

2-262　现场总线表的报警清单窗口有几种状态？

在报警出口右键菜单上可以打开 PlantWab 报警窗口。有下列几种状态：

FAILED：设备故障。

Advisory：设备有冲突。

Maint：设备需要维护。

No _ COMM：无通信。

Abnormal：设备变异。

2-263　Ovation 系统站的报警共有几种颜色？各代表什么状态？

在站的报警画面下部有颜色所对应站的状态的提示，见表 2-29。

表 2-29　　　　　　系统站报警颜色

颜　色	状　态
灰色	站点未连接到网络上或站未启动
绿色	站点处在正常工作状态
红色	站点处在报警或出错状态
黄色	站点处在备用工作状态
白色	站点处在启动工作状态
橙色	站点处在故障工作状态
玫瑰红	站点需要操作员注意（一般为历史站）

2-264　什么是 Oracle7 和 Oracle8?

Oracle7 是一种完全的关系数据库系统，它不支持面向对象。

Oracle8 则是一个引入面向对象的数据库系统，它既非纯的面向对象的数据库也非纯的关系数据库，它是两者的结合，因此叫做“对象关系数据库”。

2-265　Oracle8 的特点是什么?

Oracle8 包括了几乎所有的数据库技术，因此被认为是未来企业级主选数据库之一。主要有以下特点：

（1）对象/关系模型。Oracle8 对于对象模型采取较为现实和谨慎的态度，使用了对象/关系模型，即在完全支持传统关系模型的基础上，为对象机制提供了有限的支持。Oracle8 不仅能够处理传统的表结构信息，而且能够管理由 C++，Smalltalk 以及其他开发工具生成的多媒体数据类型，如文本、视频、图形、空间对象等。这种做法允许现有软件开发产品与工具软件及 Oracle8 应用软件共存，保护了客户的投资。

（2）数据库服务器系统的动态可伸缩性。Oracle8 引入了连接存储池（connection polling）和多路复用（multiplexing）机制，提供了对大型对象的支持。当需要支持一些特殊数据类型时，用户可以创建软件插件（catridge ）来实现。Oracle8 采用了高级网络技术，提高共享池和连接管理器来提高系统的可靠性，容量可从几

GB到几百 TB字节，可允许10万用户同时并行访问，Oracle的数据库中每个表可以容纳1000列，能满足目前数据库及数据仓库应用的需要。

（3）系统的可用性和易用性。Oracle8提供了灵活多样的数据分区功能，一个分区可以是一个大型表，也可以是索引易于管理的小块，可以根据数据的取值分区，有效地提高了系统操作能力及数据可用性，减少I/O瓶颈。Oracle8还对并行处理进行了改进，在位图索引、查询、排序、连接和一般索引扫描等操作中引入并行处理，提高了单个查询的并行度。Oracle8通过并行服务器（parallel server option）来提高系统的可用性。

（4）系统的可管理性和数据安全功能。Oracle8提供了自动备份和恢复功能，改进了对大规模和更加细化的分布式操作系统的支持，如加强了SQL操作复制的并行性。为了帮助客户有效地管理整个数据库和应用系统，Oracle还提供了企业管理系统（Oracle enterprise manager），数据库管理员可以从一个集中控制台拖放式图形用户界面管理Oracle的系统环境。

Oracle8通过安全服务器中提供的安全服务，加强了Oracle Web Server中原有的用户验证和用户管理。

（5）面向网络计算。Oracle8i在与JAVA VM及CORBA ORB集成后，将成为NCA（网络计算机体结构）的核心部件。NCA是Oracle关于分布式对象与网络计算机的战略规划。Oracle8对NCA产生了巨大影响，简化了应用软件的化分，推动了瘦型客户机及Web应用软件的发展。在Oracle8 FOR NT中还提供了新产品Web发布助理（Web Publishing Assistant Oracle），提供了一种在Word Wide Web上发布数据库信息的简便、有效的方法。

（6）对多平台的支持与开放性。网络结构往往含有多个平台，Oracle8可以运行于目前所有主流平台上，如SUN Solarise，Sequent Dynix/PTX，Intel Nt，HP _ UX，DEC _ UNIX，IBM AIX和SP等。Oracle8的异构服务为同其他数据源以及使用SQL和PL/SQL的服务进行通信提供了必要的基础设施。Oracle8继续致力于对开放标准规范SQL3，JDBC，JSQL和CORBA的支持。

2-266 Oracle8i 较 Oracle8 有何优势？

当 Oracle 8 第一次发行时，它提供了优于 Oracle 7 的性能和选件，但是它基本是 Oracle7 的引擎。在 Oracle8 的后来版本中不断作过多次的完善，出现 Oracle 8.0.X 版本。然而 1998 年初发行（推出）的 Oracle 8i 可以被看作是 Oracle 8 的功能扩展集。

由于 Oracle 8i 比 Oracle 8 提供了更多的功能，它除了共同的 RDBMS 功能外，还提供了许多与 Internet 有关的能力，最重要的是它将 JAVA 集成为一种内部的数据语言，这种语言可充当或替代品，而且它还集成了一个 WEB 服务器和开发平台（Web DB ）。对 Oracle 8.0.x 来说只到 Oracle 8.0.5 版本就终止了，接着就推出了 Oracle8i 8.1.5 版本，Oracle8i 8.1.5 版本也经常被称为 Release 1；而 Oracle8i 8.1.6 版本被称为 Release 2；Oracle8i 8.1.7 版本被称为 Release 3。

2-267 Oracle9i 较 Oracle8i 有何优势？

（1）Oracle9i 与 Oracle8i 比较，Oracle 9i 主要包括下面三大部分：

1）数据库核心（database）；

2）应用服务器（application server）；

3）开发工具集（developer suite）。

（2）Oracle9i 主要焦点（oracle9i focus）如下：

1）电子商务智能化（e-business intelligence）；

2）应用开发（applications development）；

3）应用主机（applications hosting）；

4）门户与内容（portals and content）；

5）电子商务连续性（e-business continuity）。

（3）Oracle9i 为了结合 Internet 市场设计。Oracle9i 适合并胜任市场上所有的苛刻要求，具有以下特性：

1）Oracle9I 实时应用（oracle9i real application）；

2）Oracle9I 高可用性（oracle9i high availability）；

3）Oracle9I 系统管理（oracle9i systems management ）；

4）Oracle9I 安全（oracle9i security）。

（4）Oracle9i 数据库服务（oracle9i database services），包含以下方面：

1）商业智能与数据仓库（business intelligence and data warehousing）；

2）Oracle9I 动态服务（oracle9i dynamic services）；

3）Oracle9I JAVA 和 XML（oracle9i java and XML）；

4）电子商务集成（e-business integration ）。

2-268 Oracle iAS 具备哪些功能？

目前，Oracle 公司的 iAS 的早期版本是 Oracle Web Server，后来第 4 版改名为 Oracle Application Server，2000 年底前又改名为 Oracle9i Internet Application Server（Oracle iAS）。目前的 iAS 可以与 Oracle8i 或 Oracle9i 结合在一起综合开发工具，为创建和部署任何基于网络的应用程序提供了一个完整的 Internet 平台，iAS 包括了门户、事务应用、商业智能工具、无线上网应用和企业集成等。

Oracle Internet Application Server 提供了行业中最全面的中间层产品，包括通信、表示、商业逻辑、数据缓存和系统服务等。

2-269 Oracle iAS 通信服务的内容是什么？

基于 Apache 的 Oracle HTTP Server，主要包括下面模块：

（1）mod _ jserv：将对 servlet 的 HTTP 请求分发到 Oracle iAS 的 Servlet 引擎。

（2）Mod _ perl：将 perl 程序的 HTTP 请求分发到 Apache Web Server 的 Perl Interpreter。

（3）Mod _ ssl：提供基于 SSL 证书的公共密钥，它被用来在客户端和 Apache Server 之间进行加密通信。

（4）Mod _ plsql：Oracle 专用模块，用来将 HTTP 请求传到数据库内的 PL/SQL 和 Java 存储过程。

2-270 Oracle iAS 提供什么方法表示服务的内容？

Oracle iAS 提供下面方法进行内容表示：

（1）Oracle portal（Oracle 门户）；

（2）Apache JServer（Apache Java 服务器）；

（3）Perl Interpreter（ Perl 解释程序 ）；

（4）Oracle JavaServer Pager（JSP）；

（5）Oracle PL/SQL Server Pages（PSP）。

2-271　Oracle iAS 商业逻辑服务的内容是什么？

Oracle iAS 可提供以下服务组件：

（1）Oracle8i JVM（ Java 虚拟机）；

（2）Oracle8i PL/SQL；

（3）Java 商业组件（BC4J）；

（4）Form Service；

（5）Report Service；

（6）Discoverer Viewer。

2-272　Oracle iAS 系统服务的内容是什么？

（1）Oracle Enterprise Manager（Oracle 企业管理器）。

（2）Oracle Advanced Security（Oracle 高级安全性）。

（3）Developer’s KITS（开发工具），包括：Oracle database client developer’s Kit；Oracle XML developer’s Kit（XDK）；Oracle LDAP developer’s Kit。

2-273　Oracle Application R11i 是指什么？ 它包括哪些功能？

Oracle 公司除了提供完美的数据库系统外，也提供完整的解决方案的套件，即全套应用系统，通常称作 Oracle Application R11i。它是全面集成的电子商务套件。

该套件包括如下功能：

（1）数据仓库平台。

1）Oracle 8i 企业级数据库服务器；

2）Oracle Warehouse Builder（数据仓库构造器）。

（2）商业智能工具集。

1）Oracle Discoverer；

2）Oracle Express 产品系列；

3）Oracle Darwin。

（3）Oracle 金融服务应用。

1）绩效管理；

2）客户关系管理；

3）风险管理。

（4）Oracle 财务系统。基于 Internet 的财务管理系统包括下面模块：

1）商业智能管理；

2）预算管理；

3）合并管理；

4）现金预测管理；

5）员工费用管理；

6）Oracle 财务分析系统；

7）Oracle 项目管理系统；

8）工作流程管理；

9）预警系统。

2-274 Oracle 服务器组件包括哪些？ 各组件具有什么功能？

（1）过程组件。可以用于建立过程、触发器（封装），这些代码可以存放在数据库服务器中。Oracle，Sybase，Informix，Sql Server 都把这些所谓存储过程存放在数据库内，而 DB2 则把这些所谓存储过程存放在服务器的另外一个专门分区内。

（2）分布选件。可以支持多台服务器（在不同的地方）间的通信，即每个服务器上均有 Oracle 系统，而分布选件就是把这些不同的地方的数据库系统管理起来的部件。

（3）并行选件。对一台具有多个 CPU 的机器能进行并行查询、充分利用计算机的性能。

（4）并行服务器。对于多台机器（有自己的处理器）共同访问同一个硬盘这样的结构进行管理，为用户提供很高的容错性。当某台机器出现故障时，可以安排用户使用（登录）到另一台机器上。当两台都出现故障时，则整个系统都不能使用。

（5）图像选件。可以存储、管理和提供实时的、全屏幕的图像和高质量的声音给网络上的用户。

（6）企业管理器。Oracle 提供一个帮助用户管理系统，应用网络和数据库工具“Oracle 企业管理器（OEM）”。

（7）空间数据选件（spatial data option）。空间数据选件是一种存储和检索数据的新方法，在查询中系统根据所关心的数据进行组织，因此，数据库性能的主要决定因素是所感兴趣的数据库集的大小。

（8）上下文选件。是一种文本管理方案，它把非结构化的文本数据管理如同结构化一样。可以建立和开展基于文本的带有类似 SQL 接口的应用。这种方法只有 Oracle8 及以后版本能支持。

（9）Web 服务器。可以通过 www 来访问 Oracle 数据库中的数据。

（10）OLAP 选件。联机分析处理，Oracle 提供 Oracle Express 作为联机分析处理。

2-275　目前 Oracle8i 的产品主要有哪些？各产品有何功能？

（1）SQL * Plus。Oracle 的 SQL * Plus 是标准 SQL 的一个超集，它除提供符合 SQL 标准的语句外，还提供一些 Oracle 特定的外加语句，如 set、column、Ttitle 等。

（2）Oralce Forms。Oracle Forms 的前身是 SQL * Forms。SQL * Forms 和 Oracle Forms 都是为用户提供输入、查询、修改等功能的开发工具。前者是在字符终端上运行；后者是在图形终端上运行。Oracle Forms 除了在许多触发器及功能键继承前者外，大部分的设计界面都发生了变化。

SQL * Forms 不含 Menu 功能，Menu 为一个专门产品叫 SQL * Menu；而 Oracle Forms 把 Menu，Library 等融为一体，使功能更强大。

(3) Oracle Reports。Oracle Reports 的先前版本是 SQL * Reportwriter，自从 Oracle7 以后，将其发展为能支持 Windows 界面的开发工具。在最新版本中，它可以访问其他主要数据库，如 Sybase、Informix、DB2、Microsoft SQL Server 等。

(4) Oracle Book。Oracle Book 提供一个共享 Oracle 产品文本的联机文档生成与浏览工具。

(5) Oracle Loader。Oracle Loader 早期就提供一个 ODL (oracle data loader) 数据加载工具。该工具可以把多种格式的文本数据加载到 Oracle 表中。后来的版本更名为 SQL * Loader，现在叫 Oracle Loader，目前版本可以把多媒体数据加载到数据库系统中。

(6) Developer/2000 和 Oracle Developer。是一个综合产品的总称，它包括 Oracle Reports、Oracle Forms、Oracle Graphics、Procedure Builder 四个部件，它的原名称叫 CDE 产品（即协同开发环境），现在 Oracle 的开发工具叫 Oracle Developer。

(7) Oracle Designer (Designer/2000)。Oracle Designer 的前身是 Designer/2000，而 Designer/2000 的前身是 SQL * Case，它是一个数据库 Case 工具（计算机辅助设计工具），它目前版本包含 Business Process Reengineering、Modellers、Generators。

(8) Personal Oracle。1995 年后，Oracle 提供了 Dos，Windows3. x，Windows95，Windows NT 等不同的单机版，它的基本使用方法完全同工作组版和企业版一样。

(9) SQL * Net 和 Net 8。SQL * Net 和 Net 8 都提供在网络下访问 Oracle 数据库的产品。SQL * Net 分为 SQL * Net V1 和 SQL * Net V2。SQL * Net V1 主要支持字符终端方式，如 DOS，终端服务器方式；SQL * Net V2. x 主要支持图形终端与 Oracle 的连接。而 Net 8 则是 Oracle 8 网络产品 SQL * Net V2. x 的升级版。

(10) Oracle Jdeveloper。Oracle 最新产品，它是一个具有高效生产力的 3GL 编程工具，它可以使编程人员在 Java 中嵌入 SQL 语句，编写能访问数据库的 Java 程序。

(11) Oracle Express。可以在线分析处理的工具，利用它可以方便地进行各种数据分析。

（12）PRO * C，PRO * Cobol，PRO * Fortran 等。可以提供与3GL 接口的工具，利用它可以在高级语言中嵌入 SQL 语句，从而达到访问 Oracle 数据库的目的。

（13）财务软件（oracle financials）。Oracle Financials 是 Oracle Application 中用于财务管理的应用程序模块。包括财务会计，管理会计。

（14）供应链与制造应用软件。包括销售订单管理、供应商管理、新产品工程设计管理、物料管理、成本管理、质量管理。

2-276 Ovation 系统数据库如何进行数据分配？

组态工具安装在工程师站上，在组态工具中对数据库中的点进行组态，该组态通过快速以太网（fast ethernet network）保存到系统服务器（engineering server）的 Master 主数据库，在系统服务器生成组态文件。

用组态工具将数据库中的点下装到控制器中，控制器负责点的扫描、预处理，向高速以太网上发送和接收。

操作站部分的数据被存在操作站的分数据库中。

2-277 Ovation 系统数据库是如何建立的？

Ovation 系统数据库的建立的流程如下：

（1）使用 Ovation Developer Studio 组态工具在主数据库中生成一个新点。组态工具安装在工程师站（engineering station）上，在组态工具中组态一个新点，组态保存后，该组态通过快速以太网（fast ethernet network）保存到系统服务器（engineering server）的 master 主数据库。

（2）用 Loader 将新点下装到控制器中。该新点是在哪个控制器内新加的，就用 Loader 将新点下装到哪个控制器中，注意要对冗余的两个控制器分别下装，如果只下装了一个控制器，当另一个控制器切为主控运行后，系统将检测不到该新加的点。

（3）下装后，操作站部分的数据被广播到操作站的分数据库中。该过程是系统自动进行的，不需要人为干预。

2-278 Ovation 系统数据库的备份有几种方式？如何备份？

Ovation 系统有数据库的完全备份和数据库的部分备份两种备份方式。

1. 完全备份数据库

（1）备份 Oracle 数据库数据步骤如下：

1）在 C 盘中创建一个目录：Backup。

2）打开 DOS 命令窗口：start→run→cmd。

3）进入 Backup 目录：cd ＼Backup。

4）执行命令：exp USERID＝`sys/wdpf as sysdba´FILE＝备份文件名 FULL＝Y。

（2）备份文件系统数据步骤如下：

1）拷贝：C：＼Ovptsvr 目录下的全部文件。

2）拷贝：C：＼Windows＼system32＼drivers＼etc 目录下的全部文件。

2. 部分备份数据库

（1）备份 Oracle 数据库数据步骤如下：

1）在 C 盘中创建一个目录：Backup。

2）打开 DOS 命令窗口：start→run→cmd。

3）进入 Backup 目录：cd＼Backup。

4）执行命令：OvPtExport －u ptadmin/ptadmin@ptdb －o 备份文件名。

（2）备份文件系统数据步骤如下：

1）备份流程图文件：Developer studio→数据库名→Graphics→右键→Export→选择几种图形文件的备份目的地址→按 Export 按钮。

2）备份控制回路文件：Developer studio→找到控制器→选择 Control Options→选择 Export Control Sheets 再在列表中选择回路→在 Filenames Including 中选择文件名的内容→在 Destination 中选择存放路经→Export 按钮。

2-279　Ovation 系统数据库的两种不同的备份方式对应着两种不同的数据库恢复方式是什么？ 如何恢复？

1. 完全备份数据库的恢复

（1）恢复文件系统数据步骤如下：

1）拷贝：C：＼Ovptsvr 目录下的全部文件。

2）拷贝：C：＼Windows＼system32＼drivers＼etc 目录下的全部文件。

3）将 OvptSvr 目录共享出去。

（2）恢复 Oracle 数据库数据步骤如下：

1）在 C 盘中创建一个目录：Backup。

2）将备份的文件拷贝到此目录下。

3）打开 DOS 命令窗口：start→run→cmd。

4）进入 Backup 目录：cd＼Backup。

5）执行命令：do_ptadmin_import. bat 数据库备份文件名。

6）重新启动服务器。

7）手动运行：＼Ovation＼ovationbase＼ssquery. exe 文件。

8）Clear 全部站。

9）Loader 对全部站下装。

10）Import 图形文件和控制回路 Sheet 文件 compile file。

2. 部分备份数据库的恢复

（1）恢复 Oracle 数据库数据步骤如下：

1）在 C 盘中创建一个目录：Backup。

2）将备份的文件拷贝到此目录下。

3）打开 DOS 命令窗口：start→run→cmd。

4）进入 Backup 目录：cd＼Backup。

5）执行命令：OvPtImport －u ptadmin/ptadmin@ptdb －f 数据库备份文件名。

（2）恢复文件系统数据步骤如下：

1）恢复流程图文件：Developer studio→数据库名→Graphics→右键→Import→选择文件的地址→按 Import 按钮。

2）恢复控制回路文件：Developer studio→找到控制器→右键

→Control Options→Import Control Sheets→选择 Sheets 表格→选择 Insert Sheet 按钮→选择回路存放地址→一个个输入→按 Import 按钮。

2-280 Ovation 系统主数据库如何清除？

清除 Oracle 数据库数据步骤如下：

（1）打开 DOS 命令窗口：start→run→cmd。

（2）进入目录：cd ＼Ovation ＼Ora9inst ＼database ＼ptdb ＼pfile 回车。

（3）打入：set Oracle _ DATA _ DIR＝C：＼oracle ＼oradate 回车；

set Oracle _ INDEX _ DIR＝C：＼oracle ＼oraindex 回车；

crptdb. bat 回车（执行清除数据库）。

（4）拷贝要备份的文件：etc，OvptSvr 下的全部文件重新建立主数据库，注意，此时做完后数据库是空的。

（5）cd c：＼ovation ＼ovationbase。

（6）ovptbridge. exe ptadmin/ptadmin@ptdb。

（7）Ovptnetbridge. exe ptadmin/ptadmin@ptdb。

（8）重新启动服务器。

2-281 如何清 Ovation 系统控制器闪存？

（1）打开 DOS 命令窗口：start→run→cmd。

（2）telnet drop（控制器号）——进入控制器闪存。

（3）deltee "/ata0/"。

（4）结束后，logout。

（5）重新启动控制器。

（6）对控制器：clear。

（7）Load 控制器。

2-282 如何格式化 Ovation 系统控制器闪存？

（1）将闪存作为 PC 的一个移动硬盘。

（2）在 PC 上打开 DOS 命令窗口：start→run→cmd。

(3) 打入 format G：/a：4096。

2-283　如何备份 Ovation 系统域控制器？

(1) 在装有 Windows Server 2003 的域控制器，一般为系统中的服务器，依次选择 Start → All Programs →Accessories → System Tools → Backup。

(2) 对话框窗口出现：在窗口中选择 Advance Mode 来改变用来备份的设置。

(3) 从"advance mode"中选择"Backup Wizard (Advance)"。

(4) 选择下一步"Next"按钮。

在出现的对话框窗口中选择"only backup the System State data"。这一步操作将执行以下文件的备份。

1) COM/COM+ Class Registration database；

2) System Boot Files；

3) Certificate Services Database；

4) Registry；

5) Cluster Database Information。

(5) 输入备份文件的文件名，用浏览"Browse"按钮来选择备份文件的存放路径。

(6) 选择下一步"Next"按钮。

(7) 在出现的对话框窗口中选择结束"Finish"按钮，对话框窗口将自动关闭，备份进程开始，这个过程可能需要几十分钟的时间。在这一过程中，不要人为去终止这一进程，也不要在工程师站上打开系统组态工具对系统组态进行修改，或者使用组态工具执行其他操作，否则，可能会导致备份进程的中断或者是备份文件的不完整，导致备份文件在恢复时不能使用。

2-284　如何恢复 Ovation 系统域控制器？

(1) 启动装有 Windows Server 2003 的域控制器，一般为系统中的服务器。

(2) 在启动过程中，快速选择 F8 快捷键。

(3) Windows 的选择菜单出现，选择"Directory Services Re-

store Mode”。

（4）将这台域控制器以域管理员“Administrator”的身份登录到系统中，输入域管理员的密码。

（5）依次选择 Start → All Programs → Accessories → System Tools →Backup。

（6）对话框窗口再出现，选择“Advance Mode to change”用来恢复域控制器。

（7）在“Advance Mode”中选择“Restore Wizard (Advance)”方式。

（8）选择下一步“Next”按钮。

（9）选择要用来恢复域控制器的备份文件。可以使用恢复对话框左侧的栏目中找到它，也可以使用浏览“Browse”按钮来找到它。当选择好备份文件后，选择下一步“Next”按钮。

（10）在出现的对话框窗口中选择结束“Finish”按钮。对话框窗口将自动关闭，恢复进程开始，这个过程可能需要几十分钟的时间。在这一过程中，不要人为去终止这一进程，也不要在工程师站上打开系统组态工具对系统组态进行修改，或者使用组态工具执行其他操作，否则，可能会导致恢复进程的中断或者是恢复文件的不完整，导致域控制器不能正常工作，对于整个系统来说，这将是非常严重的故障，必须对域控制器重新进行恢复。

这个恢复进程会恢复以下文件。

1）COM/COM+ Class Registration database；

2）System Boot Files；

3）Certificate Services Database；

4）Registry；

5）Cluster Database Information。

2-285 如何设置 Ovation 系统定时备份工具？

（1）进入以下目录，执行 OvPtBackup 文件，设置定时备份时间表。

C：＼Ovation＼OvationBase＼OvPtBackup. exe。

设置第一个表格参数：指定数据库硬盘路径。

设置第二个表格参数：设置数据库输入、输出的命令方式。

设置第三个表格参数：设置执行参数。

设置第四个表格参数：设置备份的存储设备。

设置第五个表格参数：设置定时备份时间表。

（2）修改备份时间表。

删除一个时间表，按照以下步骤执行。

选择 Start→All Programs→Accessories→System Tools→Scheduled Tasks。时间表任务窗出现；选择需要删除的任务表文件。

修改时间表，按照以下步骤执行：

选择 Start→All Programs→Accessories→System Tools→Scheduled Tasks。时间表任务窗出现；选择要修改的任务表文件，双击打开任务表修改参数。

2-286 Ovation 系统的算法有哪些？各有什么功能？

Ovation 系统的算法名称与功能如下：

（1）AAFIIPFLOP：带复位的交替动作触发器。

（2）ABSVALUE：输入量绝对值处理。

（3）ALARMMON：报警状态监视（最多监视 16 个模拟量或数字量信号）。

（4）ANLOGDRUM：一个或两个模拟量输出的顺序控制。

（5）AND：与门。

（6）ANNUNCIATOR：计算报警状态。

（7）ADEVICE：本地模拟量回路控制器的接口。

（8）ANTILOG：以 10 或 N 为底的输入逆对数。

（9）ARCCOSINE：反余弦（弧度为单位）。

（10）ARCSINE：反正弦（弧度为单位）。

（11）ARCTANGENT：反正切（弧度为单位）。

（12）ASSIGN：将过程量的值和品质信息传递给同类型的过程量。

(13) ATREND：趋势化一个模拟或数字量。

(14) AVALGEN：模拟量值发生器。

(15) BALANCER：控制最多16个后序算法。

(16) BCDNIN：从DIOB向功能处理器输入N BCD数字信号。

(17) BCDNOUT：从功能处理器向DIOB输入N BCD数字信号。

(18) BILLFLOW：计算气体流量。

(19) CALCBLOCK：使用列出的计算符定义一个计算式。

(20) CALCBLOCKD：使用列出的计算符定义一个计算式。

(21) COMPARE：浮点数比较。

(22) COSINE：余弦（弧度为单位）。

(23) COUNTER：计数器。

(24) DBEQUALS：偏差监视。

(25) DEVICE：设备控制（数字量设备控制及能读到设备的反馈状态）。

(26) DEVICESEQ：设备顺序控制（与MASTERSEQ算法联用）。

(27) DEVICEX：设备控制（对数字量设备控制及能读到设备的反馈状态）。

(28) DIGCOUNT：数字记数。

(29) DIGDRUM：数字量输出的顺序控制。

(30) DIGITAL DEVICE：数字量设备控制。

(31) DIVIDE：带有增量和偏置的两数除。

(32) DROPSTATUS：站状态监视。

(33) DRPI：数字极位置监视。

(34) DVALGEN：数字量信号发生器。

(35) FIELD：输出到I/O卡算法。

(36) FIFO：处理队列（先进—先出）。

(37) FFAI：FF现场总线模拟量输入算法。

(38) FFAO：FF现场总线模拟量输出算法。

(39) FFDI：FF现场总线开关量输入算法。

（40）FFDO：FF 现场总线开关量输出算法。

（41）FFMAI：FF 现场总线多点模拟量输入算法。

（42）FFPID：FF 现场总线 PID 算法。

（43）FLIPFLOP：S-R 触发器。

（44）FUNTION：二段函数发生器。

（45）GAINBIAS：加增益、偏置。

（46）GASFLOW：气体流量温压补偿算法。

（47）HIGHLOWMON：高、低模拟量信号监视。

（48）HIGHMON：高模拟量信号监视。

（49）HISELECT：高、低模拟量信号选择。

（50）INTERP：提供线性表查询和解释函数。

（51）KEYBOARD：功能键盘接口算法。

（52）LATCHQUAL：加锁点质量。

（53）LEADLAG：超前/滞后。

（54）LEVELCOMP：计算密度补偿蒸汽在水位中的影响。

（55）LOG：带偏置的以 10 为底的对数。

（56）LOSELECT：低信号选择器。

（57）LOWMON：低模拟量信号监视。

（58）MAMODE：手/自动站的工作方式接口算法（与 MASTATION 算法联用）。

（59）MASTATION：手/自动切换站。

（60）MASTERSEQ：主顺序控制器。

（61）MEDIANSEL：监视模拟量信号的质量和信号间的差值。

（62）MULTIPLY：带增益和偏置的乘法器。

（63）NLOG：带偏置的自然对数。

（64）NOT：非门。

（65）OFFDELAY：后延迟。

（66）ONDELAY：前延迟。

（67）ONESHOT：脉冲整理。

（68）OR：或门。

（69）PACK16：将最多 16 个开关量点组成打包点。

(70) PID：PID 算法。

(71) PIDFF：带前馈的 PID 算法。

(72) PNTSTAYUS：点状态。

(73) POLYNOMIAL：5 次多项处理。

(74) PREDICTOR：纯滞后补偿。

(75) PULSECNT：脉冲记数。

(76) QAVERAGE：N 个模拟量点的平均值。

(77) QPACMD：写一个命令位到 QAP 卡。

(78) QPACMPAR：写一个比较器的值到 QAP 卡。

(79) QPASTAT：从 QPA 卡输出数字状态。

(80) QSDDEMAND：写设定和工作方式到 QSD 卡。

(81) QSDMODE：QSD 卡的方式指示。

(82) QSDMA：QSR 卡的手/自动切换接口。

(83) QUALITYMON：输入的质量监视。

(84) QVP：QVP 卡的接口。

(85) RATECHANGE：改变传输速率。

(86) RATELIMIT：速率限制。

(87) RATEMON：带死区复位和固定/可变速率限制的速率变化监视。

(88) RESETSUM：带复位的加法器。

(89) RLICONFIG：回路接口卡组态。

(90) RPACNT：脉冲卡的脉冲计数。

(91) RPAWIDTH：测量脉冲卡的输入脉宽。

(92) RUNAVERAGE：运行平均数。

(93) RVPSTATUS：读 RVP 卡的状态和信息。

(94) SATOSP：将模拟量值转换成打包点。

(95) SELECTOR：在 N 个模拟量间传输（$N<8$）。

(96) SETPOINT：设定值算法。

(97) SINE：正弦。

(98) SLCAIN：从 QLC/LC 卡读模拟量值。

(99) SLCAOUT：写模拟量值到 QLC/LC 卡。

(100) SLCDIN：从 QLC/LC 卡读数字量值。

(101) SLCDOUT：写数字量值到 QLC/LC 卡。

(102) SLCPIN：从 QLC/LC 卡读打包点值。

(103) SLCPOUT：写打包点值到 QLC/LC 卡。

(104) SLCSTATION：QLC/LC 的状态值。

(105) SMOOTH：调和量传输。

(106) SPTOSA：打包点转换成模拟量点。

(107) SQUAREROOT：模拟量信号平方根。

(108) STEAMFLOW：流量补偿。

(109) STEAMTABLE：水和蒸汽特性的补偿计算。

(110) STEPTIME：自动步进定时器。

(111) SUM：4 个带增益和偏置的输入和。

(112) SYSTEMTIME：在模拟量点中存储系统日期和时间。

(113) TANGENT：正切。

(114) TIMECHANGE：时间改变。

(115) TIMEDETECT：时间探测器。

(116) TIMEMON：基于系统时间的脉冲数字量值。

(117) TRANSFER：输入信号切换算法。

(118) TRANSLATOR：翻译器。

(119) TRANSPORT：传输时间延迟。

(120) TRANSFNDX：从最多 64 个输出的保持输入中选择输出模拟量值。

(121) UNPACK16：打包点转换成最多 16 个数字量值。

(122) XOR：异或门。

(123) X3STEP：控制一个在中心区间运行的设备。

(124) 2XSELECT：选择和监视 2 个传递信号。

2-287 AMS 的全称是什么？ 作用是什么？

AMS 的英文全称为 Asset Management Solution，直译成中文为资产管理方案。

面对激烈的市场竞争，如何更有效地利用当前的固定资产降低设备维护的成本、减少由于设备原因导致的生产波动等要求越来越受到公司管理层的关注。艾默生过程管理有限公司为该要求提供了针对性的解决方案，即 AMS 设备管理组合（AMS Suite）。

AMS 设备管理组合是可以管理大量生产设备，并提供深入分析和决策支持的软件。AMS 设备管理组合拥有当前工业界的顶尖技术，它利用对工厂设备的预测和前瞻性维护以及优化其经济性能来提升整体工厂的有效性。目前全球已安装了 1 万多套艾默生的预测性维护和设备优化软件，用户从中获得了可观的效益。AMS 设备管理组合是随着设备信息平台的出现而诞生的，它可以收集和整理所有的设备信息以方便用户做出决策。AMS 设备管理组合使 PlantWeb 数字工厂结构的功能更为强大，它能够提高生产设备的可用性和性能，从而使企业获得更高的效益。

AMS 设备管理组合是 PlantWeb 数字工厂结构的核心部分。AMS 设备管理组合凭借预测智能技术提高包括机械设备、电子系统、过程设备、仪表和阀门在内的生产设备的可用性和性能。

2-288　AMS 设备管理组合的组成是什么？

AMS 设备管理组合包括 AMS 设备信息平台、AMS 智能设备管理系统、AMS 机械设备状态管理系统、AMS 性能监测系统和 AMS 实时优化系统。他们涵盖了智能仪表阀门设备管理、机械设备性能监测、过程设备性能检测、电气系统保护等功能。

2-289　AMS 设备信息平台（AMS asset portal）的功能是什么？

AMS 设备信息平台通过互联网浏览器可以实时获取工厂设备的状态信息。

工厂必须充分利用生产设备，才能将投资的利益回报最大化。但通常由于不期而至的设备故障和次品产出使利润目标无法实现。在某些工业领域中，一次非计划的生产停车的损失就相当于全年的设备维护费用，所以保证设备的可靠性是十分重要的，而有效集成、共享和分析现场设备健康信息是保证设备的可靠性的有效保障。

通过AMS设备管理组合可以实时获取设备信息，利用AMS设备信息平台，将所有信息通过浏览器方式集成到统一的管理界面上，它包括机械设备、过程设备、智能现场仪表和阀门。通过AMS设备信息平台，管理及维护人员可以综合分析并作出快捷准确的决策。由于采用了互联网技术，AMS设备信息平台可以有效地将特定的数据分配至世界任意地方的相关人员，信息化管理由此而体现。

2-290　AMS智能设备管理系统（AMS intelligent device manager）的功能是什么？

根据电厂检修经验，现场仪表有大量的维护检修工作，机组正常运行期间发现仪表的指示不在额定参数附近，检修人员检查分析现象和原因，如果不能查找到一些直观的原因，如仪表失去电源、信号线接线松动、取样管泄漏。会把仪表拆回校验，记录试验数据，填写试验报告。

大量的实践证明，当这些繁琐的工作做完后，发现仪表是正常的，接着就会分析仪表指示异常的其他方面的原因。

65％的现场仪表维护工作都是不必要的，因为检查后才发现问题的出现是由于其他设备或过程本身的原因，而非仪表故障，由于仪表的拆装，不仅浪费了人力，还极易造成仪表和取样管间接头损坏；75％从流程上拆下检修的控制阀门最后发现并不需要拆下来；仪表技术人员有50％的工作时间花在了文档工作上。

而AMS智能设备管理系统利用通用的界面以及专业工具来管理智能现场设备，它全面的分析和报告工具极大地避免了这些无谓的成本浪费。

2-291　AMS机械设备状态管理系统（AMS machinery health manager）的功能是什么？

AMS机械设备状态管理系统能够在线监测机械设备、进行数据采集并加以分析，以便检测到包括动设备和静设备的运行状态，利用全面专业的分析工具实现预测维护的技术功能，一般功能有：振动、红外热成像法、油液分析、马达诊断；动平衡的专业矫正工具和镭射对中；成本分析、事件历史和汇报。

这些方法便于精确检测到设备的状态，对问题采取正确的对策，并可以有针对性地安排日常维护工作。

2-292 AMS 设备性能监测系统（AMS equipment performance monitor）的功能是什么？

涡轮组和压缩机的老化、锅炉结焦和泵的磨损等，有时这些普通的设备退化问题虽然不是灾难性的故障，但它却在逐步侵蚀工厂利润。

确定何时为最佳时机去执行设备维护，往往要求精确的并且持续的设备性能监测，AMS 设备性能监测系统采用精确的热动力学模型对设备老化状况提供详细分析，并通过财务规则计算出由于设备退化导致效率降低而影响公司利润的数据。

基于模型的预诊断维护方式提供了翔实信息，对于决定计划停车的最佳时间，并且有基础可以比较当前受影响的运行效能下的成本和停车检修的成本，能够作出准确的抉择。

2-293 AMS 实时优化系统（AMS real-time optimizer）的功能是什么？

在当前工厂的操作条件和约束前提下如何实现设备的最大化经济回报，是所有工厂的管理者们极其关心的问题，而这也是工厂管理过程中难度最大的一环，它关系着整个工厂的发展前途，也是工厂对整个社会经济所应作出的贡献。AMS 实时优化系统通过监测设备状态和改变运行方式，对装置、工厂和其他设施进行实时运行成本优化。

即使是世界上最复杂的过程对象，AMS 实时优化系统也能找到快捷稳定的解决方案，在线并且实时地实现下述功能：最优化的设备选择和操作点设定；在执行运行决策时提供实时的能源和原料成本信息；为得到最大化精确度而进行数据调谐；可以与 DeltaV® 及第三方 DCS 和历史数据一体化集成。

2-294 AMS 智能设备管理系统的定义是什么？

AMS 智能设备管理系统是针对智能仪表、智能阀门定位器等进行在线组态、调整、校验管理、诊断及数据库事件记录的一体化方案。

AMS智能设备管理系统优化了过程仪表和阀门的维护工作。它的基本功能之一是一个存储设备组态信息的数据库。AMS智能设备管理系统支持50多家厂商的400多种HART和基金会现场总线设备。如果充分利用AMS智能设备管理系统所有应用软件的优势，那么就能在线获得仪表和阀门的过程信息和诊断信息，同时自动对所有设备的维护信息进行归档。

上面提到的智能设备是指带HART协议或带现场基金会总线协议的设备。

2-295　AMS智能设备管理系统开发的标准是什么？

AMS智能设备管理系统是基于HART协议和现场基金会总线协议而开发的标准的、规模可变的平台。它集数据采集、数据分析于一体，采用开放的标准协议，可以方便地将不同的厂家设备、不同的系统、不同的运行软件集成为一个整体，从而为智能设备预防性维护、预测性维护及前摄性维护提供一体化解决方案。

2-296　AMS智能设备管理系统的优点是什么？

（1）节省调试时间：利用AMS智能设备管理系统的快速检查助手，可对智能仪表及智能阀门快速进行接线回路测试以及连锁回路测试，从而减少40%～60%的调试时间。通过在一个单一数据库中规划和储存现场设备的组态信息实现快速调试。快速高效地进行设备回路测试、连锁确认和校验。

（2）提高现场设备的质量：现场设备永远完好、指示永远正常只是一种非常理想的状态，事实上随着服役时间推移，任何现场设备的性能都会降低，这是一种自然现象，也是我们所必须要面对的。而如何能在设备异常甚至是将要异常时，发出相关信息警告是非常必要的，这样就能真正实现现场设备的可控和在控。AMS智能设备管理系统能够提供在线设备诊断和状态信息，如果有设备处于非正常状态，AMS设备管理系统会向您发出警报。通过合理的使用、监测现场设备，就能使过程更为可靠。

（3）提高工作效率：这意味着要保证生产按计划顺利进行。AMS智能设备管理系统可实时在线获得智能设备的诊断信息和报警，因而工作人员能够对设备的健康状况了如指掌。同时，AMS智能设备管理系统还能对设备进行预维护，在设备发生故障前，就发现潜在问题，从而避免了非计划停车，以及由此而引起的重大损失。即便是在计划停车期间，时间也是关键因素。AMS智能设备管理系统能预先做好维护准备工作，将维护信息预存到PC中，只需在停车时，将这些信息下载到现场设备中即可，工作效率大大提高，也可减少停车频率，从而使过程可用性最大化。

（4）提高维护效率：AMS智能设备管理系统可以减少维护人员从维修车间到现场的往返次数，减少大量的巡检时间，从而使维护工作的效率更高。利用AMS智能设备管理系统的在线组态功能，维修人员可在维修车间或工程师站（甚至在办公室）进行智能设备组态修改，无需查询回路接线图，无需到现场查线，从而避免了人为失误，提高了维修安全性。

（5）降低成本：在激烈的竞争环境中，降低投资和工程费用的压力也越来越大。预算越来越紧，人工和资源却越来越贵。

AMS智能设备管理系统可将同一台现场设备设置成适用于多种用途，这就减少了现场设备的需要量，降低了投资成本。例如，AMS智能设备管理系统与罗斯蒙特3095多参数质量流量变送器一起使用，可以以1台设备的成本实现3台设备的功能。

此外，AMS智能设备管理系统通过简化组态文档工作，减少用于建立组态数据库和文档的人工来降低工程费用。

（6）安全和规范：为了要符合FDA、OSHA、ISO、EPA以及其他过程安全管理法规，有效变更管理系统变得尤为重要。日常维护活动的文档工作往往要消耗大部分的时间和精力，这也许比实际的维护工作还要多。这就是为什么艾默生的AMS智能设备管理系统要将符合管理规范变成一项自动完成的 工作。系统的记录审查功能会自动同步记录所有与AMS智能设备管理系统及智能设备相关的事件和警报，取消了手动记录和管理，避免了人力浪费以及人为失误，提高了文档的精确性。

对于SIS安全仪表系统来说，AMS智能设备管理系统能够实现设备诊断、用户安全设置、文档记录和管理、设备组态存储和比较、高效的安全仪表功能验证测试和校验。

AMS智能设备管理系统通过了Exida认证，在安全仪表系统应用中无需TUV认证。

2-297 AMS智能设备管理系统的基本功能是什么？

当整个DCS系统（如Ovation控制系统）搭建后，DCS系统的服务器（engineering server）通过组态指定系统中的一个操作站为AMS智能设备管理系统的服务器。

1. 组态

通过AMS智能设备管理系统的组态功能可以改变、存储、比较和转换设备组态。例如，在切换或替换设备时，只需将组态数据复制到新的设备中即可。所有设备的记录都可方便地通过友好的界面查看到。

（1）连接并组态智能设备。自动扫描与AMS智能设备管理系统相连的智能设备，在AMS智能设备管理系统操作站中直接对现场智能设备组态。

（2）数据库自动记录参数修改事件。自动记录谁修改的、修改的理由、修改之前的参数以及修改之后的参数，从而做到有据可查。

（3）当前组态与历史组态之间的传输功能。可将任意一次的历史组态直接下载到当前运行智能仪表中。

2. 状态监测及诊断

（1）在线、实时对每块智能设备的健康状况进行监测，并提供故障原因诊断，如冷启动、存储器故障等。

（2）用户可根据智能设备的重要性分组、分级实时监测、诊断设备的健康状况，并可按需组态报警信息。当报警产生时，AMS智能设备管理系统提供声音以及黄色警告。同时，数据库自动记录该报警事件和内容。

3. 校验管理

（1）设计校验方案：仅需输入校验周期、校验点数、仪表精度，系统自动生成校验方案（包括该设备的型号、制造商、量程、输入输出信号等），并当校验周期到时自动提醒。

（2）AMS智能设备管理系统自动生成符合国际标准的校验报告和校验曲线。可与带自动记录功能的校验仪（如FLUKE744）配合使用，实现校验方案的自动下载、校验数据的上传，从而完全取消手动校验数据记录。

4. 数据库文档自动记录管理

AMS智能设备管理系统中的数据库自动记录所有与智能设备相关的事件和警报：登入信息、组态记录、校验信息、诊断信息、维修记录和报警信息等。经过几次标定，设备的趋势图就会自动生成，无需再翻阅历史记录，可以比较设备经常出现的问题，从而找出故障的根本原因（前摄性维护）。

5. 其他功能

（1）可以与375现场通信器配合使用，将离线组态在AMS设备管理系统与现场设备之间下载或上传。

（2）可与AMS机械设备状态管理系统兼容，将AMS机械设备状态管理系统加入AMS智能设备管理系统中，用户可以在单一平台上同时对传动设备进行维护。通过与CSI 9210机械设备状态监测变送器连接，可获得离心泵等传动设备的诊断信息。

（3）智能设备预组态功能。

（4）高速以太网接口允许基金会现场总线设备通过诸如罗斯蒙特3420现场总线接口模块的连接选项接入AMS智能设备管理系统。即使工厂现有的控制系统并不支持现场总线技术，也能通过AMS智能设备管理系统获得现场总线设备的组态和诊断信息。

（5）与远程运行控制器（ROC）的接口，使AMS智能设备管理系统能够获得远程诊断信息，并对远程设备进行预操作和预维护，尤其适用于远程油气田。

（6）针对制药行业，专门提供医药箱软件。

6. 开放功能

AMS智能设备管理系统可与任何使用开放标准的系统连接，它专门为仪表和阀门提供通信接口，现有的通信接口包括现场总线高速以太网、Profibus HART、HART多路转换器和针对HART的Arcom协议等。AMS智能设备管理系统支持HART和基金会现场总线，并通过OPC支持SNAP－ON软件。

AMS智能设备管理系统提供OPC服务器，从而与第三方系统相连，实现在线数据实时输出，提供数据报告、历史趋势图等，以满足用户的需要。

AMS智能设备管理系统可与ERP系统或CMMS系统相连，弥补ERP系统或CMMS系统不能对在线运行设备自动管理的不足。AMS数据库自动记录智能设备的故障或需检验维修的事件，并上传给ERP系统或CMMS系统，自动生成工作指令；当工作结束时，AMS智能设备管理系统数据库自动记录该事件，从而避免工作指令手动输入，确保及时进行故障维修。

与AMS设备管理组合的设备信息平台接口，使用户可通过网络浏览器在线查看来自于仪表、阀门以及其他重要工厂设备的健康状态信息、组态和历史事件。

2-298 AMS智能设备管理系统与其他系统连接的方案是什么？

（1）AMS智能设备管理系统与艾默生过程控制系统的连接方案。

1）AMS智能设备管理系统与DeltaV系统。AMS智能设备管理系统通过DeltaV系统现有的软硬件和接线，直接与现场的HART设备和基金会现场总线（FF）设备以在线的方式进行通信和诊断，并将设备的信息导入操作平台，如Professional Plus Station或Apllicaton Station。

DeltaV运用AMS智能设备管理系统的强大管理、调试和预诊断功能，极大地降低调试费用和维护成本，提高工厂的可用性，同时在投资上省却了硬件、接线和工程方面的投入。

尽管AMS智能设备管理系统与DCS过程控制系统在一起运

行，但并不意味着AMS智能设备管理系统参与过程控制。

2）AMS智能设备管理系统与Ovation系统。利用现有Ovation系统的软硬件和接线，即可实现现场的HART设备和基金会现场总线（FF）设备以在线的方式进行通信和诊断，实现AMS的强大管理功能。

3）AMS智能设备管理系统与PROVOX DCS系统。利用现有PROVOX系统的软硬件和接线，即可实现现场的HART设备和基金会现场总（FF）设备以在线的方式进行通信和诊断，实现AMS智能设备管理系统的强大管理功能。

4）AMS智能设备管理系统与RS3 DCS系统。利用现有RS3系统的软硬件和接线，即可实现现场的HART设备和基金会现场总线（FF）设备以在线的方式进行通信和诊断，实现AMS智能设备管理系统的强大管理功能。

（2）AMS智能设备管理系统与其他过程控制系统（非艾默生过程管理的DCS，PLC等）的连接。AMS智能设备管理系统也能实现与其他非艾默生过程管理的DCS、SIS、PLC控制系统的连接，这是通过多路转换器方案实现的。

以多路转换器方案连接的AMS智能设备管理系统，除需要一些必要的接线外，在功能上没有丝毫不同，一样实现现场HART设备以在线的方式通信和预诊断，实现AMS的强大管理功能。同时不会影响到控制系统的正常工作。

一个多路转换器可以连接16（或32，可选）台HART现场输入输出设备，它提供双向通信能力。每一个RS-485网络能以并联的方式最多连接31台HART主多路转换器，每一台HART主多路转换器又可连接16个副HART连接单元。所以，每一个RS-485网络可以连接的HART设备数量为所有多路转换器的数量乘以16（或32），最多可至7936台HART设备。RS-485的网络通信能力为1200m，并由RS-485连至AMS智能设备管理系统的PC机上（可通过以太网接口，或RS232接口）。一台AMS智能设备管理系统的PC可以连接多个RS-485网络，这取决于AMS智能设备管理系统的PC端口配置数量。

(3) AMS智能设备管理系统同时与多个不同过程控制系统的连接。AMS智能设备管理系统，在与艾默生过程管理公司的过程控制系统在线连接同时，能通过多路转换器方案连接非艾默生过程管理公司的过程控制系统。这种整体方案将在多个不同的过程控制系统的现场HART设备和基金会现场总线（FF）设备一起接入同一AMS智能设备管理系统，这给工厂的全厂一体化管理提供了便利。

(4) 集散型AMS智能设备管理系统。集散型AMS智能设备管理系统提供一个通信网络，使得AMS智能设备管理系统可以多方面提高应用效率。

在集散型AMS智能设备管理系统中，每个工作站都可在AMS智能设备管理系统数据库中读取任何HART/Ff设备的所有数据。集散型AMS智能设备管理系统中，必须有一个Sever Plus工作站，而Client工作站则可以根据需要来添加。

Server Plus工作站中既有集散型AMS智能设备管理系统的数据库，又可与现场HART/Ff设备连接。一个Server Plus工作站可以最多有19个Client工作站。Client工作站使用Server Plus的数据库，可以与现场HART设备连接。

(5) AMS智能设备管理系统的离线方案。除以上的在线连接方案外，AMS智能设备管理系统使用HART Modem，利用个人电脑通过电脑的串行口、USB口，无须外部电源与现场HART设备即可建立起通信。

2-299　Ovation系统历史站（ovation process historian）的功能是什么？

Ovation过程历史站采集由Ovation控制系统生成的过程数据和消息。历史站将这些数值和消息存储在Microsoft Windows平台上运行的优化历史数据库中。可以查看和过滤这些信息，或将它们输出至打印机、文件或网页。历史站可将这些信息存档至可移动介质。

使用历史站可以更好地了解过程的典型和异常运行状态、鉴别共同趋势、浏览异常状态、诊断过程缺陷和故障。当对准确度的要求较高时，历史站监控频率和精度将凸显这一优势。

历史站可以完成的功能：组织实时过程数据；支持在线存储和离线存档；响应检索请求；采集、处理和存档：过程点值；过程点属性；报警历史数据；操作员事件；事件顺序（SOE）数据；ASCII 系统消息。

2-300 Ovation 系统历史站的优点是什么？

（1）可以将数据存档保存至可移动介质；

（2）可以处理因辅助存储器和检索性能产生的较大点数；

（3）提高了更新灵活性，方便日后历史站的更改；

（4）存储机制高低点数比例可调，可使用优选检索。

2-301 Ovation 系统历史站的组件组成及作用是什么？通过历史站可以在控制系统上执行哪几个主要任务？

（1）历史站服务器：便于采集、存储、存档和检索，以及历史站注册管理器。

（2）扫描器：监控点和采集数据，包括属性、报警、操作员事件和 SOE（如果使用多个扫描器，历史站还包括一个冗余管理器）。

（3）工程工具（历史站配置工具）：配置历史站服务器、磁盘、存档、扫描器、扫描组和点。

（4）报表管理器：设计和生成自定义报表，显示历史数据。

（5）状态浏览器：在线用户界面，可以检查系统的配置，并与存档配置相互作用。

（6）用户界面：可以使用 OIeDB 写自己的程序，以便检索数据。

（7）用户工具：使用 SQL 程序查询和检索信息。

通过历史站可以在控制系统上执行四个主要任务：扫描、存储、存档、检索。

2-302 Ovation 系统历史站扫描数据的工作原理是什么？

历史站用扫描器从系统采集数据。扫描器是运行在 Ovation 网络工作站上的一个软件程序。虽然历史站不需要直接连接网络，但扫描器必须与网络连接。由于网络上分布有多个历史站扫描器，所以可以通过众多系统结构中的任何一个从宽域网采集历史信息。

系统中的每一个点都有一个数值、一种状态和一些属性（属性提供了一个点的相关信息）。

扫描器检查选择扫描的点值（压缩、模拟和数字）、状态及属性。扫描器从 Ovation 网络中读取点信息，并检查下列两项：点状态是否改变；点值的变化是否超过选择的误差范围（即死区）。

扫描器每秒种或按照为执行这些检查配置的频率（1/10s～60min）对上述两项执行一次检查。扫描器自动根据死区和设置的扫描频率采集点信息。如果一个点超过了设置的死区（或数字点值的状态改变），扫描器采集该点的信息（时标、状态和值），并将其发送至历史站，永久保存在磁盘上。

除了数值和状态以外，工业系统中的每个过程点还包括属性。虽然系统中的点值会发生较大的变化，但点的属性变化要慢得多。工程师手动编辑属性等操作可以改变属性。读取缓慢变化属性的频率较长。当扫描点属性时，属性值每 2h 读取一次，并向历史站报告。

如果为一个点配置了点值扫描，则自动扫描该点属性。你可以随时从历史站检索点属性，并将其用于显示点值趋势、评审或报表。

当扫描器采集时，立即打包消息数据（操作员事件、事件顺序和报警）并发送至历史站。与点数据不同，消息数据不由死区采集。

单元限定和组织工作站 ID 随消息发送，确定组织消息数据的单元和工作站。报警消息扫描器还能采集 Plant Web 报警。历史站处理 Plant Web 报警与所有其他报警消息相同。

2-303　Ovation 系统扫描器如何处理丢失的数据？扫描器如何处理时间？

如果一个扫描器关闭，或其本地缓存已满，则各扫描器会在采集的数据中标记空隙。这些空隙标识扫描器未运行或未能采集数据的时段。通过识别和标记这些空隙，便能够知道这些空隙发生的位置。

采集的数据标有本地时间，该时间即时运行扫描器软件工作站上当前设置的时间。历史站将此时间转换为GMT（格林威治标准时间）。当历史站存储采集的数据时，使用GMT时标。白天保存时间不会出现重复数据，因为GMT时标是唯一的。

历史站识别并报告扫描器级的反向时移（当系统时间设置滞后于当前时间时）。检出反向时移后扫描的新数据，被标为重复数据并存储。重复数据的副本集合被返回用于检索的应用程序，如报表。

2-304 Ovation系统历史站扫描器如何向存储器传输数据？

扫描器缓冲采集数据，并临时存储这些数据。然后再将缓存信息发送至历史站永久存储。扫描器不删除缓存信息，直至确认历史站已安全接收并存储这些信息，确保数据不丢失。扫描器用一磁盘文件作为临时存储空间。可以配置该文件的大小，以便最好地使用资源。

时间配置较小可以最大化扫描器的资源，时间配置较大考虑到通信故障时间，无数据丢失。如果临时扫描器存储空间已满，则控制器将发送一个故障，显示数据丢失，并标记丢失数据的时间段。

2-305 Ovation系统历史站如何配置扫描器？

使用Developer Studio配置扫描器和其他历史站操作。可以指定想要运行扫描器软件的工作站以及每个扫描器是否采集点和/或消息数据。在启动历史站工作站时，所有扫描器开始采集。

2-306 Ovation系统历史站如何使用冗余扫描器？

可将扫描器进行冗余配置。可在两个单独的Ovation工作站上配置冗余扫描器。扫描器之间相互通信，确定两个扫描器中哪个为主，哪个为备用。冗余配置的两个扫描器不使用Ovation主和备用机制，不会受到启动故障转移的Ovation应用程序影响。

历史站使用扫描器冗余管理器软件程序管理冗余扫描器对。如果只使用一个扫描器，则不使用扫描器冗余管理器。如果使用多个扫描器，则有必要了解历史站如何管理冗余扫描。

冗余管理器与一组本地扫描器以及伙伴冗余管理器通信。伙伴冗余管理器也与其自己的一组本地扫描器通信。

当冗余管理器启动时，执行3个数据采集任务：

（1）获取扫描器配置数据。冗余管理器必须与每个历史站连接，这样可以获得在历史站配置工具中设置的扫描器规格。冗余管理器采集伙伴名称（为备用扫描器选择的名称）。

（2）获取冗余配置信息。冗余管理器还检索冗余状态（为主扫描器选择的默认冗余状态）。冗余管理器将定期检索该信息。程序控制保持在数据采集状态，直至冗余管理器确认数据。

（3）确认冗余配置信息。在单历史站系统中，冗余管理器在历史站提供冗余配置数据后可以立即确认数据。在多历史站系统中，冗余管理器必须从每个历史站中检索数据。例如，有两个历史站提供冗余数据，则冗余管理器检查两个数据集合是否一致。如果数据一致，则程序控制继续运行阶段。如果数据不一致，则生成一个报警，并且采集/确认过程继续，直至两个历史站提供相一致的信息。

如果多历史站系统中的一个历史站在10min连接尝试后仍连接不上，则冗余管理器使用另一个历史站提供的配置数据。

除了从扫描器采集数据以外，冗余管理器还能监控自己的程序同步和用系统交叉检查监控扫描器的健康状态。

如果冗余管理器检出一个扫描器的数据错误，则冗余管理器向该扫描器分配一个故障状态，并将其伙伴扫描器改为主扫描器。冗余管理器能够检测到两种错误：连接错误（冗余管理器检出一个或多个扫描器中断与冗余管理器的通信时间超过60s）；冗余状态错误（冗余管理器检出扫描器已报告冗余状态，而非分配值；冗余管理器允许扫描器在状态改变10s钟后认定为一个错误）。

监控历史站与冗余管理器之间的通信链路健康状态：在备用模式中，冗余管理器在通信链路失效时立即宣称故障，防止可能发生故障转移至不能与历史站通信的备用扫描器。故障状态被清除后，通信链路恢复正常。在主模式中，冗余管理器在历史站通信链路失效 30 min 后宣称故障。在故障发生时，如果伙伴未发生故障，主冗余管理器将进行故障转移。故障状态被清除后，通信链路恢复正常。冗余管理器监控所有要求在冗余状态之间过渡的事件输入和出错状态。

2-307　Ovation 系统历史站存储数据的工作原理是什么？

从扫描器接收数据后，放置在磁盘上的优化历史存储系统中。该存储系统最大化插入和检索速度。历史站管理数据文件，并定期关闭这些文件。当文件达到某一容量或打开时间超过某一时长时，历史站将关闭该文件。需要时，将在检索时间进行数据解压缩。数据存储时带 GMT 时标。存储数据前，历史站扫描器将当地时间转换为 GMT 时间。

历史站使用 RAID 5（带奇偶校验的独立磁盘冗余阵列）。建议用 RAID 5 存储历史数据，确保不丢失数据，并允许硬件故障。

历史站最多可以管理三种存储器类型：主存储器、扩展存储器和重新加载存储器。

2-308　Ovation 系统历史站数据存档的工作原理是什么？

存档系统可以存储和检索历史站与可移动介质之间相互采集的数据。该系统运行一个可移动介质存储的所有数据的数据库。可移动存储装置是一个 DVD—RAM 驱动器，连接在装有历史站服务器软件的机器上。

通过存档功能，可以实现以下功能：

（1）检索可移动介质上的数据；

（2）显示介质存储数据的有关信息；

（3）显示由存档系统运行的可移动存储器数据库的有关信息；

（4）显示存档系统状态的有关信息；

（5）指导存档系统的操作。

存档系统维护一个包含写至可移动介质所有数据的信息的卷数

据库。每片可移动介质有一面或两面。每面介质上可包含由存档系统创建的卷。存档系统为每个创建的卷分配唯一的卷名称。创建一个卷时，提示写入卷标。以后存档系统可能会提示在驱动器内放入某一卷，而你必须使用介质上的卷标识别该卷。

如果不指定可移动存档装置，则由存储过程管理磁盘空间，以便继续采集数据，并存入磁盘。磁盘上最早的数据将被删除，以便使永久磁盘存储器能够容纳新采集的数据。

可以在 Ovation Developer Studio 中配置存档功能，在与历史站相连系统的任何一台基于 Windows 的机器上，通过状态浏览器访问历史站存档功能。

历史站存档功能是可选的。如果选择不使用存档功能，则历史站将在磁盘空间需要存储更多当前历史数据时，删除历史数据。

2-309 Ovation 系统历史站支持几种检索和显示历史信息的方法？

历史站支持检索和显示历史信息的方法有历史评审，历史趋势，报表，SQL 访问。

针对下列不同类型的历史数据，搜索信息具体的方法不同。

（1）点：时标、名称、说明、状态。

（2）报警：时标、名称、类型、报警详情、工作站源地址 ID、扫描器 ID。

（3）操作员事件：时间范围、工作站源、类型、子类型。

（4）SOE 消息：时标、名称、工作站源地址。

2-310 如何使用 Ovation 系统历史站历史报表？

可以运行各种类型的历史数据报表。这些报表包括：预定报表（按指定间隔运行报表）；触发事件报表（由一个或多个过程条件触发的报表）；脱扣报表（提供脱扣事件前后的信息）；手动生成报表（按请求运行的报表）；SOE 报表（按时间顺序显示 SOE 活动历史的报表）；报警报表（汇总系统报警的报表）；操作员事件报表（汇总由操作员执行操作的报表）。

可以就某一类信息运行报表，并将报表分发至其他用户。想要运行报表时，可以使用艾默生设计的报表模板，也可以自己建立模板。可以配置运行报表的位置、报表的外观布置以及生成报表的时间。

2-311　如何使用 Ovation 系统历史站历史评审？

历史评审显示非图形信息。可以对这些信息进行过滤以显示各类不同的数据，但可能最常用于报警、操作员事件、SOE。

可从工作站 Start（开始）菜单调用历史评审界面：Start→Ovation→Ovation Applications→Historical Reviews。

2-312　Ovation 系统历史站的安全性取决于什么？

历史站安全取决于周围 Ovation 安全结构。可以根据对安全性的需要定义用户、规则和策略。可以单独定义每个组件（用户、规则和策略），然后一起使用，例如，可以配置一组特权（组），然后将这些特权用于 Ovation 或 Windows 内的功能。这样可以启动桌面项、选择需要复位口令的频率、限制对桌面功能、可移动介质装置以及其他项的使用。

可以选择拒绝单机（或单用户名）访问历史站功能。反之，还可以将一个单机（或用户名）配置为不受限制访问历史站功能。还可以配置为在这两个极端之间的任何一种情况。为达到该安全性，历史站必须是 Ovation 域的一部分。

历史站状态浏览器能够区分出管理员特权与操作员特权。只有管理用户能够弹出驱动器、锁定驱动器或更改存档本身的设定值。

2-313　如何确定 Ovation 系统需要一个历史站还是几个历史站？

首先必须知道想要为多少个点采集历史信息。一个历史站能够采集最多 100000 个点。

为了确定想要采集的点数，必须知道想要扫描的点类型，因为历史站对不同的点类型的处理方法是不相同的，有些需要更多的存储空间。想要采集的点数以及想要采集的点类型都对磁盘空间有影响。例如，应决定是否想以 0.1s 的扫描速率监控任何点，并了解这样会对存储器及检索性能有什么样的影响。建议将总体存储速度设定为低于1%～2%，特别是当点数较大时。

当历史站设计各方面已分析完毕后，重新评审你需要多少个历史站的问题。当确定了历史站设计的各个因素后，你需要的历史站数量就会变得更明确了。

可能想要考虑多个历史站的原因如下：

(1) 如果系统中含有一个远程区，其中有可能对于系统的其余部分是一个潜在的不可靠网络链接（多个历史站能够在提供整个系统的中央历史数据存储器的同时，在远程设施上保持连续本地操作）。

(2) 如果预期超出许可范围（如想要采集超过100000个点，或要求的非Ovation用户数量超过一个历史站允许的数量）。

2-314 如何确定Ovation系统历史站需要多少个扫描器？

知道了想要扫描的点数和类型以后，再来决定需要多少个扫描器。

(1) 一个扫描器。使用一个扫描器可以简化配置、便于维护、利于故障排除。大多数用户要求只使用一个扫描器。

(2) 多个扫描器。如果想要扫描控制网络的远程段，可以使用多个扫描器。多个扫描器在本地与远程网络段之间中断运行时可连续采集和缓存远程数据。

设计扫描器时，要考虑扫描器与历史站之间的网络弱点（如路由器和开关）。决定在一个系统上使用多个扫描器时，并非基于点数，而应基于网络连接的质量。对于这一点没有具体的建议，但一般来说，每个扫描器20000个点可以确保良好的性能质量。

在确定使用一个扫描器还是多个扫描器后，决定是否需要扫描器冗余。冗余扫描器在两个单独的Ovation机器上设置。两个扫描器彼此互相通信，以确定主、从扫描器。两个被配置为冗余的扫描器不使用Ovation的主、从机制，不受启动故障转移的Ovation应用程序的影响。冗余扫描器的状态作为一项在Maintenance and

Status 屏幕上显示。

如果确定使用扫描冗余布置，扫描器冗余管理器必须同时连接扫描器与报告的历史站，以便获得冗余信息。如果使用多个历史站，可由多个扫描器采集一个 Ovation 过程点，但只为指定历史站配置一次。

2-315　Ovation 系统历史站如何存档数据？

历史站存档系统存储和检索由历史站与可移动介质之间相互采集的数据。该系统运行包含存储在可移动介质上所有数据的数据库。可移动存储装置是一个 DVD-RAM 驱动器，与安装历史站服务器软件的机器相连接。

磁盘大小估算基于想要采集的信息容量和类型。由于磁盘空间需求可完全根据想要为其采集历史信息的点容量和类型而改变，所以下列估算应只作为一般的指导。

磁盘空间估算表有几个前提条件：

(1) 硬件为标准配置的 Dell PowerEdge 830：3 个 146G RAID 5 驱动器，大约有 262G 可用磁盘空间。

(2) 采集采样速度平均为 1%速率。

(3) 主存储器区中的总磁盘空间为 210G，重新加载存储器区磁盘空间为 36G（意味着在 262G 总空间中使用 246G 用于历史存储）。

(4) DVD 盘最多可保存约 8G 数据。

外部 RAID 可以扩充在线存储能力，让终端用户访问在线数据，而不必装载 DVD 或其他可移动介质来查看数据。可向历史站增加任意数量的外部 RAID。可以共同使用可移动介质与外部 RAID。

可移动介质提供标准在线存储器以外的存储器。但存档至可移动介质需要手动维护，可移动介质对环境敏感（如多灰或多尘会使 DVD 不可读）。如果需要历史数据记录的保存时间超过在线时间，需要存储拷贝历史数据带到厂区以外，以提高安全性时可能想要使用可移动介质。

如果确定需要使用可移动介质时，可以使用内置或外置 DVD-RAM 驱动器。

2-316 如何确定 Ovation 系统历史站终端用户？

终端用户想要查看和使用历史数据的方法决定你应使用的应用程序：是否以图形（历史趋势）显示历史数据；是否需要直接历史数据，即历史评审；是否需要分析数据，即历史报表。

考虑终端用户所在的地理位置：本地终端用户不会有任何问题（如可将报表打印至任何网络打印机）。地理位置较远的终端用户需要连接网络，需要解决历史站系统与终端用户系统之间的防火墙问题。

例如，如果工作站 200 上的用户需要请求历史报表，则工作站 200 必须安装报表管理器软件，并与历史站服务器工作站连接。另外，频繁查询历史站服务器或查询数据量较大的非本地用户，可能会大大影响网络性能。外部访问历史数据将难于设计和维护，执行的成本也较高。

2-317 如何判断是否需要向 Ovation 系统新历史站转移 eDB 数据？

转移服务可以将数据从 eDB 转移至历史站。要求：选择想要转换的历史类型；选择开始和结束时间。

如果需要转移 eDB 数据，先预算工作时间和服务，以计划数据转移、转移费用以及转移中断因素（如果计划 eDB 使用与历史站相同的硬件时，中断是一个重要的考虑因素）。

可以从 eDB 向历史站转移自定义报表模板，但可能会有问题。因此，建议当模板符合下列规则时，不要试图转移自定义的报表模板。

（1）直接、交叉标记报表，而不是 ExpressCalc 报表，后者较容易转移；

（2）报表中含有大量自定义代码。

2-318 如何装入 Ovation 系统历史站 CD？

装入历史站软件之前，先了解在历史站设计中讨论的各个历史站软件组件的配置。

步骤：将历史站CD插入即将运行历史站机器的光驱中；定位至光驱根目录下的setup. exe；双击setup. exe文件，显示Welcome（欢迎）窗口；选择Next继续，显示License（注册）窗口；选择Yes继续，显示Customer Info（用户信息）窗口，自动检测到用户名和公司名；可编辑其中的一个字段或两个字段；选择Next继续，显示Choose Destination Location（选择目标地址）窗口；选择Next接受默认地址，或按需要更改，显示Select Features（选择功能）窗口；使用Select Features（选择功能）窗口选择要安装的历史站组件；单击Install运行安装向导，显示Installation Completed（安装完成）窗口；单击Finish重新启动，重新启动时，将自动启动历史站。此时已经成功安装了历史站软件。

如果选择安装状态浏览器，可能会收到一个RenameFile Failed（重命名文件失败）对话框。单击OK继续安装。安装完成后，必须将在对话框中显示的目录手动复制到C：\Inetpub/wwwroot。

如果选择安装报表管理器，选择Start→Settings→Control Panel→System。选择Advanced（高级）标签。在Performance（执行）框中单击Settings（设定值）。选择DataExecution Prevention（数据执行保护）标签，并单击Add（添加）。显示Open（打开）窗口。选择OvHist文件夹。添加EHRPTScheduler. exe。这样就确保报表管理器能正确运行。

2-319　如何卸载Ovation系统历史站组件或更改安装？

如果想要改变安装的组件，选择：

Start → Control Panel → Add/Remove Programs → Ovation Process Historian。

历史站程序有两个选项：

（1）Remove（删除）——该选项将完全删除所有历史站组件（除了已写入的报表配置，用于将文件导出至以后要使用的程序，注册密码，历史文件和点配置）。将提示你是否确定要删除所有功能。选择Yes或No。

（2）Change（更改）——该选项调用修复模式，通过 Select Features（选择功能）安装屏幕更改、修复或删除历史站组件。可以使用该选项添加以前未安装的组件。使用此选项时，不需要卸载和重新安装历史站。可以根据需要随时添加安装。

2-320　第一次如何配置 Ovation 系统历史站？

（1）调出 Developer Studio 程序。

（2）使用系统树查找到 Ovation Process Historians 文件夹。

（3）右击第二个 Ovation Process Historians 文件夹，选择 Insert New。显示 New Ovation Process Historian Servers（新 Ovation 过程历史站服务器）窗口。

（4）用 Value（值）下拉菜单选择一个或多个历史站。

（5）单击 OK，新历史站显示在 Developer Studio 窗口的左下角中。

（6）右击新历史站，并选择 Engineer（工程）。

（7）可以右击新历史站，执行各种任务。

2-321　如何配置 Ovation 系统历史头站服务器？

（1）调用历史站配置工具（从 Developer Studio 启动）。

（2）双击要配置的历史站工作站。显示 Historian Configuration（历史站配置）窗口。

（3）分配服务器 Name（名称）和 Description（说明）。

（4）如果想使用可移动介质，则选择 Archiving Enabled（启用存档）选项。

1）设置想让历史站每天存档数据的存档时间（当有人在工作时，如果发生问题，可能想指定一天当中的某一具体时间）。如果不指定存档时间，则在符合存档条件时写入数据。

2）在 1～12h 之间设置重试周期（可将历史站设为立即重试或允许有一段执行更换磁盘等管理任务的时间）。注意，当一次存档操作失败，并且历史站在设置的重试周期后尝试存档再次失败时，不允许再次重试。当存档重试最终成功时，将保存所有符合要求的数据文件，而不只是第一次失败时存在的数据文件。

(5) 选择OK保存更改或Cancel退出。

(6) 单击确认图标确保更改符合历史站要求，运行确认过程。

(7) 单击Save（保存）将更改保存在磁盘上。

(8) 在Developer Studio中右击想要装载的工作站，并选择Load（装载）。配置被发送至历史站。新设定值在30s内生效。

2-322 如何配置Ovation系统历史站磁盘？

(1) 启动历史站配置工具。

(2) 双击要配置的磁盘驱动器（用一个金色柱图标表示）。如果是第一次配置磁盘空间，右击并选择Insert Disk（插入磁盘）。

(3) 为磁盘分配Name（名称）和Description（说明）。

(4) 定义历史站用于访问磁盘存储器的Path（路径）。

(5) 选择要分配的磁盘空间。

(6) 设置Warning Threshold（警告阈值）。警告阈值是触发报警的写满分配磁盘空间的一个比例。

(7) 如果想将此磁盘区作为重新加载区，则选择Use as Reload Area（用作重新加载区）选项。重新加载区是留出用于从光学介质（不再保存在硬盘上的数据）重新装载数据时所使用的磁盘空间量。如果打算重新加载存档数据，必须留出一些重新加载磁盘空间，为想要重新加载的数据留出足够的空间。

(8) 选择OK保存更改，或Cancel（取消）退出。

(9) 单击确认按钮，确保更改符合历史站的要求。运行确认过程。

(10) 单击Save（保存）图标将更改保存在磁盘上。

(11) 在Developer Studio中，右击想要装载的工作站，并选择Load（加载）。配置被发送至历史站。新设定值在30s内生效。

2-323 如何配置Ovation系统历史站存档？

(1) 调出历史站配置工具。

(2) 双击要配置的存档（由一个CD图标表示）。如果是第一次建立一个存档，右击历史站并选择Insert Removable Media（插入可移动介质）。

（3）为可移动介质选择一个 Unit Number（设备号）。每个历史站最多可有三个驱动器，所以设备号将是 1、2 或 3。在窗口顶部的 Name（名称）字段中填入设备号选项。

（4）定义历史站用于访问可移动介质的 Path（路径）。

（5）选择 OK 保存更改，或 Cancel（取消）退出。

（6）单击确认图标，确认更改符合历史站的要求。运行确认过程。

（7）单击 Save（保存）图标，将更改存入磁盘。

（8）在 Developer Studio 中，右击想要加载的工作站。显示右击菜单。

（9）选择 Load（加载）。配置被发送到历史站，新设定值在 30s 内生效。

2-324 如何配置 Ovation 系统历史站扫描器？

（1）从历史记录配置工具中双击要配置的扫描器。如果是第一次插入扫描器，则右击历史站并选择 Insert Scanner（插入扫描器）。可以配置一台机器运行所有不同类型的 Ovation 扫描器或者将每一项扫描器功能分配给多台机器。

（2）选择使用一台机器，则分配一个主扫描器和一个伙伴扫描器。在窗口顶部的 Name（名称）字段中填入主扫描器和伙伴扫描器站点名称。

主扫描器采集并发送数据至历史站。如果主扫描器失败，则伙伴扫描器以备份模式运行并进入主扫描器模式。如果 IP 地址在主机文件中，则自动生成站点名称和 IP 地址；如果不能自动生成，手动输入。

（3）选择扫描器要扫描的数据类型（报警、操作员事件、事件顺序只能分配给一个扫描器）。

（4）如果想使用高级点时标，选择 Enable Deluxe Point Timestamps（启用高级点时标）选项。选取此框后，历史站尝试使用点的 U8 和 U9 字段作为其采集时标。所以，除了采集事件的值和状态以外，历史站采集的时标还反映出事件实际发生的时间，而不仅仅是系统记录事件的时间。

（5）输入扫描器的设备和网络，使历史站能够准确识别扫描器（如果工作站名称相同时）。

（6）选择 OK 保存更改，或 Cancel（取消）退出。

（7）单击确认图标，确保更改符合历史站的要求。运行确认过程。

（8）单击 Save 图标，将更改存入磁盘。

（9）在 Developer Studio 中，右击想要载入的工作站，并选择 Load（加载）。配置被发送至历史站。新设定值将在 30s 内生效。

2-325 如何配置 Ovation 系统历史站扫描组？

（1）调用历史记录配置工具。

（2）双击要配置的扫描组。如果是第一次创建扫描组，右击历史站，并选择 Insert Scan Group（插入扫描组）。

（3）为扫描组分配 Name（名称）和 Description（说明）。

（4）如果想监控该扫描组，则选择 Enabled（启用）选项。

（5）设置 Scan Frequency（扫描频率），确定一台历史站扫描器从该点组监控信息的频率。扫描频率可设为 0.1s（但 0.1s 的扫描频率最多只能扫 500 个点）至 60min。

当设置点扫描率时，要考虑过程中重要事件之间的时间。例如，如果过程点监控的是一个大废水池的深度变化，就可以设置为 30s 或 60s 较慢的扫描频率，因为深度变化是较慢的。设置一个较慢的扫描频率可以节约 CPU 资源。但如果监控的是一台发电机，输出功率的变化以秒来计算，此时应考虑设置较快的扫描频率。Max Save Time（最大保存时间）当前禁用。

（6）定义驱动采集该点组信息的默认死区属性，确保为每个点输入一个死区值，否则会生成一个错误消息，即“Deadband value is not a number”（死区值不是一个数字）。

（7）可以为每个扫描器创建任意数量的扫描组。当创建完成后，选择 OK 保存更改，或 Cancel（取消）退出。如果想继续进行点配置，单击 Scan Points（扫描点）按钮。

（8）单击确认图标，确保更改符合历史站的要求。运行确认过程。

（9）单击 Save（保存）图标，将更改存入磁盘。

（10）在 Developer Studio 中，右击想要加载的工作站，并选择 Load（加载）。配置被发送至历史站。新设定值将在 30s 内生效。

2-326　如何配置 Ovation 系统历史站历史站点？

必须将每个想要监控的历史信息的每个点分配至一个具体的扫描器。

（1）调出历史站配置工具。

（2）双击想要配置的点组。

（3）双击扫描组，显示 Scan Group Configuration（扫描组配置）窗口。

（4）在 Scan Group Configuration（扫描组配置）窗口中，单击 Scan Points（扫描点）按钮。

（5）添加新点时，右击并选择 Insert/Append（插入/添加），或进行浏览。

添加将在当前选中的点下方插入一个新点。插入将在当前选中的点上方添加一个新点。也可以使用右击菜单删除当前选中的点。可以直接点在点名称字段中编辑点名称。

（6）如果单击……按钮，将显示 Ovation 点列表。

（7）单击 Filters（过滤器）按钮，显示可选的筛选规则。

（8）输入要筛选点搜索结果的名称（用或不用匹配符 *）、记录类型（DU，RM，RN，LA，DA，LD，DD，LP，DP，PD）和频率（Slow，Fast，Aperiodic）。

（9）可以逐个选择点，也可以使用 Ctrl—单击或 Shift—单击选择多个点。

（10）选择 Apply（应用）保存更改，或 Cancel（取消）退出。

（11）返回到历史记录配置工具，单击确认按钮，确保改变符合历史记录需要。确认过程运行。工作站用一个黄旗显示，指示工作站需要被加载。

（12）单击 Save（保存）图标，将更改存入磁盘。

（13）在 Developer Studio 中，右击想要载入的工作站，选择 Load（加载）。配置被发送至历史站，新设定值将在 30s 内生效。

2-327　如何配置 Ovation 操作员事件？

当操作员执行某些功能时，如强制点值或将一个控制循环从自动改为手动，系统将生成操作员事件消息。历史站采集到这些消息后，可以随时进行检索。

（1）启动 Ovation Developer Studio 程序。

（2）查找系统树至 Systems、Networks（打开一个网络）。

（3）右击并选择 Open（打开），显示 Config（配置）标签。

（4）如有必要，单击并编辑 Operator Event Multicast Address（操作员事件多点传送地址）字段。

（5）单击 Apply（应用）或 Ok。

2-328　如何配置 Ovation 事件顺序？

当任意一组数字点状态改变时，事件顺序系统将生成专门的记录。这些数字点与可以执行高分辨率时标的数字 I/O 卡硬接线。当点状态发生改变时，I/O 卡生成一条记录，其中包含新状态及状态改变的具体时间。在事件顺序扫描中，收集这些记录中的所有状态和时标，并向历史站报告进行永久存储。可以随时检索这些事件顺序记录。

（1）启动 Ovation Developer Studio 程序。

（2）浏览系统树，查找 Controller 文件夹。

（3）右击 Controller 文件夹并选择 Open（打开），显示 Controller Parameters（控制器参数）窗口。

（4）在 SOE（事件顺序）记录器字段中，从下拉菜单中选择控制器要向其发送 SOE 消息的工作站。

（5）选择扫描器所在的工作站。为配置冗余扫描器，添加两个扫描器。

（6）按 Apply（应用）或 Ok 接受更改。

2-329 如何配置Ovation系统事件顺序点和硬件？

为了使一个数字点采集SOE信息，必须将点做这种配置。在Config（配置）标签、Hardware（硬件）标签和Module（模块）标签中将一个点配置为一个SOE点。下面以Network 0、Unit2、Drop 24上的数字点2000-BCS001-APWR配置为例。

（1）启动Ovation Developer Studio。

（2）浏览系统树，查找Digital Points文件夹。

（3）双击想打开的点，显示一个Point（点）窗口。

（4）滚动至Config（配置）标签。

（5）选择SOE point（事件顺序点）框，使控制器将点识别为一个SOE点。

（6）滚动到Hardware（硬件）标签。

（7）选择设定值。

（8）单击Apply（应用）保存更改。

（9）滚动至Module（模块）标签。

（10）要为将要SOE报告的通道选择Event Tagging Enable（事件标签启用）时，勾选相应的框，例如，可以选择所有16个框。如果没有选择正确的通道，则不会对该通道配置的点执行SOE报告。建议选择Blown Fuse Detection（熔断器熔断检测），以便Emerson能在发生熔断器熔断的事件中更好地提供服务。

（11）选择Apply（应用）或Ok接受更改。

（12）所做的配置更改只有在加载到工作站后才能生效。

2-330 使用Ovation系统历史站时，必须许可哪几个组件？

（1）点数许可。历史站的许可以想为多少个点采集历史数据为依据。一个历史站最多可以收集100000个点。可以1000个点为增量在5000～75000之间许可点。

（2）非Ovation用户许可。虽然Ovation用户不需要许可，但必须是与Ovation无关的应用程序。只能预先设置同时运行的非Ovation用户应用程序数量。每当有非Ovation应用程序尝试连接历史站时，历史站将检查是否未超出最大的应用程序允许数。同时在一台机器上运行的应用程序只使用一个许可。

（3）历史站子系统许可。启动期间，历史站将检查是否许可了正确的子系统（点数据、报警、事件顺序和操作员事件采集和存储）。

历史站有30天试用期。30天后，必须正式许可历史站后方能继续使用。

2-331 如何获得Ovation系统许可码？

（1）与Emerson代表联系。准备好提供想为多少个点采集数据、想使用的用户数以及想要运行的许可功能数（报警、操作员事件、事件顺序、SQL查询）。

（2）从Emerson获得许可码后，运行历史站许可管理程序（LM _ standalone. exe）：Start→Programs→Ovation Process Historian→License Manager。

（3）显示Historian License Manager（历史站注册管理器）。

（4）从Select Product（选择产品）下拉菜单中选择Ovation Process Historian Feature List（Ovation过程历史站功能列表）或Ovation Process Historian Point Count（Ovation过程历史站点数）。在其余的字段中填入有关许可类型的信息（根据当前使用的许可码类型）。

（5）选择Add License（添加注册）。

（6）输入许可码，并单击Add（添加）。

（7）启用许可。

如果未出现许可、许可过期或在历史站中配置的点数超过了许可中允许的数量，则不启动历史站采集过程。将在历史站出错日志中记录一个许可出错消息。

2-332 什么是WOODWARD505调速器？其作用是什么？有哪些功能？

WOODWARD505是一种现场可组态且与控制面板为一体式的汽轮机调速器。以微处理器为基础的WOODWARD505调速器适用于单执行机构或双执行机构（分程控制）的汽轮机控制（抽汽式汽轮机需要使用 WOODWARD505E 型调速器）。WOODWARD505 调速器可现场编程组态，从而使单一的设计能适用于各种不同的控制场合。调速器采用菜单驱动软件以引导现场工程师根据具体的发电机或机械驱动应用要求对调速器进行编程组态。WOODWARD505 调速器能设置成独立单元或连同工厂的集散控制系统一起运行。

（1）控制面板包括位于 WOODWARD505 面板上的一个两行（每行 24 个字符）显示器和一个 30 键的键盘。控制面板用于对 WOODWARD505 进行编程组态，在线程序调整和操作汽轮机/系统。提示以英文显示在操作屏的两行显示器上，操作员能在同一个显示器上查看实际值和设定值。

（2）WOODWARD505 调速器可与一个或两个调节阀相连，以控制一个参数，并限制一个附加参数。通常，控制参数是转速（或负荷），但是，WOODWARD505 调速器能用于控制或限制汽轮机的进汽压力或流量、排汽压力（背压）或流量、第一级压力、发电机的功率输出、工厂的输入和/或输出值、压缩机的进口或出口压力或流量、机组/工厂频率、过程温度，或者其他与汽轮机相关的过程参数。

（3）WOODWARD505 调速器能够通过两个 Modbus 通信口直接与 DCS 进行通信。这两个通信口支持采用 ASCII 或 RTU MODBUS 传输协议的 RS-232、RS-422 或 RS-485 通信。WOODWARD505 与 DCS 的通信也能够通过硬接线连接进行。因为所有的 505PID 设定值都能通过模拟输入信号来控制，而不会削弱接口分辨率和控制精度。

（4）WOODWARD505 调速器具备的附加特性有先出跳闸指示（共有 5 个跳闸输入）、避开临界转速（2 个转速范围）、顺序自动起动（热态和冷态起动）、两组转速/负荷动态特性、零转速检测、超速跳闸的峰值转速指示和机组间的同步负荷分配（与一个 DSLCTM 一起使用）。

（5）WOODWARD505 调速器具有两种正常操作方式，即编程方式（Program Mode）和运行方式（Run Mode）。编程方式针对汽轮机具体使用场合进行 WOODWARD505 的组态并设置所有的运行参数。一旦调速器组态完毕，通常就不再使用编程方式，除非汽轮机的选项或运行条件有所改变。运行方式用于观察运行参数和操纵汽轮机，还能利用服务方式（Service Mode）进行在线调整。

2-333 WOODWARD505 调速器的输入有哪些？

（1）2 个转速输入，由跨接件设置为 MPU（电磁式传感器）输入或有源探头输入。

为检测转速，调速器从安装在与汽轮机转子连接或耦合的齿轮上的一个或两个被动电磁式传感器（MPU）或主动接近式探头接收信号。

由于每种形式的被动 MPU、主动接近式探头和检测电路之间有所差异，提供了跨接件，可以根据使用的探头形式在现场配置每个转速输入。

（2）6 个可编程序模拟量输入（AI）。

（3）16 个开关量输入（DI），其中 4 个指定用于停机、复位、升转速设定值和降转速设定值；如果 WOODWARD505 用于驱动发电机组，另外 2 个开关量输入必须指定用于发电机断路器和电网断路器；其余 10 个开关量输入都是可组态的。如果 WOODWARD505 不是用于驱动发电机，那么就有 12 个开关量输入是可组态的。

2-334 WOODWARD505 调速器的输出有哪些？

8 个模拟量输出（AO），所有 WOODWARD505 模拟量输出最大可达到 600Ω。

（1）6 个 4～20mA 输出。用于仪表或其他读数。使用 WOODWARD505 电流输出的应用必须为具体输出分配或配置所需的模拟值。可在 6 个 4～20mA 输出驱动中选择，用于外部显示参数。

（2）2 个带有线性化曲线的执行机构输出。可编程与 Woodward 调速器公司执行机构（20～160mA 驱动电流）或非 Woodward 执行机构（4～20mA 驱动电流）连接。

（3）8 个 C 型继电器接点输出。8 个继电器输出中有 2 个被指定了功能：报警继电器——发生报警条件时，激励；停机继电器——发生停机条件时，释放。其余的 6 个继电器输出可组态为当状态功能发生变化或达到一定的模拟值时激励。要求使用可组态继电器输出的应用必须具有所需的切换条件或向其分配具体的模拟值。

2-335 WOODWARD505 调速器转速/负荷和辅助控制回路的作用分别是什么?

WOODWARD 505 调速器具有两个独立的控制通道，转速/负荷和辅助控制回路。这两个回路的输出与另外一个通道—阀位限制器信号低选（LSS）。LSS 的输出将直接设定执行机构驱动器的输出。除了这两个通道以外，转速/负荷回路还能受控于另一个控制回路，即串级控制回路。串级控制回路“串接”在转速回路中，因此串级控制回路的输出将直接改变转速控制回路的设定值。辅助控制回路既可作为控制通道也可作为限制通道。所有这三个PID 控制回路都可以选择模拟输入信号来远程调整它们的设定值。WOODWARD505 调速器的附加功能包括频率控制、同步负荷分配(采用 DSLC)、避开临界转速、暖机/额定转速控制和顺序自动启动。有两个能采用 Modbus 协议来监视和控制汽轮机运行的串行通信口。

2-336 WOODWARD505 调速器转速回路的设定值如何调整?

转速控制回路接受一个或两个来自电磁式传感器或有源转速探头的汽轮机转速信号。转速 PID（比例、积分、微分）控制放大器将该信号与转速设定值相比较，并给执行机构发出一个输出信号(通过信号低选总线)。

转速回路的设定值可以通过调速器面板键盘，远程触点输入或通信线路的升或降指令来调整，也可以通过键盘或 Modbus 通信直接输入新的设定值。此外，也能够将模拟输入组态用于远程调整转速设定值。

2-337 WOODWARD505 调速器辅助控制通道控制哪些参数?

辅助控制通道能用来控制或限制一个参数。辅助 PID 控制回路能用来控制或限制机组的负荷/功率、工厂的输入/输出值、进口压力、排汽压力、温度或其他与汽轮机负荷直接相关的过程参数。

辅助输入是一个4～20mA的电流信号。辅助PID控制放大器将这个输入信号与设定值相比较，并产生一个控制输出信号至LSS（信号低选总线）。LSS总线将最小的信号发送至执行机构驱动器回路。

可以通过调速器面板键盘、远程触点输入或通信线路的升或降指令来调整辅助设定值，也能够从键盘或Modbus通信输入新的值来直接设置设定值。此外，也能将模拟输入组态成用于远程调整的辅助设定值。

2-338　对应于汽轮机的手动启动方式，WOODWARD505调速器如何控制？

当组态了手动启动方式时，采用下列启动操作程序。

（1）发出复位（reset）指令（使所有报警和停机状态复位）。

（2）发出运行（run）指令（发指令时确认主汽门关闭）。这时，WOODWARD505调速器将以阀位限制器速率（valve limiter rate）开启调节阀至其最大位置。转速设定值以至最低转速速率（rate to min）从零变化至最低控制转速。

（3）以可控速率开启主汽门。当汽轮机转速升高至最低控制转速时，WOODWARD505调速器的转速PID通过控制调节阀的开度来控制汽轮机的转速。

（4）将主汽门开启100%开度。转速维持在最低控制转速下直到操作人员进行操作，如果组态了顺序自动启动（auto start sequence），则由顺序自动启动程序开始控制。

限制器最大极限值（limiter max limit）、阀位限制器速率（valve limiter rate）和至最低转速速率（rate to min）的设定值都可以在服务方式中进行调整。

在手动启动方式中，按Run键前主汽门必须处于关闭位置。如果在给出运行指令时主汽门处于开启状态，就有可能引起汽轮机转速失控从而造成严重的人员伤亡事故。

2-339 对应于汽轮机的半自动启动方式，WOODWARD505调速器如何控制？

当组态了半自动启动方式时，采用下列启动操作程序。

（1）发送复位（reset）指令（使所有报警和停机状态复位）。

（2）打开主汽门（确认汽轮机没有加速）。

（3）发送运行（run）指令。此时，转速设定值将以“至最低转速速率（rate to min）”从零变化到最低控制转速设定值。

（4）以控制的速率提升WOODWARD505调速器的阀位限制器。当汽轮机转速升高至最低控制转速时，WOODWARD505调速器的转速PID通过控制调节阀的开度来控制汽轮机的转速。

（5）将阀位限制器WOODWARD505提升至100%开度。转速维持在最低控制转速下，直到操作员进行操作，如果组态了顺序自动启动（autostart sequence），则由顺序自动启动程序开始控制。

阀位限制器将以阀位限制器速率（valve limiter rate）开启，可用WOODWARD505调速器的键盘，外部触点或Modbus通信指令来控制。限制器最大极限值（limiter max limit）、阀位限制器速率（valve limiter rate）和至最低转速速率（rate to min）的设定值都可以在服务方式中进行调整。

2-340 对应于汽轮机的自动启动方式，WOODWARD505调速器如何控制？

当组态了自动启动方式时，采用下列启动操作程序。

（1）发送复位（reset）指令（使所有报警和停机状态复位）。

（2）打开主汽门（确认汽轮机没有加速）。

（3）发送运行（run）指令。WOODWARD505调速器将以阀门限制器速率（valve limiter rate）开启调节阀至最大位置。

转速设定值以至最低转速速率（rate to min）升高至最低控制转速。

当汽轮机转速升高且与转速设定值一致时，WOODWARD505调速器的转速PID通过控制调节阀的开度来控制汽轮机转速。

转速维持在最低控制转速下，直到操作人员进行操作，如果组态了顺序自动启动（auto start sequence），则由顺序自动启动程序开始控制。

限制器最大极限值（limiter max limit）、阀位限制器速率（valve limiter rate）和至最低转速速率（rate to min）的设定值都可以在服务方式中进行调整。能通过发送阀位限制器升或降指令，或者紧急停机指令随时取消自动启动程序的执行。

2-341　对应于汽轮机的顺序自动起动方式，WOODWARD505 调速器如何控制？

该功能不同于自动启动方式（automatic start mode）。顺序自动启动可与三种启动方式中的任意一种一起使用。

WOODWARD505 调速器能组态成采用顺序自动启动操作方式来启动汽轮机。该顺序逻辑使 WOODWARD505 调速器能完成从零转速到额定转速的完整的系统启动过程，采用这一功能，汽轮机的启动升速率和暖机转速的保持时间取决于机组停机时间的长短。该顺序逻辑能与三种启动方式（手动、半自动、自动）的任意一种一起使用，且通过 Run 指令启动。

采用这一功能，当发出 Run 指令后，顺序自动启动程序就将转速设定值升至低暖机转速设定值，并在该设定值下保持一段时间。再将转速设定值升至高暖机转速设定值，同时在该设定值下保持一段时间。然后将转速设定值升至额定转速设定值。热态启动和冷态启动的所有升速率和保持时间都是可编程的。利用跳闸后的停机时间计时器来确定热态启动和冷态启动的不同控制。当执行停机指令且汽轮机转速已降至低暖机转速以下时，计时器开始计时。

采用顺序自动启动，要设置一组热态启动升速率和保持时间，用于当发出 Run 指令且汽轮机停机时间小于所设定的 Hot Start（热态启动）时间时的顺序自动启动。另外，还需设置一组冷态启动升速率和保持时间，用于当发出 Run 指令且汽轮机停机时间大于所设定的 Cold Start（冷态启动）时间的顺序自动启动。

能够通过 WOODWARD505 调速器的键盘，触点输入或 Modbus 来实现顺序自动启动程序的暂停和继续执行。三个指令源中任意一个最后发出的指令将决定程序的运行方式。不过，停机状态将使该功能退出执行，只有在执行启动后才能要求重新投入该功能。

如果组态 WOODWARD505 调速器的触点输入作为 Halt/Continue（暂停/继续）指令，那么当触点断开时暂停程序的执行，触点闭合时则继续程序的执行。发出复位（Reset）指令时该触点可能处于断开状态，也可能处于闭合状态。如果触点处于闭合状态，必须断开才能使程序暂停执行；如果触点处于断开状态，则必须先闭合再断开才能发出暂停指令。此外，还能够组态一继电器作为顺序自动启动程序暂停执行的指示。

可以选择在暖机转速设定值下自动暂停功能，这一功能将使机组在低暖机转速设定值和高暖机转速设定值下自动停止或暂停程序的执行。如果机组启动后转速高于低暖机转速设定值，程序将开始暂停执行。暂停后必须发送 Continue（继续）指令才能使程序继续执行。采用这一选项时保持时间计时器仍起作用。如果发出 Continue（继续）指令时保持时间还未终止，程序便使转速维持不变直至保持时间终止，然后再继续程序的执行。

设置了 Auto Halt at Idle Setpts（暖机转速设定值下自动暂停）选项以后，顺序自动启动“继续”触点输入，只需要瞬态闭合就能使顺序自动启动程序继续执行。

2-342 WOODWARD505 调速器是如何控制避开汽轮机临界转速的？

由于汽轮机的过分振动或其他一些原因，许多汽轮机都要求其转速能避开某些转速或转速范围（或尽可能快地通过这些转速）。在编程时可以设置两个临界转速范围，必须组态设置暖机/额定或顺序自动启动功能以执行临界转速避开功能。

转速设定值不能停留在临界转速范围内。如果转速在临界转速范围内时触发一提升/降低转速设定值指令，转速设定值将升高或降低至（取决于提升或降低指令）临界转速范围的边界处。由于降低转速设定值指令优先于提升设定值指令，因此，当提升转速通过临界转速范围时触发了降低设定值指令时，将改变设定值的变化方向，并回到临界转速范围的下限。如果在临界转速范围内触发一降低转速设定值指令，那么只有在汽轮机的转速回到临界转速范围的下限后才能执行其他指令。

在所设置的临界转速范围内不能直接输入转速设定值（使用Enter键）。如果这样做的话，WOODWARD505面板上的显示器将显示出错信息。

除了转速PID以外，如果另一个控制参数控制汽轮机转速进入临界转速范围长达5s，转速设定值立即变化至暖机转速设定值并发送报警[停留在临界转速范围内（stuck in critical)]。

在启动过程中，如果转速PID不能在计算时间内使机组加速通过所设置的临界转速范围就触发stuck in critical（停留在临界转速范围内）的报警，并使转速设定值立即回到暖机转速。计算时间通常是应加速通过临界转速范围时间的5倍[取决于critical speed rate（临界转速速率）设定值]。如果经常发生stuck in critical报警，可能是critical speed rate（临界转速速率）设置得太快而使汽轮机无法快速响应所致。

在编程方式的转速设定值（speed setpoint values）项目下设定临界转速范围。两个临界转速范围的设定都必须低于min governor speed setpoint（调速器下限转速）。如果暖机转速设置在临界转速范围内，将会发出一条组态出错信息。转速设定值通过临界转速范围的速率由critical speed rate（临界转速速率）设定值来确定。Critical Speed Rate（临界转速速率）设定值可以与规定的汽轮机最大加速率相同，但不得高于此值。

2-343　WOODWARD505调速器的暖机/额定功能是什么？ 至额定转速的特性是什么？

WOODWARD505调速器配备了暖机/额定功能，该功能使WOODWARD505调速器能自动将汽轮机转速提升至应用的额定转速。当不选择时，汽轮机转速自动降低至应用的暖机转速（作为服务方式中的默认值）。

暖机/额定功能能够和WOODWARD505调速器的任何启动方

式一起使用（手动、半自动、自动）。发出"RUN（运行）"指令后，转速设定值从零速提升至'Idle Setpt'（暖机转速）设定值并维持在这一转速。当发出"至额定转速"指令时，转速设定值以'Idle/Rated Rate（暖机/额定速率）'提升至'Rated Setpt'（额定转速设定值）。在提升过程中，可以通过提升或降低转速指令或者输入一个有效的转速设定值来终止设定值的变化。

如果发电机断路器闭合，远程转速设定投入，串级PID或辅助PID处于控制状态（服务方式中的默认值），则WOODWARD505调速器将抑制"至暖机转速"或"至额定转速"指令。不过，能够组态WOODWARD505调速器的idle priority（暖机优先）和use ramp to idle function（采用至暖机转速功能）服务方式设定值来改变缺省暖机/额定逻辑。

能够将暖机/额定功能改成Ramp to Rated（至额定转速）功能。采用这种组态时，转速设定值保持在暖机转速设定值，直到发出Ramp-to-Rated（至额定转速）指令。指令发出后，转速设定值将提升至额定转速设定值，但是它将不能再返回暖机转速设定值。当退出额定转速选择时，转速设定值停止提升而不是返回到暖机转速设定值。采用这种组态时，因为不采用Ramp-to Idle（至暖机转速）功能，所以就没有该选项。

如果转速在临界转速避开范围内取消选择额定转速［使用Ramp to Rated only（仅至额定转速）功能］，转速设定值将停留在避开范围的上限处。如果用提升或降低转速设定值指令停止/暂停"至额定转速功能"，当使用提升指令时，设定值将继续朝避开范围的上限变化，当使用降低指令时，设定值将转向相反的变化方向，向避开范围的下限变化。

如果转速在临界转速避开范围内选择暖机转速（不使用Ramp to Rated only功能），转速设定值将返回暖机转速，当处于避开范围内时，按临界转速避开速率继续变化。转速设定值不能停留在临界转速避开范围内。当转速处于临界转速避开范围内时，如果要停止Ramp to Rated（至额定转速），则当使用提升指令时，转速设定值将继续向范围的上限变化，当使用下降指令时，转速设定值的变化方向相反，向范围的下限变化。

可以从 WOODWARD505 调速器键盘，触点输入或 Modbus 通信来选择“至暖机转速”或“至额定转速”指令。从这三个指令源给出的最后一个指令将确定功能的执行。

如果将 WOODWARD505 调速器的一个触点输入被组态成用于暖机转速或额定转速的选择，那么触点断开时为暖机转速，闭合时为额定转速。当跳闸状态被清除时，暖机/额定触点可以是断开也可以是闭合的。若触点处于断开状态，则必须闭合才能触发 Ramp-to-Rated（至额定转速）；若处于闭合状态，则必须先断开再闭合后才能触发 Ramp-to-Rated（至额定转速）。

当汽轮机用于机械驱动应用时，额定转速可以设置为调速器下限转速。而当汽轮机用于驱动发电机时，rated speed（额定转速）设定值可以设置为调速器下限转速，或者设置在调速器下限转速和同步转速设定值之间。

可以通过 Modbus 通信获得所有有关的暖机/额定参数。

2-344　WOODWARD505 调速器的转速 PID 运行方式有哪些？

转速 PID 根据组态和系统条件，按下列方式之一进行运行。

（1）转速控制。在转速控制方式时，速度 PID 将按相同的转速或频率控制汽轮机，而与其提供的负荷无关（最高负荷可达机组的负荷能力）。采用此设置时，PID 不使用任何形式的差值或第二个控制参数，就能保证控制的稳定性。所有有关的转速控制参数可通过 Modbus 通信调用。

（2）频率控制。基于 WOODWARD505 调速器编程的默认值，当发电机断路器闭合且电网断路器断开时，转速 PID 采用频率控制方式。在此方式中，机组将以相同的转速或频率运行，而不受其提供的负荷影响（最高可达机组负荷能力）。

当断路器的位置使转速 PID 切换至频率控制时，转速设定值立即达到选择频率控制之前最后检测到的汽轮机转速（频率）。这可以保证方式之间的无扰切换。如果最后检测到的转速未达到 Rated Speed Setpoint（额定转速设定值）（同步转速），转速设定值将以1r/（min·s）的速率（可在服务方式下调速）升速至Rated Speed Setpoint（额定转速设定值）。

在频率控制方式下，可按需要用转速设定值提升/降低指令改变转速设定值，通过一断路器实现发电机与一无穷大电网的手动同步。也可组态一继电器，当机组选择频率控制方式时，继电器励磁，用以指示机组处于频率控制方式。

（3）机组负荷控制（有差）。

1）汽轮机进汽阀阀位（WOODWARD505 LSS输出值）控制。

2）发电机负荷控制。

当组态为非发电机组应用时，WOODWARD505调速器的转速PID始终以转速控制方式运行。而当组态为发电机应用时，发电机和电网断路器的状态决定了转速PID的运行方式。当发电机断路器触点断开时，转速PID以转速控制方式运行；当发电机断路器闭合且电网断路器断开时，选择频率控制方式；当发电机和电网断路器同时闭合时，选择机组负荷控制方式。

2-345 WOODWARD505调速器串级控制的功能是什么？

串级控制能被组态成用于控制与汽轮机转速或负荷相关或受其影响的任何系统的过程参数。通常，该控制回路用于控制汽轮机的进汽或排汽压力。

串级控制是一个与转速PID串接的PID控制回路，串级PID将4～20mA的过程信号与内部设定值相比较，直接调整转速设定值，从而改变汽轮机转速或负荷，直到过程信号与设定值达到一致。通过将两个PID按此方式串接，可实现两个控制参数之间的无扰切换。

串级控制投入后，串级PID可按变化速率将转速设定值调整至Max Speed Setpoint Rate（最大转速设定速率），即在Cascade Control（串级控制）项下组态。

由于串级具有二次转速设定功能，转速PID必须控制着WOODWARD505的LSS总线以允许串级控制。当WOODWARD505被组态用于驱动发电机场合时，电网和发电机断路器必须都闭合，否则串级 PID 对过程不起控制作用。

可以通过 WOODWARD505 键盘，外部触点或 Modbus 通信来投入或退出串级控制。来自这三个指令源中的最后一个指令确定了串级 PID 的控制状态。

如果组态了触点输入作为串级投入触点，则当触点断开时，退出串级控制，触点闭合时，投入串级控制。在清除跳闸状态时，该触点可能处于断开位置也可能处于闭合位置。如果触点处于断开位置，必须闭合才能投入串级控制；如果触点处于闭合位置，则必须先断开再闭合后才能投入串级控制。

串级控制在停机状态下自动退出，系统成功启动后必须重新投入。如果使用或投入远程转速设定值，串级控制被退出。如果 LSS 总线上的另一个参数通过转速 PID 控制调速阀位置，串级控制将保持激活状态，当转速 PID 再次成为 LSS 总线上的最低参数时，再次起控制作用。

所有相关的串级控制参数都能通过 Modbus 线路调整。

2-346　WOODWARD505 调速器阀位限制器的作用是什么？

阀位限制器限制执行机构输出信号（调节阀阀位）以帮助汽轮机的启动和停机。阀位限制器的输出与转速及辅助 PID 的输出为信号低选，要求最小阀位的 PID 或限制器控制阀门位置，于是，阀位限制器限制了最大阀位。

阀位限制器还能用于查找系统动态故障。如果认为是 WOODWARD505 引起了系统的不稳定，可以通过调整阀位限制器来手动控制阀位。但须注意，以这种方式使用阀位限制器时不能让系统达到危险运行点。

可以通过 WOODWARD505 键盘、触点输入或 Modbus 通信来调整阀位限制器的输出值，当接受到提升或降低指令时，限制器以“Valve Limiter Rate（阀位限制器速率）”变化。阀位限制器的最大限制值为 100。可以在服务方式中对阀位限制器的“速率”和“最大阀位”进行调整。

能使设定值变化接受的提升或降低指令的最短时间是 40ms（Modbus 指令为 120ms）。如果阀位限制器慢速率设置为 10%/s，那么最小的变化量是 0.4%（Modbus 指令为 0.2%）。

还可以通过 WOODWARD505 键盘或者 Modbus 通信直接输入一个具体的设定值。当执行时，设定值将以“Valve Limter Rate（阀位限制器速率）”（按服务方式中的默认值）变化，从 WOODWARD505 键盘“输入”一个具体设定值，按 Lmtr 键调出阀位限制器显示屏幕，按 Enter 键，输入要求的设定值，然后再按一次 Enter 键。如果输入了一个等于或小于最小和最大设定值之间的有效值，设定将被接受且阀位限制器输出变化至“输入”的数值；如果输入了一个无效值，设定将不被接受且 WOODWARD505 屏幕立即显示一条数值超出范围的信息。

当输入了有效设定值时，设定值将以“阀位限制器速率”变化至新输入的设定值，这个“输入”速率可以通过服务方式来调整。

可以通过 Modbus 线路来获取所有有关的阀位限制器参数。

2-347　什么是 WOODWARD505 调速器的紧急停机功能？

当出现紧急停机情况时，执行机构输出信号阶跃降至零毫安。停机继电器释放，WOODWARD505 面板显示器显示停机原因（检测到的第一个停机状态）。从该屏幕按“向下键头”键将显示检测到的其他停机原因。

最多可以组态 5 个紧急停机输入（触点输入）使 WOODWARD505 显示紧急停机的原因。通过将跳闸状态直接接入 WOODWARD505 来取代跳闸串接，使 WOODWARD505 能够直接将跳闸信号传输给其输出继电器（使主汽门关闭），而且，还显示所检测到的跳闸状态。WOODWARD505 总的信号通过时间为 20ms（最坏的情况）。所有的跳闸状态都可通过 WOODWARD505 面板显示器和 Modbus 通信来显示。

按 Cont 键再按“向下箭头”键就能查看最后一次跳闸的原因。最后一次跳闸指示是锁定的，在跳闸后下次跳闸锁定前随时都可调出最后一次跳闸指示。一旦最后一次跳闸指示被锁定就不能复位。这使操作员能在机组被复位和重新启动后确定跳闸状态发生的时间或日期。

除了指定的停机继电器以外，还可以组态其他的可编程继电器用作停机状态或跳闸继电器。

停机状态继电器可以被组态成在一个远程控制屏或工厂DCS上显示停机状态。正常时，停机指示继电器为释放状态，在出现停机状态时，该继电器激励且保持该状态直至所有跳闸状态被清除。"Reset Clears Trip（复位清除跳闸）"功能对可编程停机指示继电器不起作用。

当组态作为跳闸继电器时，相应的继电器将与指定的停机继电器一样动作（正常时激励，停机时释放）以指示指定继电器的状态。

2-348 WOODWARD505调速器的控制停机功能是什么？

WOODWARD505的控制停机功能是用可控方式使汽轮机停机，这与紧急停机不一样。当发出STOP停机指令时（控制停机），将执行下列程序：

（1）除了转速PID以外退出所有的控制PID功能。

（2）转速设定值以转速设定值慢速率降至零。

（3）转速设定值达到零后，阀位限制器输出值马上阶跃降至零。

（4）当阀位限制器输出值达到零后，WOODWARD505执行停机指令。

（5）在WOODWARD505面板上显示"Trip/Shutdown Complete（跳闸/停机完毕）"信息。

当调速器处于运行方式且汽轮机在运行时，按WOODWARD505的"Stop"键，调速器将显示一条提示操作员确认该指令的信息（Manual Shutdown？/Push Yes or No（手动停机？/按Yes或No））。这时，如果按了"Yes"键，调速器执行上面所介绍的控制停机程序，如果按了“No”键，将不改变WOODWARD505的运行，并将显示“Controlling Parameter（控制参数）”。如果无意中按了“Stop”键，这一确认功能就能够防止不希望的停机。

能够通过WOODWARD505面板键盘可编程触点输入或任一个Modbus通信线路来触发或中止控制停机。如果通过可编程触点输入或Modbus通信线路来触发控制停机就不需要确认。

随时都能中止控制停机程序的执行。在执行控制程序时按“Stop”键，WOODWARD505将显示一条“Manual Shutdown In Ctrl/Push No to Disable（手动停机控制/按‘No’退出）”的信息，按“No”将中止停机程序，同时调速器将显示一条“Manual Shutdown Stopped/Push YES to Continue（手动停机中止/按‘Yes’继续）”的信息。这时，若需要可以重新触发停机程序，否则机组将回复到正常的运行状态。

如果组态外部触点作为控制停机指令，闭合触点就会发出控制停机指令。停机程序将按上述介绍的相同的步骤执行，所不同的是不需要对停机程序进行确认。断开该组态的触点将中止程序的执行。在跳闸状态被清除时，该触点可能处于断开位置，也可能处于闭合位置。如果触点处于断开位置，必须闭合才能发出指令；如果触点是闭合的，则必须先断开再闭合才能发出指令。Modbus触发的控制停机指令要求两个指令，一个启动程序，另一个停止程序。

当触发了控制停机后，转速传感器故障跳闸，发电机断路器断开跳闸和电网断路器断开跳闸指令都被超越。如果需要的话可以通过服务方式来禁止这一指令（见键选项）。当禁止时，就不能从面板、Modbus和触点指令投入控制停机功能。

2-349 WOODWARD505调速器的超速试验功能是什么？

WOODWARD505调速器的超速试验功能允许操作人员将汽轮机的转速提升至超出其额定运行范围，以便定期对汽轮机的电子和/或机械超速保护逻辑和回路进行试验。这包括WOODWARD505调速器的内部超速跳闸逻辑和任何外部超速跳闸设备的设定值和逻辑。超速试验将允许调速器的转速设定值超过正常的调速器最大转速设定值。可以通过面板键盘或采用外部触点来执行这一试验，也允许通过 Modbus 来进行超速试验。

2-350 允许超速试验的条件是什么？

在下述条件下才允许进行超速试验：

（1）转速 PID 必须处于控制状态。

（2）辅助、串级和远程转速设定值 PID/功能必须退出。

（3）如果组态用于驱动发电机的场合，发电机断路器必须断开。

（4）转速设定值必须为“Max Governor Speed（最大调速器转速）”设定值。

如果按了“OSPD”键或外部超速试验触点闭合（如果组态的话）且不满足上述条件，调速器将显示“Overspeed Test/Not Permissible（超速试验/不允许）”的信息。

如果将“Contact Input ＃ Function（触点输入＃功能）”设定值设置为“Overspeed Test（超速试验）”功能，就能通过外部触点来执行超速试验。这样设置时，这一触点就执行 WOODWARD505 面板上“OSPD”键同样的功能。

有两个可编程继电器选项可用于指示超速试验的状态。第一个可编程继电器选项用于显示超速跳闸条件，第二个继电器提供了正在执行超速试验的指示。

可以通过 Modbus 线路来获取所有有关的超速试验参数。

2-351 WOODWARD505 调速器的就地/远程功能是什么？

WOODWARD505 的就地/远程功能允许操作员在汽轮机就地或 WOODWARD505 上退出任何可能使系统进入不安全工况的远程指令（来自远程控制室）。通常，该功能用于系统启动或停机过程中，以便只允许一个操作员来操纵 WOODWARD505 的控制方式和设定值。

必须先对就地/远程功能进行组态后操作人员才能选择就地或

远程方式。此功能在 Operating Parameter Block（运行参数功能块）中组态，如果不组态该功能，所有的触点输入和 Modbus 指令（当组态了 Modbus）将始终是激活的；如果组态了就地/远程功能，可以通过所组态的触点输入、组态的功能键（F3，F4）或 Modbus 指令来选择就地或远程方式。

当选择就地方式时，WOODWARD505 作为一种默认设置只能通过其面板操作。这种方式禁止所有触点输入和 Modbus 指令，下面提及的除外：

外部跳闸触点输入：　　　（编程中的默认值）。
外部跳闸 2 触点输入：　　（如果组态的话，始终激活）。
外部跳闸 3 触点输入：　　（如果组态的话，始终激活）。
外部跳闸 4 触点输入：　　（如果组态的话，始终激活）。
外部跳闸 5 触点输入：　　（如果组态的话，始终激活）。
超越 MPU 故障触点输入：（如果组态的话，始终激活）。
频率介入/解除：　　　　（如果组态的话，始终激活）。
发电机断路器触点输入：　（如果组态的话，始终激活）。
电网断路器触点输入：　　（如果组态的话，始终激活）。
允许启动触点输入：　　　（如果组态的话，始终激活）。
切换动态参数触点输入：　（如果组态的话，始终激活）。
就地/远程触点输入：　　　（如果组态的话，始终激活）。
就地/远程 Modbus 指令：　（如果组态了 Modbus，始终激活）。
Modbus 跳闸指令：　　　　（如果组态了 Modbus，始终激活）。

当选择了远程方式后，就能够通过 WOODWARD505 的面板、触点输入和/或所有的 Modbus 指令来操作调速器。

当使用触点输入来选择就地和远程方式时，触点输入闭合选择远程方式，触点输入断开选择就地方式。

还可以选择组态一个继电器用于选择就地方式时的指示（选择就地方式时激励）。也可以通过 Modbus 来显示就地/远程方式的选择（当选择远程方式时，地址＝true。当选择就地方式时，地址＝false）。

当选择就地方式时，WOODWARD505 作为默认设置只能通过其面板操作。如果需要，能够通过 WOODWARD505 的服务方式来改变此默认的功能设置。能对 WOODWARD505 进行修改使其在选择就地方式时也能通过触点输入、Modbus 接口 1 号或者 Modbus 接口 2 号来操作。

可以通过 Modbus 线路获得所有有关的就地/远程控制参数。

2-352 超速试验的操作步骤是什么？

超速试验的操作步骤（在 WOODWARD505 的面板上操作）如下：

(1) 将转速设定值提升至调速器上限转速设定值。

(2) 为了记录本次超速试验时所达到的最高转速值，必要的话，清除“Highest Speed Reached（达到的最高转速）”值。清除时按 OSPD 键，下翻至显示屏幕 2，按“Yes”键。注意：该值也能在控制（CONT）键下清除或读出。

(3) 试验时同时按“OSPD”键和“#”键转速设定值升高。当转速设定值升高至高于调速器上限转速设定值时，“OSPD”键中的投入超速试验 LED 将亮起。

如果释放“OSPD”键，转速设定值将返回到调速器上限转速设定值。

(4) 一旦汽轮机转速达到 WOODWARD505 调速器的内部 Overspeed Trip Level（超速跳闸转速）设定值，“OSPD”键的 LED 就闪烁且屏幕闪烁显示“Speed>Trip”信息。

(5) 如果在超速试验 LED 闪烁时释放“OSPD”键，机组将因超速而跳闸。

(6) 如果进行外部装置跳闸设定值试验，则不要释放“OSPD”键且继续调整转速设定值，就能达到 WOODWARD505 的 Overspeed Test Limit（超速试验极限值）。当达到 Overspeed Test Limit（超速试验极限值）时，超速试验 LED 将以较快的频率闪烁，表示已达到最大转速设定值，机组应已由外部跳闸装置跳闸。

除了以上方面外，还可以通过组态超速试验触点输入，远程进行汽轮机的超速逻辑和回路试验。超速试验触点的作用与

WOODWARD505 调速器面板上的“OSPD”键相同。当满足上述操作步骤中所列条件时，闭合该触点就能使转速设定值升高至“Overspeed Test Limit（超速试验极限）”设定值。试验步骤与使用“OSPD”键类似。可以组态一个投入超速试验（Overspeed Test Enabled）继电器以提供与面板超速试验 LED 相同的状态反馈。

不能通过 Modbus 通信来执行超速试验功能，但能通过 Modbus 获得 Overspeed TestPermissive（允许超速试验），Overspeed Test In Progress（正在进行超速试验），Overspeed Alarm（超速报警）和 Overspeed Trip（超速跳闸）的指示。

2-353 WOODWARD505 调速器 Modbus 通信端口的作用是什么？

WOODWARD505 调速器可通过两个 Modbus 通信端口与工厂集散控制系统和/或基于 CRT 的操作员控制盘通信。这些端口支持使用 ASCII 或 RTU Modbus 传输协议的 RS-232、RS-422、RS-485 通信。Modbus 采用主/从协议。该协议确定一个通信网络的主、从装置如何闭合和断开触点，如何识别发送器，如何交换信息，以及如何检测出错。

（1）只能监视。出厂时两个 Modbus 通信端口一般未经过组态。虽然这些端口未组态，但它们仍然可以更新所有寄存器的全部信息。这样可以用一个外部装置监视 WOODWARD505 调速器，但不能控制。通过简单地与一个监视装置连接，将其组态成通过 Modbus 通信且设置成 WOODWARD505 调速器的默认协议设定值（奇偶性、停止位等），该装置就能用于监视 WOODWARD505 调速器的所有控制参数、方式等，而不会影响调速器。

将 WOODWARD505 端口用于只监视 WOODWARD505 参数和运行方式，或者完全不使用端口（忽略开关量逻辑和模拟量写入指令）时，将端口的“Use Modbus Port（使用 Modbus 端口）”设为“No”。

（2）监视和控制。在 WOODWARD505 的编程方式下对 Modbus 端口组态后，WOODWARD505 就能接收外部网络主机（DCS 等）发出的 Run 方式指令。这样可以使 Modbus 兼容装置监视和执行除 Overspeed Test Enable（超速试验投入），On-Line/Off-Line Dynamics Select（联机/脱机动态特性选择）和 Override Failed Speed Signal（超速故障转速信号）指令以外的所有 WOODWARD505 运行方式参数和指令。

两个 Modbus 端口彼此相互独立，可以同时使用。两个端口最后发出的指令有优先权或者说是被选择的方式或功能。

为了能通过 WOODWARD505 Modbus 端口完全监视和运行 WOODWARD505 调速器，将端口的"Use Modebus Port（使用 Modbus 端口）"设为"Yes"。

（3）Modbus 通信。WOODWARD505 调速器支持两种 Modbus 传输模式。传输模式定义一条消息内的信息单位以及用于传输数据的编码系统。每个 Modbus 网络只能采用一种传输模式。支持的方式有 ASCII（美国国家标准信息交换码）和 RTU（远程终端设备）。

2-354 如何避免 WOODWARD505 调速器的硬件接线故障？

WOODWARD505 的大多数问题是由于接线问题而产生的。仔细地彻底检查两端的所有接线连接。将电线装入 WOODWARD505 控制系统接线盒时要十分小心。检查所有屏蔽是否正确接地。

在端子板处可以直接测量所有输入和输出。此外，在服务模式中，LED 显示器会显示 WOODWARD505 的测量值。这一比较可用来确定 WOODWARD505 控制系统是否正确转换输入信号。服务模式可用来监控和调节模拟输入和输出，监控速度输入，监控和调节执行器输出，监控触点输入，以及监控和强制继电器输出。

通过测量接线盒处的电压可以验证触点输入。从任一触点（+）端到触点 GND（接地）端（11）测得的触点电源电压应约为

24Vdc。如果测得的电压不是24Vdc，则除了输入功率接线外，断开与WOODWARD505的所有接线，然后重新测量电源电压。如果测得的电压不是24Vdc，则检查接线问题。如果断开输入接线后测得的触点输入（+）端和触点GND（接地）端（11）之间的电压不是24Vdc，则更换WOODWARD505。

触点输入到WOODWARD505的运行可以通过下列方法验证：在外部触点闭合时，触点输入（+）端相对于触点输入接地端（11）的测得电压为24Vdc。

将毫安表与输入或输出串联可以检查任何4～20mA输入或输出。

如果串行通信线路不工作，先检查接线。然后检查程序模式输入项的匹配通信设置。

2-355　汽轮机监测仪表系统主要包括哪些？

大型汽轮机组普遍安装成套的汽轮机监测仪表系统（turbine supervisory instrumentation，简称TSI）主要包括：美国本特利公司的7200、3300系列；德国菲利浦公司的RMS700系列；国产5000、8000和9000系列等。这些系列TSI系统，以其高可靠性，为大型汽轮机组的安全运行提供了保证。

2-356　大型汽轮机组监测与保护的目的是什么？

随着汽轮机组容量的不断扩大，蒸汽参数越来越高，热力系统也越来越复杂，汽轮机本体及其辅助设备需要监测的参数和保护项目越来越多。汽轮机是在高温、高压下工作的高速旋转机械，为提高机组的热经济性，大型汽轮机的级间间隙、轴封间隙选择的都比较小。在启、停和运行过程中，如果操作、控制不当，很容易造成汽轮机动静部件互相摩擦，引起叶片损坏、主轴弯曲、推力瓦烧毁甚至飞车等严重事故。为保证汽轮机组安全、经济运行，必须对汽轮机及其辅助设备、系统的重要参数进行正确有效地严密监视。当参数越限时，发出热工报警信号；当参数超过极限值危及机组安全时，保护装置动作，发出紧急停机信号，关闭主汽门，实现紧急停机。

2-357 大型汽轮机组装设的监测与保护项目有哪些？

目前，大型汽轮机组一般都装设以下监测与保护项目：

（1）轴向位移监测与保护；

（2）缸胀、胀差监测与保护；

（3）转速监测与超速保护；

（4）汽轮机振动监测与保护；

（5）主轴偏心度监测与保护；

（6）轴承温度监测与保护；

（7）润滑油压、油位及油温监测与保护；

（8）凝汽器真空监测与保护；

（9）推力瓦温度监测与保护；

（10）高压加热器水位监测与保护；

（11）汽缸热应力监测；

（12）汽轮机进水保护等。

2-358 3500监测系统高度模块化的设计包括了哪些模块？

3500监测系统高度模块化的设计包括：

（1）3500/05仪表框架；

（2）两个3500/15电源；

（3）3500/20框架接口模块；

（4）一个或两个3500/25键相器模块；

（5）3500框架组态软件；

（6）一个或多个3500/XX监测器模块；

（7）一个或多个3500/32继电器模块或3500/34三重冗余继电器模块；

（8）一个或多个3500/92通信网关模块。

2-359 3500监测系统组件有哪些？

350监测系统组件有：①框架；②电源；③框架接口模块；④监测器；⑤继电器；⑥键相器输入；⑦通信网关；⑧显示；⑨本质安全栅或电绝缘体。

2-360　3500监测系统的设备特点是什么？

（1）数字和模拟通信。在下列连接中可提供单独或协同的数字通信功能：过程控制和其他工厂自动化系统；通过3500通信网关模块；采用工业标准协议。此外，当连接到不支持数字接口的老式工厂控制系统时，可以提供模拟（4～20mA和继电器）输出。

（2）高度灵活的显示选项。显示装置的范围从直接安装在本地框架的前面板上，到采用无线通信的远程安装，再到没有显示装置，只是在需要进行组态和查看信息时连接一个人机接口（HMI）的监测系统。多个显示装置可以同时连接，而不会影响系统性能或中断基本的机械保护功能。

（3）软件可组态。3500监测系统的每一种运行方式都可以通过软件组态实现，它是最灵活的系统，备件管理也更加方便。一种模块类型通过组态可以完成多种功能，而不是像以前的系统，一种模块只能完成一种功能。

（4）密度大。3500监测系统在同样大小的框架空间中能容纳的通道数量是以前监测系统的两倍，节省了框架空间，从而降低了安装成本。同时，使共用组件，如显示装置、通信网关和电源能应用到更多通道，降低了每个通道的成本。

（5）内部和外部端子。以前的监测系统一直将现场连线连接放在框架的后面。3500监测系统的内部端子选项可以实现这种传统连接方式。但是，现在提供创新性的外部端子选项，允许现场连线直接连接到外部端子块，而外部端子块可以安装在操作更方便的位置，如机柜壁，同时改善了连接到每个监测器模块背面的拥挤现象。外部端子块通过单根预工程化的电缆连接到监测器的I/O模块，使连线更整齐，更容易安装。

（6）更高的集成度/容错能力。3500监测系统是本特利内华达提供的第一套能够被组态为多种冗余级别的系统，从单一模块到双重电源，再到完全的TMR（三重模块冗余）组态。TMR组态方式有三个相同的监测器通道（或可选的传感器），采用3选2规则和专用继电器实现相互表决。这一特点使3500监测系统可以用于在任何情况下都不允许因电子故障或人为错误引起的电源、监测器通道或传感器发生误跳机或漏跳机的安全仪表系统中。即使以非冗余方式应用，3500监测系统也可以提供最可靠的系统，包含了多种自身监测功能，能够识别监测器模块以及与之相连的传感器的故障，通过相应的错误代码发布和确认故障，并且当故障危及系统的正确运行时，自动禁止通道运行。组态存储在每个模块非易失性内存的两个独立区域。这种冗余方式允许模块对组态信息进行一致性比较并标记任何异常，确保不发生内存中断。冗余非易失性内存的使用还可以允许模块对备件预先编程，保证在未使用冗余电源情况下电源发生故障时，监测器组态不会丢失，并且在框架电源恢复后立即恢复监测功能。

（7）滑动底板安装。通常，3500监测系统可以安装在机器滑动底板上或其附近，或者安装在本地控制面板上，使3500监测系统与机器之间的电缆更短，连线费用更低。有线及无线通信和显示选项可以实现3500框架和控制室之间单一的以太网连接，以及将显示和其他信息传送到过程控制系统或工程师的台式计算机中。从而使3500机械保护系统比那些必须安装在控制室中的系统安装成本显著降低。

（8）远程访问。通过调制解调器、WAN或LAN连接，3500系统可以被远程组态，当仪表出现故障时甚至可以远程访问3500系统。简单地改变，如报警设置点或滤波角的调整，可以不必到现场完成，对于远程或无人值守应用非常理想，如海上平台、压缩机或泵站、应急发电机，以及其他不方便或无法到达的现场。

（9）防修改设计。3500监测系统的组态修改具有两级密码和钥匙锁保护，除授权人员外，其他人无法调整、修改或组态系统。从而可以更容易地记录和控制修改管理，对3500监测系统所进行的组态修改还将保留在系统事件列表中。

（10）报警/事件列表。3500监测系统比以前的系统功能更强，通过"先出"功能，简单识别框架中发生的第一个报警。强大的报警和事件列表包含最近的1000个报警和400个系统事件（组态修改、错误等）。列表保存在系统的RIM中，提供报警或事件描述以及相应的日期/时间标记。这些列表可以通过3500监测系统的显示装置和3500监测系统的操作者显示软件查看，或者通过通信网关模块输出到过程控制、历史数据或其他工厂系统中。

（11）时间同步。系统的实时时钟可以通过通信网关或所连接的本特利内华达软件与外部时钟同步。3500监测系统的报警和事件列表提供的时间/日期标记从而能够与其他过程和自动化设备中的报警和事件同步，从而减少或消除了复杂的硬连线“事件顺序”记录仪的需要。

（12）热插拔。所有的模块和电源（当使用冗余电源时）可以在带电情况下在框架中插拔，使维护和系统扩展更方便，不需要中断机械保护功能或系统运行。

（13）更灵活的安装选项。除了传统的19英寸导轨和面板开槽安装选项以外，3500监测系统还引入新的壁板安装形式，允许框架安装在墙壁上或无法接触框架背面的位置。

（14）改进的数据类型。即使未安装状态监测软件，3500监测系统也能够为每个传感通道提供更多的测量量。例如，对于径向位移传感器通道，除了通频（未滤波）振动幅值以外，3500监测系统能返回间隙电压、1X幅值和相位、2X幅值和相位、非1X振幅以及Smax振幅（当有XY传感器时）。因此，一个径向振动通道实际上能返回8个处理后的参数（比例值），一个四通道监测系统模块共提供32个参数。这一功能对于机械保护计划要求对这些比例值进行报警监测时尤为重要。激活或使用这些比例值不会影响框架密度，也不会影响监测系统的附加通道。

2-361　3500监测系统的电源类型有哪些？

3500监测系统可接受三种类型电源：交流电源、高压直流电源和低压直流电源。使用两种类型电源输入模块（PIM），3500监测系统的交流电源可接受两种范围的交流输入电压。高压交流电PIM可接受从175～250V ac的交流输入；低压交流电PIM可接受从85～125V ac的交流输入。高压直流电源可提供从88～140V dc的直流输入；低压直流电源可提供从20～30V dc的直流输入。

（1）单电源。3500监测系统在满负荷情况下使用单电源即可运行。当使用单电源供电时，建议将单电源安装在上部位置。

（2）双电源。当框架装有两个电源时，下部槽口电源作为主电源，上部槽口电源作为备用电源。如果主电源发生故障，备用电源将为框架供电而不会中断框架的运行。每个电源将给一个独立的电源分布网供电，这保证了一个电源分布网中发生任何故障（如＋5V电源短路）时将不影响第二个电源供电。在用三冗余模块时，要求用两个电源。

2-362　TSI系统3500/15电源输入模块的特点是什么？

电源输入模块是半高度模块，与电源连接并供电。电源输入模块安装在电源模块后部（取决于架式或盘式安装）或电源上面（在隔板框架）。例如，电源安装在上部槽口，它的电源输入模块一定安装在上部槽口。在有备用电源及相应的电源输入模块时，拔出或插入一个电源输入模块将不影响3500框架的运行。

当框架使用的电源是高压交流电（175～250V ac）时，用高压交流电输入模块。为避免接地回路，系统必须提供一单点接地，电源输入模块提供一个开关，控制系统在哪儿接地。如果装了两个电源，那么两个开关需要调到同一个位置。

2-363　TSI系统3500/20框架接口模块的特点是什么？

框架接口模块是连接3500框架的基本接口。它支持本特利内华达公司专有协议，用作组态框架和收集机器信息。RIM必须安装在框架的第一个槽位（与电源模块紧挨着）。RIM提供一个连接，它支持当前本特利内华达通信处理器（外部瞬态数据接口TDIX和外部动态数据接口DDIX）。尽管RIM为整个框架提供了一个特定的公用功能，但它并不是重要监测途径的组成部分。RIM的操作（或非操作）对整个监测系统的正常运行无影响。

2-364　TSI系统3500/20框架接口模块有哪两种状态？

（1）OK状态。如果RIM正常工作，OK灯亮。模块硬件故障、节点电压故障或OK继电器线圈检测失败这三个条件任何一个条件发生就返回非OK状态。

如果模块OK状态变成了非OK，那么系统OK继电器（在框架 I/O 模块上）将被驱动为非 OK 状态。

（2）通道状态。在通道上或模块中没发现任何错误则 OK 灯点亮。如果通道 OK 状态变成非 OK，那么系统 OK 继电器（在框架 I/O 接口模块上）将被驱动为非 OK 状态。

2-365 TSI 系统 3500/20 框架接口模块的开关有哪两类？ 各有何功能？

开关能控制 3500 框架操作及访问框架组态。软件和硬件开关对框架接口模块有效。

（1）软件开关。框架接口模块支持一软件模块开关——组态方式。该开关能暂时抑制监测器和通道功能。在框架组态软件的主画面中的 Utilities 选项下的软件开关画面中，能设置此开关。set 键按下后才进行修改有效模块开关组态方式：有一允许组态框架的开关。为了设置框架为组态方式，使开关有效（◀）并设置 RIM 前面板钥匙开关为 Program 位置。当向下加载一 RIM 组态，该开关将由框架组态软件自动置为有效和无效。如果在组态过程中，到框架的连线失落，用这个开关把该模块从组态方式移出，模块开关号在 Gateway 通信模块中被使用。

（2）硬件开关。在前面板上，框架接口模块有三个硬件开关。

钥匙开关用来防止未受权改变组态设置。当它处于 Run 位置时，不能组态 3500 框架；当它处于 Program 位置时，能组态 3500 框架，并且框架能继续正常运行。取出钥匙，可把框架接口模块锁住在 Run 或 Program 位置。

2-366 TSI 系统 3500/20 框架接口模块的 I/O 模块有哪两种类型？ 有何功能？ 安装的注意事项是什么？

RIM 使用两种类型的 I/O 模块，即框架接口 I/O 模块和数据管理 I/O 模块。这些 I/O 模块把主计算机和通信处理器与 3500 框架连接起来，并且把 3500 框架通过菊花链连接在一起。一次只能在 RIM（盘装或架装框架中）的后面或 RIM（壁挂式框架）的上面安装一个框架接口 I/O 模块。一个数据管理 I/O 模块可以安装在电源输入模块与框架接口 I/O 模块（盘装或架装框架）之间或者与框架接口 I/O 模块（壁挂式框架）之间的电源装置之上。框架接口 I/O 模块必须安装在框架接口模块的后面（盘装或架装框架）或者在框架接口模块的上面（壁挂式框架）。

2-367　哪些条件将引起 OK 继电器变为非 OK？

下列条件将引起 OK 继电器变为非 OK：

（1）RIM 从 3500 框架中取出；

（2）插入一模块到 3500 框架（自检期间）；

（3）传感器不 OK；

（4）模块中心硬件故障；

（5）键相器信号低于 1r/min；

（6）键相器信号高于 99，999r/min；

（7）在一个周期内，鉴相信号有 50%或更高的变化；

（8）组态故障；

（9）ID 槽口故障；

（10）检测到 3500 框架中任何一模块有故障。

2-368　怎样通过使用检查屏幕、LED 指示灯、系统事件列表和报警事件列表提供的信息，解决框架接口模块或 I/O 模块的故障问题？

（1）检查。为了实现框架接口模块的检查需进行下列步骤：

1）连接运行框架组态软件的计算机到 3500 框架（如果需要的话）；

2）从框架组态软件的主屏幕中选择 Utilities；

3）从实用程序菜单中选择 Verification；

4）选择框架接口模块和需检查的通道；

5）按 Verify 按钮；

6）选择前面板口或后面板口以获取状态信息；

7）模块 OK 状态将示出框架接口模块的状态，通道 OK 状态将示出通道的状态。

（2）LED 故障条件。表 2-30 显示了怎样使用 LED 灯来诊断和纠正问题。

表 2-30　　　　用 LED 灯来诊断和纠正问题

OK 灯	TR/RX	状　态	处　理
1Hz	1Hz	没组态框架接口模块或不在组态方式	重新组态 RIM
5Hz	/*	在 RIM 内部检测到一个故障和 R/M 不正常	检查系统事件列表
常亮	闪烁	RIM 正在正常运行	不要求处理
/*	不闪	RIM 没有正常运行	检查系统事件列表

* LED 的行为与该条件无关。

2-369　TSI 系统 3500/25 键相器模块的作用是什么？其布置方式有哪些？

3500/25 键相器模块是一个半高度、双通道模块，该模块用于给 3500 框架的监测模块提供键相信号。这个模块接收来自电涡流传感器或者电磁传感器的输入信号，并且将该信号转换为数字键相信号，该信号在当轴上的键相位标记在键相传感器探头之下时指示出来。3500 监测系统可以接收 4 个键相信号。每个键相信号都是一个数字同步信号脉冲、用于监测模块和外部诊断设备测量矢量参数诸如 1X 倍频振幅和相位。

冗余键相传感器方式：在每一个测量位置，布置有两个相互独立的键相传感器。这种布置方式可提供主要的和备用输入信号，是一种容错性能最高和最可靠的方式。在这种情况下，主要的和备用的输入信号都和各自的键相模块相连。

单键相传感器方式：这种布置方式只要求有一个键相传感器。从传感器接收的信号利用电缆输入到两个键相器模块。

2-370　TSI 系统 3500/25 键相器模块的各种状态及状态位置是怎样的？

(1) 模块状态。正常（OK）状态指示键相器模块是否可以正常工作。下列情况之一将不会得到正常（OK）状态：

1）节点电压错误；

2）模块内的硬件错误；

3）键相信号超过 20kHz；

4）一个或多通道旁路；

5）组态错误；

6）插槽标识错误。

如果模块中的 OK 状态指示非正常，那么框架接口输入输出模块中的系统继电器 OK 指示都会显示状态异常。

组态错误状态指示键相器模块是否无效。

旁路状态指示键相器模块是否已被旁路。下列情况之一发生都将导致键相器模块旁路：

1）键相器模块未组态；

2）键相器模块处于组态模式；

3）自检发现致命错误；

4）通道组态无效；

5）任何一个工作通道旁路。

（2）通道状态。正常（OK）状态指示通道是否被检测到错误。下列情况之一发生将会返回非正常状态（Not OK）：

1）节点电压错误；

2）模块硬件发生错误；

3）键相信号低于 1r/min；

4）键相信号超过 99999r/min；

5）键相信号在一个周期中变化幅度等于或超过 50%；

6）键相传感器错误；

7）键相信号超过 20kHz；

8）一个或多个通道旁路；

9）组态错误；

10）插槽间隙错误；

11）旁路该状态指示相关键相器模块通道是否已被旁路。

下列情况之一发生将会导致通道旁路：

1）键相器模块未组态；

2）键相器模块处于组态模式；

3）自检中发现致命错误；

4）有通道组态无效；

5）任何一个工作通道旁路。

关闭（Off）状态指示通道是否被关闭。当使用框架组态软件的情况时，键相通道有可能被关闭（非工作状态）。

2-371　用于组态键相器模块的相关信息有哪些？如何利用框架组态软件设置选项把这些组态内容送往系统框架？

（1）组态标识：当组态信息被发往3500系统框架时，会出现一个独特的六字符标识。标识出插槽键相器模块在3500系统框架中的位置。

（2）输入输出（I/O）模块：键相器模块位置标识出键相器模块处于插槽的高低位置。

（3）信号极性：凹槽（键槽）产生输出脉冲，使监测系统使用。该脉冲是由输入信号中的反向脉冲的前沿触发。通过键相传感器监测转轴上的凹槽产生该类型脉冲。如果使用的是电磁传感器的话，凹槽/凸台设置最好选择凹槽，因为在绝大多数情况下，信号的正半边将会削平。凸台产生输出脉冲，使监测系统使用，该脉冲是由输入信号中的正向脉冲前沿所触发的。通过键相传感器测量转轴上的凸台处信号产生该类型脉冲。

（4）键相传感器类型：所提供的选择包括电涡流传感器和电磁传感器。电磁传感器要求轴的旋转速度不低于200r/min（3.3Hz）。

滞后是指键相信号脉冲启动处的输入信号值和键相脉冲关闭处的输入信号值之差，滞后越大，对输入信号来说抗干扰性能越好。如果滞后为零，键相脉冲启动和关闭点情况如下：

1）自动：触发脉冲产生的阀值将会被自动地设置为输入信号的正向极大值和负向极小值的中间值。该值可以跟踪输入信号的任一变化，自动设置阀值要求信号的振动峰峰值不低于2V，频率不低于120r/min（2Hz）。

2）手动：阀值设置器操作人员可以设置为－21.0～0.0V之间的任何值。

3）调整：只有当手动设置阀值时有效。用于显示帮助手动设置阀值的对话窗口。

4）每转脉冲数目：轴每递转一周键相传感器信号中的脉冲数目。如果键相传感器测量的是一个多齿齿轮轴，则将每转的脉冲数设置为齿轮的齿数，有效范围为1～225。

5）转速锁定值：当通道为非正常（Not OK）状态时，转速读数可以由通信通路提供。

2-372　TSI系统键相器输入输出（I/O）模块的作用是什么？

键相器输入输出（I/O）模块接收来自键相传感器的信号，并且将此信号传送到键相器模块。输入输出模块还为键相传感器提供电源。键相器模块配备一个键相器输入输出模块，安装在键相器模块后面（在框架支架上或是面板的支架上）或者在键相器模块的上面（在框架隔板上）。

2-373　TSI系统4通道继电器模块的作用是什么？

3500系统配有两种类型的继电器模块，其中一种是4通道继电器模块。该模块适用于绝大多数的监测应用。它利用一个继电器驱动每条通道的输出。

4通道继电器模块是一个可提供4个继电器输出的全高模块。任何数量的4通道继电器模块，都可以放置在框架接口模块右侧的任意一个插槽内。每个继电器输出都可利用“与”（AND）和“或”（OR）运算器编程。每一继电器通道的报警驱动逻辑都可应用来自框架中任何监测器通道的报警输入（警告和危险）。报警驱动逻辑应用框架组态软件编程。报警驱动逻辑器的三种普通类型是母线继电器、专用继电器和独立继电器，母线继电器应用一个报警驱动逻辑器，对框架里的所有通道的警告或危险信号进行“或”运算，来驱动一个单独的继电器；专用继电器应用的报警驱动逻辑器，对监测器中的通道对（通道1和通道2或通道3和通道4）上的警告或危险信号进行“或”运算，来驱动一个继电器；独立继电器应用的报警驱动逻辑器，可以使来自一个通道上的每个报警状态（警告或危险），去驱动一个独立的继电器。

2-374 TSI系统4通道继电器模块的各种状态及状态位置是怎样的？

（1）模块状态。正常（OK）状态可显示4通道继电器模块功能是否正常。一个异常（Not OK）状态可由以下情况引起：

1）模块内的硬件失效；

2）节点电压失效；

3）组态失效；

4）插槽标识失效。

如果模块状态为异常，则在框架接口输入输出（I/O）模块上的系统正常（OK）继电器，也将被置为异常（Not OK）。

组态错误状态显示4通道继电器模块的组态是否无效。

旁路状态显示在4通道继电器模块中的任一通道，是否有被旁路的通道。下列情况之一可能引起继电器模块旁路：

1）有一条通道从未被组态；

2）继电器模块处于组态模式；

3）自检中发现致命错误；

4）框架报警被抑制；

5）有一条通道组态无效；

6）任何工作中的通道被旁路。

（2）通道状态。正常（OK）状态显示，有关的4通道继电器模块通道的检查中没有发现错误，如果通道的正常状态变为异常，则在框架接口输入输出（I/O）模块上的系统正常（OK）继电器也将置为异常。

旁路状态显示，有关的4通道继电器模块通道是否被旁路。下列任一情况都可能引起通道旁路：

1）通道从未被组态；

2）继电器模块处于组态模式；

3）自检中发现致命错误；

4）框架报警被抑制；

5）通道组态无效；

6）通道被旁路。

通道关闭状态显示，有关的4通道继电器模块通道是否已被关闭。继电器通道可以利用框架组态软件被关闭（不动作）。

2-375 TSI系统继电器模块组态注意事项是什么？

（1）在组态继电器模块之前，先将监测器模块加到框架组态上。

（2）只将要用到的继电器块通道激活。

（3）在报警驱动逻辑器中，只有监测器模块可能被用到。

（4）如果一条通道产生一个报警，而这个报警是“与”（AND）运算器的一部分，并且该通道被旁路，则被旁路的通道运算值为真。由于旁路，报警不会被抑制。

（5）如果一条通道产生一个报警，而这个报警是“或”（OR）运算器的一部分，并且该通道被旁路，则被旁路的通道运算值为假。

（6）对于一个4通道标准继电器对整个继电器组态来说，产生的指令不会超过60条。能被继电器所接收的指令数，也依赖于继电器程序语言的版本。大于或等于2.0版的继电器程序语言，将能接收更加复杂的继电器报警驱动逻辑方程。在发送之前，程序语言的版本将被检查，同时将决定继电器是否能接收指令设置。

2-376 TSI系统继电器模块组态选项有哪些？

（1）可用的监测器：显示框架内监测器的场所。

（2）框架类型：安装在框架中的框架接口模块的类型，标准型是指所装的是一个4通道继电器模块。

（3）组态标识：当组态信息被送往3500系统框架时，加入一个独特的六特征标识器。

（4）继电器插槽：对继电器模块在3500框架中所安放的位置

组态。

(5) 激活（工作）：在与通道相关的组中，有一个用于所选通道的检查盒，当该盒被激活，并且通道的报警驱动逻辑值为真时，继电器通道才能驱动输出。

(6) 闭锁继电器（只适用于4通道标准继电器）：当选择该项时，相应的继电器报警通道将保持报警状态，直到它收到一个框架复位或继电器被重新组态信息为止。

(7) 标准继电器通道联合：一组选择被组态或激活的通道。

(8) 继电器NE/NDE（正常情况下通电/正常情况下不通电）开关情况（只用于4通道继电器模块）：指示如何在继电器输入输出模块上，设置继电器硬件开关。该状态只在继电器加载之后有效。

(9) 可用的监测器通道/报警：当一个监测器被选定，这部分显示所有可供监测器所用的报警。

(10) 报警驱动逻辑：利用可用的监测器报警，在该处建立报警驱动逻辑。

2-377 如何利用模块自检、发光二极管（LED）和系统事件清单，查找4通道继电器模块存在的问题？

(1) 自检：执行一次自检过程。

1) 从应用菜单中，选定系统事件/模块自检选项（system events/module self-test）。

2) 按下系统事件屏幕上的模块自检按键（module self-test）。

3) 选择含有继电器模块的插槽，同时按下OK按键。继电器模块将执行一次完整的自检过程，并且显示系统事件屏幕。清单不包含自检结果。

4) 模块执行一次完整的自检过程需要30s。

5) 按下最近事件（latest events）按键。系统事件屏幕将变成包含有自检结果的屏幕。

6) 检查继电器模块是否通过自检（如果自检未通过）。

(2) 发光二极管（LED）指示。表2-31列出了如何利用发光二极管（LED）诊断和改正4通道继电器模块存在的问题。

表2-31　　发光二极管（LED）指示

OK灯	TR/RX	状　态	处　理
1Hz	2Hz	继电器模块未组态	继电器模块重新组态
5Hz	/*	继电器模块或继电器输入输出模块（I/O）被查出内部错误，且状态不正常（not ok）	检查系统事件
开（ON）	闪烁	继电器模块和继电器输入输出模块（I/O）工作正常	不需要任何操作
关（OFF）	/*	继电器模块工作不正常	更换继电器模块
/*	不闪烁	继电器模块通信不正常或继电器模块和框架中任一个正在通信的监视器未连接	检查系统事件清单

*　该发光二极管与该状态无关。

2-378　TSI系统3500/40监测器的作用是什么？有哪些功能？主要目的是什么？

3500/40位移监视器是一种4通道监测器，它接收由非接触式传感器输入的信号，并可用此输入驱动报警。

3500/40监测器可由3500框架组态软件组态，具有径向振动，轴向位置，偏心及差胀等位移功能。此模块可接收多种位移传感器输入的信号。

3500/40监测器的主要目的是向操作人员与维修人员提供以下信息：

（1）通过将机器振动的当前值与组态的报警点相比较来驱动报警，从而达到保护机器的目的。

（2）重要机器的振动信息。

报警点由3500/40框架组态软件进行设置。报警点可被组态成每一个有效的成比例值。并且危险报警可被组态成有效的成比例值中的两个。3500/40 在出厂运输中是没有被组态的，需要时，3500/40 可插入 3500 框架并组态成所需要的监测功能。因此，可为多种不同的用途而只库存一种模块作为备件使用。

2-379 TSI 系统 3500/40 监测器的状态是怎样的？

（1）OK：用来指示位移监测器工作是否正常，发生以下任一状态，就会产生非 OK 状态。

1）模块硬件损坏；

2）节点电压错误；

3）传感器信号不正常；

4）组态失败；

5）槽位的识别有错。当监测器处于非 OK 状态时，框架接口 I/O 模块的系统 OK 继电器将驱动为非 OK。

（2）警告/一级报警（alert/alarm1）：此状态用来指示位移监测器是否进入警告/一级报警状态。任一成比例值超过了警告/一级警点，监测器将进入警告/一级报警状态。

（3）危险/二级报警（danger/alarm2）：用来指示位移监测器是否进入危险/二级报警状态。由监测器提供的任一成比例值超过组态中危险/二级报警点时，监测器进入危险/二级报警状态。

（4）旁路（bypass）：用来指示位移监测器已旁路了一个或多个成比例值的报警。如通道旁路被设置时，监测器旁路也被设置。

（5）组态错误：用来指示监测器组态是否有效。

（6）专门报警抑制：用来指示所有不重要的警告/一级报警被抑制。当发生以下情况，此状态激活：

1）位移监测器 I/O 模块上的报警抑制接触点闭合时；

2）软件中专门报警抑制被激活时。

2-380 TSI 系统 3500/40 监测器的通道状态是怎样的？

（1）OK：用来指示相关位移监测器通道工作正常。

（2）警告/一级报警（alert/alarm1）：用来指示有关位移监测器通道是否已进入警告/一级报警状态。当由通道提供的任一成比例值超过组态警告/一级报警设置点时，通道进入一级报警状态。

（3）危险/二级报警（danger/alarm2）：用来指示相关位移监测器通道是否已进入危险/二级报警状态，当由通道提供的任一成比例值超过组态的危险/二级报警点时，通道进入危险/二级报警状态。

（4）旁路：用来指示相关的位移监测器通道已旁路了通道的一个以上的成比例值。

旁路状态可能有下列原因：

1）传感器有问题。此通道支持时间水通道失效，通道被组态为时间 OK。

2）通道失效。①相关通道的键相位传感器无效，引起所有成比例值被旁路；②位移监测器被检测出有一严重的内部错误。

（5）专门报警抑制：用来指示所有次要的警告/一级报警被抑制，有下列情况时，此状态被激活：①位移监测器 I/O 模块上的报警抑制触点被关闭；②软件专门报警抑制激活。

（6）Off 状态：用来指示通道是否被关闭。用框架组态软件可将位移监测器通道关闭。

2-381 TSI 系统 3500/40 输入/输出模块（I/O 模块）的作用是什么？

3500/40 输入/输出模块（I/O 模块）从传感器接收信号并将信号送给 3500/40 监测器，I/O 模块也给传感器提供电源，3500/40 监测器后（在框架安装方式和面盘工安装方式）或监测器上部（在壁挂式安装方式中）只能有一个 I/O 模块。

2-382 TSI 系统 3500/42 位移/速度、加速度监测器的作用是什么？主要功能是什么？

3500/42 位移/速度、加速度监测器为 4 通道监测器，可接收来自电涡流式位移传感器和速度、加速度传感器（proximitor and seismic transducers）的信号输入，并根据此输入去驱动报警。3500/42 经过 3500 框架组态软件编程可完成径向振动、轴向位置、偏心、差胀、加速度、速度的测量功能。该模块可接收多种传感器的输入。

3500/42 监测器的主要功能是提供：

（1）连续地对当前机械的振动与组态的报警设置点进行比较，以驱动报警对机械进行保护。

（2）对运行人员和维修人员提供基本的机械振动信息。

报警设置点是通过 3500 框架组态软件来组态的。对每个有效的比例值可进行报警设置点的组态，而对于危险设置点只能对所有有效比例值的两个进行组态。当从制造厂发出时，3500/42 未被组态。需要时，3500/42 可安装在 3500 框架中并组态完成所要求的监测功能。这可储存一个单个的监测器用作多种不同应用的条件。

2-383　TSI 系统 3500/42 位移/速度、加速度监测器的状态是怎样的？

（1）OK：指示监测器是否运行正常。在如下的任何一个情况下将返回一个非 OK 状态：

1）模块中的硬件故障；

2）结点电压故障；

3）传感器故障；

4）组态故障；

5）插槽 ID 故障；

6）键相器故障（如果键相位信号组态给每一对通道）；

7）通道非 OK。

如果监测器 OK 状态变成非 OK，则框架接口 I/O 模块的系统 OK 继电器将被驱动至非 OK。

（2）警告/报警 1：指示监测器是否已进入警告/报警 1。当一个监测器所提供的任一比例值超过它的被组态的警告/报警 1 设置点时，该监测器将进入警告/报警 1 状态。

（3）危险/报警 2：指示监测器是否已进入危险/报警 2。当一个监测器所提供的任一比例值超过它们的被组态的危险/报警 2 设置点时，该监测器将进入危险/报警 2 状态。

（4）旁路：当监测器旁路了其某通道的一个或多个比例值的报警时即有指示。当一个通道的旁路状态被设定时，其整个监测器旁路状态也将同时被设定。

(5) 组态失效：指示监测器的组态是否有效。

(6) 特定报警抑制：此功能抑制相应通道的所有报警。监测器特定报警抑制不对锁定报警进行复位。锁定报警只有当抑制功能被解除后才被驱动，此抑制功能可防止键相器通道 OK 状态选入通道 OK 状态。当此抑制功能在 I/O 模块上的外部触点上被激活时，相应监测器的所有使用中的通道都将被影响，下列情况监测器特定报警抑制功能被激活：

1) I/O 模块上的报警抑制接点（1NHB/RET）为闭合（激活）；

2) 任一通道特定报警抑制软件开关为激活状态。

2-384 TSI 系统 3500/42 位移/速度、加速度监测器的通道状态是怎样的？

(1) OK：指示相应的监测器通道没有检测出任何故障。通道 OK 的检测共有三类：传感器输入电压、传感器供电电压和键相器 OK。键相器 OK 仅对那些已将键相位信号组态给它们的通道对产生影响。这三种 OK 类型中任一种变为非 OK 则通道状态也将变为非 OK。

(2) 警告/报警 1：指示相应的位移/速度、加速度监测器通道是否已进入警告/报警 1。在一个通道中，当其输出的任何比例值超过了它被组态的警告/报警 1 值设置点时，该通道进入警告/报警 1 状态。

(3) 危险/报警 2：指示相应的位移/速度、加速度监测器通道是否已进入危险/报警 2。在一个通道中，当其输出的任何比例值超过了它被组态的危险/报警 2 值设置点时，该通道进入危险/报警 2 状态。

(4) 旁路：指示相应通道的一个或多个比例值是否已被旁路。旁路状态可能为以下结果：

1) 一个传感器失效（非 OK），且该通道被组态为延时通道 OK 消除（timed OK channel defeat）。

2）与该通道相应的键相位传感器失效，导致与键相位信号相关的所有比例值（如 1x 幅值，1x 相位，非 1x…）被消除，且它们相应的报警被旁路。

3）监测器已检测到一个严重的内部故障。

4）一个软件开关旁路着任何一个通道的报警功能。

5）特定报警抑制被激活并导致激活了的报警不执行。

（5）特定报警抑制：指示与相应监测器通道有关的所有非基本警告/报警 1 报警是否被抑制。下列情况通道特定报警抑制功能被激活：

1）在 I/O 模块上的报警抑制接点（1NHB/RET）闭合（active）。

2）通道特定报警抑制的软件开关被激活。

（6）关闭（off）：指示该通道是否已被关闭，监测器的通道可以通过框架组态软件将其关闭（失效）。

2-385 TSI 系统 3500 / 42 位移 / 速度、加速度监测器输入 / 输出模块的作用是什么？

位移/速度输入/输出（I/O）模块从传感器接受信号，并发送这些信号至位移/速度监测器。I/O 模块给传感器提供电源。I/O 模块为它的每个传感器输入通道提供 4～20mA 记录仪输出。对于一个监测器，在任一时刻仅能有一个 I/O 模块安装于其上，且必须安装在监测器背面（在框架安装或面板安装框架）或监测器上方（在隔板式框架）。

2-386 TSI 系统 3500/45 胀差监测器的基本作用是什么？ 主要功能是什么？

3500/45 胀差监测器是一个 4 通道监测器，它从涡流传感器接收输入信号，并用该信号驱动报警。利用 3500 框架组态软件为 3500/45 编程，可以执行胀差、补偿式输入胀差、机壳膨胀（仅限 CH3、CH4）任何一种功能。3500/45 监测器使用位移输入/输出模块。

3500/45 监测器的基本作用是提供：

（1）机械保护，通过连续不断地比较当时的转子位移与报警设置点来驱动报警。

（2）将重要的转子位移信息给操作人员和维修人员。

报警设置点可用3500框架组态软件来设置。可为每个有效成比例值设置报警设置点，也可根据监测器类型为每一个或两个有效成比例值设置危险设置点。当远离厂家时，3500/45是以未组态过的形式交货的。当需要时，3500/45可以被安装进3500框架，进行组态以执行所要求的监测功能。

2-387 TSI系统3500/45胀差监测器的状态是怎样的？

（1）OK：表明监测器是否在正确运行。在以下任何一种状况下，将会返回一个非OK状态：

1）模块中的硬件错误；

2）节点电压故障；

3）传感器故障；

4）组态故障；

5）槽识别错误。

如果监测器从OK状态变到非OK状态，那么在框架接口输入/输出模块上的系统OK继电器将被驱动为非OK状态。

（2）警告/报警1：表明监测器是否已进行警告/报警1状态。当一个监测器提供的任何比值超过它的警告/报警1设置点时，该监测器将进入警告/报警1状态。

（3）危险/报警2：表明监测器是否已进入危险/报警2状态。当一个监测器提供的任何比值超过它的危险/报警2设置点时，该监测器将进入危险1报警2状态。

（4）旁路：表明对一个通道里的一个或两个比值，监测器已越过了报警。当一个通道设置旁路状态时，监测器也应设置旁路状态。

（5）组态错误：表明监测器组态是否正确。

（6）专门报警抑制：表明是否所有监测器中的非主要的警告/报警1的报警是被抑制的。

2-388　TSI 系统 3500/45 胀差监测器的通道状态是怎样的？

（1）OK：表明有关的监测器通道没有错误。

（2）警告/报警 1：表明有关的监测器通道是否已进入警告/报警 1 状态。当通道提供的任何比值超过它的警告/报警 1 设置点时，通道将进入警告/报警 1 状态。

（3）危险/报警 2：表明有关的监测器是否已进入危险/报警 2 状态。当通道提供的任何比值超过它的危险/报警 2 设置点时，通道将进入危险/报警 2 状态。

（4）旁路：表明这时有关的监测器通道已旁路掉一或两个通道比值。当下列条件之一满足时，一个旁路状态可能会产生。

1）一个传感器非 OK 或者通道定时正常/通道失效；

2）监测器已查到非常严重的内部错误。

（5）专门报警抑制：表明是否所有有关监测器通道中的非重要报警/报警 1 的报警都被抑制。当下列条件之一满足时，这个状态是有效的。

1）在监测器输入/输出模块上的报警抑制接点是关闭的（有效）；

2）一个软件专门通道报警抑制是有效的。

（6）关闭：表明是否通道已被关闭。用框架组态软件关闭监测器通道。

2-389　MMS6000 系统与 RMS700 系统相比，具有哪些特点？

MMS6000 系统特别适合拥有众多设备，尤其是使用现场总线系统的大企业。和 RMS700 系统相比，MMS6000 系统具有如下明显特点：

（1）双通道，内置微处理器；

（2）模块具有数据采集功能，通过 RS-485/RS-232 接口与外部通信；

（3）具有扩展的自检功能，便于查找故障；

(4) 通过软件进行组态，准确、方便；

(5) 除MMS6418外，其他监测模块都具有相同的机械安装尺寸。

2-390 MMS6000系统测量模块有哪几种？

MMS6000系统测量模块有如下几种：

(1) MMS6110双通道轴振测量模块；

(2) MMS6120双通道瓦振测量模块；

(3) MMS6210双通道轴位移测量模块；

(4) MMS6220双通道轴偏心测量模块；

(5) MMS6312双通道转速；

(6) MMS6410双通道缸胀测量模块；

(7) MMS6418绝对/相对胀差测量模块；

(8) MMS6823 RS-485转换模块；

(9) MMS6831 RS-485通信单元；

(10) DOPS三取二转速测量系统。

2-391 MMS6000汽轮机监视保护系统的优点是什么（以某电厂为例）？

(1) MMS6000系统智能化程度有很大的提高。MMS6000系统可利用组态软件在计算机上进行系统参数组态，有传感器缓冲信号可向其他系统输送4～20mA（允许负载小于或等于500Ω）和0～10Vdc（允许负载大于10kΩ）标准电流、电压信号，具有计算机通信的数据接口，大大方便了检修和维护。

(2) 电源可靠性大大提高。MMS6000系统的电源为两路独立的220V AC，50Hz，此两路电源进入MMS6000装置后进行自动切换供装置使用。监视器用的24V电源采用同层监视器间电源冗余及上下层间监视器电源冗余的布置方式，实现电源无扰切换，并有失电报警输出。每块板件的工作电源均是两路输入，增加了保护的可靠性。

(3) 通过优化系统配置，提高了MMS6000系统对生产现场的适应能力。MMS6000系统中，前置器选用了适应较恶劣环境条件的CON011型产品，传感器延伸电缆的长度不少于9m，从而可以将前置器箱安装在汽轮机汽缸外侧，即方便了检修和维护，同时又避开了高温和可能受到漏汽侵蚀的区域。各传感器穿线进行了密封设计、延伸电缆加装了保护套管并设计固定方式，通过采取以上措施，大大提高了系统的可靠性。

（4）MMS6000系统进行冗余设计。MMS6000系统中所用的继电器接点数量有余量，接点容量有裕度，电缆、端子排、电源开关、继电器、转速探头均有备用量。

（5）系统功能更加完善、可靠。MMS6000系统具有自诊断功能（系统本身故障输出报警）、在线修改越限参数功能、在线拔插卡件功能、系统上电瞬间失电保护闭锁输出功能。当工艺参数越限时，有报警、跳闸信号输出功能，信号报警、危险输出与输入设计成一对一通道。

2-392 MMS6110双通道轴振测量模块的特点是什么？

（1）双通道轴振动测量模块，监测轴的径向相对振动。

（2）可在运行中更换，可单独使用，冗余电源输入。

（3）扩展的自检功能，内置传感器自检功能，口令保护操作级。

（4）适用涡流传感器PR642./.. 系列加前置器CON0X1。

（5）RS-232/RS-485端口用于现场组态及通信，可读出测量值。

（6）内置线性化处理器。

（7）记录和存储最近一次启/停机的测量数据。

2-393 MMS6110双通道轴振测量模块的作用是什么？

双通道轴振动测量模块MMS6110使用涡流传感器的输出测量轴径向的相对振动，每个通道可独立使用。

这种模块的测量可以和其他模块的测量一起组成涡轮机械保护系统，以及作为输入提供给分析诊断系统、现场总线系统、分散控制系统、电厂/主计算机、网络（如WAN/LAN网、以太网）等。对于蒸汽轮机、燃汽轮机、水轮机、压缩机、风扇、离心机以及其他涡轮机械，使用本系统可提高使用效率、运行安全性和延长机械使用寿命。

MMS6110为双通道轴振动测量模块，可以用涡流传感器测量轴的径向振动来监测和保护各种类型的涡轮机械，如汽轮机、燃汽轮机、压缩机、风扇、齿轮箱、引风机、离心机等。传感器的输出，即模块的输入代表传感器前端到轴表面的间隙。

信号由一个与静态间隙成正比的静态分量和一个与轴振动成正比的动态分量叠加而成。MMS6110模块将每个通道的信号的两个分量分离，再根据组态中设置的工作模式将其转换成标准信号输出。

模块的其他部分提供报警、传感器供电、模块供电、通道和传感器的检测以及信号滤波等功能。内置微处理器，可以通过现场便携机或远程通信总线设置工作方式和参数、读取所有测量值、进行频谱分析。

最后一次启/停机过程存储在模块中，可以通过计算机显示。

2-394 MMS6110双通道轴振测量模块的信号输入是什么？

MMS6110有两路独立的涡流传感器信号输入：SENS 1H（z8）/SENS 1L（z10）和SENS 2H（d8）/SENS 2L（d10）。与之匹配的传感器为德国epro公司生产的PR642X系列涡流传感器和配套的前置器。也可使用其他厂家生产的同类型传感器。输入电压范围为－1～－22Vdc。

模块为传感器提供两路－26.75V直流电源：SENS 1＋（z6）/SENS 1－（b6）和SENS 2＋（d6）/SENS 2－（b8）。

传感器信号可以在模块前面板上SMB接口处测到。

此外，模块还备有键相信号输入（必须大于13V），该信号是速度控制方式及频谱分析所必需的。

2-395 MMS6110双通道轴振测量模块的信号输出有哪些？

（1）特征值输出。模块有两路代表特征值的电流输出：I1＋

(z18) /I1－ (b18) 和 I2＋ (z20) /I2－ (b20)，可设定为 0～20mA 或 4～20mA。在 Smax 和 Sppmax 模式下，两个通道的输出是相同的。

模块有两路代表特征值的 0～10V 电压输出：EO 1 (d14) / EO 2 (d16)。

(2) 动态信号输出。模块提供两路 0～20Vpp 动态信号输出 AC1 (z14) /AC2 (z16) 用于频谱分析。0～20Vpp 相当于特征值的量程。

(3) 电压输出。模块提供两路 0～10Vdc 电压输出 NGL1 (z12) /NGL2 (d12)。该输出与传感器和被测面的距离成正比。

2-396 MMS6110 双通道轴振测量模块有哪些限值监测?

(1) 报警值。在双通道模式，每个通道可以分别设置报警值和危险值。在 Smax 和 Sppmax 模式下，两个通道共有一个报警值和一个危险值。报警开关特性为测量值上升时超限触发。为避免测量值在限值附近变化而反复触发报警，可设定报警滞后值，在满量程的 1%～10%之间选择开关特性为下降触发。

(2) 限值倍增器及倍增系数 X。在特殊情况下，如过临界转速时，振动幅值会超限，但机组运行状态正常。为避免不必要的报警或跳机，可在软件中激活限值倍增器功能，并设置倍增系数 X (1.00～5.00)。使用此功能时，d18 应为低电平。倍增系数 X 同时影响报警值和危险值。

(3) 报警输出。模块给出 4 个报警输出：

通道 1：危险 D1-C，D1-E (d26，d28)，报警 A1-C，A1-E (b26，b28)。

通道 2：危险 D2-C，D2-E (d30，d32)，报警 A2-C，A2-E (b30，b32)。

(4) 报警保持功能。使用此功能，报警状态将被保持。只有通过软件中复位命令 (reset latch channel 1/2) 才能在报警条件消失后取消报警。

(5) 报警输出方式。使用 SC-A（报警 d24）和 SC-D（危险 z24）时可以选择如下报警输出方式：

1）当 SC-为断路或为高电位（+24V）时，报警输出为常开；

2）当 SC-为低电位（0V）时，报警继电器为常闭。

为避免掉电引起报警，便于带电插拔，建议选用报警输出为常开。

(6) 禁止报警。在下述情况下，报警输出将被禁止：

1）模块故障（供电或软件故障）；

2）通电后的延时期，断电和设置后的 78s 延时期；

3）模块温度超过危险值；

4）启动外部报警禁止，ES（z22）置于 0V；

5）在限值抑制功能激活时，输入电平低于量程下限 0.5V 或高于量程上限 0.5V。

2-397　MMS6110 双通道轴振测量模块有哪些状态监测？

模块不间断地检查测量回路，在发现故障时给予指示，并在必要时闭锁报警输出。状态指示有三种途径：通过前面板“通道正常”指示灯；通过“通道正常”输出 1/2；通过计算机及组态软件在 Device status 显示。

(1) 通道监测。模块检查输入信号的直流电压值。当输入信号超过设定上限 0.5V 或低于设定下限 0.5V 时，给出通道错误指示（传感器短路或断路）。

(2) 过载监测。当动态信号的幅值超过设定量程时，模块给出过载信息。

(3) 通道正常指示灯。通道正常时，指示灯为绿色，其变化有三种情况。指示灯熄灭（off）：故障。慢速闪烁（FS）0.8Hz：通道状态。快速闪烁（FQ）1.6Hz：模块状态。

在通电后，正常启动期：两个指示灯同步闪烁 15s。模块未组态：两个指示灯交替闪烁。模块未标定：所有指示灯交替闪烁（此种现象出现时，应送工厂处理）。

（4）“通道正常”输出。模块有两路“通道正常”输出。通道1：C1-C，C1-E（z26，z28）。通道2：C2-C，C2-E（z30，z32），其工作方式为常闭。

如果要把几个通道正常输出串联起来，应考虑在每个输出上会产生最大1.5V的电压降。所以使用REL020时，只能串联4个输出；使用REL 010时可以串联8个输出；而REL 054可以串联12个输出。

2-398　MMS6120双通道瓦振测量模块的特点是什么？

（1）双通道瓦振测量模块，监测轴承振动。

（2）可在运行中更换，可单独使用，冗余电源输入。

（3）扩展的自检功能，内置传感器自检功能，口令保护操作级。

（4）适用涡流传感器PR9266/... 和PR9268/... 或者压电式传感器。

（5）RS-232/RS-485端口用于现场组态及通信，可读出测量值。

（6）内置线性化处理器。

（7）记录和存储最近一次启/停机的测量数据。

2-399　MMS6120双通道瓦振测量模块的作用是什么？

双通道轴承振动测量模块MMS6120用电动式速度传感器测量轴承振动。

模块的设计满足通用的国际标准，如API670、VDI2056、VDI2059。这种模块的测量可以和其他模块的测量一起组成涡轮机械保护系统，以及作为输入提供给分析诊断系统、现场总线系统、分散控制系统、电厂/主计算机、网络（如WAN/LAN网、以太网）等。对于蒸汽轮机、燃汽轮机、水轮机、压缩机、风扇、离心机以及其他涡轮机械，使用本系统可提高使用效率、运行安全性和延长机械使用寿命。

MMS6120为双通道轴承振动测量模块，可以用电动式速度传感器测量轴承振动（瓦振）来监测和保护各种类型的涡轮机械，如汽轮机、燃汽轮机、压缩机、风扇、齿轮箱、引风机、离心机等。

安装在轴瓦上的传感器的输出信号与轴瓦的绝对振动成正比。MMS6120 模块将两个通道的传感器输入信号分别转换成标准信号输出。模块的其他部分提供报警、传感器供电、模块供电、通道和传感器的检测及信号滤波等功能。

模块内置微处理器，可以通过现场便携机或远程通信总线设置工作方式和参数，读取所有测量值，进行频谱分析。最后一次启/停机过程存储在模块中，可以通过计算机显示。

2-400 MMS6120 双通道瓦振测量模块的信号输入是什么？

MMS6120 有两路独立的电动式速度传感器信号输入：SENS 1H（z8）/SENS 1L（z10）和 SENS 2H（d8）/SENS 2L（d10）。与之匹配的速度传感器为德国 epro 公司生产的 PR926X 系列电动式传感器，输入电压范围为－5～＋15Vdc。

模块为每个传感器提供一个 0～8mA 的提升线圈电流，可补偿传感器线圈的机械沉降，此补偿电流在组态中可选 SENS 1＋（z6）/SENS 1－（b6）和 SENS 2＋（d6）/SENS 2－（b8）。

传感器信号可以在模块前面板上 SMB 接口处测到。

此外，模块还备有键相信号输入（必须大于 13V），该信号是速度控制方式及频谱分析所必需的。

2-401 MMS6120 双通道瓦振测量模块的信号输出有哪些？

（1）特征值输出。模块有两路代表特征值的电流输出：I1＋（z18）/I1－（b18）和 I2＋（z20）/I2－（b20），可设定为 0～20mA 或 4～20mA。

模块有两路代表特征值的 0～10V 电压输出：EO 1（d14）/EO 2（d16）。

（2）动态信号输出。模块提供两路 0～20Vpp 动态信号输出 AC1（z14）/AC2（z16）用于频谱分析。0～20Vpp 相当于特征值的量程。

2-402 MMS6120双通道瓦振测量模块有哪些限值监测?

(1) 报警值。每个通道可以分别设定报警值和危险值。报警开关特性为测量值上升时超限触发。为避免测量值在限值附近变化而反复触发报警，可设置报警滞后值，在满量程的1%～10%之间选择，特性为下降触发。

(2) 限值倍增器及倍增系数 X。在特殊情况下，如过临界转速时，振动幅值会很大，乃至超限，但此时机组处于正常运行状态。为避免不必要的报警或跳机，可在软件中激活限值倍增器功能，并设置倍增系数 X（1.00～5.00）提高报警值。使用此功能时，d18应为低电平。倍增系数 X 同时影响报警值和危险值。

(3) 报警输出。模块给出4个报警输出：

通道1：危险 D1-C，D1-E（d26，d28），报警 A1-C，A1-E（b26，b28）。

通道2：危险 D2-C，D2-E（d30，d32），报警 A2-C，A2-E（b30，b32）。

(4) 报警保持功能。使用此功能，报警状态将被保持。只有通过软件中复位命令（reset latch channel 1/2）才能在报警条件消失后取消报警。

(5) 报警输出方式。使用SC-A（报警 d24）和SC-D（危险 z24）时可以选择以下报警输出方式：

1）当SC-为断路或为高电位（+24V）时，报警输出为常开；

2）当SC-为低电位（0V）时，报警继电器为常闭。

为避免掉电引起报警，便于带电插拔，建议选用报警输出为常开。

(6) 禁止报警。在下述情况下，报警输出将被禁止：

1）模块故障（供电或软件故障）；

2）通电后的延时期，断电和设置后的78s延时期；

3）模块温度超过危险值；

4）启动外部报警禁止，ES（z22）置于0V；

5）在限值抑制功能激活时，输入电平低于量程下限0.5V或高于量程上限0.5V。

2-403　MMS6120双通道瓦振测量模块有哪些状态监测？

模块不间断地检查测量回路，在发现故障时给予指示，并在必要时闭锁报警输出。状态指示有三种途径：通过前面板“通道正常”指示灯；通过“通道正常”输出1/2；通过计算机及组态软件在Device status显示。

（1）通道监测。模块检查传感器的输出，在出现异常时，给出通道错误指示（传感器短路或断路）。

（2）过载监测。当动态信号的幅值超过设定量程时，模块给出过载信息。

（3）通道正常指示灯。通道正常时，指示灯为绿色，其变化有三种情况：指示灯熄灭（off）：故障。慢速闪烁（FS）0.8Hz：通道状态。快速闪烁（FQ）1.6Hz：模块状态。

在通电后，正常启动期：两个指示灯同步闪烁15s。模块未组态：两个指示灯交替闪烁。模块未标定：所有指示灯交替闪烁（此种现象出现时，应送工厂处理）。

（4）“通道正常”输出。模块有两路“通道正常”输出，其工作方式为常闭。通道1：C1-C，C1-E（z26，z28）。通道2：C2-C，C2-E（z30，z32）。

如果要把几个通道正常输出串联起来，应考虑在每个输出上会产生最大1.5V的电压降。所以使用REL 020时，只能串联4个输出；使用REL 010时可以串联8个输出；而REL 054可以串联12个输出。

2-404　MMS6210双通道轴位移测量模块的特点是什么？

（1）双通道轴位移测量模块，监测轴向位移、胀差。

（2）可在运行中更换，可单独使用，冗余电源输入。

（3）扩展的自检功能，内置传感器自检功能，口令保护操作级。

（4）适用涡流传感器PR642./.. 系列加前置器CON0X1。

（5）RS-232/RS-485 端口用于现场组态及通信，可读出测量值。

（6）内置线性化处理器。

（7）记录和存储最近一次启/停机的测量数据。

2-405　MMS6210 双通道轴位移测量模块的作用是什么？

双通道轴位移测量模块 MMS6210 测量轴的移动，如轴向位移、胀差、热膨胀、径向轴位置。信号取自涡流位移传感器。

这种模块的测量可以和其他模块的测量一起组成涡轮机械保护系统，或者作为输入提供给分析诊断系统、现场总线系统、分散控制系统、电厂/主计算机、网络（如WAN/LAN网、以太网）。

对于蒸汽轮机、燃汽轮机、水轮机、压缩机、风扇、离心机以及其他涡轮机械。使用本系统可提高使用效率、运行安全性和延长机械使用寿命。

MMS6210为双通道轴位移测量模块，可以用涡流位移传感器测量轴向移动来监测和保护各种类型的涡轮机械，如汽轮机、燃汽轮机、压缩机、风扇、齿轮箱、引风机、离心机等。

传感器的输出，即模块的输入代表传感器前端到被测物表面的间隙。信号经过MMS6210模块处理并与设置的工作模式成正比转换成标准信号输出。模块的其他部分提供报警、传感器供电、模块供电、通道和传感器的检测及信号滤波等功能。

内置微处理器，可以通过现场便携机或远程通信总线设置工作方式和参数、读取所有测量值。最后一次启/停机过程存储在模块中，可以通过计算机显示。

2-406　MMS6210 双通道轴位移测量模块的信号输入是什么？

（1）MMS6210有两路独立的涡流传感器信号输入：SENS 1H（z8）/SENS 1L（z10）和SENS 2H（d8）/SENS 2L（d10）。与之匹配的涡流传感器为德国epro公司生产的PR642X系列涡流传感器及相应的前置器。也可使用其他厂家生产的同类型传感器。输入电压范围为−1～−22Vdc。

模块为传感器提供两路−26.75V直流电源：SENS 1+（z6）/SENS 1−（b6）和SENS 2+（d6）/SENS 2−（b8）。传感器信号可以在模块前面板上SMB接口处测到。

（2）模块有两路电压输入EI1（b14）/EI2（b16）。

（3）模块还备有键相信号输入（必须大于13V），该信号是速度控制方式所必需的。

2-407　MMS6210双通道轴位移测量模块的信号输出有哪些？

（1）特征值输出。模块有两路代表特征值的电流输出：I1+（z18）/I1−（b18）和I2+（z20）/I2−（b20），可设定为0～20mA或4～20mA。

模块有两路代表特征值的0～10V电压输出：EO 1（d14）/EO 2（d16）。

（2）电压输出。模块提供两路0～10Vdc电压输出NGL1（z12）/NGL2（d12）。该输出与传感器和被测面的距离成正比。

2-408　MMS6210双通道轴位移测量模块有哪些限值监测？

（1）报警值。在双通道独立测量的模式下，每个通道可以单独设置两组报警值和危险值。为避免测量值在限值附近变化而反复触发报警，可设置报警滞后值，在满量程的1%～20%之间选择。

（2）限值倍增器及倍增系数X。在特殊情况如过临界转速时，为避免不必要的报警或跳机，可在软件中激活限值倍增器功能，并设置倍增系数X（1.00～5.00）。使用此功能时，d18应为低电平。倍增系数X同时影响报警值和危险值。

（3）报警输出。模块给出4个报警输出：

通道1：危险D1-C，D1-E（d26，d28），报警A1-C，A1-E（b26，b28）。

通道2：危险D2-C，D2-E（d30，d32），报警A2-C，A2-E

（b30，b32）。

不管报警是向上或向下触发，都会给出报警输出。

（4）报警保持功能。使用此功能，报警状态将被保持。只有通过软件中复位命令（reset latch channel 1/2）才能在报警条件消失后取消报警。

（5）报警输出方式。使用 SC-A（报警 d24）和 SC-D（危险 z24）时可以选择以下报警输出方式：

1）当 SC-为断路或为高电位（+24V）时，报警输出为常开；

2）当 SC-为低电位（0V）时，报警继电器为常闭。

为避免掉电引起报警，便于带电插拔，建议选用报警输出为常开。

（6）禁止报警。在下述情况下，报警输出将被禁止：

1）模块故障（供电或软件故障）；

2）通电后的延时期，断电和设置后的 78s 延时期；

3）模块温度超过危险值；

4）启动外部报警禁止，ES（z22）置于 0V；

5）在限值抑制功能激活时，输入电平低于量程下限 0.5V 或高于量程上限 0.5V。

2-409　MMS6210 双通道轴位移测量模块有哪些状态监测？

模块不间断地检查测量回路，在发现故障时给予指示，并在必要时闭锁报警输出。状态指示有三种途径：通过前面板“通道正常”指示灯；通过“通道正常”输出 1/2；通过计算机及组态软件在 Device status 显示。

（1）通道监测。模块检查输入信号的直流电压值。当输入信号超过设定上限 0.5V 或低于设定下限 0.5V 时，给出通道错误指示（传感器短路或断路）。

（2）通道正常指示。通道正常时，指示灯为绿色，其变化有三种情况：指示灯熄灭（off）：故障。慢速闪烁（FS）0.8Hz：通道状态。快速闪烁（FQ）1.6Hz：模块状态。

在通电后，正常启动期：两个指示灯同步闪烁15s。模块未组态：两个指示灯交替闪烁。模块未标定：所有指示灯交替闪烁（此种现象出现时，应送工厂处理）。

（3）“通道正常”输出。模块有两路“通道正常”输出。通道1：C1-C，C1-E（z26，z28）。通道2：C2-C，C2-E（z30，z32）。其工作方式为常闭。

如果要把几个通道正常输出串联起来，应考虑在每个输出上会产生最大1.5V的电压降。所以使用REL 020时，只能串联4个输出；使用REL 010时可以串联8个输出；而REL 054可以串联12个输出。

2-410　MMS6220双通道轴偏心测量模块的特点是什么？

（1）双通道偏心测量模块，监测轴的偏心。

（2）内置微处理器。

（3）扩展的自检功能，内置传感器自检功能，口令保护操作级。

（4）可在运行中更换，可单独使用，冗余电源输入。

（5）适用涡流传感器PR642. /.. 系列加前置器CON0X1。

（6）RS-232/RS-485端口用于现场组态及通信，可读出测量值。

（7）记录和存储最近一次启/停机的测量数据。

2-411　MMS6220双通道轴偏心测量模块的作用是什么？

双通道轴偏心测量模块MMS6220使用涡流传感器测量相对径向轴偏心信号，实现偏心峰峰值、传感器与被测物之间最大/最小距离的测量功能。

这种模块的测量可以和其他模块的测量一起组成涡轮机械保护系统，以及作为输入提供给分析诊断系统、现场总线系统、分散控制系统、电厂/主计算机、网络（如WAN/LAN网、以太网）。

对于蒸汽轮机、燃汽轮机、水轮机、压缩机、风扇、离心机以及其他涡轮机械。使用本系统可提高使用效率、运行安全性和延长机械使用寿命。

通过便携机（连接模块前面板 RS 232 端口）可以对模块的运行方式进行组态或调整，还可以读出和显示测量值以及最近一次的启机或停机的数据。

2-412　MMS6220 双通道轴偏心测量模块的信号输入是什么？

MMS6220 有两路独立的涡流传感器信号输入：SENS 1H(z8)/SENS 1L(z10)和 SENS 2H(d8)/SENS 2L(d10)。与之匹配的传感器为德国 epro 公司生产的 PR642X 系列涡流传感器和配套的前置器。也可使用其他厂家生产的同类型传感器。输入电压范围为−1～−22 V dc 。

模块为传感器提供两路−26.75V 直流电源：SENS 1+(z6)/SENS 1−(b6)和 SENS 2+(d6)/SENS 2−(b8)。

传感器信号可以在模块前面板上 SMB 接口处测到。

此外模块还具备键相信号输入（必须大于 13V），该信号是偏心值计算所必需的。

2-413　MMS6220 双通道轴偏心测量模块的信号输出有哪些？

(1) 特征值输出。模块有两路代表特征值的电流输出：I1+(z18)/ I1−(b18)和 I2+(z20)/ I2−(b20)，可设定为 0～20mA 或 4～20mA。

模块有两路代表特征值的 0～10 Vdc 电压输出：EO 1(d14)/EO 2(d16)。

(2) 动态信号输出。模块提供两路 0～20 Vpp 动态信号输出 AC1(z14)/ AC2(z16)。0～20 Vpp 相当于特征值的量程。

(3) 电压输出。模块提供两路 0～10 V dc 电压输出 NGL1(z12)/ NGL2(d12)。该输出与传感器和被测面的距离成正比。

2-414　MMS6220 双通道轴偏心测量模块有哪些限值监测？

每个通道可以分别设置报警值和危险值。

(1) 报警值。报警开关特性（对轴偏心测量）为测量值上升时超限触发。为避免测量值在限值附近变化而反复触发报警，可设定报警滞后值，在满量程的1%～20%之间选择，开关特性为下降触发。

(2) 限值倍增器及倍增系数 X。在特殊情况下，如过临界转速时，振动幅值会超限，但机组运行状态正常。为避免不必要的报警或跳机，可在软件中激活限值倍增器功能，并设置倍增系数 X（1.00～5.00）。使用此功能时，d18 应为低电平。倍增系数 X 同时影响报警值和危险值。

(3) 报警输出。模块给出 4 个报警输出：

通道 1：危险 D1-C，D1-E（d26，d28），报警 A1-C，A1-E（b26，b28）。

通道 2：危险 D2-C，D2-E（d30，d32），报警 A2-C，A2-E（b30，b32）。

(4) 报警保持功能。使用此功能，报警状态将被保持。只有通过软件中复位命令（reset latch channel 1/2）才能在报警条件消失后取消报警。

(5) 报警输出方式。使用 SC-A(报警 d24)和 SC-D(危险 z24)时可以选择以下报警输出方式：

1)当 SC-为断路或为高电位(+24 V)时，报警输出为常开；

2)当 SC-为低电位(0V)时，报警继电器为常闭。

为避免掉电引起报警，便于带电插拔，建议选用报警输出为常开。

(6) 禁止报警。在下述情况下，报警输出将被禁止：

1)模块故障(供电或软件故障)；

2)通电后的延时期，断电后的 180s 和组态传输到模块后的 120s 延时期；

3)模块温度超过危险值；

4)启动外部报警禁止，ES(z22)置于 0V；

5)在限值抑制功能激活时，输入电平低于量程下限 0.5V 或高于量程上限 0.5V。

2-415 MMS6220双通道轴偏心测量模块有哪些状态监测？

模块不间断地检查测量回路，在发现故障时给予指示，并在必要时闭锁报警输出。状态指示有三种途径：通过前面板“通道正常”指示灯；通过“通道正常”输出1/2；通过计算机及组态软件在Device status显示。

(1) 通道监测。模块检查输入信号的直流电压值。当输入信号超过设定上限0.5V或低于设定下限0.5V时，给出通道错误指示(传感器短路或断路)。

(2) 过载监测。当动态信号的幅值超过设定量程时，模块给出过载信息。

(3) 通道正常指示灯。指示灯变化有三种情况。指示灯熄灭(off)。故障。慢速闪烁(FS)0.8Hz：通道状态。快速闪烁(FQ)1.6Hz：模块状态。

在通电后，正常启动期：两个指示灯同步闪烁15s。模块未组态：两个指示灯交替闪烁。模块未标定：所有指示灯交替闪烁(此种现象出现时，应送工厂处理)。

(4)“通道正常”输出。模块有两路“通道正常”输出。通道1：C1-C，C1-E(z26，z28)。通道2：C2-C，C2-E(z30，z32)。其工作方式为常闭。

如果要把几个通道正常输出串联起来，应考虑在每个输出上会产生最大1.5V的电压降。所以使用REL020时，只能串联4个输出；使用REL010时可以串联8个输出；而REL054可以串联12个输出。

2-416 MMS6312双通道转速/键相模块的特点是什么？

(1) 双通道转速测量模块，监测轴的旋转速度。

(2) 可在运行中更换，可单独使用，冗余电源输入。

(3) 扩展的自检功能，内置传感器自检功能，口令保护操作级。

(4) 适用涡流传感器PR642./..系列加前置器CON0X1，或者PR9376/..传感器。

(5) 电隔离的电流输出。

(6) RS-232/RS-485 端口用于现场组态及通信，可读出测量值。

2-417　MMS6312 双通道转速/键相模块的作用是什么？

双通道转速测量模块 MMS6312 测量轴的转速使用触发齿轮及脉冲传感器产生的输出。两个通道可以独立使用，可用于测量：两个轴的转速；两个轴的零转速；两个轴的键相脉冲信号，每个轴一个键相触发标识，用以描述相位；在使用多齿触发齿轮时，按每转输出一个脉冲的模式(与相位无关)得到两个轴的键相脉冲信号。

两个通道可以结合起来使用：监测一个轴的旋转方向；监测两个轴的速度差值；作为多通道或冗余系统的一部分。

这种模块的测量可以和其他模块的测量一起组成涡轮机械保护系统，以及作为输入提供给分析诊断系统、现场总线系统、分散控制系统、电厂/主计算机、网络(如 WAN/LAN 网、局域网)。对于蒸汽轮机、燃汽轮机、水轮机、压缩机、风扇、离心机以及其他涡轮机械，使用本系统可提高使用效率、运行安全性和延长机械使用寿命。

2-418　MMS6312 双通道转速/键相模块的信号输入是什么？

模块有两路独立的传感器信号输入：SENS 1H(z8)/SENS 1L(z10)和 SENS 2H(d8)/SENS 2L(d10)。与之匹配的传感器既可以是涡流传感器，如德国 epro 公司生产的 PR6423+CON021，也可以是霍尔效应传感器，如 PR9376。输入电压范围为 DC0～－27.3V。

模块为传感器提供两路－26.75V 直流电源：SENS 1+(z6)/SENS 1－(b6)和 SENS 2+(d6)/SENS 2－(b8)。

传感器信号可以在模块前面板上 SMB 接口处测到，所测信号为输入信号 x0.15。

2-419　MMS6312 双通道转速/键相模块的信号输出有哪些？

(1) 模块有两路 TTL 脉冲输出，每个通道一路，电压为 0～+5V。脉冲的宽度和频率与传感器信号一致。该信号既可在后面端子 (z14/z16) 输出，也可在前面板 SMB 接口“Pulse”处测得。

(2) 键相信号输出。模块有两路键相信号输出，每个通道一路，输出电压最大为24V。

键相信号可以由键相槽处测到，此时键相信号不仅表示转速，还可以确定轴在转动时的位置。这对分析诊断系统MMS6851尤为重要。

由转速测量齿盘也可以得到键相信号，但该信号不具备确定轴的位置的功能。

键相信号输出端子为(d14/b14)和(d16/b16)，该输出用于控制其他MMS6000模块的采样及控制。需要注意的是，在一路键相输出上最多只能并接15个MMS6000模块。

(3) 特征值输出。模块有两路表示转速的电流输出0～20mA/4～20mA，每个通道一路，输出端子为z18/b18z20/b20。

2-420 MMS6312双通道转速/键相模块有哪些限值监测？有哪些报警闭锁？

(1) 限值监测。

1) 模块提供4个独立的报警输出。Out1-1(b26/b28)，Out1-2(d26/d28)，Out2-1(b30/b32)，Out2-2(d30/d32)。在双通道模式下，通道1用Out1-1和Out1-2，通道2用Out2-1和Out2-2。每个输出在组态中可选为“上升超限”，“下降超限”，“盘车”，“差速”或“旋转方向”。在冗余模式下，可使用4个报警输出，但不具备“差速”和“旋转方向”选择。

2) 报警开关工作方式的选择。外接输入d24/z24可以选择报警开关工作方式。如输入为断路或高电平（+24V），则输出为常开；如输入为低电平（0V/GND），输出为常闭。一般选择输出为常开，因为常闭方式下带电插拔或断电会产生误报警。

(2) 报警闭锁。在下列情况下，模块将闭锁报警输出：模块故障（系统供电或软件错误）；外部闭锁（z22接0V）；通道故障。此时前面板报警指示灯熄灭。

2-421 MMS6312双通道转速/键相模块有哪些状态监测？

模块不间断地检查测量回路，在发现故障时给予指示，并在必要时闭锁报警输出。状态指示有三种途径：通过前面板“通道正常”指示灯；通过“通道正常”输出1/2；通过计算机及组态软件在Device status显示。

（1）通道监测。模块检查输入信号的直流电压值。当输入信号超过设定通道正常上限或低于设定下限时，给出通道错误指示（传感器短路或断路）。

在使用霍尔效应传感器时，高频时信号电压可能会超过供电电压。所以通道正常上限应设为27.4V。此时该信号不能用于检测线路故障。

如果输入信号低于间隙限值，模块会在软件Status给出间隙错误指示。相应通道的通道正常指示灯以0.2s的频率闪烁。

（2）通道正常指示灯。正常测量时，通道正常指示灯呈绿色。某一通道发生故障时，相应的通道正常指示灯熄灭。发生模块故障时，两个通道的通道正常指示灯都熄灭。发生间隙错误时，相应通道的正常指示灯以0.2s的频率闪烁。参数设置错误时，相应通道的正常指示灯以1s的频率闪烁。

（3）通道正常输出。模块有两路“通道正常”输出。通道1：C1-C，C1-E（z26，z28）。通道2：C2-C，C2-E（z30，z32）。其工作方式为常闭。

如果要把几个通道的正常输出串联起来，应考虑在每个输出上会产生最大1.5V的电压降。所以使用REL020时，只能串联4个输出；使用REL010时可以串联8个输出；而REL054可以串联12个输出。

2-422 MMS6410双通道缸胀测量模块的特点是什么？

（1）双通道缸胀测量模块，监测缸体的热膨胀。

（2）适用于电感式位移传感器PR935./..系列。

（3）测量频率范围可达100Hz。

（4）零点的调整和移动独立于测量范围的选择。

（5）两个通道可以结合使用，可将测量值相加或相减。

（6）扩展的自检功能，内置传感器自检功能，口令保护操作级。

(7) RS-232/RS-485 端口用于现场组态及通信，可读出测量值。

2-423　MMS6410双通道缸胀测量模块的作用是什么？

双通道缸胀测量模块 MMS6410 测量缸体的热膨胀，输入信号来自半电桥或全电桥结构的电感式传感器的输出。每个通道可以独立使用；两个通道也可以结合使用，将测量值相加或相减。模块可以对位移、角度、力、扭振等参数进行动态和静态的测量。

这种模块的测量可以和其他模块的测量一起组成涡轮机械保护系统，以及作为输入提供给分析诊断系统、现场总线系统、分散控制系统、电厂/主计算机、网络（如 WAN/LAN 网、以太网）。对于蒸汽轮机、燃汽轮机、水轮机、压缩机、风扇、离心机以及其他涡轮机械，使用本系统可提高使用效率、运行安全性和延长机械使用寿命。

2-424　MMS6410双通道缸胀测量模块的信号输入是什么？

MMS6410 有两种不同的放大器，SENS1H(z8)/SENS1L(z10)和 SENS2H(d8)/SENS2L(d10)用于连接感应式传感器。它们也适用于 epro 公司制造的 PR9350 系列传感器。同样，它们也适用于其他的测量链。

为了给传感器供电，每个通道包含一个约 4V 的电源输出：CF1-1(z6)/CF1-2(b6)和 CF2-1(d6)/CF2-2(b8)，该电压输出与电源部分是隔离的。

传感器及前置器的连接应按照接线图进行，传感器的中点接在CF1(2)-2，端点接在电源上。如果基值不是最小值，请改变电源的极性。

通道输入信号在监视器前面板的 Sensor signal 接口上可以测到。通过 SMB 电缆或 SMB-BNC 适配器、监视器可以接到示波器上，从传感器来的信号通过 1∶1 的缓冲放大器送到前面板接口上。

2-425　MMS6410双通道缸胀测量模块的信号输出有哪些？

（1）特征值输出。监视器有两路输出：I1＋(z18)/I1－(b18)和I2＋(z20)/I2－(b20)。电流输出可设为4～20mA或0～20mA。

当电源输出设为4～20mA时，4mA对应特征值的0点，如果在通道输出菜单中激活电流抑制功能，故障时电流输出会变为0mA。

（2）测量值的电压输出。输出EO1（d14）和EO2（d16）提供一个0～10V的输出，正比于特征值。

EO输出与EI输入配套使用，不过在6410中，该选项无效。如果特征值的电压输出用于进一步处理或控制外部指示，那么处理精度为8位（输出电流的处理精度为16位）。

（3）同步。当几个MMS6410工作在同一个系统中时，载频示波的同步是重要的。MMS6410可以工作在主监视器模式，它发出同步信号给其他监视器。MMS6410也可以工作在从监视器模式，它从其他监视器接受同步信号。

一个主监视器信号可以驱动最多5个MMS6410。

在从模式，两个通道将从同步输入z12/z14得到同步信号。假如通道没有检测到同步信号，经过一个延迟时间后，监视器将产生一个同步信号。延迟时间取决于监视器的优先级，优先级为1的将先于其他从监视器产生的同步信号。

2-426　MMS6410双通道缸胀测量模块有哪些限值监测？

每个通道可以分别设置报警值和危险值。

（1）报警通道和限值。每个通道具有预报警（alert）和主报警（danger）两个报警通道。监视器组态时设定报警限值并启动报警功能。

当双通道单独工作时，两通道分别设置并监视限制值。

正方向限值转换的转换特征是上升的，即当超过限值时，报警被触发。一个满量程5%左右的转换滞后（当下降时有效）可以防止产生一个不必要的输出转换，在测量值改变很小的情况下。负方向限值转换的转换特征是下降的，即当低于限值时，报警被触发，转换滞后当上升时有效。

（2）限值倍增器及倍增系数 X。在特殊情况下，如过临界转速时，监测值可能会超限，但机组运行状态正常。为避免不必要的报警或跳机，可在软件中激活限值倍增器功能，并设置倍增系数 X（1.00～5.00）。使用此功能时，d18 应为低电平。倍增系数 X 同时影响报警值和危险值。

（3）报警输出。模块给出 4 个报警输出：

通道 1：危险 D1-C，D1-E（d26，d28），报警 A1-C，A1-E（b26，b28）。

通道 2：危险 D2-C，D2-E（d30，d32），报警 A2-C，A2-E（b30，b32）。

4 个报警输出为开集电极输出。它们相互隔离，且与主电路隔离。当电源连到输出时可以转换。如果几个报警输出被串接在一起（闭路模式），每个报警输出的最大饱和电压为 1.5V，对于一个 24V 的继电器电源来说，一个 REL020 继电器转换模件最多可接 4 个报警输出，而一个 REL010 最多可按 8 个。

（4）报警保持功能。使用此功能，报警状态将被保持。只有通过软件中复位命令（reset latch channel 1/2）才能在报警条件消失后取消报警。

（5）报警输出方式。二进制输入 SC-A（d24）、SC-D（z24）决定了报警输出的工作模式。

如果输入 SC 为“开路”或“高”（正常为＋24V），相应的报警输出工作在开路模式，即一个报警将产生一个与其相接的继电器触点闭合。

如果 SC 输入为低（0V），相关的报警输出工作在闭路模式，即相应的报警不导通且与之相连的继电器不带电。

如果报警输出工作在闭路模式，从机箱移出监视器或电源故障将可能产生误报警。

（6）禁止报警。在下述情况下，报警输出将被禁止：

1）模块故障（供电或软件故障）；

2）通电后的延时期，断电后的180s和组态传输到模块后的120s延时期；

3）模块温度超过危险值；

4）启动外部报警禁止，ES（z22）置于0V；

5）在限值抑制功能激活时，输入电平低于量程下限0.5V或高于量程上限0.5V。

2-427 MMS6410双通道缸胀测量模块有哪些状态监测？

模块不间断地检查测量回路，在发现故障时给予指示，并在必要时闭锁报警输出。

状态指示有三种途径：通过前面板“通道正常”指示灯；通过“通道正常”输出1/2；通过计算机及组态软件在Device status显示。

（1）通道监测。为了监测传感器和电缆，系统测量载频电源电流。当其超过限值33mArms或低于限值4mArms，监视器指示通道故障。

（2）过载监测。当动态信号的幅值超过设定量程时，模块给出过载信息。

（3）通道正常指示灯。指示灯变化有三种情况：指示灯熄灭(off)：故障。慢速闪烁(FS)0.8Hz：通道状态。快速闪烁(FQ)1.6Hz：模块状态。

在通电后，正常启动期：两个指示灯同步闪烁15s。模块未组态：两个指示灯交替闪烁。模块未标定：所有指示灯交替闪烁（此种现象出现时，应送工厂处理）。

（4）“通道正常”输出。两个通道正常输出均为开集电极输出，并且互相隔离，且与其他电路隔离。通道1：C1-C，C1-E(z26，z28)。通道2：C2-C，C2-E(z30，z32)。

在初始状态和正常测量功能下，输出三极管的集电极—发射板是导通的，即这些输出是工作在闭路模式。在非正常测量或延迟时间内，输出将不导通，在模件故障和延迟时间内，通道正常输出将不导通。

如果几个通道正常输出被串接在一起（闭路模式），每一个输出的最大饱和电压为1.5V，则对于24V继电器电源来说，一个REL020继电器转换模件最多可接4个通道正常输出，而一个REL010则最多8个。

2-428 MMS6418绝对/相对胀差测量模块的特点是什么？

（1）通道1测量绝对膨胀，使用PR9350传感器。

（2）通道2测量相对胀差，使用PR6418传感器。

（3）信号频率范围：通道1最高100Hz；通道2最高10Hz。

（4）零位校正和零位改变可通过计算机实现。

（5）RS-232/RS-485端口用于现场组态及通信，可读出测量值。

（6）内置线性化处理器。

2-429 MMS6418绝对/相对胀差测量模块的作用是什么？

MMS6418双通道绝对/相对胀差测量模块借助于电感式传感器测量胀差。每个通道可以单独运行：通道1既可以测量静态量，也可以测量动态量，如位移、角度、力、扭曲等；通道2只能测量静态量相对胀差。

这种模块的测量可以与其他模块的测量一起组成涡轮机械保护系统。

对于蒸汽轮机、燃汽轮机、水轮机、压缩机、风扇、及其他涡轮机械，使用本系统可提高使用效率、运行安全性和延长机械使用寿命。

2-430 MMS6418绝对/相对胀差测量模块的各技术参数是什么？

（1）传感器输入。两路独立的输入：通道1输入为半桥电路或差动变压器式传感器；通道2输入为差动变压器式传感器。输入信号与系统电源电隔离，开路和短路保护。

通道 1：测量绝对膨胀。

额定输入电压：2.5Vrms。

输入阻抗：200kΩ。

测量范围：取决于传感器规格。

测量频率：0～100Hz，－3dB。

通道 2：测量相对胀差。

额定输入电压：PR6418/01　15～300mVrms；PR6418/02　15～400mVrms。

测量范围：PR6418/01　±10mm；PR6418/02　±20mm。

测量频率：0～100Hz，－3dB。

(2) 传感器供电。通道 1 额定电压：4Vrms。载频：4.75kHz。通道 2 额定电压：30Vrms；载频：1963Hz。

(3) 控制输入。两个通道共用的二进制输入，控制光耦输出是否导通，用于通道或模块禁止。在启/停机时，可通过一个 1～4.999 的因子扩展测量范围，改变报警值，24V 逻辑。

(4) 键相输入：每转一个脉冲，用于系统分析，24V 逻辑。

输入阻抗：大于 30kΩ。

脉冲宽度：最小 10μs。

(5) 限值检测。通道 1 和通道 2 均有 4 个限值，可独立调整，每个报警（alert）和危险（danger）控制一个光耦输出。

报警信号通过 48 芯端子输出，报警可以被通道正常/电路故障功能或一个外部输入闭锁。每次下载新的组态后，报警将被阻断 15s。

限值调整范围：满量程的 5%～100%。

分辨率：满量程的 1%。

延时时间：0～6s 可选。

开关特性：上升触发。

开关迟滞：通道 1 可组态（下降触发）。通道 2 可组态（附端报警上升触发，正向报警下降触发）。

在后面端子上的光耦输出：U_{max}＝48V DC；I_{max}＝100mA。

（6）模块/传感器监测。模块有通道正常/电路故障检测系统，内部的模块监测电路可以不间断地监测：传感器信号在预置范围内；传感器与模块之间的连接“OK”；系统供电电压在预置范围内；组态和参数设置的正确性；没有超出测量范围；内部温度不过载；系统看门狗。

在模块上电后，以及从异常转为正常，所有模块功能输出闭锁15s；

“通道正常”状态可由模块前面板的绿色发光二极管显示：通道故障时，发光二极管熄灭；延时期间，发光二极管闪烁。

两通道状态通过光耦在后面端子上输出：$U_{max}=48V$ DC；$I_{max}=100mA$。

模块后部的信号输出：后部端子连接器，48芯，符合DIN41642。

每个通道一路电流输出：正比于特征值。

额定范围：0～20mA/4～20mA，开路与短路保护。

精度：满量程的1%。

每个通道一路电压输出：正比于特征值。

额定范围：0～10V，开路与短路保护。

精度：满量程的1%。

通道1：绝对膨胀，在SMB接口可得到正比于传感器信号的测量信号。

范围：±12V。

阻抗：100kΩ。

内阻：1kΩ。

通道2：相对胀差，在SMB接口可得到正比于传感器信号的测量信号。

范围：PR6418/01　15～300mVrms；PR6418/02　15～400mVrms。

阻抗：100kΩ。

内阻：1kΩ。

2个绿色指示灯：指示每个通道的“通道正常”的状态。

4个红色指示灯：每个通道2个，指示是否超限。

RS-232接口：用于组态和通信。

供电电源：冗余24V电源输入，二极管隔离。

功率消耗：最大20W。

2-431 MMS6823 RS-485转换模块的特点是什么？

（1）RS-485输入。

（2）数据输出方式。

（3）MODBUS RTU/ASCII。

（4）以太网TCP/IP。

（5）两种总线输出方式并行，相互间不影响。

（6）MODBUS总线的输出方式RTU/ASCII可任选。

（7）可传输特征值，模块波形数据，以及模块状态和报警状态等物理量。

（8）19′英寸框架用标准卡件。

（9）模块可通过TCP/IP接口对各板件进行组态。

（10）键相信号调整功能。

（11）冗余电源输入。

2-432 MMS6823 RS-485转换模块的功能是什么？

通信接口模块MMS6823的功能是通过RS-485总线不断地访问连接在总线上的MMS6000模块，同时，将接收到的特征值数据和报警及模块状态数据转换成标准Modbus协议，Modbus输出可以选择Modbus RTU或Modbus ASCII协议方式。并将接收到的特征值数据和报警及模块状态数据转换成标准TCP/IP协议，可通过以太网RJ45接口输出。这些数据可以被与之相连的振动分析系统或DCS、DEH等系统访问并调用显示。

通过MMS6823可对连接的MMS6000模块进行组态设置。RS-485总线和Modbus输出是通过模块后面的48芯插座连接的，TCP/IP网络接口为标准RJ45接口，位于模块的后面板上，使用标准网络电缆连接。MMS6823的IP地址可以根据需要灵活设置。

2-433　MMS6823 RS-485 转换模块的各技术参数是什么？

（1）数据输入。通过模块后面的48芯插座连接 MMS6000 系统的 RS-485 总线，获取 MMS6000 模块的相关数据，传输速率可选 38400bit/s 或者 57600bit/s。传输数据有特征值、模块状态数据、模块报警状态、模块实时波形数据。

（2）数据输出。

1）Modbus：通过设置，可以选用 Modbus RTU 或者 Modbus ASCII 协议，通过模块后面的48芯插座连接，传输速率可选。

2）以太网 TCP/IP：TCP/IP 网络接口为标准 RJ45 接口，位于模块的后面板上，使用标准网络电缆连接。传输速率为 10～100Mbit/s 自适应。

（3）供电电压。18～24～31.2VDC 冗余供电，符合 IEC 654-2 标准，等级 DC4。

（4）工作环境。

1）温度范围：0～60℃，符合 DIN 40040 标准，等级 KTF。

2）存储和运输环境要求：－40～85℃。

3）允许相对湿度：0～90%，无凝结。

4）允许振动。

5）允许撞击。

6）加速度峰值：$98m/s^2$。

7）额定撞击持续时间：16ms。

2-434　MMS6831 RS-485 通信单元的特点是什么？功能是什么？

（1）RS-485 输入。

（2）数据输出方式：RS-232 到 PC；RS-485 到 DCS。

（3）可传输特征值，模块波形数据，以及模块状态和报警状态等物理量。

（4）19′框架用标准卡件。

（5）可通过本接口卡对连接在总线上的 MMS6000 模块进行

组态。

(6) 冗余电源输入。

通信接口模块 MMS6831 的功能是通过 RS-485 总线访问连接在总线上的 MMS6000 模块，同时，将接收到的特征值数据和报警及模块状态数据转换成标准 RS-232 连接到与之相连的组态计算机，也可以通过 RS-485 总线与 DCS、DEH 等系统相连并调用显示。

通过 MMS6831 可对连接的 MMS6000 模块进行组态设置。RS-485 总线输入/输出是通过模块后面的 48 芯插座连接的，RS-232 接口为 6 芯圆形接口，位于模块的前面板上，使用专用电缆连接。

2-435 MMS6831 RS-485 通信单元的各技术参数是什么？

(1) 数据输入。通过模块后面的 48 芯插座连接 MMS6000 系统的 RS-485 总线，获取 MMS6000 模块的相关数据，传输速率可选 38400bit/s 或者 57600bit/s。传输数据有特征值、模块状态数据、模块报警状态、模块实时波形数据。

(2) 数据输出。

1) RS-232 接口：RS-232 接口为 6 芯圆形接口，位于模块的前面板上，使用专用电缆连接。传输速率为 9.6～115.2Kbit/s。

2) RS-485：通过模块后面的 48 芯插座连接。传输速率为9.6～115.2Kbit/s。

(3) 工作环境。

1) 供电电压：18～24～31.2VDC 冗余供电，符合 IEC 654-2 标准，等级 DC4。

2) 工作环境温度范围：0～60℃，符合 DIN40040 标准，等级 KTF。

3) 存储和运输环境要求：－40～85℃。

4) 允许相对湿度：0～90%，无凝结。

5) 允许振动。

6）振动范围：0～15mm，10～55Hz。

7）加速度：19.6mm/s^2，55～150Hz。

8）允许撞击。

9）加速度峰值：98m/s^2。

10）额定撞击持续时间：16ms。

11）质量：净重150g/毛重300g。

2-436　DOPS三取二转速测量系统的特点是什么？

（1）三取二形式转速测量系统，监测轴的转速，最大限度地保障机组安全运行。

（2）适用涡流传感器PR642./..系列加前置器CON0..。

（3）所有通道之间对脉冲输入及输出信号相互进行比较。

（4）可在运行中更换，冗余电源输入。

（5）可通过调整后面的主板改变工作模式，每个通道最多6个报警值设置。

（6）内置传感器及模块通道正常自检功能。

（7）RS-232/RS-485端口用于现场组态及通信。

2-437　DOPS三取二转速测量系统的作用是什么？

DOPS是epro公司研制开发的新一代数字式三取二转速测量系统，由三块MMS6350模块和背面的MMS6351主板构成。每个MMS6350模块分别采集一个脉冲传感器的信号，系统通过微处理器对所有通道的脉冲输入及输出信号进行比较后，采用了三取二逻辑报警输出，最大限度地提高了机组运行的安全性。该系统适用于所有旋转机械的超速保护。

2-438　DOPS三取二转速测量系统的各技术参数是什么？

（1）信号输入：开路和短路保护。

1）电压输入范围：0～27.3V/最大0～30V DC。

2）输入阻抗：>100kΩ。

3）频率范围：0～16kHz（−3dB）。

4）允许负载：>1MΩ。

5）内阻：10kΩ。

（2）传感器供电：与系统电压和供电电压之间电隔离，开路和短路保护。

1）供电电压：26.75V DC。

2）供电电流：35mA。

3）测量范围：输入信号频率0～20kHz。

4）最大转速：65535r/min。

5）控制输入：二进制输入，用于报警禁止、报警保持的复位。

（3）信号输出：每个MMS6350模块有两路0～20mA/4～20mA电流输出，与转速成正比。精度为0.1%。

1）一路TTL输出，开路和短路保护。

2）传感器信号缓冲输出：前面板SMB接口输出，开路和短路保护。

3）二进制输出：共有6个输出，每个可单独设置。其功能、参数及开关特性的设置在组态中完成。输出状态由一个黄色发光二极管显示。

二进制输出的最大值：①输出1～3。C-E断开：最大U_{CE} 48V。C-E导通：最大I_{CE} 50mA。②输出4～6。C-E断开：最大U_{CE} 48V。C-E导通：最大I_{CE} 100mA。

2-439 DOPS三取二转速测量系统有哪些测量模式？

该模块测量由齿盘触发的脉冲信号，并根据两个信号相间隔的时间来计算转速。有两种测量方式。

（1）每转n次测量：在此种测量方式下，模块在5～10ms的时间窗口内采集由测量齿盘处得到的脉冲输入数量，并且由此计算出转速。在这种测量方式下对测量齿盘的精度要求比较高。

（2）每转1次测量：在此种测量方式下，测量出每转所需要的时间，并由此计算出转速。转速为3000r/min时每转对应时间为20ms，转速越高，测量得到的时间就越短。这种测量方式可以很精确地测量转速，因为在轴旋转1周后，测量齿盘可能引起的误差被中和了。

2-440 DOPS三取二转速测量系统有哪些限值检测？

每个MMS6350模块提供6个功能输出。这些输出可以被用作报警输出或指示测量状态。而且第6个输出可以提供一个数字信号给外接速度数显表或作为脉冲输出。

输出1～5可以被设置为以下功能：

（1）大于Limit升速时超限保护。

（2）小于Limit降速时超限保护。

（3）大于Limit＋Latch升速时超限保护＋报警保持。

（4）小于Limit＋Latch降速时超限保护＋报警保持。

（5）Standstill盘车状态。

（6）Direction of rotation判别旋转方向。

（7）Pulse comparison脉冲比较。

（8）第6个功能输出可完成下列功能：

1）外接显示；

2）脉冲输出。

2-441 DOPS三取二转速测量系统有哪些通道监测及显示？

每个通道不仅持续测量与其相连接的传感器的信号，而且将本通道的信号及电流输出和其他两个通道的相互比较。

为确保系统的安全性，前面板上的两个绿色发光二极管被用来作为通道故障状态的指示。通道正常的状态可通过光耦输出。

2-442 DOPS三取二转速测量系统有哪些其他参数？

（1）供电电源。两路冗余供电，用二极管隔离，额定电压＋24V，有公共接地。允许电压范围：18～31.2V DC，符合IEC 654-2标准，级别DC4。

（2）通信界面。

1）RS-232端口：位于前面板，用来连接便携机进行组态和显示。

2）RS-485总线：用于与分析诊断系统通信。

（3）对环境的要求。

1）应用等级：符合 DIN 40040 标准，KTF。

2）基准参考温度：+25℃。

3）额定工作温度范围：0～+65℃。

4）库存及运输时环境温度：−30～+85℃。

5）相对湿度：5%～95%时无凝结。

6）防护等级：IP00，符合 DIN 40050 标准。

7）防电磁干扰 EMC：符合 EN 50081-1/EN 50082-2 标准。

2-443　1000MW 机组 TSI 系统采用 3500 监视系统的现场设备有哪些（以某电厂为例）？

现场设备包括 BN 公司生产与 3500 系统配套的前置器、延伸电缆及传感器。偏心、鉴相、轴振测量用 21000 的 8mm 涡流传感器；轴向位移测量用 11mm 涡流传感器；高、中差测量采用 25mm 差胀传感器；低差测量用 50mm 差胀传感器；轴承盖振动用 9200 速度传感器；转速采用 330103 的 8mm 涡流传感器。其他还包括一部分国产设备，主要是高、中压缸热膨胀，显示表为 DF9032，探头为 TD-2 型，现场安装的瞬态转速表为 DF9011，接转速表的转速探头采用 DF6201 磁阻式转速传感器，机柜内的电流转换器为 CZ3035。

现场设备分进口部分和国产部分，进口部分配置美国 B. N 公司生产的 3500 监视系统，国产部分为 DF9000 监控系统和智能瞬态转速表。全部集成在一个机柜内（2200mm×800mm×800mm）。该装置提供汽轮机 TSI 全套配置和给水泵汽轮机 TSI 接线端子。

（1）进口部分：该部分由两个 16 位机箱和相应的监视器、传感器、前置器和延伸电缆组成，用以监视汽轮机的转速、轴向位移、胀差、轴承盖振动、轴振动、偏心，并输出相应的 4～20mA 信号，监视值如有越限则输出停机信号。

（2）国产部分：该部分由绝对膨胀监测器、相应的传感器和智能瞬态转速表（该表不安装在该机柜上）组成。智能瞬态转速表用以监测汽轮机的转速。绝对膨胀监测器用以监视汽缸绝对膨胀，左右各一，并输出相应的 4～20mA 信号。

2-444　3500监视系统的具体监测项目有哪些？安全监视系统的技术指标有哪些（以某电厂为例）？

具体监测项目及汽轮机安全监视系统技术指标见表2-32。

表2-32　　汽轮机安全监视系统技术指标

监测项目	测量范围	模拟量输出	报警值	危险值
转速表	0～5000r/min	4～20mA	2，3240r/min	
汽轮机转速	0～5000r/min	4～20mA		3300r/min
轴向位移	－2～＋2mm	4～20mA	－1.05，＋0.6	－1.65，＋1.2
高中压缸胀差	－5～＋8mm	4～20mA	－3，＋6	－5，＋7
盖振	0～125μm(P－P)	4～20mA	50μm(P－P)	80μm(P－P)
偏心	0～100μm(P－P)	4～20mA	30μm	
低压缸胀差	0～＋17mm	4～20mA	＋14.0	＋15.0
轴振	0～400mm(P－P)	4～20mA	127μm	250μm
热膨胀行程	0～50mm	4～20mA		

2-445　3500系统采用了哪些传感器（以某电厂为例）？

每个监视装置输入电源均为220V ac、50Hz。B. N3500系统均采用B. N公司系列涡流传感器和速度传感器：

（1）转速、偏心、鉴相测量用8mm涡流传感器。

（2）轴向位移测量用11mm涡流传感器。

（3）胀差测量用50mm趋近式传感器。

（4）1～6号轴承盖振动用速度传感器。

（5）1～6号轴振动用8mm涡流传感器。

（6）热膨胀的监测采用国产50mm传感器，通道板采用TD-2型监测器。

2-446　ETS系统的功能是什么？

（1）在危险工作状态下通过励磁机械跳闸电磁线圈（MTS）以及使主跳闸电磁阀（MTSV）失电对汽轮机提供跳闸逻辑。

（2）当汽轮机启动条件确定时，在中央控制室中手动做汽轮机复位工作。

2-447 ETS系统硬接线回路配置是什么？

(1) 用三倍冗余度的配置包括过程I/O模块的以处理器为基础的模块组成汽轮机跳闸回路。

(2) 为了安全起见，手动跳闸按钮和备用超速跳闸（额定的112%）信号用硬件直接接至汽轮机跳闸回路。

(3) ETS系统应用的汽轮机跳闸回路应具有在下列条件之一确立时，由液力系统使汽轮机的主阀关闭以安全跳闸汽轮机的功能：

1) MTS（机械跳闸电磁线圈）被励磁；

2) 两个MTSV（主跳闸电磁阀）均被去励磁。

(4) 除了此机械跳闸电磁线圈以外，跳闸汽轮机必须配备下列功能：

1) 紧急调速器（机械超速跳闸），通常110%～111%设定值。

2) 主跳闸手柄跳闸。

(5) 紧急跳闸系统的配电装置。该功能的电源主要包括数字式跳闸控制器、外部信号输入、逻辑电路和驱动电磁阀的电源。该装置具有能继续工作的电源系统配置，除非两个“跳闸”模块的AC电源输入均丢失或两个电源装置均失灵。为外部信号输入、逻辑电路和驱动电磁阀配备两个DC110V的电源系统，用这种配置，工作能够连续，除非两个DC110V电源均丢失。该系统即使在整个电源丢失时也能够安全地使汽轮机跳闸。输入电源丢失或电源装置故障时，将输出报警到操作接口台。

(6) ETS系统多重的配置。ETS系统中不仅有跳闸模块，还有I/O模块，均是多重（3重）的以提高可靠性。而且，输入和输出回路设计成在发生单一故障时不致影响其他系统。

1) 输入信号分配方法；

2) 输出信号隔离方法；

3) 紧急跳闸系统机柜的内部布置。

(7) 报警系统。有两个报警输出：一个到UCR（中央控制室），另一个到操作的人机接口。“机械跳闸电磁线圈工作”的报警必须输出到中央控制室，最低限度：此“机械跳闸电磁线圈工作”

报警应从“机械跳闸电磁线圈”位置本身的限位开关启动。

操作员的人机接口报警有两种类型：一种是从硬件输入到软件来处理；另一种是利用软件检出来输出。

如果出现任何故障，应单独地作为“紧急跳闸系统”故障输出报警，或者包含在“汽轮机控制系统”故障的一部分内。

所有外部信号输入到各个“跳闸模块”A、B和C，于是每个跳闸模块计算跳闸逻辑，从而每个“跳闸模块”输出“汽轮机跳闸命令”信号。硬接线继电器逻辑表决（三取二）这些从各个跳闸模块A、B和C来的“汽轮机跳闸命令”信号，从而在这些三取二的逻辑执行时励磁汽轮机跳闸电磁线圈。

2-448 ETS系统现场设备有哪些？

1000MW机组的保护主要由低压保安系统和高压遮断系统实现，由危急遮断器、危急遮断装置、危急遮断装置连杆、手动停机机构、复位试验阀组、机械停机电磁铁（3YV）和导油环等组成。

2-449 低压保安系统的作用是什么？

润滑油分两路进入复位电磁阀。一路经复位电磁阀（1YV）进入危急遮断装置活塞腔室，接受复位试验阀组1YV的控制；另一路经喷油电磁阀（2YV），从导油环进入危急遮断器腔室，接受喷油电磁阀阀组2YV的控制。手动停机机构、机械停机电磁铁、高压遮断组件中的紧急遮断阀通过危急遮断装置连杆与危急遮断器装置相连，高压保安油通过高压遮断组件与油源上高压抗燃油压力油出油管及无压排油管相连。

2-450 低压保安系统主要完成哪些功能？低压保安系统的遮断手段有哪些？

（1）挂闸。

（2）遮断。

1）电气停机；

2）机械超速保护；

3）手动停机；

4）机械停机电磁铁；

5）低润滑油压遮断器；

6）低冷凝真空遮断器。

2-451　低压保安系统的挂闸功能是什么？

系统设置的复位试验阀组中的复位电磁阀（1YV），危急遮断机构的行程开关ZS1、ZS2供挂闸用。挂闸过程如下：

按下挂闸按钮（设在DEH操作盘上），复位试验阀组中的复位电磁阀（1YV）带电动作，将润滑油引入危急遮断装置活塞侧腔室，活塞上行到上止点，使危急遮断器装置的撑钩复位，通过危急遮断装置的杠杆将高压遮断组件的紧急遮断阀复位，接通高压保安油的进油，同时将高压保安油的排油口封住，建立高压保安油。当压力开关组件中的二取一压力开关检测到高压保安油已建立后，向DEH发出信号，使复位电磁阀（1YV）失电，危急遮断器装置活塞回到下止点，DEH检测行程开关ZS1的动合触点由断开转换为闭合，再由闭合转为断开，ZS2的动合触点由断开转换为闭合，DEH判断挂闸过程完成。

从可靠性角度考虑，低压保安系统设置有电气、机械及手动三种冗余的遮断手段。

2-452　电气停机的工作过程是什么？

实现该功能由机械停机电磁铁和高压遮断组件来完成。系统设置的电气遮断本身就是冗余的，一旦接受电气停机信号，ETS使机械停机电磁铁（3YV）带电，同时使高压遮断组件中的主遮断电磁阀（5YV、6YV）失电。机械停机电磁铁（3YV）通过危急遮断装置连杆使危急遮断装置的撑钩脱扣，危急遮断装置的撑钩脱扣又使紧急遮断阀动作，切断高压保安油的进油，并将高压保安油的排油口打开，泄掉高压保安油，快速关闭各主汽门、调节阀门，遮断机组进汽。而高压遮断组件中的主遮断电磁阀失电，直接泄掉高压保安油，快速关闭各阀门。因此，危急遮断器装置的撑钩脱扣后，即使高压遮断组件中的紧急遮断阀拒动，系统仍能遮断所有调节阀门、主汽门，以确保机组安全。

2-453 机械超速保护的工作过程是什么？

机械超速保护由危急遮断器、危急遮断装置、高压遮断组件和危急遮断装置连杆组成。动作转速为额定转速的110%～111%（3300～3330r/min）。当转速达到危急遮断器设定值时，危急遮断器的飞环击出，打击危急遮断装置的撑钩，使撑钩脱扣，通过危急遮断装置连杆使高压遮断组件中的紧急遮断阀动作，切断高压保安油的进油并泄掉高压保安油，快速关闭各进汽阀，遮断机组进汽。

2-454 手动停机的工作过程是什么？

为机组提供紧急状态下人为遮断机组的手段。运行人员在机组紧急状态下，转动并拉出手动停机机构手柄，通过危急遮断装置连杆使危急遮断装置的撑钩脱扣。并导致遮断隔离阀组的紧急遮断阀动作，泄掉高压保安油，快速关闭各进汽阀，遮断机组进汽。

2-455 机械停机电磁铁的作用是什么？

为机组提供紧急状态下遮断机组的手段。各种停机电气信号都被送到机械停机电磁铁上使其动作，带动危机遮断装置连杆使危急遮断装置的撑钩脱扣。并导致高压遮断组件的紧急遮断阀动作，泄掉高压保安油，快速关闭各进汽阀，遮断机组进汽。

2-456 低润滑油压遮断器的组成是什么？其工作过程是什么？

低润滑油压遮断器由14只压力开关、1只压力变送器、6个节流孔和6个试验电磁阀组成。其工作过程如下：

(1) 压力开关PSA1和PSA1′检测油涡轮的驱动油压，当油压降至1.21MPa时，启动辅助油泵（TOP）。

(2) 压力开关PSA2检测主油泵的进油压力，当油压降至0.07MPa时，启动吸入油泵（MSP）。

(3) 压力开关PSA3和PSA3′检测润滑油母管油压，当油压降至0.1MPa时，启动直流事故油泵（EOP）。

(4) 压力开关PSA4检测润滑油母管油压，当油压降至0.1MPa时，发出润滑油压低报警信号。

(5) 压力开关 PSA5 检测润滑油母管油压，当油压降至0.07MPa 时，停止盘车。

(6) 压力开关 PSA6～PSA8 检测润滑油母管油压，当油压降至0.07MPa 时，信号送至 ETS，经三取二逻辑处理后遮断汽轮机。

(7) 压力变送器 Pt1 监视润滑油压力。

(8) 6 个节流孔和 6 个电磁阀可分别实现交流辅助油泵（TOP）、吸入油泵（MSP）、直流润滑油泵（MSP）、低润滑油压报警、停盘车的在线试验。

2-457 低冷凝真空遮断器的工作过程是什么？

低冷凝真空遮断器的工作过程如下：

(1) 压力开关 PSB1 和 PSB6 当凝汽器绝对压力升至0.0196MPa 时报警。

(2) 压力开关 PSB2、PSB3、PSB4 和 PSB7、PSB8、PSB9 当凝汽器绝对压力升至 0.0253MPa 时三取二逻辑停机并报警。

(3) 压力开关 PSB5 和 PSB10 当凝汽器绝对压力降到0.00267MPa 时，打开真空控制调节阀。

(4) 压力开关 PSB11 和 PSB12 当凝汽器绝对压力升到0.00333MPa 时，关闭真空控制调节阀。

2-458 高压遮断系统的组成是什么？ 作用是什么？

高压遮断系统主要由主遮断电磁阀、隔离阀、紧急遮断阀、油路块、行程开关等附件组成。

(1) 高压遮断组件的作用，接受 ETS 或 DEH 跳闸信号，主遮断电磁阀（5YV、6YV）失电，遮断机组。它是调节保安系统中最重要的部套之一。

(2) 通过两行程开关，主遮断电磁阀可以在线做电磁阀动作试验。在主遮断电磁阀试验状态下，DEH 使 5YV（或 6YV）分别失电，当 DEH 检测到行程开关 ZS6（或 ZS7）动断触点由断开变为闭合时，则主遮断电磁阀 5YV（或 6YV）试验成功。

(3) 在提升转速试验时，高压遮断组件的隔离阀处在正常状态（不隔离），它使进入主遮断阀的高压安全油由紧急遮断阀提供。

DEH 接受到操作员升速指令后，将转速提升到动作值，危急遮断器飞环被击出，打击危急遮断装置的撑钩，使危急遮断装置撑钩脱扣，通过危急遮断装置连杆使高压遮断组件的紧急遮断阀动作，泄掉高压保安油，快速关闭各进汽阀，遮断机组进汽。

（4）在飞环喷油试验情况下，先使高压遮断组件的隔离阀 4YV 带电动作，由紧急遮断阀提供给主遮断阀的高压保安油被隔离阀截断，隔离阀直接向主遮断阀提供高压安全油，其上设置的行程开关 ZS4 的动断触点闭合、ZS5 的动断触点闭合并对外发信，DEH 检测到该信号后，使复位试验阀组的喷油电磁阀（2YV）带电动作，汽轮机油润滑油从导油环进入危急遮断器腔室，危急遮断器飞环被压出，打击危急遮断装置的撑钩，使危急遮断装置撑钩脱扣，通过危急遮断装置连杆使高压遮断组件的紧急遮断阀动作。由于高压保安油已不由紧急遮断阀提供，机组在飞环喷油试验情况下不会被遮断。此时系统的遮断保护由主遮断电磁阀（5YV、6YV）及各阀油动机的遮断电磁阀来保证。

（5）危急遮断装置连杆。由连杆系及行程开关 ZS1、ZS2、ZS3 组成。通过它将手动停机机构、危急遮断装置、机械停机电磁铁、高压遮断组件的紧急遮断阀相互连接，并完成上述部套之间力及位移的可靠传递。行程开关 ZS1、ZS2 指示危急遮断装置是否复位，行程开关 ZS3 和 ZS8 分别在手动停机机构动作和机械停机电磁铁动作时向 DEH 送出信号，使高压遮断组件失电，遮断汽轮机。

（6）EH 油压开关。EH 油压低跳机整定值如下：

1）压力开关 PSC1、PSC2、PSC3（三选二）的压力设定值为（7.8±0.2）MPa（降）。

2）EH 油压低报警及备用主油泵自启动整定值，压力开关 PSC4 的压力设定值为（9.2±0.2）MPa（降）。

3）EH 主油泵联动试验压力开关 PSC5 的压力设定值为（9.2±0.2）MPa（降）。

4）EH 主油泵联动试验压力开关 PSC6 的压力设定值为（9.2±0.2）MPa（降）。

2-459 锅炉 MFT 继电器硬接线保护回路的作用是什么？

锅炉 MFT 继电器硬接线保护回路主要作用是接受 DCS 系统 MFT 保护信号，驱动 4 只 MFT 继电器动作，输出接点信号至就地设备硬接线回路，直接跳闸或闭锁设备启动，从而进一步保证锅炉 MFT 动作的可靠性。

2-460 锅炉 MFT 继电器硬接线保护回路的配置是什么？

锅炉 MFT 继电器硬接线保护回路拥有一个单独的控制柜，安装在电子间 DCS8 号 DPU 柜（FSSS 控制）旁，主要由 4 只 MFT 继电器、2 只电源监视继电器、直流电源切换模块、熔断器等组成，电源为 2 路 110V 直流电源。硬件回路主要由电源回路、MFT 动作/复位硬回路、触点输出回路三部分组成。

1. 电源回路

电源回路由 2 只电源监视继电器、直流电源切换模块、熔断器组成，电源为两路 110V 直流电源来自 110V 直流屏，2 只电源监视继电器分别对两路 110V 直流电源进行监视，并送出信号至 DCS 报警，两路 110V 直流电源通过直流电源切换模块后经过熔断器送至 MFT 动作/复位回路中驱动 MFT 继电器。

2. MFT 动作/复位硬回路

（1）MFT 动作硬回路。

1）手动 MFT：通过 2 只安装在操作台上的 MFT 动合触点，先并联后串联直接驱动 4 只 MFT 继电器。

2）DCS 驱动 MFT：通过 DCS8 号 DPU 输出的 6 只继电器动断触点两两串联后并联驱动 4 只 MFT 继电器。DCS8 号 DPU 输出的 6 只继电器分别在不同的 3 块 DO 输出卡上，可提高 MFT 动作可靠性。

MFT 复位后，6 只继电器带电触点断开，MFT 动作时 6 只继电器失电，触点闭合驱动 4 只 MFT 继电器，这样设计的作用是当 DCS8 号 DPU 失电时，锅炉 MFT 继电器硬接线保护回路将会驱动

4只MFT继电器动作，实现MFT功能。

3）MFT动作过程：MFT继电器复位后，动作回路中触点闭合，当手动MFT或DCS驱动MFT信号发出时，MFT继电器跳闸线圈动作，MFT继电器状态翻转，锅炉MFT。复位硬回路中MFT继电器自身触点闭合，同时，4只MFT继电器各有一组动合触点闭合将4只MFT继电器动作情况反馈至DCS8号DPU，经过逻辑四取三判断后输出“锅炉MFT动作”至MFT动作复位硬回路的触点（FSSS逻辑MFT跳闸指令1动合触点CTRL8-A5-4）闭合，为MFT复位作准备。

（2）MFT复位硬回路。MFT复位时只能通过DCS8号DPU输出MFT复位继电器复位。当满足MFT复位条件时，DCS 8号DPUMFT复位继电器动作，通过逻辑四取三判断后输出“锅炉MFT动作”至MFT动作复位硬回路的触点及4只MFT继电器自身触点，驱动MFT继电器内部复位继电器动作，内部复位继电器触点驱动MFT继电器复位线圈动作，使MFT继电器复位。

3. 触点输出回路

触点输出回路主要分为以下几部分。

（1）切断燃料：输出触点至电气10kV跳闸A、B一次风机，跳闸A、B、C、D、E、F磨煤机，关闭燃油跳闸阀。

（2）切断给水：输出触点至电气10kV跳闸电动泵，输出触点至给水泵汽轮机保护回路跳闸给水泵汽轮机，关闭一、二级过热器及再热器减温水气动前截门。

（3）闭锁设备投入：输出触点至就地点火柜闭锁油枪投入及高能点火器打火；输出触点至电除尘、脱硫等其他系统。

第三章

百万千瓦超超临界机组的控制与保护

3-1 什么是顺序控制?

顺序控制是按照一定的顺序、条件和时间的要求，将复杂的热力生产过程划分为若干个局部的可控系统，对局部工艺系统的若干相关设备执行自动操作的一种控制技术。是根据生产过程的工况和被控制设备状态的条件，按照事先拟定好的顺序去启动、停止或开启、关闭被控设备，它只与设备的启动、停止或开、关等状态有关。在这类控制系统中，检测、运算和控制用的信息全部是“有”和“无”，即“0”和“1”两种信息，这种具有两种对立状态的信息称为开关量信息，因此顺序控制也称为开关量控制。

3-2 什么是顺序控制系统?

大型火电厂单元机组顺序控制系统（sequence control system，SCS)，它作为DCS系统的一部分，对大型火电单元机组热力系统和辅机（包括电动机、阀门、挡板）的启、停和开、关进行自动控制。

3-3 采用顺序控制系统的优点是什么?

随着机组容量的增大和参数的提高，辅机数量和热力系统的复杂程度大大增加，一台1000MW机组有电动机300台左右、电动执行器500多台、气动执行器600台左右，对如此众多而且相互间具有复杂联系的热力系统和辅机设备，靠运行人员进行手工操作是难以胜任的，而采用顺序控制，可实现对热力系统和辅机进行安全可靠的自动控制。一般火力电厂的顺序控制系统按工艺系统特点分成80多个功能组，共同控制机、炉辅机。因此，顺序控制系统涉及面广，有大量的输入/输出信号和逻辑判断功能，例如，一台

1000MW 机组的顺序控制系统有 2000 多个输入信号、1000 多个输出信号、1000 多个操作项目。采用顺序控制后，对于一个热力系统和辅机的启、停，操作员只须按一个按钮，则该热力系统的辅机和相关设备按安全启、停的顺序和时间间隔自动动作，运行人员只需监视各程序执行的情况，从而减少了大量繁琐的操作。同时，由于在顺序控制系统设计中，各个系统设备的动作都设置了严密的安全连锁条件，无论自动顺序操作，还是单台设备手动，只要设备动作条件不满足，设备将被闭锁，从而避免了操作人员的误操作，保证了设备的安全。

3-4　目前，1000MW 火电机组顺序控制系统常见的程序画面是如何通过功能组实现辅机的控制功能的？

程控操作画面如图 3-1 所示。在流程图中，程控选择面板显示在主画面上，点击按钮会弹出相应的程控操作面板，如图 3-2 所示。面板的右边“顺控启动允许条件”显示了本顺序控制所有允许条件，已满足的条件会打蓝钩，未满足的则无钩。当启动条件全部满足时，面板左边“第一步：启动许可”下面的显示框将显示“条件满足”提示。

图 3-1　程控操作画面

当第一步启动条件满足时，第二步程控准备的按钮将变为可操，按下此按钮，程控系统将向与程控相关的设备发出“自动”请求，检查相关设备是否都无故障且都在远操位，等相关设备“自动位”都返回，相应的提示框将显示“顺控允许”，同时程控各步序将显示相应的状态。

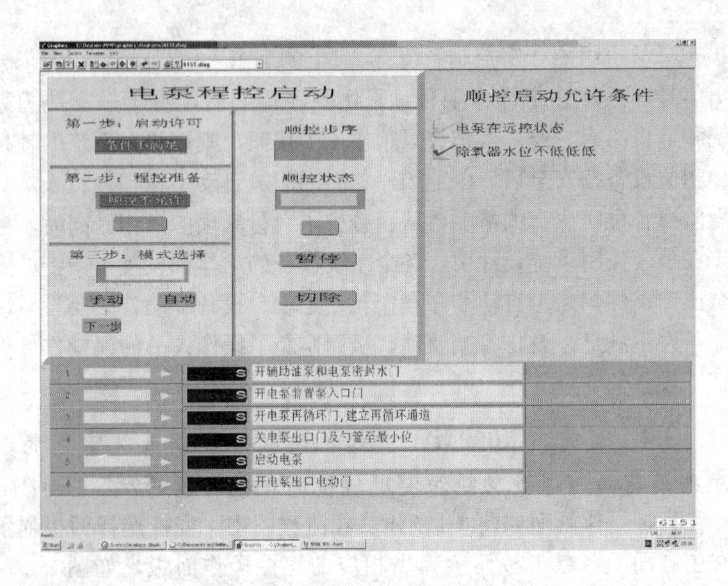

图 3-2　程控操作面板

当“顺控允许”后，可以通过第三步的模式选择来确定程控是用“自动”方式还是“手动”方式来启动顺控。如选择“手动”方式，再选择“下一步”程控步进，完成一步后，程控暂停，点击“下一步”按钮，程控继续下一步直到程控完成为止；如选择“自动”方式，程控自动执行所有步序，直到程控完成为止。

面板中间的“顺控步序”将显示程控执行的当前步的步序号；“顺控状态”显示程控执行的状态，有“故障”、“暂停”、“完成”状态信息。

当程控执行某一步发生故障时，“顺控状态”下面的显示框将显示“故障”，同时下面的按钮“确认”将以黑色字体显示，点击按钮将复位当前步故障。然后运行人员通过“模式选择”来决定剩下的程控步骤是通作“手动”或“自动”模式完成。点击面板中间的“暂停”按钮，将使当前执行的程控暂停，继续执行需要点击“手动”或“自动”按钮来选择执行模式，从暂停步开始继续执行剩余程控步骤。点击面板中间的“切除”按钮，将复位整个程控。启动程控后，如想停止程控一定要按“切除”按钮，否则程控程序将一直处于等待状态直到程序完成才终止。

3-5　1000MW火电机组顺序控制系统的主要装置是什么？

SCS根据工艺系统的情况，设有机组级、功能组级和子组级顺序控制。各系统既相互独立又相互协作，共同完成机组的控制功能，通过LCD和键盘发出一个成组启停指令，可以实现机组、功能组和子组级中所有设备的顺序启停控制。系统设计包括所有的设备连锁保护和操作许可条件。SCS是DCS的一个子系统，包括相应的DROP柜、扩展柜等控制柜，工程师站、操作员站等设备与DCS其他控制子系统公用。

3-6　顺序控制系统的主要功能是什么？

按电厂生产工艺流程控制的需要，SCS的控制功能分散于炉侧和机侧的控制中，相应的控制柜安装在机组的电子间和就地控制室内。主要控制功能包括机、炉各分系统程序控制、吹灰程序控制等。

3-7　顺序控制系统分布式处理单元（DPU）的分配如何（以某电厂为例）？

DPU的分配为：控制器15，炉侧汽水系统；控制器16、17，A、B风烟系统；控制器18，吹灰系统；控制器19，汽轮机疏水及抽汽系统；控制器20、21，A、B汽泵控制；控制器22、23，给水凝结水系统；控制器24～26，汽轮机发电机系统；控制器26，循环水系统；控制器27，凝结水精处理系统；公用系统，控制器31，空气压缩机及燃油泵房控制；控制器32，精处理再生系统。

3-8　机组自启停（APS）功能的内容是什么？它一般采用什么控制方式？

APS在机组的控制系统中处于上层位置。在机组的启动和停止过程中，APS接受从MCS、DEH、FSSS、SCS、DAS等控制系统来的信号，根据APS内部逻辑判断或计算，向上述各控制系统发出命令，实现整个机组的启、停控制。启动控制是从机组启动准备到机组带100%额定负荷的控制过程；停机控制是从机组接到停机指令时的负荷开始到机组停机为止的控制过程。

APS的控制采用断点控制方式。机组在APS控制方式时，机组的运行将根据机组的状态和每个断点的条件自动地进行，个别重要断点由运行人员干预。在运行过程中若有异常情况出现时，APS将以操作指导的形式发出报警，提示运行人员来处理。为使运行人员有效地监视整个启动和停止过程，APS向运行人员提供充分的信息，用通俗易懂的方式显示断点的进程和其他异常信息。

3-9　辅机顺序控制子系统主要包括哪些部分？

辅机顺序控制子系统主要包括：

（1）凝结水顺序控制系统；

（2）给水及加热顺序控制系统；

（3）汽轮机疏水顺序控制系统；

（4）循环水顺序控制系统；

（5）蒸汽顺序控制系统；

（6）真空顺序控制系统；

（7）机侧油顺序控制系统；

（8）风烟顺序控制系统；

（9）减温水顺序控制系统；

（10）锅炉疏水顺序控制系统；

（11）锅炉吹灰顺序控制系统；

（12）燃油泵顺序控制系统；

（13）锅炉制粉顺序控制系统；

（14）空气压缩机顺序控制系统；

（15）凝结水精处理再生顺序控制系统。

3-10　辅机顺序控制各子系统的组成是什么？

（1）凝结水顺序控制系统包括凝结水泵，凝结水泵出、入口门，凝结水输送泵，主凝结水管道系统，凝结水再循环门，热井水位调节门，凝结水精处理入口门，凝结水补水系统。

（2）给水及加热顺序控制系统包括除氧器和除氧器水箱、除氧器启动循环泵、电动给水泵、电动给水泵辅助润滑油泵、2 台汽动给水泵、6 个高压给水加热器、4 个低压给水加热器、轴封给水加热系统、启动给水系统。

除氧器水位低二值时，跳闸电动给水泵及 2 台汽动给水泵前置泵。正常带负荷运行时电动给水泵作为 2 台汽动给水泵的备用泵。当高压加热器水位高三值时高压加热器解列，高压加热器给水旁路门打开给水走旁路。低压加热器水位高三值时低压加热器解列，同时给水走旁路。

（3）汽轮机疏水顺序控制系统包括汽轮机疏水系统、给水泵汽轮机疏水系统、高压加热器疏水系统、低压加热器疏水系统。

当负荷升至 7%时，关闭高压段和中压段气动/电动疏水阀；当负荷达 30%时，关闭低压段气动疏水阀。高压加热器、低压加热器停运时，相应段气动疏水阀自动开启。高低压加热器水位高二值时联开各高、低压加热器事故疏水门，疏水至疏水扩容器。

（4）循环水顺序控制系统包括 2 台开式循环冷却水泵及电动出、入口蝶阀，2 台闭式循环冷却水泵及电动出、入口蝶阀，2 个闭式冷却水热交换器，工业冷却水泵及空压机冷却水泵，3 台循环水泵及出口液压蝶阀，辅助循环水泵 D 及出口电动蝶阀，循环水泵启动冷却水系统。

循环水泵出口蝶阀开至 15°才允许启动循环水泵，泵启动后继续开出口蝶阀。循环水系统控制器安装在就地，通过光缆与主系统通信。

（5）蒸汽顺序控制系统包括主蒸汽管道系统、再热热段系统、再热冷段系统、辅助蒸汽系统、汽轮机、给水泵汽轮机抽汽系统。

（6）真空顺序控制系统包括汽轮机、给水泵汽轮机真空系统。

通过三台真空泵（根据不同季节或运行工况不同可实现两用一备或一用两备）建立凝汽器真空，汽轮机真空建立以后通过开启给水泵汽轮机排汽真空蝶阀对给水泵汽轮机抽真空。

（7）机侧油顺序控制系统包括汽轮机润滑油系统、顶轴油系统、高压抗燃油系统、给水泵汽轮机润滑油系统、给水泵汽轮机顶轴油系统、发电机密封油系统。

（8）风烟顺序控制系统包括空气预热器系统，主、辅空气预热器电动机，引风机系统，引风机电动机油站，引风机冷却风机，一次风机电动机系统，一次风机油站，送风机系统、送风机电动机油站、送风机油站。

（9）减温水顺序控制系统包括过热器减温水系统、再热器减温水系统。

（10）锅炉疏水顺序控制系统包括锅炉疏水系统、暖风器疏水系统。

（11）锅炉吹灰顺序控制系统包括空气预热器吹灰系统、锅炉烟道吹灰系统、炉膛吹灰系统。

（12）燃油泵顺序控制系统包括3台燃油供油泵及相应出口门。

（13）锅炉制粉顺序控制系统包括6台磨煤机、12台给煤机及其有关风门挡板的控制。

（14）空气压缩机顺序控制系统包括空气压缩机的状态监视。

（15）凝结水精处理再生顺序控制系统包括凝结水再生程控树脂输送、分离等有关程序。

3-11　磨煤机顺序控制系统的内容是什么？

以制粉系统采用双进双出钢球磨煤机为例：双进双出钢球磨煤机采用正压直吹式，在整个负荷范围内均能达到较高的煤粉细度，双进双出磨煤机对不同煤种有很强的适应性。同时双进双出钢球磨煤机正压直吹式制粉系统同中速磨煤机正压直吹式制粉系统相比，其低负荷稳燃性能更好，因此应用效果较好。

工作过程为：粒度为0～30mm的原煤，通过速度自动控制的给煤机送至料斗落下，经过混料箱并在此得到旁路风的预干燥，通过落煤管到达位于中空轴心部的螺旋输送装置中。输送装置随磨煤机筒体做旋转运动，使原煤通过中空轴进入磨煤机筒体内。磨煤机的筒体内按照工艺流程的要求，装有一定量的钢球（直径为ϕ50，ϕ40，ϕ30的钢球按一定的比例混合后装入磨煤机），在磨煤机筒体旋转过程中，由于钢球对原煤的冲砸和相互摩擦，煤块逐渐被磨制成煤粉。通过一次热风由中空轴内的中空管进入磨煤机，使原煤和煤粉进一步得到干燥，并将煤粉从原煤进入口的相反方向吹出磨煤机筒体，带有煤粉的一次热风在磨煤机出口再一次与旁路风混合，通过煤粉管路进入磨煤机上方的分离器。分离器装有位置可调的叶片，通过调整叶片的位置，可以实现出口煤粉细度的调节和控制。合格的煤粉从分离器上方出口直接送往锅炉燃烧器，而不合格的煤粉则依靠惯性和重力的作用，通过回煤管返回磨煤机，再次进行研磨。

3-12 磨煤机顺序控制启动允许条件是什么？

以制粉系统采用双进双出钢球磨煤机为例，顺序控制启动允许条件是：磨煤机投粉允许；所有给煤机停；无磨煤机层中有程控运行；磨煤机火检无火；磨煤机火检检测设备正常；本层油枪投运或准备就绪；无磨煤机跳闸条件去程控启；本层进油阀全没有关到位；磨煤机燃烧器隔绝门全自动位；磨煤机送粉管清扫门全自动位；磨煤机一次风隔绝门自动；非驱动端、驱动端给煤机自动；磨煤机1号低压油泵自动；磨煤机自动；磨煤机齿轮密封风机自动；磨煤机减速机油泵自动；磨煤机高压油泵自动；磨煤机2号低压油泵自动；低压辅助蒸汽至磨煤机消防汽左侧阀自动；低压辅助蒸汽至磨煤机左消防汽电动门自动；低压辅助蒸汽至磨煤机消防汽右侧阀自动；非驱动端、驱动端给煤机上、下煤闸门自动。

3-13 磨煤机顺序控制启动步序是什么？

以制粉系统采用双进双出钢球磨煤机为例，顺序控制启动步序如下。

（1）磨煤机“启步序第1步”指令：关一次风隔绝门，关非驱动端、驱动端一次风入口调节门，关旁路非驱动端、驱动端一次风入口调节门，关磨煤机所有出口门，关非驱动端、驱动端给煤机出口门，关磨煤机所有清扫门，启动油层。

（2）磨煤机子组“启步序第2步”条件：非驱动端给煤机下煤闸门关、驱动端给煤机下煤闸门关、磨煤机慢传装置断开、本层所有油枪启动完成。

（3）磨煤机子组“启步序第2步”指令：启动磨煤机低压

油泵。

(4) 磨煤机子组“启步序第3步”条件：磨煤机1号低压油泵或磨煤机2号低压油泵运行、磨煤机高低压润滑油站出口油压不低。

(5) 磨煤机子组“启步序第3步”指令：启动吹扫程控。

(6) 磨煤机子组“启步序第4步”条件：磨煤机吹扫顺序控制1支或2支或4支打包点、磨煤机吹扫完成或已运行。

(7) 磨煤机子组“启步序第4步”指令：充惰性气体保护、开低压辅助蒸汽至磨煤机消防用汽左侧阀、开低压辅助蒸汽至磨煤机出口左侧分离器消防用汽电动阀、开低压辅助蒸汽至磨煤机消防用汽右侧阀、开低压辅助蒸汽至磨煤机出口右侧分离器消防用汽电动阀。

(8) 磨煤机子组“启步序第5步”条件：低压辅助蒸汽至磨煤机消防用汽左侧阀已开、低压辅助蒸汽至磨煤机出口左侧分离器消防用汽电动阀已开、低压辅助蒸汽至磨煤机消防用汽右侧阀已开、开低压辅助蒸汽至磨煤机出口右侧分离器消防用汽电动阀已开、手动切除。

(9) 磨煤机子组“启步序第5步”指令：关低压辅助蒸汽至磨煤机消防用汽左侧阀、关低压辅助蒸汽至磨煤机出口左侧分离器消防用汽电动阀、关低压辅助蒸汽至磨煤机消防用汽右侧阀、关低压辅助蒸汽至磨煤机出口右侧分离器消防用汽电动阀。

(10) 磨煤机子组“启步序第6步”条件：低压辅助蒸汽至磨煤机消防用汽左侧阀已关、低压辅助蒸汽至磨煤机出口左侧分离器消防用汽电动阀已关、低压辅助蒸汽至磨煤机消防用汽右侧阀已关、开低压辅助蒸汽至磨煤机出口右侧分离器消防用汽电动阀已关。

(11) 磨煤机子组“启步序第6步”指令：开磨煤机燃烧器隔绝门。

(12) 磨煤机子组“启步序第7步”条件：磨煤机所有出口门全开。

(13) 磨煤机子组“启步序第7步”指令：启动高压油泵。

(14) 磨煤机子组“启步序第8步”条件：磨煤机高压油泵运行、磨煤机喷射润滑油泵运行、磨煤机齿轮密封风机运行、磨煤机减速机油泵运行、磨煤机驱动端顶轴油压建立、磨煤机非驱动端顶轴油压建立。

(15) 磨煤机子组“启步序第 8 步”指令：启动磨煤机。

(16) 磨煤机子组“启步序第 9 步”条件：磨煤机运行。

(17) 磨煤机子组“启步序第 9 步”指令：开一次风隔绝门、置一次风入口调节阀非驱动端、驱动端自动、置旁路一次风入口调节阀非驱动端、驱动端自动、置冷、热风门自动。

(18) 磨煤机子组“启步序第 10 步”条件：磨煤机一次风隔绝门开、磨煤机分离器出口平均温度大于或等于 50℃延时。

(19) 磨煤机子组“启步序第 10 步”指令：开给煤机非驱动端、驱动端上煤闸板门，开给煤机非驱动端、驱动端下煤闸板门。

(20) 磨煤机子组“启步序第 11 步”条件：给煤机非驱动端、驱动端上煤闸板门开，给煤机非驱动端、驱动端下煤闸板门开。

(21) 磨煤机子组“启步序第 11 步”指令：启动非驱动端给煤机。启动驱动端给煤机；置中心风点火位。

3-14 磨煤机顺序控制停条件是什么？

以制粉系统采用双进双出钢球磨煤机为例，顺序控制停条件如下：

(1) 磨煤机燃烧器隔绝门自动（8 台）。

(2) 磨煤机送粉管清扫门自动（8 台）。

(3) 非驱动端、驱动端给煤机自动。

(4) 非驱动端、驱动端给煤机上、下闸板门自动。

(5) 磨煤机一次风隔绝门自动。

(6) 磨煤机自动。

(7) 磨煤机慢传油泵自动。

(8) 磨煤机减速机油泵自动。

(9) 磨煤机高压油泵自动。

(10) 磨煤机慢传电动机自动。

(11) 低压辅助蒸汽至磨煤机消防左侧阀自动。

(12) 低压辅助蒸汽至磨煤机消防右侧阀自动。

（13）低压辅助蒸汽至磨煤机左消防汽电动门自动。

（14）低压辅助蒸汽至磨煤机右消防汽电动门自动。

3-15 磨煤机顺序控制停步序是什么（以制粉系统采用双进双出钢球磨煤机为例）？

以制粉系统采用双进双出钢球磨煤机为例，顺序控制停步序如下：

（1）磨煤机子组“停步序第1步”指令：设置非驱动端、驱动端给煤机最小转速启动点火油。

（2）磨煤机子组“停步序第2步”条件：非驱动端给煤机给煤量指令小于或等于24%、驱动端给煤机给煤量指令小于或等于24%、层所有油枪启动完成。

（3）磨煤机子组“停步序第2步”指令：停给煤机非驱动端、驱动端。

（4）磨煤机子组“停步序第3步”条件：非驱动端、驱动端给煤机已停。

（5）磨煤机子组“停步序第3步”指令：关非驱动端、驱动端给煤机下煤闸门。

（6）磨煤机子组“停步序第4步”条件：非驱动端、驱动端下煤闸门已关。

（7）磨煤机子组“停步序第4步”指令：启动磨煤机高压油泵。

（8）磨煤机子组“停步序第5步”条件：磨煤机高压油泵运行，非驱动端、驱动端给煤机停止延时300s。

（9）磨煤机子组“停步序第5步”指令：停磨煤机。

（10）磨煤机子组“停步序第6步”条件：磨煤机已停止。

（11）磨煤机子组“停步序第6步”指令：关一次风隔绝门，关一次风驱动端、非驱动端调节阀，关旁路一次风驱动端、非驱动端调节阀。

（12）磨煤机子组“停步序第7步”条件：一次风隔绝门已关，磨煤机驱动端、非驱动端调节阀阀位小于5%，磨煤机旁路一次风驱动端、非驱动端调节阀阀位小于5%。

(13) 磨煤机子组“停步序第7步”指令：启动慢传油泵、启动慢传电动机。

(14) 磨煤机子组“停步序第8步”条件：慢传电动机或慢传油泵运行。

(15) 磨煤机子组“停步序第8步”指令：停大齿轮密封风机。

(16) 磨煤机子组“停步序第9步”条件：大齿轮密封风机运行。

(17) 磨煤机子组“停步序第9步”指令：充惰性气体保护。

(18) 磨煤机子组“停步序第10步”条件：低压辅助蒸汽至磨煤机消防用汽左侧阀已开、低压辅助蒸汽至磨煤机出口左侧分离器消防用汽电动阀已开、低压辅助蒸汽至磨煤机消防用汽右侧阀已开、开低压辅助蒸汽至磨煤机出口右侧分离器消防用汽电动阀已开。

(19) 磨煤机子组“停步序第10步”指令：关低压辅助蒸汽至磨煤机消防用汽左侧阀、关低压辅助蒸汽至磨煤机出口左侧分离器消防用汽电动阀、关低压辅助蒸汽至磨煤机消防用汽右侧阀、关低压辅助蒸汽至磨煤机出口右侧分离器消防用汽电动阀。

(20) 磨煤机子组“停步序第11步”条件：低压辅助蒸汽至磨煤机消防用汽左侧阀已关、低压辅助蒸汽至磨煤机出口左侧分离器消防用汽电动阀已关、低压辅助蒸汽至磨煤机消防用汽右侧阀已关、开低压辅助蒸汽至磨煤机出口右侧分离器消防用汽电动阀已关。

(21) 磨煤机子组“停步序第11步”指令：关磨煤机所有出口门。

(22) 磨煤机子组“停步序第12步”条件：磨煤机所有出口门已关。

(23) 磨煤机子组“停步序第12步”指令：启动吹扫程序。

(24) 磨煤机子组“停步序完成”：磨煤机吹扫顺序控制1支或2支或4支打包点、或磨煤机吹扫完成或已运行。

3-16　高压加热器顺序控制系统有哪些内容？高压加热器顺序控制系统启动步骤是什么？

给水系统设置双列、三级、六台高压加热器，每列高压加热器均各自采用大旁路系统，运行维护方便，两列启动程序相同。

以其中的一列为例，启动步骤如下：

(1) 开1A高压加热器出口门。

(2) 开3A高压加热器进口门。

(3) 关A列高压加热器旁路。

(4) 1、2、3号高压加热器紧急疏水门和正常疏水门投自动。

(5) 开高压加热器进汽疏水门和抽汽逆止门前疏水门。

(6) 开三抽止回阀和3A高压加热器进汽止回阀。

(7) 开3A高压加热器进汽门。

(8) 开二抽止回阀和2A高压加热器进汽止回阀。

(9) 开2A高压加热器进汽门。

(10) 开一抽止回阀和1A高压加热器进汽止回阀。

(11) 开1A高压加热器进汽门。

3-17　高压加热器顺序控制系统停止步骤是什么？

以其中的一列为例，停止步骤如下：

(1) 关1A高压加热器进汽门。

(2) 关1A高压加热器进汽止回阀，关一抽止回阀（B列停运）。

(3) 关2A高压加热器进汽门。

(4) 关2A高压加热器进汽止回阀，关一抽止回阀（B列停运）。

(5) 关3A高压加热器进汽门。

(6) 关3A高压加热器进汽止回阀，关一抽止回阀（B列停运）。

(7) 开启A列高压加热器旁路门。

(8) 关3A高压加热器进口门。

(9) 关1A高压加热器出口门。

3-18 锅炉吹灰顺序控制系统的内容是什么？

以某电厂锅炉吹灰器使用上海克莱德公司生产制造的为例。整个吹灰系统共包括138只各类吹灰器［40台长伸缩式吹灰器（长吹）、82台短吹、12台半伸缩式吹灰器、4台空气预热器吹灰器］以及吹灰汽源总门、调节阀、疏水阀、减压站后压力控制器、流量开关、热电偶温度计等设备。吹灰程控各项控制功能均在DCS内实现。吹灰程控所涉及的CTRL柜、端子柜、继电器柜等设备安装在机组的电子间内。该系统共5只动力柜，留有与DCS的接口，以继电器接点形式接受DCS控制指令，提供给DCS吹灰器及管路阀门的状态信号，完成对所有吹灰器和管路阀门的控制及监视。

3-19 锅炉吹灰顺序控制系统的调试范围有哪些？

（1）吹灰程控系统输入输出信号的采集、核对。

（2）进行吹灰程控的远方联调。

（3）实现吹灰器的远方单操/自动操作，并显示相应的设备运行状态，进行故障报警等，满足吹灰器运行的要求。

3-20 锅炉吹灰顺序控制系统的功能控制有哪些？

锅炉吹灰器用来清除受热面上的积灰，它可以防止锅炉结焦和烟道积灰，可以提高锅炉受热面的吸热效率及排烟温度，对锅炉运行的安全性、经济性有明显的作用。作为1000MW机组的锅炉一般有吹灰器100多台，包括炉膛的短吹，过热器的长吹、半长吹及空气预热器吹灰等。

3-21 吹灰器投运原则是什么？ 吹灰器工作方式是什么？

在吹灰器投运过程中，若遇吹灰器卡塞或故障，则认为吹灰失败而自动退出。

炉膛吹灰器的工作方式为接受投运指令后前进，进到位后开始旋转。接受停运指令后退出炉膛。该顺控控制吹灰器进退到位并旋转周数可选（程序设计为旋转1周），尾部烟道和空气预热器吹灰器的工作方式为：接受投运指令后前进，进到位后吹灰器自动退出。

3-22 吹灰设备的动作顺序是什么？吹灰介质是什么？

吹灰允许条件满足后，在操作员站 CRT 上发出某个炉膛吹灰层子组的“启动”指令后，吹灰设备的动作顺序如下：

当锅炉负荷大于70%时，吹灰顺序为空气预热器→炉膛 A 层→炉膛 B 层→炉膛 C 层→炉膛 D 层→炉膛 E 层→尾部烟道→空气预热器；当锅炉负荷小于70%时，只吹空气预热器。

吹灰系统的汽源取自高温过热器进口连接管，在 B-MCR 工况下此处的蒸汽压力为 26.5MPa，温度为 538℃。锅炉启动时，空气预热器用的吹灰汽源取自辅助蒸汽，其蒸汽压力为 1.0～1.2MPa，温度为 350℃。

3-23 空气预热器吹灰顺序控制控步骤是什么？

空气预热器吹灰顺序控制控步骤如下：

（1）开辅助蒸汽电动门或吹灰汽源电动门。

（2）开疏水门，暖管。

（3）关疏水阀。

（4）空气预热器吹灰。

（5）关辅助蒸汽电动门或吹灰汽源电动门。

（6）开空气预热器吹灰疏水门。

3-24 炉膛吹灰及长吹的执行步骤是什么？

炉膛吹灰及长吹步骤基本相同，执行步骤如下：

（1）A 层炉膛吹灰器。

（2）B 层炉膛吹灰器。

（3）C 层炉膛吹灰器。

（4）D 层炉膛吹灰器。

（5）E 层炉膛吹灰器。

（6）长吹：L1、R1→2、3、4、5。

（7）长吹：L6、R6→7、8、9。

（8）长吹：L10、R10→11、12、13、14。

（9）长吹：L15、R15→16、17、18、19、20。

（10）半长吹：HL1、HR1→2、3、4、5、6。

（11）烟道逆吹组1：HL6 HR6、HL5 HR5至L16 R16、L15 R15（逆向）。

（12）烟道逆吹组2：L14 R14、L13 R13至L2 R2、L1 R1（逆向）。

3-25 吹灰器静态调试的内容有哪些？吹灰器热态调试的内容是什么？

检查吹灰程控的程序动作是否按工艺流程的要求正确执行，并检查吹灰程控的各种连锁、保护功能是否正常。

（1）手动运行：在DCS操作员站的CRT上，选择吹灰器进行操作，查对相应的吹灰器运行状态指示是否正确。

（2）吹灰器程序运行方式：按燃烧区段划分的若干组列选择程序，查看程序投运后吹灰器运行是否正常，控制系统启动、暂停、复位、停止功能是否正常，吹灰器的运行状态指示是否正常。

（3）跳步功能调试：模拟某台吹灰器故障，用跳步置入功能跳过故障的吹灰器，查对程序运行是否正常；再将故障的吹灰器恢复，使用跳步复位功能，观察恢复后的吹灰器是否能参与集中运行，设备运行状态指示是否正常。

吹灰器热态调试的内容是按锅炉吹灰顺序投入吹灰器程序控制方式，检查吹灰器的运行是否正常，并投入吹灰程控所设计的所有控制功能。

3-26 整台机组顺序控制系统的调试方法和步骤是什么？

（1）现场查线。

（2）DCS系统上电恢复。

（3）一次测量元件的检查。

（4）SCS控制卡件（I/O卡件）的检查、投入。

（5）冷态调试。

（6）SCS控制软件的静态调试。

（7）调试的质量检验标准。

3-27 顺序控制系统现场查线的内容是什么？

(1) 根据SCS设计说明书以及工程进度、设备安装进度计划，确定SCS的调试工作范围和调试进度计划，核查要进行工作所用的控制原理图、逻辑图、组态图、流程图、端子接线图等，确保上述调试技术资料与现场实际情况相一致并正确无误。对所发现的问题，设计单位及相关各方应及时解决。机柜间的接口电缆的连接要经DCS生产厂家认可。

(2) 确认SCS相关的控制卡件与就地设备未直接连接。以经过确认的DCS机柜接线施工图为依据，以对讲机、万用表或信号发生仪等工具作为调试工具，对SCS所包括的各控制柜和端子柜到现场设备以及SCS的各控制柜之间、SCS与BMS等其他控制系统间的每一个信号线，都要进行仔细的检查、核对，确保所有接线正确无误。对所发现的问题，施工单位及相关各方应及时解决。

3-28 顺序控制系统DCS上电恢复的内容是什么？

(1) 配合DCS生产厂家进行DCS的硬件恢复，主要包括对控制器及相关通信、监控模件、DCS网络和工程师站、操作员站的送电恢复，SCS的相关控制卡件可暂不送电。

(2) DCS送电完成后，检查DCS的工作是否正常，配合DCS生产厂家进行DCS的各项软件静态恢复工作，并从工程师站上将相应的SCS控制软件离线下装到各控制器中。

3-29 顺序控制系统一次测量元件的检查的内容是什么？

(1) 对照设计图纸检查压力开关、差压开关、温度开关、流量开关等一次测量元件的安装是否符合设计要求，各取样点的安装是否符合设计要求。

(2) 检查施工单位提供的一次测量元件的校验报告是否符合设计要求。

3-30 顺序控制系统控制卡件（I/O卡件）的检查、投入内容是什么？

在DCS端子柜对需投运的SCS卡件所涉及到的所有输入信号

线进行测试，确保无强电信号及感应电动势引入DCS端子柜中。投入SCS的相关卡件，进行SCS的静态调试。

3-31 顺序控制系统冷态调试的内容是什么？

（1）SCS调试过程分阶段进行的工作。

（2）SCS开关量控制测点的回路测试。

（3）电动门的调试。

（4）气动门的调试。

（5）电气动力设备的调试。

3-32 顺序控制系统调试过程分阶段进行的工作有哪些？

（1）锅炉酸洗前阶段：应投入循环水系统、开式冷却水系统、闭式冷却水系统、凝结水系统、辅汽系统等相关系统的SCS连锁/保护、远方监控等控制功能。

（2）锅炉冷态试验和风量标定前阶段：应投入风烟系统、制粉系统相关挡板/风门等相关系统的SCS连锁/保护、远方监控等控制功能。

（3）蒸汽吹管前阶段：应投入机侧油系统、真空系统、除氧给水系统、锅炉燃油系统、汽轮机盘车系统、空气预热器吹灰系统等相关系统的SCS连锁/保护、远方监控等控制功能。

（4）机组整套启动前阶段：应投入SCS所有控制系统的连锁/保护、远方监控、程序启/停等设计功能。

3-33 顺序控制系统开关量控制测点的回路测试内容有哪些？

（1）查线后投入相关的DCS卡件。在就地一次测量元件或其他控制系统的开关量信号送出侧用短接、信号仿真等方式送出“通/断”信号，在DCS工程师站或操作员站的CRT画面上检查SCS开关量测点的显示是否正常。

（2）在DCS工程师站上强制“通/断”SCS的开关量输出信号，在就地或其他控制系统的开关量信号接受侧检查相应设备的动作或信号指示是否正常。

（3）回路测试过程中发现问题，应按“先软件后硬件”的原则进行排查，调试单位配合施工单位及相关各方及时解决。

3-34 电动门的调试步骤是什么？

（1）电动门的相关设备已完成就地安装和送电调试，就地启/停操作正常；对就地的电动门进行现场检查时，所有的控制装置均应完好、无缺。

（2）查线后投入相关的 DCS 卡件。

（3）在就地侧送出电动门的开/关反馈、远方/就地等信号，在 DCS 操作员站或工程师站的 CRT 画面上检查相应的反馈等输入信号是否正确。

（4）电动门只送上控制电源，不送动力电源，并使电动门能接受来自 SCS 的远方控制信号。

（5）在 DCS 工程师站上“强制”送出电动门的开/关信号，在就地侧检查信号是否正确或相应的接触器动作是否正确。

（6）送上电动门的动力电源，通过就地电动操作或手摇使电动门处于中间位置。

（7）进行相应的信号仿真后，在 DCS 操作员 CRT 画面上对就地电动门进行“开”或“关”操作：在就地检查电动门的动作方向是否正确；若电动门开/关方向不正确，应立即在就地电动门 MCC 侧停掉动力电源和控制电源，进行相应的处理。

（8）在 DCS 操作员站 CRT 画面上对电动门进行远方“全开”和“全关”操作：在就地检查电动门的开、关情况是否正常，电动门运行是否平稳、无异常；在 CRT 画面上检查电动门的开、关反馈是否正常，并记录电动门的开、关行程时间。

（9）采用就地仿真或 DCS 工程师站仿真等方法对电动门的连锁/保护条件逐条进行试验，并对试验结果进行记录和签字认可，以确保 SCS 的相关控制逻辑与设计相一致。

（10）调试完成后，恢复试验时所做的信号仿真。在就地确认电动门处于安全位置后停电，设置必要的标志，并进行必要的现场防护。

(11) 对调试过程中发现的问题，相关各方应及时解决。

3-35 气动门的调试步骤是什么？

(1) 气动门的相关设备已完成就地安装，仪用压缩空气正常、无异常泄漏并已完成气源母管及末端管路的吹扫，电磁阀完好，就地调试时启/停操作正常。

(2) 查线后投入相关的 DCS 卡件。

(3) 在就地侧送出气动门的开/关反馈、远方/就地等信号，在 DCS 操作员站或工程师站的 CRT 画面上检查相应的输入信号是否正确。

(4) 对气动门送电、送气，并使气动门能接受来自 SCS 的远方控制信号。

(5) 进行相应的信号仿真后，在 DCS 操作员 CRT 画面上对就地的气动门进行“开”或“关”操作，在就地检查气动门的动作状况是否正确。

(6) 在 DCS 操作员站 CRT 画面上对气动门进行远方“全开”和“全关”操作：在就地检查气动门的电磁阀动作及气动门的开、关情况是否正常，运行是否平稳、灵活、无异常；在 CRT 画面上检查气动门的开、关反馈是否正常，并记录气动门的开、关行程时间。

(7) 采用就地仿真或 DCS 工程师站仿真等方法对气动门的连锁/保护条件逐条进行试验，并对试验结果进行记录和签字认可，以确保 SCS 的相关控制逻辑与设计相一致。

(8) 对气动门进行断电、断气、断信号试验，检查气动门的动作情况是否满足设计和实际生产工艺的要求。

(9) 调试完成后，恢复试验时所做的信号仿真。就地在确认气动门处于安全位置后停电、停气，设置必要的标志，并进行必要的现场防护。

(10) 对气动门调试过程中发现的问题，相关各方应及时解决。

3-36 电气动力设备的调试内容是什么？

(1) 电机的试转。

（2）电气动力设备的分系统试转。

3-37　电气动力设备的调试中，电机的试转步骤是什么？

（1）电气专业在就地已完成电机的相关安装、调试工作，就地启/停操作正常，电机本体的各项保护投入且试验完毕。

（2）查线后投入相关的DCS卡件。

（3）电机不送动力电源，只送上控制电源，并使电机能接受来自SCS的远方控制信号。

（4）在就地侧送出电机的运行/停止状态、故障报警等信号，在DCS操作员站或工程师站的CRT画面上检查相应的输入信号是否正确。

（5）在DCS工程师站上"强制"送出电机的启/停信号，在就地侧检查接受到的信号是否正确或相应的接触器动作是否正确。

（6）检查并投入进入DCS的电机线圈温度、电机轴承温度及电机电流等模拟量信号，并对高/低限报警进行设定。

（7）除投入与电机有关的连锁/保护、允许条件外，对其他的控制逻辑在DCS工程师站或就地做必要的信号仿真。

（8）送上电机的动力电源，在DCS操作员站CRT画面上远方启动电机。在就地检查电机的转动方向是否正确；若电机的转动方向不正确，应立即在电气MCC侧停掉电机的动力电源和控制电源，并进行相应的处理。

（9）在DCS操作员站CRT画面上远方启动电机：在CRT画面上检查电机的运行反馈是否正常，同时监视电机线圈温度、电机轴承温度及电机电流等信号的变化情况；在就地检查电机的运行情况是否正常。

（10）达到规定的电机试运时间后，在DCS操作员站CRT画面上远方停止电机。在CRT画面上检查电机的停止反馈是否正常，同时监视电机线圈温度、电机轴承温度及电机电流等信号的变化情况是否正常，在就地检查电气动力设备的停运状况是否正常。

（11）恢复试验时所做的仿真信号，停掉电机的动力电源和控制电源，设置必要的标志，并对设备进行必要的现场防护。

（12）对调试过程中发现的问题，相关各方应及时解决。

3-38 电气动力设备的调试中，电气动力设备分系统的试转步骤是什么？

电机已按试转步骤试转完毕。

（1）调试并投入与电气动力设备分系统相关的电动或气动阀门。

（2）调试并投入与电气动力设备分系统相关的电动或气动执行机构（调节阀、挡板等）。

（3）核对并投入与电气动力设备分系统相关的开关量控制测点。

（4）核对并投入与电气动力设备分系统相关的模拟量控制测点。

（5）电机不送动力电源，只送上控制电源，并使电机能接受来自SCS的远方控制信号。

（6）采用实际操作、就地仿真或DCS工程师站仿真等方法对电气动力设备分系统的连锁/保护内容逐条进行试验，并对试验结果进行记录和签字认可，以确保SCS的相关控制逻辑与设计相一致。

（7）采用实际操作、就地仿真或DCS工程师站仿真等方法对电气动力设备分系统的顺序控制启/停步序进行试验，并对试验结果进行记录和签字认可，以确保SCS的相关控制逻辑与设计相一致。

（8）恢复试验时所做的仿真信号，投入与电气动力设备分系统相关的连锁/保护以及顺序控制功能。

（9）送上电机及相关设备的动力电源、气源，在DCS操作员站CRT画面上进行远方“顺序启动”操作：在CRT画面上检查顺序控制的投运步序反馈是否正常，电机及相关的阀门、执行机构的运行反馈是否正常，同时监视电机线圈、轴承温度、电机电流以及相关的温度、压力等运行参数的变化情况；在就地检查电气动力设备以及相关设备的运行情况是否正常，是否按规定的启动顺序进行。

(10) 达到规定的电气动力设备分系统试运时间后，在 DCS 操作员站 CRT 画面上进行远方“顺序停止”操作：在 CRT 画面上检查顺序控制的停运步序反馈是否正常，电机及相关的阀门、执行机构的停止反馈是否正常，同时监视电机线圈、轴承温度、电机电流以及相关的温度、压力等参数在停运过程中的变化情况；在就地检查电气动力设备以及相关设备的停运状况是否正常，是否按规定的停运顺序进行。

(11) 在确认电机及相关设备处于安全位置后，停掉电气动力设备分系统所涉及设备的动力电源、控制电源、气源，对相应的设备设置必要的标志，并进行必要的现场防护。

(12) 对电气动力设备分系统调试过程中发现的问题，相关各方应及时协商、讨论并加以解决。

3-39 顺序控制系统控制软件的静态调试步骤是什么？

SCS 控制软件的静态调试应与就地受控设备与 DCS 的联调以及分系统试运工作同步进行，一般按以下步骤进行。

(1) 依照设计单位提供的 SCS 设计说明书、SCS 逻辑图、保护/报警定值表，在 DCS 工程师站上检查 SCS 各控制系统的软件组态，对发现的问题及不符合现场生产工艺要求的控制逻辑，调试单位联系设计单位、DCS 生产厂家进行讨论和协商后提出修改或完善方案，经设计单位和生产单位认可、审批后，由 DCS 生产厂家实施软件组态的修改。

(2) 采用实际操作、就地仿真或 DCS 工程师站仿真等方法对 SCS 的相关控制逻辑进行试验，并对试验结果进行记录和签字认可，以确保 SCS 的相关控制逻辑与设计相一致。

(3) SCS 逻辑试验完成后，投入相关的保护/连锁。SCS 控制逻辑的再次修改、完善以及保护的投入/解除必须严格按照申请、审批、实施、监护、试验、确认的程序进行。

(4) 依照设计单位提供的 SCS 设计说明书、SCS 逻辑图、保护/报警定值表，在DCS操作员站上检查SCS各控制系统的CRT流程控制画面，对发现的问题及不符合现场生产工艺要求的部分，调试单位联系设计单位、DCS生产厂家进行讨论和协商后提出修改或完善方案，经设计单位和生产单位认可、审批后，由DCS生产厂家实施CRT画面的修改或报警定值的重新整定。

（5）对SCS所涉及的CRT流程控制画面的再次修改、完善同样要按照申请、审批、实施、监护、试验、确认的程序进行。

（6）循环水泵房等远程站的调试。

3-40 循环水泵房等远程站的调试步骤是什么？

（1）远程站的相关控制设备已安装完毕，电缆敷设、接线完成且正确无误；至DCS的光缆敷设且连接完毕。

（2）确认远程站的控制卡件与就地设备已有效隔离。以经过确认的远程站机柜接线施工图为依据，以对讲机、万用表或信号发生仪等工具作为调试工具，对远程I/O站控制柜到现场设备的每一个信号线，都要进行仔细的检查、核对，确保所有接线正确无误。对所发现的问题，施工单位及相关各方应及时解决。

（3）远程站机柜的首次送电，DCS生产厂家必须在现场。

1）确认电气供电装置至远程站柜的电缆接线及机柜内的配线正确无误。

2）检查远程站柜内所有电源的接线端子对地及相互间的绝缘情况，防止短路或接地。

3）检查进线开关及分电源开关，确定在“分”状态；I/O卡件可暂时拔离远程站的机架。

4）通知电气专业送电，检查远程站柜内电源进线的电压是否正常。

5）远程站柜电源进线的电压正常后，合上电源进线总开关，检查出口电压是否正常。

6）电源总开关出口电压正常后，合上远程站的分电源开关，对远程站送电，检查远程站上的通信卡件等设备的工作状态是否正常。

7）远程站柜送电过程中发生任何异常情况，应立即切断所有电源，待故障原因分析清楚且对故障进行彻底处理后方能再次送电。

8）远程站柜送电完成后，在DCS工程师站上测试、检查远程站与DCS间的通信是否正常。

9）远程站柜送电完成后，应在柜外设置明显的“设备带电”警告标识，以防止误操作及触电事故的发生。

（4）在确认无强电信号及感应电引入远程站的输入端后，逐步投入远程站的I/O卡件。

（5）在远程站与DCS间的通信正常后，可按上述方法和步骤在DCS的工程师站、操作员站上直接对循环水泵房内的相关受控设备进行信号回路测试、DCS联调、保护/连锁逻辑试验、分系统试转等各项冷态调试工作。

3-41　顺序控制系统控制软件的静态调试的步骤中，热态调试的步骤是什么？

（1）对机组在试运行过程中发生的风机、泵等辅机设备的跳闸情况或发生明显异常工况但保护不动作的情况（依据SOE记录及相关的历史趋势曲线追忆）进行分析和研究，确定SCS保护动作的正确性和可靠性，并按机组试运行的实际情况对SCS的保护/连锁逻辑及保护定值进行必要的修改和完善。

（2）在热态工况下对SCS的其他控制功能（辅机设备的顺序启/停程序等）进行进一步的完善调试，最终实现SCS的所有设计功能。

（3）按机组试运行的实际情况对SCS所涉及的各种监控参数的高/低报警值进行必要的整定和修改。

（4）配合施工单位、DCS生产厂家对SCS在热态工况运行时出现的各种热控缺陷进行消缺和完善。

3-42　顺序控制系统调试的质量检验标准是什么？

（1）SCS所有的设计功能全部实现，各种保护/连锁控制功能运行正确、可靠且符合设计要求；顺序控制策略符合现场生产工艺的要求。

(2) SCS的各种保护功能准确、可靠，保护投入率及保护正确动作率均为100%，满足《火力发电厂基本建设工程启动及竣工验收规程规程》(1996年版) 中所规定的优良指标。

(3) 所有现场阀门的开关状态、电气动力设备的运转状态指示正确。SCS的操作员站CRT流程画面符合现场生产工艺要求。

3-43 超超临界机组的协调控制特点是什么？

超超临界火电机组是常规蒸汽动力火电机组的自然发展和延伸。当蒸汽压力提到高于22.1MPa时就称为超超临界机组，如果蒸汽初压力超过27MPa，则称为超超临界火电机组。对于超超临界机组，在超超临界压力下，水到蒸汽的变化只经历加热阶段和过热阶段，而无饱和蒸汽区，这是和亚临界锅炉的本质区别，超超临界机组的协调控制特点实际上是超超临界参数的直流锅炉机组的协调控制特点。其协调控制特点如下：

(1) 直流炉没有汽包环节，机组总的汽—水循环工质（水和水蒸气）质量与汽包炉相比大大下降，工质在机组内的循环速度上升，这就要求控制系统应更为严格地保持工作负荷与燃烧速率之间的关系。

(2) 直流机组中，由于没有储能作用的汽包环节，直接做功的蒸汽质量与总的机组循环工质总质量（水和蒸汽）的比值很高。这就要求控制系统严格地保持机组的物料平衡关系，特别是：①燃烧速率与给水之间的平衡关系，即通常所说的水燃比；②燃烧速率与给煤、通风之间的平衡关系。这种平衡关系不仅是稳态下的平衡，而且应保持动态下的平衡。一旦失衡，产生的危险性要严重得多。因此必须给予重视。

(3) 由于循环工质总质量下降，循环速度上升，工艺特性加快，这就要求控制系统的实时性更强，控制周期更短，控制的快速性更好。从汽轮机—锅炉协调控制的角度分析，要求协调控制更及时、准确。

(4) 在直流炉工艺结构中，直吹式机组成为又一个控制难点。

由于省略了煤粉中间储仓，从给煤、制粉、送粉环节开始，就已纳入机组燃烧系统的数学模型。燃烧系统本身就复杂，具有大的纯时延和大的滞后特性，形成难于控制的环节。对直吹式机组来说，由于增加了给煤、制粉工艺，纯时延及滞后特性进一步增加，动力学响应速度进一步下降，成为机—炉协调控制策略的要点。

3-44　超超临界机组的控制任务是什么？

超超临界机组的控制任务如下：

（1）快速、准确响应负荷并维持主汽压在一定的范围内，使锅炉的蒸发量适应负荷的需求。

（2）维持过热汽温和再热汽温在一定的范围内。

（3）维持燃烧的经济性。

（4）维持炉膛负压。

3-45　超超临界直流炉的静态特性是什么？

热力学理论认为：在22.129MPa、温度374℃时，水的汽化会在一瞬间完成，即在临界点时饱和水和饱和蒸汽之间不再有汽、水共存的两相区存在，两者的参数不再有区别。由于在临界参数下汽水密度相等，因此在临界压力下无法维持自然循环，只能采用直流炉。

（1）汽温静态特性。超超临界直流炉的各级受热面串联连接，给水的加热、汽化和过热三个阶段的分界点在受热面中的位置随工况变化而变化。

1）当水燃比不变时，过热蒸汽焓（温度）保持不变。

2）当燃料发热量变小时，过热蒸汽焓（温度）随之降低；反之，升高。

3）当给水焓降低时，过热蒸汽焓（温度）随之降低；反之，升高。

（2）汽压静态特性。超超临界机组的主汽压由系统的质量平衡、热量平衡和工质流动压降等决定。

1）当燃料量增加时，若水燃比保持不变，则主蒸汽流量增加，从而使汽压上升；若水燃比增加，则过热汽温增加，减温水流量也需增加，相应地增加主蒸汽流量，从而汽压上升。

2）当给水流量增加时，若水燃比保持不变，则主蒸汽流量增加，从而使汽压上升；若水燃比减小，从而过热汽温降低，减少减温水流量，汽压基本不变。

3-46 超超临界机组的动态特性包含哪些内容？

（1）汽轮机调节汽门开度扰动。

（2）燃料量扰动。

（3）给水流量的扰动。

3-47 汽轮机调节汽门开度扰动的动态特性是什么？

汽轮机扰动对锅炉是一种负荷扰动，对超超临界机组的影响具有典型的耦合特性。汽轮机调节汽门开度变化不仅影响了锅炉出口压力，还影响了汽水流程的加热段，导致了温度的变化。

（1）主蒸汽流量迅速增加，随着主蒸汽压力的下降而逐渐下降直至等于给水流量。

（2）主蒸汽压力迅速下降，随着主蒸汽流量和给水流量逐步接近，主蒸汽压力的下降速度逐渐减慢直至稳定在新的较低压力。

（3）过热汽温一开始由于主蒸汽流量增加而下降，但因为过热器金属释放蓄热的补偿作用，汽温下降并不多，最终主蒸汽流量等于给水流量，且水燃比未发生变化，故过热汽温近似不变。

（4）由于蒸汽流量急剧增加，功率也显著上升，这部分多发功率来自锅炉的蓄热。由于燃料量没有变化，功率又逐渐恢复到原来的水平。

3-48 燃料量扰动的动态特性是什么？

燃料量扰动是指燃料量、送风量、引风量同时变化的一种扰动。

（1）由于给水流量保持不变，因此主蒸汽流量最终仍保持原来的数值。但由于燃料量的增加而导致加热段和蒸发段缩短，锅炉中贮水量减少，因此主蒸汽流量在燃料量扰动后经过一段时间的延迟后会有一个上升的过程。

（2）主蒸汽压力在短暂延迟后逐渐上升，最后稳定在较高的水平。最初的上升是由于主蒸汽流量的增大，随后保持在较高的水平是由于过热汽温的升高，蒸汽容积流量增大，而汽轮机调速阀开度不变，流动阻力增大所致。

(3) 过热汽温一开始由于主蒸汽流量的增加而略有下降，然后由于燃料量的增加而稳定在较高的水平。

(4) 功率最初的上升是由于主蒸汽流量的增加；随后的上升是由于过热汽温（新汽焓）的增加。

3-49 给水流量的扰动的动态特性是什么？

(1) 随着给水流量的增加，主蒸汽流量也会增大。但由于燃料量不变，加热段和蒸发段都要延长。在最初阶段，主蒸汽流量只是逐步上升，在最终稳定状态，主蒸汽流量必将等于给水量，稳定在一个新的平衡点。

(2) 主蒸汽压力开始随着主蒸汽流量的增加而增加，然后由于过热汽温的下降而有所回落。

(3) 过热汽温经过一段较长时间的迟延后单调下降直至稳定在较低的数值。

(4) 功率最初由于蒸汽流量增加而增加，随后则由于汽温降低而减少。因为燃料量未变，所以最终的功率基本不变，只是由于蒸汽参数的下降而稍低于原有水平。

3-50 超超临界机组的控制特点是什么？

超超临界机组具有以下控制特点：

(1) 超超临界机组是一个多输入、多输出的被控对象，输入量为汽温、汽压和蒸汽流量，输出量为给水量、燃料量、送风量。

(2) 负荷扰动时，主蒸汽压力反应快，可作为被调量。

(3) 超超临界机组工作时，其加热区、蒸发区和过热区之间无固定的界限，汽温、燃烧、给水相互关联，尤其是水燃比不相适应时，汽温将会有显著的变化，为使汽温变化较小，要保持燃烧率和给水量的适当比例。

(4) 从动态特性来看，微过热汽温能迅速反应过热汽温的变化，因此可以该信号来判断给水和燃烧率是否失调。

（5）超超临界机组的蓄热系数小对压力控制不利，但有利于迅速改变锅炉负荷，适应电网尖峰负荷的能力强。

3-51 对超超临界直流炉直吹式机组，在进行控制系统配置和构造协调控制策略时，必须充分考虑哪些问题？

必须充分考虑下述问题：

（1）控制周期要短，实时性要好。反之，实时性不好，控制周期过长，再好的控制策略也难达到预想的效果。

（2）在协调控制中，将克服纯时延、大滞后环节，加速锅炉侧的动态响应，作为选择控制策略的一个依据。

（3）不仅要注重稳态下的平衡关系，也必须注意瞬态下的物料平衡关系。

（4）适应多种机组运行方式，包括机炉协调方式，炉跟机方式，机跟炉方式，机、炉手动方式。

（5）对大型机组要考虑参与调频及 run back 工况。

由于超超临界机组的这些特点，因此在机组的控制策略设计上具有一些自身的特点。

超超临界机组由于其压力等级高，工作介质刚性提高，动态过程加快；锅炉为直流炉，锅炉蓄热能力小，各子系统的相互联系更加紧密，机炉之间，给水、燃烧、汽温之间等各系统的控制是一个交叉联系的有机体，系统设计时应统筹考虑，通过采用并行静态/动态前馈、引入锅炉动态加速指令、汽轮机压力校正等策略，加快锅炉侧响应，充分利用锅炉蓄热，提高机组的负荷适应性与运行的稳定性。

3-52 超超临界机组直流锅炉的主要特点是什么？其协调控制系统控制方案的关键是什么？

超超临界机组直流锅炉有三个主要特点：

（1）直流锅炉是汽水一次性循环，不具有类似于汽包的储能元件，因此锅炉的储能比较小，很难找到类似于热量信号的仅反映燃料的变化不反映汽轮机调节汽门变化及给水流量变化的信号。

（2）直流锅炉—汽轮机是复杂的多输入多输出的被控对象，燃料量、给水量、汽轮机调节汽门开度的任一变化均会影响机组负荷、主蒸汽温度、主蒸汽压力的变化，而且燃料、汽轮机调节汽门的变化又会影响到给水流量的变化，其中的影响媒介就是主蒸汽压力的变化，因此，对于直流炉机组的协调控制系统来说，主蒸汽压力控制非常重要。

（3）直流锅炉是汽水一次性循环，汽水没有固定的分界点，它随着燃料，给水流量以及汽轮机调节汽门的变化而前移或者后移，而汽水分界点的移动直接影响汽水流程中加热段、蒸发段和过热段的长度，影响主蒸汽的温度，并导致主蒸汽压力、负荷的变化，因此，控制中间点温度一直被认为是直流锅炉控制的主要环节。

从以上的分析可以看出，从协调控制的角度来说直流锅炉—汽轮发电机组是一个多输入多输出的多变量被控对象，如何选择控制量与被控量的关系，是协调控制系统控制方案的关键。

3-53 对超超临界机组的协调控制系统有什么要求？

协调控制系统关键在于处理机组的负荷适应性与运行的稳定性这一矛盾。既要控制汽轮机充分利用锅炉蓄能，满足机组负荷要求，又要动态超调锅炉的能量输入，补偿锅炉蓄能，要求既快又稳。现代大型锅炉—汽轮机单元机组是一个多变量控制对象，机—炉两侧的控制动作相互影响，且机—炉的动态特性差异较大。超超临界机组中的锅炉都是直流锅炉，做功工质占汽—水循环总工质的比例增大，锅炉惯性相对于汽包炉大大降低；超超临界机组工作介质刚性提高，动态过程加快。超超临界直流炉大型机组的这些特点决定了其协调控制从本质上区别于传统汽包炉，它需要更快速的控制作用，更短的控制周期，以及锅炉给水、汽温、燃烧、通风等之间更强的协同配合。

3-54 针对超超临界直流炉大型机组协调控制的基本特点，在设计协调控制系统时，对传统协调控制进行了哪几点改进？

主要包括以下几点改进：

（1）锅炉、汽轮机之间功率平衡信号的选择。

(2) 锅炉内部扰动的克服。

(3) 加速机组的动态过程——并行前馈控制法。

(4) 引入非线性元件，充分利用锅炉蓄热。

(5) 引入汽轮机压力校正。

(6) 引入实发功率修正系数。

3-55 对锅炉、汽轮机之间功率平衡信号如何选择？

与汽轮机相比，锅炉系统动态响应慢、时滞大；对直流锅炉来说，合理地选择功率平衡信号，才能适应直流锅炉对快速控制的要求。因此，功率平衡信号的选择，对整个机组动态特性的影响极大。

作为汽轮机—锅炉之间的功率平衡信号，理论上至少存在三种选择的可能性，它们的特性和差异见表3-1。

表3-1 汽轮机—锅炉之间的功率平衡信号选择的三种方案

需求信号	第一方案 机组负荷指令 (MWD)	第二方案 汽轮机第一级压力 (p_1)	第三方案 机组实发功率 (MW)
物理意义	机组负荷指令(MWD)代表了机组应发的功率，也代表了锅炉侧应提供的蒸汽功率	汽轮机第一级压力p_1可换算为汽轮机侧当前实际消耗的蒸汽量，也即锅炉侧当前应提供的蒸汽功率	当前的机组发电功率代表了当前机组承担的负荷，也即锅炉应产生的负荷功率
特点	机组为达到一定负荷应当需要的功率	当前汽轮发电机实际消耗的功率	机组的实发电功率
时间关系	时间上MWD信号出现最早	比MWD信号慢，相差一个锅炉侧时间常数τ_B	比p_1信号慢，相差一个汽轮机/发电机时间常数τ
控制策略思想	根据MWD，控制锅炉侧，因此是一种前馈控制	依照实际的p_1（或MW）信号出现后，再反馈到锅炉侧，因此是基于反馈的锅炉跟踪汽轮机设计	

从表 3-1 可知，用机组发电负荷指令（MWD）作为锅炉侧功率需求信号，从时间上比 p_1 信号早了一个锅炉时间常数 τ_B（含有主蒸汽压时间常数、再热汽压时间常数、给水时间常数等，其中给水时间常数较小，余者较大，以燃烧环节为例，是以分钟为单位的量），MWD 信号在快速性及时间上具有优势。

实发电功率（MW）比 p_1 信号更慢了一个汽轮机/发电机时间常数 τ（对 300MW 再热机组，通常认为大约为 10s 左右）。与 τ_B 相比，τ 虽然小得多，但也不是我们所希望的。

采用 MWD 信号后，由于本质上是开环前馈控制，对消除锅炉侧的内部扰动没有作用，因此必须考虑克服锅炉内部扰动问题。

3-56 锅炉内部扰动的问题是如何解决的？

无论何种原因，锅炉内部状态变量的扰动，最后总要通过主蒸汽压力表现出来。机炉协调控制的一个目标，就是稳定主蒸汽压力 p_t，使之与设定值 p_{ts} 的偏差越小越好。将 $\Delta p = p_t - p_{ts}$ 偏差变量反馈到锅炉侧，使主汽压调节回路发挥消除内扰的作用。

3-57 克服锅炉内部扰动的日立协调方案是什么？

采用 MWD 指令前馈，综合主汽压调节反馈以克服锅炉内扰的日立协调方案如下：

（1）以 MWD 信号作为主功率平衡信号，并行控制汽轮机侧和锅炉侧。对锅炉侧而言，MWD 信号即是基本的稳态功率前馈信号。

（2）在 MWD 之上叠加主蒸汽压力调节分量，形成锅炉负荷主指令（BID），用 BID 指令并行控制锅炉各子系统。

日立协调控制策略基本框图如图 3-3 所示。

由 MWD 信号，通过 FG 宏指令生成主蒸汽压力设定值，适应了定压—滑压—定压工作的机组状态。

MUL 为校正环节，考虑了锅炉蓄能作用。实发功率 MW 信号，经主蒸汽压力偏差 Δp 的校正后形成 MW *，发挥了稳定主蒸汽压力的作用。

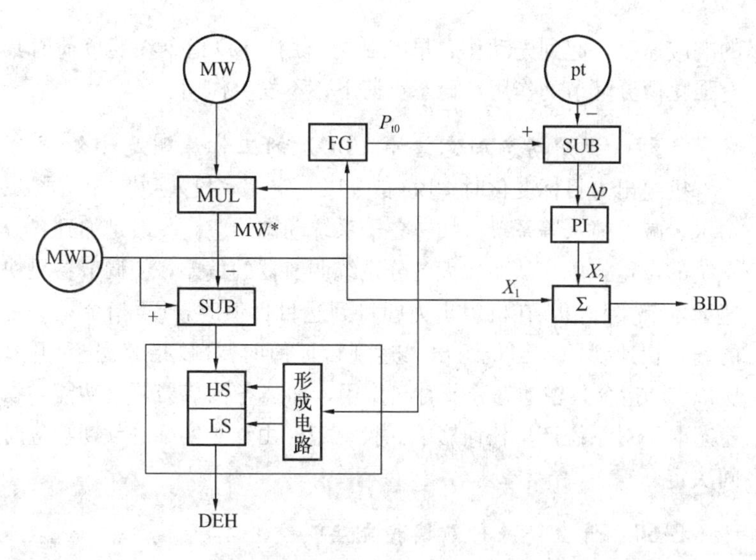

图 3-3　日立协调控制策略基本框图

HS/LS 及形成电路组成的环节，起到了调节保护作用。无论何种原因，使主蒸汽压力偏差过大时，利用汽轮机的调节作用，达到安全保护的目的。

由图 3-3 可知，BID$=X_1+X_2$。其中 X_1 为 MWD 信号，X_2 为主汽压调节器输出信号。系统应调整成这种状态，即使 X_1 尽可能地逼近 BID，在此种参数的配合下，主汽压调节器（PI）处于小偏差状态，这样机组运行最稳定，动态特性最好。

3-58　前馈控制分哪几类？

前馈控制可分为如下两类：

(1) 静态前馈：由锅炉负荷主指令（BID），通过各自的函数发生器宏指令（FG），并行地形成一套稳态的前馈信号，送到各子系统，建立一个稳态工作点。

(2) 动态前馈：当机组负荷变化时，锅炉侧的纯时延和大滞后是影响机组动态响应的关键因素。为此，根据 MWD 信号（比 BID 更早）生成一组动态前馈信号——锅炉动态加速信号（BD），分别作用到燃料、送风、给水、喷水减温等系统，加速锅炉对负荷指令的响应速度，起到先动作、早控制的作用。BD指令在变负荷时具有强化微分环节的作用，稳态负荷下，不发生作用。

3-59 锅炉动态加速信号（BD）的工作原理是什么？

机组出力目标变化时，BD指令以一定速率投入到燃料、通风、给水、减温喷水等系统，加速各子系统动态响应。一般是加到各分系统的设定值上，从而加大各分系统调节器的偏差，使调节器更快速地调节实际值。在机组出力即将到达目标值时，BD指令以一定的速率快速切除，当机组出力达到目标值时，BD指令完全切除。所以BD指令只在动态调节时起作用，加强各调节器调节功能，在稳态时不对系统产生任何影响。投入定时由锅炉实际的预期响应时间决定。

3-60 什么是并行前馈控制法？

加速机组的动态过程——并行前馈控制法。

与p_1（汽轮机第一级压力）信号相比，利用MWD信号进行锅炉/汽轮机侧的功率平衡，对直流炉快速控制和更好地进行协调控制是有力的。但是还应在锅炉侧配合进一步的措施才能达到加速锅炉动态响应的目的。

原则上，工业过程控制策略可以划分为前馈、反馈两类。反馈是一种平衡、纠偏的手段，偏差发生了，进行纠偏调节达到理想状态点，也即先有偏差再控制。前馈则是一种根据需要进行直接的前向控制的概念，在时间上比反馈快一个节拍。前馈可以加快动态响应，反馈可以稳定工作状态。为加快锅炉的动态响应，稳定机组运行，必须合理地、混合地采用上述两种策略。

从功率、物料平衡的观点看，以并行前馈为主，给锅炉各子系统一个随负荷变化的合理的稳态工作点，再施以合理的PID单级或串级的反馈调节，发挥自动平衡、纠偏的作用。合理地调整并行前馈量，锅炉控制系统的实际工作点可以逼近理想工作点，使燃料、风、水、汽等物料、能量关系处于平衡点邻域，此时，锅炉子系统的反馈调节器进入了小偏差调节状态，再调整各控制回路的参数，达到加快机组的动态响应过程。

并行前馈控制对稳定锅炉侧基本物料、功率平衡关系起着举足轻重的作用。在并行前馈的基础上，再施以反馈调节。

合理地采用前馈控制技术，使锅炉输入能被控制得很接近于抵消扰动所需要的量，而不完全依赖于反馈控制的缓慢调节引起系统的不稳定或过度积分。将静态/动态并行前馈方法与反馈调节控制结合起来，对加速机组动态响应非常有利。

3-61 引入非线性元件的作用是什么？

引入限幅非线性元件的作用是限制起始控制过程中负荷变化对汽轮机调节汽门开度的影响，保证机前压力偏差不会波动太大。当负荷指令增加时，通过非线性元件暂时降低主蒸汽压力的给定值，汽轮机控制器发出开大汽轮机调节阀指令，使输出功率迅速增加。反之，当减负荷时，增大汽压给定值，汽轮机控制器发出关小调节阀的指令，迅速减小输出功率。非线性元件是一个双向限幅的比例器，它可以输出与机组负荷偏差成比例的信号。当机组负荷偏差超过这个区域时，非线性元件的输出不再变化，即汽压给定值不再变化。这种机前压力定值的变化只限定在一定范围内，以免汽压偏离给定值允许范围。非线性元件暂时改变机前压力的给定值，能够使锅炉的蓄热得到充分利用。

3-62 引入汽轮机压力校正的优点是什么？

为了稳定机前压力，协调控制系统在传统协调控制策略的基础上加入了汽轮机调节校正压力的概念。传统协调控制策略中，当机组运行在协调或锅炉跟随方式下时，锅炉主调压力，汽轮机主调负荷。引入汽轮机压力校正，锅炉调节负荷，汽轮机同时调节压力和负荷。当机组负荷指令变化时，利用锅炉微小的蓄热能力，汽轮机牺牲一部分主蒸汽压力首先适应电网要求改变负荷，当主蒸汽压力高于或低于设定值 0.3MPa 时，汽轮机由调节负荷自动转到调节机前压力和负荷，但压力校正回路的作用强于负荷。当机前压力调节到设定值 0.3MPa 以内时，汽轮机又自动转到调节负荷模式。所以当机前压力变化较大时，协调控制系统能够迅速稳定机前压力，保证了机组内部稳定运行。

3-63 引入实发功率修正系数的优点是什么？

当负荷变化时，汽压偏差作为实发功率的修正系数对其进行修正，将此修正输出与负荷指令比较产生汽轮机调门控制指令，改变汽轮机调节汽门开度从而改变汽轮机的实发功率来适应负荷指令的变化。汽压偏差信号同时送入到锅炉控制器，加强对锅炉的调节作用，以补充由于汽压变化引起的锅炉蓄热量变化所需附加的燃料量。引入的修正功率能够大大改善汽轮机控制特性。

3-64 模拟量控制系统（MCS）主要包括哪些子系统？

MCS主要包括如下子系统：

（1）机组主控。

（2）锅炉和汽轮机主控。

（3）给水主控（包括A、B汽动泵转速控制、电动泵转速控制、给水调节阀控制）。

（4）水—燃料比控制。

（5）主蒸汽温度控制（包括一级减温水控制、二级减温水控制）。

（6）再热蒸汽温度控制（包括过热器/再热器烟气分配挡板控制、再热器喷水控制）。

（7）风量控制。

（8）炉膛负压控制。

（9）燃油压力控制。

（10）磨煤机及其相关控制（包括旁路一次风量控制、磨煤机出口温度控制、磨煤机煤位控制、磨煤机一次风量控制、一次风机出口压力控制）。

（11）启动旁路控制［包括360阀（锅炉循环水量）控制、361阀（分离器储水箱水位）控制、316 阀（主蒸汽压力）控制、高旁喷水减温控制］。

（12）风箱控制（包括燃尽风量控制、二次风箱挡板控制、中心风挡板控制）。

（13）除氧器控制（包括除氧器水位控制、除氧器压力控制）。

（14）热井水位控制。

（15）高低压加热器水位控制。

3-65 机组主控的作用是什么？它包含哪些内容？

机组主控可接受负荷调度命令或机组手动设定指令，产生输出指令信号（MWD）使汽轮机、锅炉协调达到负荷要求并按预定负荷变化率改变负荷。它包含以下内容：

（1）目标负荷设定。

（2）负荷变化率设定。

（3）一次调频。

（4）负荷设定上限与下限。

（5）负荷增加功能闭锁 BI。

（6）负荷减少功能闭锁 BD。

（7）根据汽轮机主控和锅炉主控回路确定控制方式。

（8）湿态/干态运行方式转换。

（9）选择启动方式。

3-66 目标负荷如何设定？ADS 允许条件有哪些？

在正常操作时目标负荷由负荷调度命令设定（ADS 自动）或操作员在 CRT 手动上设定。ADS 允许条件如下：

（1）协调方式无 RB 动作且 MWD＞300MW。

（2）ADS 信号正常。

（3）没有负荷最大限制。

（4）没有负荷最小限制。

（5）ADS 投入允许。

3-67 在什么条件出现时，负荷指令信号将跟踪实发发电机功率或锅炉主控输出？

在以下任一条件出现时，负荷指令信号将跟踪实发发电机功率或锅炉主控输出：

（1）BM 手动。

（2）MFT。

(3) RB。

(4) TM手动且湿态或负荷指令大于95%。

3-68 在什么条件出现时，负荷指令信号将跟踪锅炉主控输出（BID）？

(1) 功率信号故障。

(2) BM手动且旁路未退出。

3-69 负荷变化率如何设定？

负荷变化率可手动设定或当运行人员选择自动设定时，根据启动方式和机组给定负荷给出负荷变化率。

但在以下情况下将禁止负荷变化率的变化，并将负荷变化率强切为0：

(1) 负荷增加闭锁操作时：负荷变化率增加设为0%/min。

(2) 负荷减少闭锁操作时：负荷变化率减少设为0%/min。

(3) 正常操作：当以上两条都没有出现时，负荷变化率将按照预设值进行增减。

3-70 一次调频的作用是什么？

当频率偏离50Hz时（频率偏差超过规定值），将根据频率偏差计算得到的相应负荷修正信号加到MWD，来稳定电功率系统。频率偏差信号加到负荷给定回路。另外加入了主蒸汽压力对机组参与一次调频的能力进行修正。为了防止频率偏差信号对负荷指令的影响及保证机组在安全范围内运行，频率偏差回路设计了最大、最小限制回路和速率限制功能。

3-71 在什么情况时将切除一次调频功能？

在以下任一情况发生时将切除一次调频功能：

(1) 负荷在跟踪方式。

(2) 锅炉在湿态操作。

(3) 频率信号不正常。

3-72 负荷上限与下限如何设定？

运行人员可以在CRT上进行负荷上下限的设定。

负荷上限和下限设定连锁：

（1）当在负荷跟踪方式时，负荷上限或下限动作，负荷上限和下限跟踪目标负荷指令。

（2）当负荷上限小于目标负荷时，负荷上限减小操作闭锁，目标负荷增加操作禁止。

（3）当负荷下限大于目标负荷时，负荷下限增大操作闭锁，目标负荷减小操作禁止。

3-73 负荷增加功能闭锁（BI）包含哪些内容？

（1）机组负荷达上限。

（2）给水达上限。

（3）风机出力达上限（FDF/IDF/PAF 叶片全开）。

（4）汽轮机主控信号高。

（5）燃料上限。

（6）水/燃料比上限或下限。

（7）屏式过热器出口温度低，一级过热器出口温度低。

（8）交叉限制（风/燃料、水/燃料）。

（9）主蒸汽压力偏差高。

（10）发电机负荷控制偏差高（TM 手动时负荷指令大于实际负荷 100MW）。

3-74 负荷减少功能闭锁（BD）包含哪些内容？

（1）机组负荷下限。

（2）给水泵下限。

（3）汽轮机主控下限。

（4）交叉限制（风/燃料、水/燃料）。

（5）主蒸汽压力高。

（6）发电机负荷控制偏差低（TM 手动，实际负荷大于设定值 100MW）。

（7）燃料下限。

（8）水/燃料比上限或下限。

（9）省煤器汽化保护。

3-75 协调控制的负荷控制方式有哪些？

负荷控制有以下四种方式，每种方式根据汽轮机主控和锅炉主控回路确定。

（1）协调控制方式。在协调方式下，锅炉和汽轮机并行操作。在这种方式下锅炉控制汽轮机入口蒸汽压力，汽轮机控制功率，同时，为了提高锅炉动作的快速性以及降低调节阀变化对主蒸汽压力的影响，在锅炉主控中加入了负荷前馈，汽轮机主控中加入了主蒸汽偏差拉回回路，两者相互影响。在这种方式下，不但锅炉主控和汽轮机主控A/M站在自动，同时主要控制回路也需在自动，如给水、燃料等。

（2）锅炉跟随方式。当汽轮机主控A/M站在手动，锅炉主控A/M站在自动时采用这种方式。在这种方式下，锅炉控制汽轮机入口蒸汽压力，同时汽轮机主控采用手动调节以获得期望的功率。在这种方式下，主蒸汽压力设定值（TPD）与汽轮机入口蒸汽压力进行比较，其偏差（TPDΔ）经机组负荷指令信号前馈和修正后产生锅炉主控信号（BID）去风和燃料、给水回路，操作员设定调节阀位置建立负荷指令。

（3）汽轮机跟随方式。当汽轮机主控A/M站在自动，锅炉主控A/M站在手动时采用这种方式。在这种操作方式下，汽轮机控制汽轮机入口蒸汽压力，通过调节锅炉的燃烧率来获得期望的负荷。操作员在锅炉主控A/M站上设定燃料和助燃风（BID）指令。燃料和助燃风的变化将引起锅炉能量水平的改变，从而改变蒸汽压力。

（4）手动方式。汽轮机主控A/M站在手动和锅炉主控A/M站在手动时采用这种操作方式。在这种方式下锅炉和汽轮机单独操作，由操作员负责控制负荷和压力。操作员在锅炉主控A/M站上设定燃料和助燃风（BID）指令。

3-76 什么是湿态运行方式？什么是干态运行方式？

从启动到25%～29%负荷时，水冷壁出口蒸汽仍然是湿态（饱和），水冷壁出口湿态蒸汽里的水流到分离器储水箱，主蒸汽压力的方式控制为：小于15%负荷时，汽轮机旁路阀（316阀）控制主蒸汽压力，蒸汽排到冷凝器；15%～25%负荷时，通过水燃比用燃料来控制主蒸汽压力，与汽包炉相同（在15%负荷时，316阀逐渐关闭）。

干态运行方式是指当机组负荷达到29%，水冷壁出口的蒸汽处于干态（过热）。分离器储水箱液位为零，锅炉循环水泵停止，锅炉处于直流状态，由锅炉输入（给水，燃料和助燃风）控制主蒸汽压力。

3-77 湿态—干态运行方式如何转换？

随着负荷和燃料量的增加，分离器储水箱的液位将逐渐降低，锅炉循环水流量将逐渐减少。机组运行方式逐渐地由“湿态”转为“干态”。

湿态→干态方式：负荷大于29%且锅炉循环水泵停止或高旁全关。

干态→湿态方式：负荷小于25%或锅炉循环水泵运行且高旁阀未全关。

3-78 锅炉的启动方式如何选择？

当MFT复位后，根据汽水分离器入口温度自动确定锅炉的启动方式或由运行人员手动选择。

（1）汽水分离器入口温度大于290℃为极热态方式。

（2）汽水分离器入口温度小于290℃但大于240℃为热态方式。

（3）汽水分离器入口温度小于240℃但大于150℃为温态方式。

（4）汽水分离器入口温度小于150℃为冷态方式。

3-79 锅炉主控/汽轮机主控作用是什么？

锅炉主控/汽轮机主控根据机组主控系统产生控制指令，使发电功率达到要求。同时，负荷与主蒸汽压力设定信号产生一个完整的控制，锅炉输入（给水、燃料、风等）作为锅炉输入指令信号（BID）使主蒸汽压力维持在设定值。

3-80 汽轮机主控的内容是什么？什么条件下，汽轮机主控切手动？

在协调控制方式下，功率控制由汽轮机主控完成，主蒸汽压力控制由锅炉主控完成。

在汽轮机跟随或RB发生时，汽轮机主控控制主蒸汽压力。

（1）负荷指令设定补偿。在变负荷运行时，根据负荷指令的变化率对负荷指令进行修正。

（2）主蒸汽压力上限/下限操作。在协调控制方式负荷变化时，基于功率偏差仅仅控制功率，锅炉输入和输出（汽轮机输入）的平衡在负荷快速改变时被破坏，锅炉主蒸汽压力偏差增大，锅炉/汽轮机间配合将偏离稳定操作，为防止这种情况的进一步恶化，主蒸汽压力控制要先于发电机功率控制，汽轮机主汽门完成超驰控制，在主蒸汽压力偏差最大/最小时锅炉和汽轮机要协调动作。这种超驰控制叫汽轮机主汽门边际压力控制，是在协调控制方式时汽轮机主汽门的限制因素。此时汽轮机主控将不再控制功率，转而控制主蒸汽压力，以维持机组输入和输出的平衡。

（3）汽轮机主汽门MWD-LAG。因为燃煤变压本生锅炉对磨煤机的响应较慢，而汽轮机响应速度较快，为了消除这种响应上的差别，防止在控制过程中由于锅炉、汽轮机的不平衡导致控制质量的恶化，对汽轮机主汽门控制功率加了延迟。

下列任一条件，汽轮机主控切手动：

（1）未在汽轮机跟随时功率信号故障。

（2）汽轮机跟随时，主蒸汽压力故障。

（3）未在汽轮机跟随时，无RB且功率偏差大。

3-81 锅炉主控的内容是什么？什么条件下，BM切手动？

（1）在干态方式（直流状态）时，主蒸汽压力的控制通常由锅炉主控进行调整，主蒸汽压力偏差校正及负荷指令的前馈修正吸收了汽轮机效率或锅炉效率在给水调整时的变化。

（2）在湿态时，锅炉主控中的主蒸汽压力控制切除，BID由负荷指令产生；当RB发生时，锅炉主控中的主蒸汽压力控制切除，BID由预先设定的RB目标值和预先设定的变化率强制下降。

(3) MFT时，BID切零。

(4) 在干态时BM或给水主控手动时，BID跟踪给水流量。

下列任一条件出现时，BM切手动：

(1) 燃料、送风、引风、给水手动。

(2) MFT。

(3) 主蒸汽压力发电机功率信号故障。

(4) TM自动时，给水燃料交叉限制动作超过120s。

3-82 机组蒸汽压力如何设定？

主蒸汽压力设定值是基于负荷指令或锅炉主控输出产生的，当锅炉主控自动时，主蒸汽压力设定值由负荷指令产生，否则由BID产生。

此外，在变压运行负荷变化时，虽然压力设定值随负荷的增加/减少而增加/减少，但由于锅炉时间常数的影响，将产生主蒸汽压力偏差对控制系统的扰动，为了降低该情况的影响，在主蒸汽压力设定值出口增加了一惯性环节，其时间常数根据负荷调整。在RB减负荷时，只有延迟有效，速率限制无效；在MFT时，只有速率限制有效（0.02MPa/s），延迟无效。

3-83 为什么在控制回路中增加交叉限制回路？ 交叉限制主要包括哪些内容？

水—燃料比、风—燃料比的平衡是锅炉稳定运行不可缺少的，否则将可能引起蒸汽温度的大幅度变化或燃烧不稳定。为了保证燃料—给水和风—燃料之间的平衡，在其控制回路中增加了交叉限制。

交叉限制主要包括以下内容：

(1) 燃料→给水降低：防止主蒸汽温度下降。

(2) 给水→燃料降低：防止主蒸汽温度上升。

(3) 燃料→给水升高：防止主蒸汽温度上升。

(4) 风→燃料降低：燃烧不稳定，而且因过量空气率降低产生黑烟。

(5) 燃料→风升高：燃烧不稳定，而且因过量空气率降低产生黑烟。

3-84 交叉限制操作的允许条件是什么？什么情况下，交叉限制控制方式切换？

当以下条件都满足时，允许交叉限制操作：

(1) 没有RB减负荷操作。

(2) 直流状态。在低负荷时，为了达到最低给水流量和最低风量要求，锅炉输入量之间没有固定的比率关系。

(3) 相关的变送器信号正常。在交叉限制操作时，为了使控制信号跟踪相联的测量信号，正常的给水量、燃料量和风量信号是必不可少的。

(4) 频率偏差小于±0.3Hz（仅用于WF-AF）。

以下情况交叉限制控制方式切换：

(1) 当交叉限制检测到给水流量导致燃料指令增加时，给水和燃料控制系统要像手动方式一样地监视。

(2) 当在风—燃料间交叉限制操作时，风—燃料比率控制输入设为0%（输出保持当前值），氧量积分闭锁以防止控制超调。

(3) 当在给水—燃料间交叉限制操作超过预定时间（2min）时，锅炉主控强制手动（负荷跟踪方式），以稳定设备。

3-85 给水控制的目的是什么？

给水控制的目的是控制总给水流量，以满足锅炉输入的要求，保证炉膛受热面能得到与热负荷相适应的冷却水量，即保持一定水燃比。用保持水燃比的方法直接控制过热器出口汽温是直流锅炉重要的控制任务。总给水流量在省煤器入口进行测量。

3-86 给水控制包含哪些内容？

(1) 给水流量指令由锅炉输入指令（BID）产生，并经燃料交叉限制后以保证调节过程中的不平衡始终不超过限值。在所有工况下，给水流量指令都要大于最小给水流量，以保护锅炉受热面。

(2) 在启动时，当给水控制系统在手动，最小给水流量设定值跟踪实际给水流量；当给水控制系统在自动时，最小给水流量设定为锅炉最小给水流量（28%ECR）加上一、二级喷水流量，因为过热器喷水来自省煤器出口。当检测到给水流量大于锅炉最小给水流量时，不再增加。在机组启动工况时，启动配置将加在最小流量设定上。

(3) 随着给水泵自动操作数量调整增益，使回路增益不变。

(4) 为了防止当减负荷时压力从全压（临界压力）状态快速下降，省煤器内的给水温度超过此压力下的饱和温度，导致省煤器里的水沸腾蒸发，在给水控制回路中增加了防止省煤器沸腾回路。如果省煤器出口温度高于“分离器储水箱压力下的饱和温度——边际值（10℃）”，增加给水流量来降低省煤器处的给水温度。另外，防止省煤器沸腾操作时，为了避免情况恶化，负荷减少闭锁。

(5) 在锅炉循环操作（湿态方式）下，锅炉循环水流量的快速下降将对给水流量控制产生扰动，给水流量有可能低于最小给水流量。因为锅炉循环水流量是根据汽水分离器储水箱水位来程控的，可以通过检测汽水分离器储水箱水位的变化来防止给水流量的下降，给水流量指令增加补偿。

(6) 给水流量偏差经主调节器的比例积分后产生副调节器的锅炉给水流量需求指令。

(7) 锅炉给水流量需求指令和泵出口流量比较后产生汽动泵转速指令，每台泵有自己的流量偏置。在两台泵并泵过程中，通过将偏置以一定速率切零实现。

(8) 当负荷大于220MW或给水流量调节阀开度大于78%时主给水阀开，启动泵为流量控制，当流量调节阀调节时，启动泵差压控制。

(9) 根据每台泵的出口流量来控制每台泵的最小流量以确保泵的安全运行。泵的出口压力经函数发生器后与给水泵入口流量比较后产生最小流量阀的开度指令。

3-87 水燃比的输出主要由哪几种方式产生？

以某厂1000MW机组为例，机组采用煤跟水的控制策略，水燃比的输出放在燃料侧，根据机组运行状态以及工况的不同，水燃比的输出主要由以下几种方式产生。

（1）升温控制（分离器入口流体温度控制）。机组在常温/冷态方式启动时，在主蒸汽压力小于9.7MPa和1只油燃烧器阀门打开时（即旁路为程序控制），如果水燃比主控在自动，汽水分离器入口流体温度升温控制启动，燃烧率指令将按比例控制。当2只油燃烧器投运和主蒸汽压力达到9.4MPa时，升温控制结束。

（2）炉膛出口烟气温度控制。在启动时，旁路控制主蒸汽压力，为了防止燃料过量使再热蒸汽管超温，要监视炉膛出口烟气温度。水燃比主控将控制炉膛出口烟气温度。

（3）主蒸汽压力控制。在机组启动时，主蒸汽压力由汽轮机高压旁路阀控制，负荷高于15%ECR时，汽轮机高压旁路阀关闭，水燃比主控进行压力控制至直流状态。

（4）屏式过热器出口温度控制。在直流操作时水燃比控制屏式过热器出口蒸汽温度，此时主蒸汽温度由水燃比和喷水减温控制。虽然过热器喷水能修正主蒸汽温度，但主蒸汽温度的稳定最终是通过水燃比实现的。

屏式过热器出口温度设定值根据负荷指令设定，根据汽轮机启动方式加上负荷变化率的限制。屏式过热器出口温度设定和屏式过热器出口温度的偏差经调节器输出再加下列几项后给出屏式过热器出口温度控制信号：

1）顶棚过热器出口温度控制。顶棚过热器出口过热度设定值根据汽水分离器储水箱压力设置，并与实际顶棚过热器出口温度比较，当测量值比设定值高时，水燃比加一减少偏置，湿态时这一偏置取消。

2）把过热器喷水流量偏差加到主蒸汽温度偏差的比例值完成持续喷水控制。在干态运行时，过热器喷水流量约为主蒸汽流量的10%左右。

在负荷变化时，因为蒸汽温度的时间常数大，当过渡温度变化被修正时，负荷变化结束后水燃比率从固有值变化，干扰蒸汽温度。为了防止这种情况，该工况将把积分输入设为0%，并闭锁积分控制。

（5）水燃比偏置补偿。在水燃比控制主汽压力或屏式过热器出口温度时，在水燃比控制输出上还加上一路修正信号水燃比偏置补偿：

通过减少/增加燃料偏置来控制顶棚过热器出口过热度，根据分离器储水箱压力给出的顶棚过热器出口温度上限/下限和实际的顶棚过热器出口温度偏差加到水燃比偏置，使顶棚过热器出口过热度小于规定值。在循环操作时（湿态方式），因为不需要控制过热度，燃料偏置取消。

3-88 主蒸汽温度控制的内容是什么？

受控的给水流量在一端进入，热量由受控的燃料量产生，沿管道长度施加到工质上，在管道的另一端，产生的超超临界状态蒸汽输送到汽轮机。减温喷水引自进入锅炉的总给水量，它的变化改变了减温喷水阀前后受热段工质流量的分配。燃烧率产生的热量分配到水冷壁、过热器和再热器等受热面上，各受热面热量分配比例由摆动燃烧器或烟气挡板实现调整。

减温喷水阀实质上是调整工质流量在水冷壁和过热器之间分配比例的，通常可以有额定负荷下给水量的10%用于动态分配。减温喷水量的变化改变了进入省煤器和水冷壁的给水量，这一区段的热量/水量比值随之改变，因而区段内工质温度发生了相应变化。但无论减温喷水量有多大变化，最终进入锅炉的总给水量未改变，水燃比未改变，稳态时锅炉出口过热汽温也不会改变，但减温喷水会改变瞬态过热汽温。

燃烧器摆角或烟气挡板变化只影响锅炉内的热量在各受热面区段的分配，锅炉内吸收的总热量并未改变。摆角的改变对过热汽温和再热汽温有较快速的效应，与此同时摆角对水冷壁出口温度的改变很快就抵消了对过热汽温和再热汽温的这种影响。

进入锅炉的燃烧率和给水量之间形成水燃比，它影响着稳态汽温的走向，因而是最终能保持汽温稳定在设定值的手段。

通常锅炉有二级、左右二侧减温喷水，这些减温喷水可以补偿局部的热量和工质分配的不平衡，可以用于改善汽温调整的动态响应。整体的汽温调整手段应是将提供快速动态响应的减温喷水与提供稳态汽温调整的水燃比协调起来，利用各自在汽温调整上的优势，获得整体汽温调整和响应性能的最优。

3-89 水燃比的重要作用体现在哪些方面?

水燃比在超超临界机组汽温调节中起着至关重要的作用，由于水燃比变化时过热汽温的响应延时很大，几乎不能直接使用过热汽温作为水燃比的反馈信号。采用什么信号来更快速和精确地反映水燃比的变化，从而提高汽温调节的性能，一直是直流炉控制中研究最为活跃的方向。处于水冷壁出口的微过热汽温或微过热蒸汽焓值，因其对水燃比扰动的响应曲线斜率是单调的，响应较为快速并近似一阶惯性环节，在直流炉控制中得到广泛应用。

3-90 水燃比的特性是什么?

燃料量和给水量之间的比例（水燃比）不是恒定不变的，它必须随着负荷的改变而改变。因为锅炉给水温度是随负荷的增加而升高的，故给水焓值也随之升高，机组定压运行时，主蒸汽温度和压力为定值，燃料低位发热量和锅炉效率 η 可视为常数，因此水燃比是随着负荷的升高而减小的。

另一方面，燃料量和给水量在负荷改变时按水燃比进行调整，但二者对汽温的动态影响是不同的。为减小负荷动态调整过程中汽温波动，还必须对负荷调整产生的燃料量指令和给水量指令分别设置动态校正环节。

3-91 微过热汽温或微过热蒸汽焓值的特性是什么?

微过热汽温在一定的过量空气系数下，也与锅炉负荷密切相关。工质在炉膛中吸收的热量分为两大部分，分别是在锅炉本体中以辐射吸收为主的部分和在对流过热器中以对流吸收为主的部分。当锅炉负荷较低时，锅炉本体中工质的焓增较大，微过热汽温较高，过热度也较大，灵敏度也较高。当锅炉负荷较高时，送风量随之增加，锅炉对流部分的吸热率增加，因此工质在对流传热中获得的焓增增加。当主蒸汽温度和压力保持不变时，微过热汽温则相应下降。因此，随着负荷升高，微过热汽温降低，微过热蒸汽焓值也降低；负荷降低时，微过热汽温升高，微过热蒸汽焓值也升高。

微过热蒸汽焓值和微过热汽温作为水燃比的反馈信号，二者相比，微过热蒸汽焓值在灵敏度和线性度方面具有明显的优势。当负荷变化时，工质压力将在超超临界到亚临界的广泛压力范围内变化。由水和蒸汽的热力性质可知热焓－压力－温度间存在这样的关系，蒸汽的过热度越低，热焓－压力－温度间关系的非线性度越强，特别是亚临界压力下饱和区附近，这种非线性度更强。在过热度低的区域，当增加或减少同等量给水量时，焓值变化的正负向数值大体相等，但微过热汽温的正负向变化量则明显不等。如果微过热汽温低到接近饱和区，给水量扰动可引起明显的焓值变化，但温度变化却很小。因此，应优先选用微过热蒸汽焓值，以保证水燃比的调节精度和更好的调节性能。

当通过燃烧器摆角或其他手段改变锅炉内各吸热段热量分配比例时，微过热汽温必然会发生改变，由于水燃比未改变，过热汽温保持不变，因此控制系统中对此引起的微过热汽温的变动应加以补偿。运行方式的变化，如高压加热器切除，会使给水温度有大幅度的下降，水燃比需作调整，锅炉内各吸热段热量分配比例也将改变，随即将影响到微过热汽温，如为经常性扰动，则应有相应的补偿环节。

微过热汽温和微过热蒸汽焓值随负荷变化而变化，当采用此反馈信号通过调整给水量来调整水燃比时，则给水调节系统外回路（给水主调）的任务就是调整微过热汽温或微过热蒸汽焓值到期望的设定值，负荷变化时该设定值作相应变动。不仅如此，该设定值还需串接惯性环节进行动态校正，这是因为：

(1) 在加减负荷时，由于炉膛蓄热的需要，加负荷时首先应增加燃料量、提高燃烧率，以先满足炉膛蓄热量提高的需要，然后再按校正信号增加给水量；当减负荷时，应先减燃料量、降低燃烧率，因最初炉膛蓄热量还要释放出部分热量，然后再按校正信号减少相应给水量。因此，应使微过热汽温或微过热蒸汽焓值校正给水量的作用适当滞后。

(2) 负荷变化时给水温度也相应改变。在发电负荷给定值变化后，给水温度要等到汽轮机抽汽温度的变化，再经过高压加热器的传导后才发生变化。因此，微过热汽温或微过热蒸汽焓值的设定值信号也应与此变化过程相适应，即通过惯性环节的动态校正，使设定值变化与实际微过热汽温或微过热蒸汽焓值物理变化过程相匹配。

3-92 水燃比调整与减温喷水是如何协调的？

水燃比调整是保持汽温的最终手段，但对过热汽温影响的迟延大；减温喷水能较快地改变过热汽温，但最终不能维持汽温恒定。将二者协调起来，才能完善汽温性能控制。通过将一级喷水减温器前后温差与代表适量喷水的温差设定值相比较，形成一级温差偏差。用该一级温差偏差去修正水燃比，据此调整后的水燃比将使一级温差偏差稳定在预设的温差设定值。保持一级减温喷水阀和减温水量工作在适中位置，可及时响应对汽温上下波动进行调整的需要。因通过给水量调整水燃比对汽温的影响滞后较大，且水燃比着重于保持汽温的长期稳定，一级温差偏差对水燃比的校正作用相对缓慢。

3-93 什么是微过热汽温或微过热蒸汽焓值调整对燃料（燃烧率）调整的解耦设计？

微过热汽温或微过热蒸汽焓值调节器直接影响给水量。泵入直流锅炉给水量的增加将导致锅炉中原来蒸汽占据空间的减少，相应的蒸汽被驱赶到锅炉出口，从而使机前压力和功率都在瞬间有所增加，如果燃烧率不变，功率将逐渐回落原先的水平，机前压力则因给水流量增加要求的给水压力增加而逐渐回落到较原先机前压力稍高的水平。这一调节作用引起的机前压力和功率的短时间改变将通过调节回路改变燃烧率，并再对微过热蒸汽焓值形成扰动，有可能导致不稳定状况的发生。解耦设计是将焓值调节器的输出通过实际微分环节加入到对燃烧率的调节回路，使燃烧率不变或少改变，因此，将给水量和燃烧率的相互作用减到最小，增加了焓值调整和整个机组调整的稳定性。

3-94 超超临界机组汽温控制系统控制策略的物理机理是什么？

汽温控制系统基于如下的物理机理：

（1）过热器出口汽温的改变量是通过过热器进口汽温（喷水减温器出口汽温）的改变量实现的，在不同的负荷或压力下，同样出口汽温的改变量需要不同的进口汽温的改变量，这两处汽温改变量间存在定量关系，可以通过过热器进口蒸汽比热与出口蒸汽的比热予以确定。对出口汽温的调整要求可以转换为通过调整因子预估对进口汽温的调整幅值。随着压力的增加，同样的出口汽温的改变量要求较大的进口汽温的变化，调整因子随压力而变化。由于比热容与压力密切相关，一些中间段的压力没有测点，则需通过附近的压力测点、以设计计算书为依据实时推算相应点的压力。

（2）过热器进口汽温（喷水减温器出口汽温）的变化以过热器的动态特性影响过热器出口汽温的动态变化。

3-95 基于物理机理的汽温控制系统原理是什么？

出口汽温与其设定值的偏差与调整因子相乘转换为对进口汽温的调整要求。出口汽温偏差发生后，PID控制器即按转换后对进口汽温的调整要求进行调节，改变减温喷水阀、改变进口汽温。进口汽温改变后，将通过实际过热器改变出口汽温。同时进口汽温通过模拟的过热器特性（多容环节）形成的进口汽温，在PID调节器的设定值回路与经调整因子相乘的实际出口汽温相互抵消。如果模拟的过热器特性与实际过热器特性充分接近，则在整个动态调整过程中设定值回路基本维持恒定，系统调节性能十分稳定，整个汽温调节系统转换为以过热器进口汽温（喷水减温器出口汽温）为对象的单回路系统。

3-96 汽温控制系统从哪些方面改善了汽温调节的性能？

该系统从以下三个方面改善了汽温调节的性能：

（1）调节对象为快速响应对象而不再是大惯性对象。

（2）变常规的汽温串级调节为单回路调节，消除了主、副调节器之间出现相互干扰、导致汽温的调节品质不佳的诱因。

（3）汽温对负荷的变动特性不再影响闭环回路，调节器无需自整定或自适应。

3-97　在直流工况中，主蒸汽温度的控制策略是什么？

过热器的特性随着负荷的变动会发生改变，可以通过负荷与多容环节时间常数的关系曲线实现不同负荷下的过热器的特性，其他主要扰动使得进口汽温对应于不同的出口温差，也可以通过类似的模拟消除其影响。过热器特性和调整因子并不总是很准确的，但由于多容环节形成的进口汽温最终能稳定到进口汽温，出口汽温总能稳定到其设定点，过热器的特性和调整因子的准确性会影响汽温调节的动态特性，可作为喷水减温调节系统参数整定的补充手段。

在直流工况中，主蒸汽温度的控制基本取决于水燃比控制，但是过热器喷水也是必须的，在瞬间工况时，其响应速度远大于水燃比控制。喷水控制系统是通过并行调节一、二级过热器减温水流量来实现的。

在湿态操作时给水流量为一固定值，此时的蒸发量由燃料量进行控制。过热区域是固定的，此时通过过热器喷水完成主蒸汽温度控制。

3-98　主蒸汽温度喷水控制系统为串级控制，它主要由哪些部分组成？

（1）主环根据主蒸汽温度偏差（末级过热器出口温度）和三级过热器入口温度的喷水量偏差控制。主蒸汽温度设定根据机组负荷指令给出并可由运行人员手动给出偏置。三级过热器入口的喷水量设定根据总给水流量给出，湿态时喷水量控制切除。机组负荷指令同时作为前馈信号。

（2）末级过热器入口温度设定值根据机组负荷指令给出，主环调节器的输出作为末级过热器入口温度设定值的修正信号。前馈信号为目标负荷设定值及 BIR 。

（3）为了防止喷水阀开的过大引起减温器出口温度低于蒸汽饱和温度情况的发生，回路中设计有防止蒸汽饱和的保护功能，将二级过热器入口温度大于 饱和温度＋10℃作为连锁条件。

（4）根据负荷指令将过热器喷水阀预置位置。

（5）过热器左右侧出口温度不平衡回路，根据过热器左右侧出口温度偏差经调节器输出给出两侧副环调节器设定值的偏置。

3-99 一级过热器喷水如何控制？

（1）根据机组负荷指令给出屏式过热器出口温度的设定值，屏式过热器出口温度偏差将作为比例直接控制喷水阀。根据总给水流量给出一级过热器喷水量设定值，一级过热器喷水流量偏差积分控制。在干态时有过热度修正。

（2）前馈信号为低温过热器出口温度偏差、一级过热器喷水BIR、目标负荷设定值。

（3）为了防止喷水阀开度过大引起减温器出口处蒸汽温度低于饱和温度，回路中设计有防止蒸汽饱和的保护功能，将屏式过热器入口温度大于饱和温度+10℃作为连锁条件。

（4）装有一级过热器左右侧喷水阀平衡回路。

（5）根据过热器喷水流量设定值、过热器喷水阀位置预置。

在MFT跳闸或汽轮机跳闸情况下，一、二级喷水阀被强制关闭，以限制减温器对下游热影响的可能性。

3-100 再热器蒸汽温度控制包含哪些内容？

再热器蒸汽温度控制采用烟气分配挡板系统，通过调节烟气分配挡板的位置来改变再热蒸汽温度，以实现稳定控制。再热器喷水仅作为一种辅助控制手段，所以它包含如下内容：

（1）烟气分配挡板控制；

（2）再热器喷水流量控制。

3-101 烟气分配挡板控制包含哪些内容？

安装在过热器和再热器侧的烟气分配挡板位置可调节，使再热器蒸汽温度保持在规定值。烟气分配挡板完成再热蒸汽温度的主控制（比例积分控制），它包含如下内容：

（1）再热蒸汽温度设定回路。再热蒸汽温度设定值由机组负荷指令产生，并可由运行人员手动设定偏置。再热器出口温度和设定值的偏差送到PI调节器。在再热器喷水阀操作时，如果烟气分配挡板同时操作，在返回时将出现修正延迟，此种情况是一种扰动，为防止此现象的发生，对温度偏差信号增加了与再热器喷水流量

（用再热器喷水阀开度来模拟）相应的补偿。

（2）烟气分配挡板前馈位置指令。

1）前馈位置程序。以机组负荷指令作为前馈开程序。

2）BIR。BIR信号仅仅用于提高烟气分配挡板在负荷变化时的响应特性。

烟气分配挡板位置指令由烟气分配挡板前馈位置信号和根据再热器出口蒸汽温度偏差的比例积分控制产生。控制信号基于过热器侧产生，这个信号的相反特性程序产生再热器侧的操作命令。在炉膛吹扫时，过热器/再热器烟气挡板全开。

3-102 再热器喷水流量控制的原则是什么？

（1）通过开关阀完成过渡状态时的再热蒸汽温度控制，在负荷变化时降低再热器热蒸汽温度设定值。

（2）为了减小再热蒸汽减温器的热应力，需要减少开关再热器喷水阀的次数，在负荷变化很小时，开阀和再热蒸汽温度设定值变化都被闭锁，再热器不喷水。

（3）虽然再热器喷水控制是在再热蒸汽温度不正常超高紧急喷水时使用。然而，在高负荷变化率时锅炉变压运行，负荷变化（负荷上升）的过燃率上升，在过渡燃烧烟气下的再热蒸汽温度开始上升。因此，在高负荷变化率时，再热蒸汽温度控制加上降低偏置。

（4）如果再热器喷水量过多，再热器入口温度低于饱和温度，基于再热器入口压力产生饱和温度＋10℃设定值，当再热器入口温度过热度低时，禁止喷水阀开。

（5）在MFT、汽轮机跳闸或发电机解列时，再热器喷水控制阀全关。

（6）合理减小再热蒸汽减温器热应力。

3-103 什么情况下，减小再热器减温器热应力？

（1）一旦再热器喷水阀打开，就将等待蒸汽温度的稳定，通过速率限制器使开度信号缓慢全关。

（2）通常，当温度超过608℃时喷水阀动作，但当温度错误上升或烟气分配挡板限制操作时，此温度设定值变为601℃。

（3）再热蒸汽温度偏差增益补偿，把锅炉输入指令的函数作为增益补偿，使控制能力上升。

（4）在温度错误上升时，以 BID 为指标的开度程序以步进开回路增加阀的开度，然而，当负荷变化率很小时，步进开度减少，再热器喷水被控制。

3-104　风量控制包含哪些内容？

由水燃比控制产生的燃烧率指令（FRD）经过烟气含氧量的修正，通过燃料—风交叉限制回路和最小风量限制回路，产生控制送风机的风量指令（AFD）。

（1）风—燃料比控制。

（2）省煤器出口氧量设定回路。

（3）风量指令。

（4）最小风量设定回路。

（5）送风机叶片控制。

3-105　风—燃料比是如何控制的？

在风—燃料比控制中，经省煤器出口烟气氧量偏差补偿的风—燃料比加到根据锅炉蒸发量由锅炉输入指令编制的基本风量指令，产生使锅炉达到最佳燃烧的风量指令（AFD）。

3-106　省煤器出口氧量设定回路的内容有哪些？

氧量设定回路根据锅炉输入指令（BID）编制单烧煤和单烧油的设定值程序，加上混合燃烧率的补偿，产生氧量设定值。此外，操作员可对设定值设置偏置。

（1）氧量偏差的积分操作产生风—燃料比补偿信号，风—燃料比补偿信号在 0.8～1.4 的范围内变化，并把补偿加到风量指令（AFD）。

（2）在负荷变化期间，为避免过渡变化时氧量信号的过量修正，氧量偏差的增益降低。此外，在 RB 减负荷操作和燃料—风交叉限制时积分器的输入设为 0%，风—燃料比补偿信号保持。

（3）氧量自动控制条件为：MWD 大于 300MW 且 O_2 小于 8%；FRD 大于 400t/h。送风机叶片控制自动。

（4）FRD 小于 400t/h 时，氧量补偿增益设为 1。

3-107　风量指令是如何产生的？

根据锅炉燃烧率指令产生基本的风量指令。

（1）风—燃料比补偿信号调整基本风量指令，风—燃料比补偿信号调整范围为 0.8～1.4。

（2）为了在燃烧器点火后保证风量设计有风量增加偏置回路，BID 的函数放在风量增加偏置（其程序值使用到 300MW），其值与经过 FRD 运算后产生的风量指令进行大选产生风量指令。

（3）把锅炉输入加速度信号（风量 BIR）加到风量指令，以改善风量调节的动态响应。

（4）为了防止燃烧过程中过燃料现象，回路中设有“燃料→风量增加”的交叉限制。

（5）为了在 RB 减负荷操作时风量减小过快，引起风量失调，在减负荷操作时设有风量指令速率限制，防止风量下降过快。

3-108　最小风量如何设定？

为了锅炉安全，最小风量限制加到风量指令。

（1）如果总风量低于 12％MCR 及送风机叶片控制全部在手动，最小风量设定值将根据实际风量进行变化。

（2）MFT 复位后，在正常操作下设为最小风量（30％MCR）。可是，在锅炉 MFT5min 后，最小风量设定为 38％MCR 相等的值。

3-109　送风机叶片如何控制？

根据风量指令由送风机叶片完成风量控制，控制偏差的比例积分操作使总风量（送风机总风量和磨煤机风量）跟踪风量指令信号。

（1）在送风机启动时，从 SCS 来的送风机叶片全关指令使其以固定速率全关。

（2）在 FSSS 的自然通风请求时，送风机叶片全开。

3-110　燃尽风挡板如何控制？

燃尽风实现减少 NO_x 的两步燃烧。考虑由点火燃烧器位置发生器输出程序值，或由操作员在CRT上操作，锅炉前/锅炉后的偏置在锅炉前的偏置设定站上设置，锅炉前/锅炉后的上级/下级偏置由两侧的氧量偏差来设定，燃尽风入口风量信号作为每一燃尽风（锅炉前/锅炉后/上级/下级）入口风量指令。

（1）燃尽风入口风量设定回路。从风量指令中扣除总一次风量后作为燃尽风入口风量设定值。并可由操作员设置偏置。

（2）燃尽风入口挡板控制。燃尽风入口挡板开指令由从燃尽风风量设定来的前馈信号和燃尽风风量偏差的比例＋积分操作产生。

（3）启动和停止时的控制。在送风机启动后燃尽风入口挡板保持当前位置60s时间，然后切换到自动控制。在MFT时为了防爆，全开5min。

（4）在锅炉备用时全关。

3-111 燃烧器入口风挡板如何控制？

燃烧器入口风挡板控制基于燃料量来控制风量，目的是为了减少NO_x，根据每台磨煤机负荷/燃烧器负荷完成稳定燃烧。

（1）燃烧器入口风量控制挡板开指令。由煤量程序产生燃烧器入口风控制挡板开指令。

1）燃烧器入口风量指令根据煤量进行设定：煤量的热量补偿被执行，产生燃烧器入口风量控制挡板指令程序。当磨煤机停止时，煤量被看作0t/h。

2）空气预热器出口二次风压力设定值由燃烧率（FRD）程序产生，并有补偿信号。

3）可由操作员设置开偏置。

（2）燃烧器入口风挡板预定开回路。

1）在MFT期间燃烧器入口风挡板保持在中间开度。

2）从FSSS来的炉膛吹扫指令使其按预定变化率到吹扫开度。

3）在炉膛吹扫后按预定变化率到最小开度位置。

4）虽然从FSSS来的煤燃烧器点火指令使其按预定变化率开到煤燃烧器点火位置，在高负荷点火操作时，其开度指令设定值如果小于根据负荷指令决定的最小开度位置，则设为最小开度。

5）煤燃烧器停运后（磨煤机停止），从FSSS来的煤粉管道吹扫指令使其按预定变化率开到煤粉管道吹扫开度位置，这时，如果煤粉管道吹扫开度位置小于最小开度，则设为最小开度。在MFT操作时使其在自动备用方式，为稳定燃烧保持其开度5min，以后切到中间开度。

3-112 燃烧器中心风挡板如何控制？

（1）燃烧器中心风量控制挡板开指令。

1）根据燃油流量和投运的油枪产生炉膛与风箱的差压设定与实际差压经调节器后产生燃烧器中心风量开指令。

2）可由操作员设置开偏置。

（2）燃烧器中心风挡板预定开回路。

1）在MFT期间燃烧器中心风挡板保持在中间开度。

2）从FSSS来的炉膛吹扫指令使其按预定变化率到吹扫开度。

3）在炉膛吹扫后按预定变化率到最小开度位置。

3-113 炉膛压力如何控制？

同送风量相一致，引风机叶片调整排放的烟气量，控制炉膛压力在规定值。

（1）炉膛引风设定回路。

1）如果引风机运行，炉膛引风设定值可以手动设定，在手动操作允许前，此设定值跟踪炉膛压力值（－0.3kPa），设定值设为此值。

2）在机组启动初期，单烧油时，为了使油燃烧器火焰稳定，需要增加燃烧器风的穿透力，炉膛压力设定值要低于平常值，自动设为－0.6kPa 。

3）投粉后变为正常设定值（－0.3kPa）。

（2）引风机叶片控制。为了与送风机叶片控制协调，引风机叶片开度指令由送风机叶片开度前馈操作和炉膛压力偏差比例＋积分控制动作产生。

1）引风机叶片前馈信号由送风机叶片开度信号和风量指令派生信号程序产生。

此外，在MFT操作时为防止内爆，引风机叶片减缓量根据机组负荷指令编制，在预定期间加到前馈信号。

为了避免引风机叶片的不必要操作，炉膛压力偏差设置了死区。此外，引风机叶片防止积分操作过激。

2）在引风机启动时，从SCS来的引风机叶片关指令使其以固定比率全关。

3）在FSSS的自然通风请求时，引风机叶片全开并保持一定时间。

3-114 磨煤机入口热风压力如何控制？

虽然磨煤机热风挡板完成磨煤机风量控制，但挡板前的压力要可靠，磨煤机热风压力由一次风机动叶在适当值控制，使风量控制有效。

（1）磨煤机热风压力设定回路。磨煤机热风压力根据煤量修正，可由操作员手动设置磨煤机热风压力设定值偏置。

（2）一次风机动叶控制。

1）一次风机动叶位置指令由磨煤机前馈信号和磨煤机热风压力偏差的比例＋积分控制动作产生。

2）一次风机动叶前馈信号由磨煤机指令程序产生。

3）当任一磨煤机出口挡板关闭时，为了减少冲击，需要尽早减小一次风机动叶位置，设置了一个减小位置并加到前馈信号。

4）为了避免一次风机动叶不必要的操作，在磨煤机热风压力偏差上设有死区。

3-115 燃料量控制的目的是什么？其具体内容有哪些？

燃料量控制的目的是控制燃料量以满足锅炉输入的要求。总燃料由煤和轻油组成。

具体包含以下内容：

（1）燃料量指令。

（2）燃料主控。

（3）燃油压力控制。

(4) 磨煤机出口温度控制。

(5) 磨煤机一次风量控制。

(6) 磨煤机旁路一次风量控制。

(7) 磨煤机煤位控制。

3-116 燃料量指令的具体内容有哪些？

(1) 为了在汽轮机进汽时增大燃料量，在汽轮机进汽前，一个偏置加到启动燃料指令。这个偏置为每个锅炉启动方式单独设置。

(2) 在启动时，为了防止燃料过量使再热蒸汽管超温，要监视炉膛出口烟气温度。当炉膛出口烟气温度超过最大设定值时，负偏置加到燃料指令。汽轮机进汽后对炉膛出口烟气温度的限制取消。

(3) BIR 和水燃比指令加在燃料指令。

(4) 对燃烧率指令进行水煤及风煤的交叉限制操作。

(5) 在 RB 减负荷操作时锅炉输入指令快速减少，燃烧率指令也减少，在这时为了防止燃料量下降过多，在减负荷操作时用速率限制器限制燃料量指令变化率，防止燃料量过调。

3-117 燃料主控的具体内容有哪些？

(1) 随着蒸汽温度的变化，煤质变化使热量也变化，燃烧率的补偿由水燃比完成。在协调控制方式设备稳定时，为了使由煤热量变化产生的水—煤比偏置在正常控制界限内，水—煤比偏置在功能上设成相反属性，采用积分控制动作，并计算热量，完成煤量的热量补偿。

(2) 由煤量设定值偏差的比例＋积分操作对从燃料主控和热量补偿后的总煤量产生的煤量指令，由此值产生磨煤机指令。当燃料主控在手动时，可通过对燃料主控的手动增减来实现对所有磨煤机煤量的增减。

3-118 燃油压力如何控制？

燃油进油压力控制在规定值，对控制偏差进行比例积分操作，燃油压力控制阀的开度信号作为前馈信号来提高控制能力。

3-119 磨煤机出口温度如何控制？

磨煤机出口温度控制采用挡板系统，热风挡板和冷风挡板。磨煤机冷/热风挡板联合动作，使风量和温度控制不互相干扰。当磨煤机暖磨时，磨煤机冷/热风挡板控制磨煤机入口一次风温度。正常运行时磨煤机冷/热风挡板由磨煤机出口温度偏差比例积分控制。

3-120 磨煤机一次风量如何控制？磨煤机旁路一次风量如何控制？

磨煤机指令信号和每台磨煤量的偏差经 PID 输出产生磨煤机一次容量风挡板指令；每台磨煤机一次风量有单独的偏置可对每台磨煤机煤量进行调整。

当磨煤机在低负荷时，为保证煤粉管道的煤粉能够被吹出，需要有一定的一次风风速，旁路一次风量挡板就是保证最低的一次风流量。进入磨煤机的总一次风风量和最低的一次风量设定偏差给出旁路一次风量挡板指令。

3-121 磨煤机煤位如何控制？

在钢球磨煤机的控制中，通过改变进入磨煤机的一次风量来改变磨煤机吹出的煤量，为保证一定的风煤比关系，需要磨煤机煤位维持一定。通过调节给煤机转速控制磨煤机煤位。

3-122 启动控制系统的目的是什么？启动旁路控制的内容有哪些？

在机组启动/停止时流过水冷壁的流体为 25%MCR，启动控制系统的目的就是为保持这一流量。来自水冷壁的流体在汽水分离器里被分为蒸汽和水，水被汽水分离器储水箱收集。蒸汽流经过热器，被汽轮机旁路阀变成最小主蒸汽压力。

另外，在汽水分离器储水箱有一个水位，如果在低负荷区域，锅炉循环泵将启动。被锅炉循环流量控制阀控制的平衡水位的流体，又被送到省煤器的入口，同时，循环水的最大流量被认为是 20%ECR。

为了和 BFP 释放的流量保持平衡，当汽水分离器水位在高位时，超过的部分通过汽水分离器储水箱液位控制阀到蒸汽冷凝器。

启动旁路控制包括如下内容：

(1) 锅炉循环水控制（360 阀）。

(2) 汽水分离器储水箱液位控制（361 阀）。

(3) 汽轮机高压旁路阀（316 阀）。

(4) 汽轮机旁路喷水控制阀。

3-123　锅炉循环水控制（360 阀）的作用是什么？

(1) 在低负荷最小给水流量得到保证的情况下，控制通过 BCP 使汽水分离器来的水循环到省煤器的入口，并且水冷壁管得到保护，在启动时，通过减少给水泵到省煤器的给水流量来实现热回收。

(2) 为了保护 BCP，必须根据汽水分离器储水箱水位来调整锅炉的循环水流量，根据汽水分离器储水箱的水位来设定锅炉的循环水流量，根据所测流量的偏差来进行 PI 控制。此外，如果 360 阀全关或者锅炉循环水流量低于预先设定值，将强行给出－10％的偏差，保持 360 阀全关。

(3) 在 BCP 启动时，为了防止汽水分离器储水箱水位的突然下降，锅炉循环水流量控制阀必须逐渐打开，打开的上限设在 20％的位置，当循环水流量达到 30t/h 时，将按预定设定率上升到 100％的上限。

(4) 为了防止汽水分离器储水箱水位突然下降，用微分控制器来监视储水箱水位的变化，根据变化来限制开度上限的变化率。

(5) 为了启动时迅速提高省煤器入口给水的温度，通过 BCP 启动在设定值增加偏置。通常，用设定值和经温度补偿的锅炉循环水流量之间的偏差的 PI 操作来控制锅炉循环水控制阀。

3-124　汽水分离器储水箱液位控制（361 阀）的目的是什么？作用是什么？

这个控制的目的是当汽水分离器水位超过预先设定值时，向冷凝器排水以防止溢出，主要用于锅炉加水、清洗和锅炉的启动阶段。

其作用如下：

(1) 用汽水分离器储水箱水位来完成程序控制。

(2) 当汽水分离器水位错误地上升时，因为仅由比例控制有可能引起溢出，如果水位超过了预先设定值，一个更大开度的程序将被用于控制水位错误地上升。

(3) 当水位从高位开始下降时，负偏置被加到水位信号上，提前切换到低水位程序，以防止水位变化过快。然而，为了防止水位控制阀快速地开操作引起水位的突然变化，限制在上升方向上的变化率。

(4) 为了减少在小开度时开关次数，需要监视开度指令，在10%或者更大的开度指令时进行步进开，在5%或者更小的开度指令时，进行步进关。

(5) 锅炉启动（主要指热启动）时，水的焓增加导致闪蒸现象发生，当闪蒸现象发生时，汽水分离器储水箱液位突然上升然后突然降低。控制环路中采用相应的回路在紧急情况下执行相应控制。

1) 监视水位的偏差，如果呈下降趋势，给水流量将增加。

2) 汽水分离器水位控制。

3-125 汽轮机高压旁路阀（316 阀）的动作过程是什么？

(1) 在锅炉启动时，程序根据主蒸汽压力信号逐渐开汽轮机高压旁路阀，所以汽水分离器饱和蒸汽温度变化率不超过限定值2.0℃/min。

(2) 当2只燃烧器投运后5min和主蒸汽压力达到9.4MPa后，由316阀控制的压力控制切换到自动P+I控制，控制主蒸汽压力。

(3) 如果发电机输出达到150MW或更大时，汽轮机高压旁路阀将直接逐渐关。如果316阀关闭，−2%的值被加到高压旁路阀(水—燃料的比率执行压力控制)。

(4) 在热封炉时，主蒸汽压力可能由于余热而升高，汽轮机高压旁路阀可能重复开关，为此，MFT使偏置在0～1MPa之间变化。但是，当压力减少时效果更好，在MFT之后2min，偏置开始变化。

(5) 在冷凝器保护或者汽轮机高压旁路阀减温器出口温度过高时，考虑强制关命令使其全关。

3-126　汽轮机旁路喷水控制阀的动作过程是什么？

汽轮机旁路喷水控制阀把从锅炉给水泵出口来的水注入，使通过汽轮机高压旁路阀流入冷凝器的蒸汽温度为规定值。

（1）汽轮机高压旁路阀减温器出口蒸汽温度设定值和测量值出现偏差时，执行PI控制，产生一个汽轮机高压旁路喷水控制阀开度指令。

（2）为了防止汽轮机高压旁路阀减温器出口蒸汽温度测量值的延迟，引起控制动作的延迟，把汽轮机高压旁路阀开度作为一个前馈的开度信号，来提高可控制性。

（3）在汽轮机高压旁路阀全关或紧急关后，喷水控制阀强制关。

3-127　协调控制控制模式的选择通过哪几种方式？

控制模式的选择通过四种方式：协调控制方式；汽轮机跟随控制方式；锅炉跟随控制方式；手动控制方式。各种方式取决于汽轮机主控和锅炉主控回路的状态。

当机组协调控制方式条件不满足时，控制方式在手动方式，维持负荷不变，由运行人员判断故障后再选择相应的控制方式。

3-128　单元主控的构成是什么？

发电机的输出指令取决于设置在发电厂的自动负荷调整器或来自于远方调度中心的调度信号。运行方式的选择在电厂集控室的操作员站进行手动切换。负荷变化速率限制可以在DCS的CRT上的速率设置站手动进行更改。使用功率跟踪信号，可以实现ALR与DPC之间的无扰切换。负荷指令信号经频差信号补偿后形成MWD信号。

3-129　对于汽轮机主控的原则性建议是什么？

原则性建议如下：

（1）在协调模式下，汽轮机调节器的控制指令取决于协调模式所产生的负荷。

（2）在汽轮机跟随模式下，汽轮机调节器的控制指令取决于汽轮机入口压力的控制。

（3）如果汽轮机入口蒸汽压差比设定值大时，汽轮机调节器的控制指令增大以维持主蒸汽压力，而不是调节负荷。

（4）当相应的信号故障时，强制切换到手动模式。

（5）并网后允许自动。

（6）当来自电调的允许信号消失时，强制切断协调系统和DEH系统的运行。

3-130　对于锅炉主控有什么原则性建议？

原则性建议如下：

（1）锅炉主控是取得锅炉输入指令（BID）以控制主蒸汽压力的回路。

（2）锅炉输入指令（BID）取决于带有主蒸汽压力补偿的功率需求信号（MWD）。

（3）锅炉主控调节增益和/或积分时间作为MWD信号的一个功能可以修改。

（4）当相应的信号故障时，强制切换到手动方式。

（5）当MFT动作时，输出强制切换到零。

3-131　机组运行方式如何选择（以某电厂为例）？

以某1000MW电厂为例，协调控制系统在设计时就要求设计方要充分考虑该系统不仅能够满足机组在正常运行时能实现自动控制，而且要求在异常时，能在保护系统的配合下自动地处理事故和切换控制系统。

（1）锅炉主控、汽轮机主控都在自动，即机组负荷协调方式控制投入。这种运行方式下需设定参数，以适应机组负荷要求：机组目标负荷，机组负荷上、下限，负荷变化率，汽轮机滑压或定压运行，一次调频投入或退出。

（2）锅炉主控在自动，汽轮机主控在手动，即机组锅炉跟踪方式投入。

（3）汽轮机主控在自动，锅炉主控在手动，即机组汽轮机跟踪方式投入。

（4）锅炉主控、汽轮机主控都不在自动，即机组控制方式为手动。

3-132　汽轮机跟踪锅炉控制方式的投入条件是什么？

汽轮机跟踪锅炉控制方式的投入条件如下：

（1）汽轮机高压旁路关闭。

（2）发电机功率变送器信号正常。

（3）汽轮机控制在自动方式下，汽轮机跟踪条件成立。

3-133　锅炉跟踪汽轮机控制方式的投入条件是什么？

锅炉跟踪汽轮机控制方式的投入条件如下：

（1）给水控制在自动。

（2）燃料控制在自动。

（3）Run back 没发生。

（4）相关的测点和变送器没有故障。

（5）汽轮机高压旁路关闭。

3-134　机组协调控制投入的条件是什么？

机组协调控制投入的条件如下：

（1）锅炉主控投入的条件成立（燃料主控自动、给水自动、相关测量信号正常）。

（2）汽轮机主控在自动方式且允许协调投入。

（3）机组负荷大于 400MW。

3-135　机组协调控制系统及其主要子系统的整体基本构成策略是什么？

机组运行设备和控制信号正常，汽轮机高压旁路关闭后，机组可以投入协调控制方式，机组主控信号同时发给锅炉主控和汽轮机主控，主控信号经汽轮机主控修正后以综合阀位指令的形式送往DEH 控制系统控制调速汽门。锅炉主控下设有燃料主控（煤主控下设有给煤机煤量控制、一次风控制、磨煤机风量/风温控制、二次风控制等）、给水控制、过热蒸汽喷水减温控制、再热蒸汽温度控制等。锅炉主控根据机组负荷需求并经过主蒸汽压力实际值和设定值偏差、机组负荷需求与发电机功率偏差、机组负荷需求和发电机功率偏差积分，锅炉给水温度、主蒸汽压力变化的前馈修正，将锅炉负荷需求（负荷速度变化率经过锅炉应力限制）经过风煤交叉限制送至煤主控，煤主控控制每台磨煤机负荷，调节锅炉炉膛热负荷。锅炉给水控制以煤—水比为基础，并经过分离器出口温度的前馈，分离器出口温度的过热度，主蒸汽减温水喷水比例的修正，控制三台给水泵（两台汽动给水泵，各50%出力，一台电动给水泵30%出力）的转数，改变锅炉给水流量。汽轮机采用复合变压运行方式，机组定压和滑压方式可以进行转换，在协调控制方式下机组可以定压或滑压运行，主蒸汽压力设定值随机组负荷变化并经过汽轮机调速汽门开度的修正。汽轮机主控根据机组指导负荷的需求并经过主蒸汽压力实际值和设定值偏差、主蒸汽压力实际值和设定值偏差积分、机组负荷需求与发电机功率偏差修正控制汽轮机调速汽门开度，改变机组负荷。机组在协调控制方式下可以投入AGC，根据电网的负荷需求调节机组负荷。在机组负荷控制方式中要求汽轮机DEH系统按汽轮机主控调速汽门开度综合阀位指令来控制汽轮机调速汽门开度。

当机组协调投入条件不满足时，锅炉主控在手动时，汽轮机跟踪投入（汽轮机主蒸汽压力信号故障、协调方式下发电机功率故障、锅炉跟踪方式下调节级压力信号故障、给水泵全手动时锅炉主控强制手动）这种情况下通过人为控制锅炉主控输出，改变锅炉燃料量，调整机组负荷。煤主控未在自动，锅炉主控强制手动时，锅炉主控输出跟踪锅炉实际燃料量，汽轮机跟踪投入。可以手动调节锅炉主控的输出，根据只有在锅炉主控在手动时起作用经过锅炉应力修正设定的负荷变化率，改变锅炉燃料量。汽轮机主控根据主蒸汽压力的变化控制汽轮机调速汽门，改变机组负荷。汽轮机维持主蒸汽压力与设定值无偏差。运行人员可以改变主蒸汽压力的设定值，维持汽轮机在不同负荷下汽门开度不变，进行汽轮机手动滑压运行调节。

锅炉跟踪投入时，在汽轮机主控设定机组负荷，（汽轮机主蒸汽压力故障、负荷参考信号故障、DEH没有在MCS控制方式下、汽轮机高压旁路开启时汽轮机主控强制手动）控制汽轮机调速汽门开度，机组主控跟踪汽轮机主控设定机组负荷信号，锅炉主控根据机组负荷需求（汽轮机调速汽门开度）并经过主蒸汽压力实际值和设定值偏差、主蒸汽压力实际值和设定值偏差积分；锅炉给水温度、主蒸汽压力变化的前馈修正，将锅炉负荷需求（负荷速度变化率经过锅炉应力限制）经过风煤交叉限制送至煤主控，根据汽轮机调节级压力，汽轮机主蒸汽压力和主蒸汽压力设定值确定锅炉主控指令的前馈。这里引入了能量平衡信号作为前馈信号。能量平衡信号$=p_s p_1/p_t$，称为能量平衡信号或能量指令信号。其中，压力比p_1/p_t线性代表了汽轮机的有效阀位，提供了实际调节阀开度的精确测量，以该信号作为响应汽轮机能量需要来调节锅炉、燃料和送风等输入的锅炉指令。

能量平衡信号的特点有：$p_s p_1/p_t$正确反映汽轮机对锅炉的需求，且只反映外扰（汽轮机调速汽门开度的变化），而不受锅炉侧内扰（燃料扰动）的影响。

$p_s p_1/p_t$代表汽轮机对锅炉的能量需求，协调机炉间的能量平衡，能适用于所有的运行工况，都能使锅炉输入匹配汽轮机的需求。压力比代表的是汽轮机实际调速汽门开度，而非要求的开度。煤主控控制每台磨煤机负荷，调节锅炉炉膛热负荷，锅炉给水控制以煤—水比为基础，并经过分离器出口温度的前馈、分离器出口温度的过热度、主蒸汽减温水比例的修正，控制三台给水泵的转数，改变锅炉给水流量。在锅炉跟踪控制方式下汽轮机可以在定压或滑压方式下运行。在机组启动时，用汽轮机主控上设定的目标负荷和经汽轮机热应力修正的设定负荷变化率来控制汽轮机调速汽门开度，这时汽轮机高压旁路控制主蒸汽压力不变。当汽轮机高压旁路关闭后，自动解除该方式，机组控制可以自动或手动投入机跟踪方式，汽轮机调速汽门应控制主蒸汽压力和再热器压力在设定值范围内。

当以上机组负荷控制方式条件不满足时，机组控制方式在手动，锅炉主控和汽轮机主控都在手动。

机组正常运行时，如果主要辅机发生故障，使机组的需求出力与允许出力之间不能平衡，这时将发生快速减负荷（run back），其目的是将机组的负荷需求限制在机组允许负荷范围内，在降低负荷过程中，为保证机组的安全，必须维持一定的降负荷率。快速减负荷（run back）产生条件包括汽动给水泵跳闸、电动给水泵跳闸、引风机故障、送风机故障、空气预热器故障、磨煤机故障、一次风机故障。各种故障所产生快速减负荷（run back）值不同，各种故障所产生 run back 减负荷速率不同，当需求负荷与设备允许负荷差值在允许范围内时，设备故障并不立即产生快速减负荷（run back）。

机组正常运行时，当煤主控、给水控制、送风控制、引风控制设定值与实际值偏差超限，产生 run down（迫降）或 run up（迫升），当跳闸类故障产生后，需求负荷与允许负荷之差过大，run back 生效。如需求负荷与允许负荷之差值在允许范围内，则 run down 生效，在 run back 生效的同时，必然伴有 run down。当机组发生快速减负荷（run back）时，机组负荷控制自动转为汽轮机跟踪，锅炉主控在手动控制。

锅炉主控、汽轮机主控及相关子系统中的惯性环节根据机组的整个特性现场进行调试。

3-136 机组目标负荷指令处理回路的构成有哪些？

（1）机组目标负荷值的设定。

1）机炉协调控制方式没有投入时，机组目标负荷设定值跟踪发电机实际功率。

2）当机炉协调控制方式投入但机组负荷目标大于磨煤机组出力时，机组目标负荷设定值跟踪磨煤机组出力。

3）机组负荷协调控制方式投入，ADS 没有投入，调度负荷指令跟踪发电机实际功率，机组负荷指令由操作员根据调度指令进行手动设定。

4）机组负荷协调控制方式投入，ADS 投入（ADS 投入允许条件为机组负荷控制在协调控制方式且中调负荷指令与当前负荷实际指令偏差在允许范围内），ADS 生成机组负荷指令控制方式（即日方称为的 DPC 控制方式）。

(2）机组负荷上限和下限值设定。

1）机组负荷协调控制方式没有投入，机组负荷上限和下限设定值跟踪发电机实际功率，机组负荷上限设定值为发电机实际功率+5MW，下限设定值小于发电机实际功率－5MW。

2）机组负荷协调控制方式投入且机组目标负荷大于磨煤机组出力（这里有必要指出的是，计算磨煤机组出力能力时，如给煤机在自动方式运行，出力能力按最大计算，如在手动方式，按实际输出指令计算。给煤机总出力如小于机组目标负荷时，即认为机组目标负荷大于磨煤机组出力），机组负荷上限和下限设定值跟踪机组目标负荷，机组负荷上限设定值为机组目标负荷+5MW，下限设定值为机组目标负荷－5MW。

3）机组负荷协调控制方式投入且机组目标负荷小于磨煤机组出力，机组目标负荷高/低限可以由操作员进行手动设定。回路中还设定了防止手动误操作的功能。

（3）机组目标负荷变化率的设定。在ADS方式未投入的情况下，机组目标负荷变化率可以由操作员手动设定（设定范围为0～60MW/min，根据需要还可上调）。当机组负荷协调控制方式投入且机组目标负荷大于磨煤机组出力时，机组目标负荷变化率为30MW/min。

3-137　机组协调控制系统中一次调频的功能是什么？

机组协调控制系统中设有一次调频功能。

机组一次调频投入允许条件：机组负荷协调控制方式投入。

机组一次调频投入强制退出条件：机组负荷协调控制方式没有投入或发电机频率信号故障。

机组一次调频可以由操作员手动进行投入，调频范围可根据机组的实际运行状况或电网调度的要求进行函数修正。

机组目标负荷设定值经过负荷变化率限制、一次调频修正，机组目标负荷高限和低限限制后形成机组给定负荷。

3-138　什么是锅炉炉膛安全监控系统？

锅炉炉膛安全监控系统（FSSS）是大型火力发电机组锅炉必

须具备的一种监控系统，它在锅炉正常工作和启停等各种工况下，连续地密切监视燃烧系统的大量参数和状态，不断地进行逻辑判断和运算，必要时发出运作指令，通过各种连锁装置使燃烧设备中的有关部件（如磨煤机、点火器、燃烧器等）严格按照既定的合理程序完成必要的操作，或对异常工况和未遂性事故做出快速性反应和处理。防止炉膛的任何部位积聚燃料与空气的混合物使锅炉发生爆炸而损坏设备，以保证操作人员和燃烧系统的安全。

3-139 根据FSSS的锅炉保护功能和燃烧器的控制功能，常将FSSS分为哪两大部分？FSSS的主要功能是什么？

根据FSSS的锅炉保护功能和燃烧器的控制功能，又常将FSSS分为两大部分，即锅炉炉膛安全系统（FSSS）和燃烧器控制系统（BCS）。

炉膛安全监控系统（FSSS）的主要功能如下：

（1）炉膛点火前的吹扫。

（2）油枪或油枪组程控。

（3）煤粉燃烧器投入控制。

（4）连续运行的监视。

（5）紧急停炉（总燃料跳闸MFT）。

（6）磨煤机组程序启停和给煤机、磨煤机保护逻辑。

（7）停炉后的吹扫。

3-140 炉膛吹扫的目的及注意事项是什么？

锅炉点火前和停炉后必须对炉膛进行连续吹扫。吹扫开始和吹扫过程中必须满足一定的吹扫条件，以保证锅炉炉膛和烟道内不会积聚任何可燃物。吹扫时必须切断进入炉膛的所有燃料源，并至少有25%～30%额定空气量的通风量，吹扫时间应不少于5min。在有油系统泄漏检验功能时，计时是在油系统泄漏试验成功后开始的，以保证5min的炉膛吹扫是在不存在燃料泄漏的前提下进行的。在吹扫计时时期内，若吹扫条件中任一条件不满足，则认为吹扫失败，再次吹扫时需重新计时。

3-141　总燃料跳闸的作用是什么？

该系统连续地监视预先确定的各种安全运行条件是否满足，一旦出现可能危及锅炉安全运行的危险情况，就快速切断进入炉膛的燃料，以避免发生设备损坏事故，或者限制事故的进一步扩大。当机组在运行中出现某些影响正常运行的特殊工况时，如 run back (RB) 工况，需要快速的将负荷降低，使锅炉从全负荷或高负荷运行迅速回到较低负荷运行。

3-142　控制处理机 DROP8 /58、DROP9 /59 至 DROP14 /64 的主要功能是什么？

控制处理机 DROP8/58 的主要功能是火检冷却风机，密封风机 A、B 控制，油泄漏试验，炉膛吹扫，MFT，OFT，点火允许，run back 等公用部分。

控制处理机 DROP9/59 至 DROP14/64 的主要功能是：A～F 磨煤机控制系统，包括磨煤机启停及顺控、保护，给煤机控制；A～F层燃烧器启停及控制，包括油、煤燃烧器及辅助设备的启停及顺序控制。

3-143　MFT 继电器柜的主要功能是什么？

该控制柜内有四只直流 110V 的 MFT 继电器，用于输出触点至设备硬接线控制回路，直接使设备跳闸或闭锁设备启动。MFT 继电器可由后备硬手操 MFT 按钮及 FSSS 逻辑驱动，实现锅炉 MFT。

3-144　ABB 火焰检测控制柜的主要功能是什么？

ABB 火焰检测控制柜分为前墙、后墙两个机柜，每个机柜中装有 24 只 DP7000 火焰检测放大器，每个火检检测放大器拥有两个通道，对应每个燃烧器的油火焰检测、煤火焰检测。

3-145　1000MW 机组炉膛安全监控系统的控制逻辑分为哪几部分？

FSSS 控制逻辑分为公用控制逻辑、燃油控制逻辑及燃煤控制逻辑三大部分。

3-146 FSSS 系统公用控制逻辑包含哪些内容？燃油控制逻辑包含哪些内容？

FSSS 系统公用控制逻辑部分包含锅炉保护的全部内容，即油泄漏试验、炉膛吹扫、总燃料跳闸（MFT）及油燃料跳闸（OFT）与首出原因记忆、点火条件、点火能量判断、RB 工况等。公用控制逻辑还包括 FSSS 公用设备（如火焰检测冷却风机、密封风机、主跳闸阀）的控制。

FSSS 系统燃油控制逻辑包括对油燃烧器投、切控制及层投、切控制等。

3-147 FSSS 系统燃煤控制逻辑包含哪些内容？

FSSS 系统燃煤控制逻辑包括每台磨煤机及其对应的燃烧器控制，各制粉系统（煤层）的顺序控制及单个设备的控制主要包括磨煤机及其辅助设备的启停、顺序控制、保护控制、跳闸首出，燃煤控制逻辑还包括磨煤机对应的煤燃烧器启停控制、吹扫控制等顺序控制。

3-148 FSSS 系统公用控制逻辑控制功能是什么？

FSSS 系统公用控制逻辑控制功能如下：

（1）确保供油母管无泄漏，完成油泄漏试验。

（2）确保锅炉点火前炉膛吹扫干净，无燃料积存于炉膛。

（3）预点火操作，建立点火条件，包括炉膛点火条件、油点火条件及煤层点火条件。在未满足相应点火条件时，油层、煤层不得点火。

（4）连续监视有关重要参数，在危险工况下发生报警，并在设备及人身安全受到威胁时发生总燃料跳闸。

（5）在总燃料跳闸时，跳闸磨煤机、给煤机、一次风机等设备，并向有关系统如 CCS、SCS、旁路、吹灰、电气系统等传送 MFT 指令。

（6）完成 FSSS 系统辅助设备控制，如主跳闸阀、火焰检测冷却风机、密封风机等控制。

3-149 油系统泄漏试验是指什么?

油系统泄漏试验是指为防止燃油供油管路泄漏(包括漏入炉膛),针对主跳闸阀及单个油角阀的密闭性所作的试验。油系统分点火油系统及启动油系统,各油系统依次进行油泄漏试验。操作员直接在 CRT 上发出启动油泄漏试验指令。通过打开主跳闸阀来给燃油母管加压,充油成功即油母管压力正常后关闭该阀。如果主跳闸阀压力在 300s 内一直处于正常值范围内,则油泄漏试验成功,否则油泄漏试验失败。油泄漏试验成功是炉膛吹扫条件之一。

3-150 油母管泄漏试验准备就绪的条件是什么?

以下条件全部满足,认为油母管泄漏试验准备就绪:

(1)所有油阀关闭。

(2)炉前供油压力满足:大于 4.0MPa,小于 4.5MPa。

(3)燃油跳闸阀关闭。

(4)总风量:大于 25%。

(5)无 MFT 信号。

3-151 燃油泄漏试验的过程是怎样的?

确认燃油系统处于炉前油循环状态,供油泵运行正常,燃油跳闸阀阀前母管压力正常。油母管泄漏试验准备就绪。

泄漏试验启动条件满足后,按"燃油泄漏试验启动"按钮,此时"燃油泄漏试验进行中"白灯亮,同时发出燃油泄漏试验阀开指令,同时在 CRT 上指示"油泄漏试验在进行中"。充油 60s,当燃油母管压力小于 3.5MPa 时判断为试验失败;当燃油母管压力大于 3.5MPa 时,发出燃油泄漏试验阀关指令。如果在 3min 之内以下条件无一出现,则燃油泄漏试验完成,任一条件出现则发出燃油泄漏试验失败。

(1)燃油母管压力低于 3.5MPa。

(2)燃油跳闸阀前后差压不高于 0.8MPa。

(3)任意允许条件消失。

3-152 炉膛吹扫的目的是什么?

锅炉点火前,必须进行炉膛吹扫,这是锅炉防爆规程中基本的防爆保护措施。在锅炉对流烟井、烟道和将烟气送至烟囱的引风机等处均有可能积聚过量的可燃物，当这种可燃物与适当比例的空气混合，遇到点火源时，即可能引燃而导致炉膛爆炸。

炉膛吹扫的目的是将炉膛内的残留可燃物质清除掉，以防止锅炉点火时发生爆燃。

3-153 炉膛吹扫的条件是什么？

炉膛在吹扫时，必须满足下列所有条件。

1. 一次吹扫条件

(1) MFT继电器动作。

(2) 所有油阀关闭。

(3) 任意一台送风机在运行。

(4) 任意一台引风机在运行。

(5) 任意一台空气预热器在运行。

(6) 炉前燃油母管快关阀关闭。

(7) 全部给煤机、磨煤机停止。

(8) 所有磨煤机出口门全关。

(9) 一次风机全部停止。

(10) 任意火焰检测风机运行。

(11) 无MFT条件。

(12) 燃油泄漏试验完成。

2. 二次吹扫条件

(1) 二次风挡板吹扫位。

(2) 炉膛总风量小于30%MCR。

(3) 炉膛总风量小于40%MCR。

(4) 烟气挡板开。

(5) 所有三次风挡板打开。

(6) 炉膛通风量在30%～40% B-MCR风量范围内。

当一次吹扫条件全部满足后，操作员就可以启动吹扫。

3-154 炉膛吹扫的过程是怎样的？

总燃料跳闸（MFT）后，自动产生“请求炉膛吹扫”信号。

当一次吹扫允许条件满足后，自动产生吹扫允许信号。运行人员在CRT上发出“启动炉膛吹扫”指令，炉膛吹扫开始，CRT上指示“炉膛吹扫进行中”，吹扫计时器开始倒计时，时间为300s。

为了使炉膛吹扫彻底、干净，吹扫过程必须在30%以上额定风量下持续5min。5min的吹扫可以使炉膛得到4次以上的换气。

在吹扫过程中，FSSS逻辑连续监视一次吹扫允许条件及二次吹扫允许条件。一次吹扫允许条件是FSSS系统进入吹扫模式所必须具备的条件；二次吹扫允许条件是启动吹扫计时器所必须具备的条件。在吹扫过程中二次吹扫允许条件（如锅炉风量大于30%额定风量）不满足时，吹扫计时器就会清零，但并不中断吹扫，待二次吹扫允许条件满足后，吹扫计时器又自动开始计时。但如果某个一次吹扫允许条件不满足了，就会导致吹扫中断，同时吹扫计时器清零。如果吹扫中断，操作员就要重新启动吹扫程序。

当所有吹扫条件全部满足并且持续5min时，吹扫完成，在CRT上指示“炉膛吹扫成功”信号，吹扫结束。

“炉膛吹扫成功”信号是复位MFT的必要条件。

MFT发生时，通过一个MFT脉冲信号清除“炉膛吹扫成功”信号。

3-155 总燃料跳闸（MFT）的作用是什么？其优点是什么？

总燃料跳闸（MFT）是锅炉安全保护的核心内容，是FSSS系统中最重要的安全功能。在出现任何危及锅炉安全运行的危险工况时，MFT动作将快速切断所有进入炉膛的燃料，即切断所有油和煤的输入，以保证锅炉安全，避免事故发生或限制事故进一步扩大。当MFT跳闸后，有首出跳闸原因显示；当MFT复位后，首出跳闸记忆清除。

MFT设计成软、硬两路冗余，当MFT条件出现时，软件会送出相应的信号来跳闸相关的设备，同时，MFT硬继电器也会向这些重要设备送出一个硬接线信号来使其跳闸。例如，MFT发生时逻辑会通过相应逻辑输出信号来关闭燃油跳闸阀，同时MFT硬触点也会送出信号来直接关闭燃油跳闸阀。这种软硬件互相冗余有效地提高了 MFT 动作的可靠性。此功能在 FSSS 跳闸继电器柜内实现。

3-156　MFT 跳闸的条件有哪些？

(1) 再热器保护 MFT。

1) 任意给煤机和磨煤机投运中与汽轮机隔离延时 3s。

2) 汽轮机隔离及总燃料量大于 80t 与所有油阀未关闭延时 10s。

(2) 主蒸汽压力高 MFT。

1) 高温过热器出口集箱压力 1、高温过热器出口集箱压力 2、高温过热器出口集箱压力 3 大于 29.7MPa 三取二。

2) 高温过热器出口集箱压力 4、高温过热器出口集箱压力 5、高温过热器出口集箱压力 6 大于 29.7MPa 三取二。

(3) 给水泵全停。A、B 给水泵汽轮机跳闸与电泵 B、C 段跳闸。

(4) 所有燃料丧失 MFT。A、B 一次风机跳闸或 A、B、C、D、E、F 排失去燃料，与所有油阀关闭或燃油跳闸阀关闭。

(5) 给水流量低 MFT。无所有燃料丧失时，下列条件满足 MFT：

1) 给水流量低 1 (DI 输入)、给水流量低 2 (DI 输入)、补偿后省煤器入口流量小于 510t 三取二延时 20s。

2) 给水流量低低 1 (DI 输入)、给水流量低低 2 (DI 输入)、补偿后省煤器入口流量小于 382t 三取二延时 3s。

(6) 所有引风机全停。A、B 引风机跳闸。每台引风机跳闸信号有两个 (SOE 输入和 DI 输入)，任意跳闸信号发出则认为该引风机跳闸。

(7) 所有送风机全停。A、B 送风机跳闸。每台送风机跳闸信号有两个 (SOE 输入和 DI 输入)，任意跳闸信号发出则认为该送风机跳闸。

(8) 炉膛压力高高 MFT。A 侧炉膛压力高高 1、A 侧炉膛压力高高 2、A 侧炉膛压力高高三取二产生。

(9) 炉膛压力低低 MFT。A 侧炉膛压力低低、B 侧炉膛压力低低 1、B 侧炉膛压力低低 2 三取二产生。

(10) 汽轮机跳闸 MFT。发电机功率大于 100MW 时，汽轮机跳闸 MFT。

(11) 全部火焰丧失 MFT。当 MFT 继电器未动作，油枪投运数量大于 5 只（记忆）失去全部火焰 MFT。

(12) 临界火焰丧失 MFT。在 9s 之内，临界火焰计数大于 2.5，且超过投入燃烧器数的 25%的燃烧器失去火焰，则产生失去临界火焰跳闸信号。

(13) 手动停炉（MFT 按钮）。手动同时按下操作台上的两只 MFT 按钮。

(14) 锅炉总风量小于 25%MFT。锅炉总风量低 1（DI 输入）、锅炉总风量低 2（DI 输入）、锅炉总风量小于 825t/h 三取二产生。

锅炉总风量＝A 空气预热器出口二次风量＋B 空气预热器出口二次风量＋磨煤机总一次风量。

(15) 火焰检测冷却风机全停 MFT。当 A、B 火焰检测冷却风机全停且火焰检测冷却风母管压力低低（压力开关三取二）时，MFT 动作。

(16) 空气预热器全停 MFT。A、B 空气预热器主电动机、气动马达全停，且 A、B 空气预热器停转时 MFT。

3-157 MFT 复位条件是什么？ MFT 如何动作？

以下条件全部满足，复位 MFT 继电器。

(1) 炉膛吹扫完成。

(2) 无 MFT 跳闸条件存在。

(3) 燃油泄漏试验完成。

当 MFT 发生后，连锁以下设备动作。

(1) MFT 继电器动作。

(2) OFT 动作。

(3) 关闭所有油阀。

(4) 关闭燃油跳闸阀。

(5) 跳闸所有给水泵。

(6) 跳闸所有磨煤机。

(7) 跳闸所有给煤机。

(8) 关闭所有磨煤机出口挡板及磨煤机一次风关断挡板。

(9) 跳闸所有一次风机。

(10) 送 MFT 指令至电除尘、ETS、旁路、吹灰、脱硫等系统。

(11) 关闭过热器减温水前截门。

3-158 油燃料跳闸(OFT)的作用是什么? OFT 跳闸的条件是什么?

油燃料跳闸(OFT)逻辑检测油母管的各个参数,当有危及锅炉炉膛安全的因素存在时,产生 OFT。关闭主跳闸阀,切除所有正在运行的油燃烧器。

FSSS 连续逻辑监视不同的 OFT 条件,如果其中任一个满足,FSSS 逻辑就会 OFT 跳闸。当 OFT 跳闸后,有首出跳闸原因显示;当 OFT 复位后,首出跳闸记忆清除。

OFT 跳闸的条件如下:

(1) 手动 OFT 跳闸,CRT 操作画面 OFT 跳闸按钮。

(2) 所有油阀关闭 OFT 跳闸。

(3) MFT 跳闸后 OFT 跳闸。

(4) 燃油跳闸阀关闭 OFT 跳闸。

(5) 燃油跳闸阀故障 OFT 跳闸。

1) 当 OFT 未复位延时 5s,燃油跳闸阀未全关或燃油跳闸阀全开。

2) 当 OFT 复位延时 10s,燃油跳闸阀全开或燃油跳闸阀全关。

(6) 供油压力不正常 OFT 跳闸。炉前供油压力低低 1、炉前供油压力低低 2、炉前供油压力低低 3 压力开关三取二且燃油跳闸阀未全关延时 10s。

（7）OFT 复位 600s 内无油枪启动 OFT 跳闸。OFT 复位 600s 后，所有油阀关闭且无给煤机和磨煤机运行。

3-159　OFT 复位的条件是什么？ OFT 连锁哪些设备动作？

以下条件全部满足，OFT 才可复位。

（1）MFT 已复位。

（2）无 OFT 跳闸条件存在。

（3）所有油阀关闭。

（4）燃油泄漏试验完成或任意磨煤机投运中。

以上条件全部满足时，按下 CRT 操作画面 OFT 复位按钮，OFT 复位。

当 OFT 发生后，连锁以下设备动作。

（1）关闭所有油阀，并禁止吹扫油枪。

（2）关闭燃油跳闸阀。

3-160　点火允许条件包括哪些？

点火允许条件包括以下两条：

（1）油燃烧器投入条件。

（2）煤燃烧器投入条件。

3-161　油燃烧器投入条件是什么？ 煤燃烧器投入条件是什么？

以下条件全部满足，产生油燃烧器投入条件：

（1）MFT 已复位。

（2）OFT 已复位。

以下条件全部满足，产生煤燃烧器投入条件信号。

（1）MFT 已复位。

（2）火焰检测冷却风母管压力正常。

（3）任意送风机运行。

（4）该层燃烧器二次风压力合适。

（5）一次风机运行。

1）多于 3 台磨煤机运行时，A、B 一次风机都运行。

2）少于3台磨煤机运行时，A、B一次风机任意一台运行。

3-162　火焰检测冷却风机的作用是什么？火焰检测冷却风机连锁启动的内容是什么？

火焰检测冷却风机为各个火焰检测器提供足够压力的冷却风，以保证火焰检测器的正常运行（火焰检测器的探头安装于炉膛燃烧器的周围，对火焰检测器探头的冷却和清洁非常重要，这直接影响火焰检测器的稳定性和寿命）。配置两台火焰检测冷却风机，正常情况下只要单台火焰检测冷却风机运行即可以提供足够的冷却风压，另一台火焰检测冷却风机处于热备用状态。当正在运行的火焰检测冷却风机事故跳闸或出力不够时，连锁启动备用的火焰检测冷却风机。

火焰检测冷却风机连锁启动的内容如下：

（1）当备用火焰检测冷却风机在连锁状态并且主火焰检测冷却风机跳闸时，连锁启动备用火焰检测冷却风机。

（2）当备用火焰检测冷却风机在连锁状态并且主火焰检测冷却风机运行且火焰检测冷却风母管压力低于定值时，连锁启动备用火焰检测冷却风机。

3-163　密封风机的作用是什么？密封风机连锁启动的内容是什么？

密封风机主要用于密封磨煤机轴颈及给煤机，密封风机入口风来自冷一次风母管，两台密封风机共用一个出、入口母管，各配有一台电动蝶阀，出、入口母管间有一台旁路电动蝶阀。

密封风机连锁启动的内容如下：

（1）当备用密封风机在连锁状态，并且主密封风机跳闸时，连锁启动备用密封风机；

（2）当备用密封风机在连锁状态，并且主密封风机运行且密封风机出口压力低时，连锁启动备用密封风机。

3-164　RB工况分为哪两部分？

RB工况分为50％磨煤机跳闸、RB油层自启动，以及磨煤机跳闸发出磨煤机跳闸RB信号至协调控制系统（CCS）两部分。

3-165 50%磨煤机跳闸信号触发条件是什么？ 动作顺序是什么？ 何时结束？

以下条件全部满足时，50%磨煤机跳闸信号发出。

(1) 50%RB信号发出：由DCS来，产生原因为两台重要辅机一台跳闸，如送风机、引风机、一次风机、给水泵等。

(2) 任意磨煤机投运中：任意磨煤机运行且对应磨煤机的任意给煤机运行。

(3) 燃烧器运行层数大于或等于4层。对应燃烧器层煤燃烧器运行大于5只或油燃烧器大于5只则认为该层燃烧器运行。

50%RB磨煤机跳闸动作顺序是：50%RB磨煤机跳闸信号发出时，磨煤机按A磨煤机→C磨煤机→B磨煤机→D磨煤机→F磨煤机→E磨煤机顺序跳闸，间隔10s。

50%RB磨煤机跳闸动作直至50%RB磨煤机跳闸信号消失后停止，即任意50%RB磨煤机跳闸信号触发条件不满足时停止跳磨。

3-166 RB油层投入信号何时发出？ 每层油枪投入条件是什么？ RB油层投入如何动作？ 信号何时复位？

当50%RB信号或磨煤机跳闸信号发出时，产生2s脉冲触发R/S触发器记忆，RB油层投入信号发出。磨煤机跳闸RB信号为65%磨煤机跳闸、53%磨煤机跳闸、37%磨煤机跳闸任意信号发出。

每层油枪投入条件为该层油枪投运数量小于5只且对应磨煤机投运中。

公用条件满足后，按E层→F层→D层→B层→C层→A层顺序投入油层。

必须满足每层油枪投入条件时该油层才会投入，投入E层无延时，投入F层时延时10s，投入D层时延时20s，投入B层时延时30s，投入C层时延时40s，投入A层时延时50s。

RB油层投入信号启动条件发出60s后复位R/S触发器，RB油层投入信号复位。

3-167　磨煤机跳闸分为哪几种情况？其主要作用是什么？

磨煤机跳闸分为95%磨煤机跳闸、65%磨煤机跳闸、53%磨煤机跳闸、37%磨煤机跳闸四种情况。

磨煤机跳闸的主要作用是磨煤机跳闸后通过协调控制系统（CCS）降负荷。

3-168　95%磨煤机跳闸信号发出条件是什么？复位条件是什么？

以下条件全部满足时，产生信号触发R/S触发器记忆，发出95%RB信号。

（1）5台磨煤机运行。

（2）机组负荷指令大于960MW。

（3）任意磨煤机跳闸。

（4）汽轮机主控方式自动。

（5）锅炉主控方式自动。

（6）无50%RB信号。

以下任一条件满足时，95%磨煤机跳闸信号复位。

（1）MFT指令（8号DPU指令）。

（2）MFT继电器动作。

（3）机组负荷已到95%。

3-169　65%磨煤机跳闸信号发出条件是什么？复位条件是什么？

以下条件全部满足时，产生信号触发R/S触发器记忆，发出65%RB信号。

（1）4台磨煤机运行。

（2）机组负荷指令大于66MW。

（3）任意磨煤机跳闸。

（4）汽轮机主控方式自动。

（5）锅炉主控方式自动。

（6）无50%RB信号。

以下任一条件满足时，65%磨煤机跳闸信号复位。

（1）MFT 指令（8 号 DPU 指令）。

（2）MFT 继电器动作。

（3）机组负荷已到 65%。

3-170　53%磨煤机跳闸信号发出条件是什么？复位条件是什么？

以下条件全部满足时，产生信号触发 R/S 触发器记忆，发出 65%RB 信号。

（1）3 台磨煤机运行。

（2）机组负荷指令大于 55MW。

（3）任意磨煤机跳闸。

（4）汽轮机主控方式自动。

（5）锅炉主控方式自动。

（6）无 50%RB 信号。

以下任一条件满足时，53%磨煤机跳闸 RB 信号复位。

（1）MFT 指令（8 号 DPU 指令）。

（2）MFT 继电器动作。

（3）机组负荷已到 53%。

3-171　37%磨煤机跳闸信号发出条件是什么？复位条件是什么？

以下条件全部满足时，产生信号触发 R/S 触发器记忆，发出 65%RB 信号。

（1）2 台磨煤机运行。

（2）机组负荷指令大于 37MW。

（3）任意磨煤机跳闸。

（4）汽轮机主控方式自动。

（5）锅炉主控方式自动。

（6）无 50%RB 信号。

以下任一条件满足时，37%磨煤机跳闸 RB 信号复位。

（1）MFT 指令（8 号 DPU 指令）。

（2）MFT继电器动作。

（3）机组负荷已到37%。

3-172 单只油枪控制由哪两部分组成？其投运指令的发出及复位的条件分别是什么？

单只油枪控制由投运顺序控制、停运顺序控制两部分组成。

以下信号任意满足时，触发R/S触发器记忆，发出投运指令。

（1）单只油枪投运总指令（运行人员手动启动或磨煤机连锁启动）且该油枪点火允许（无多于油枪在启动）信号存在。

（2）RB连锁启动该油枪且该油枪点火允许（备用）信号存在。

以下信号任意满足时，复位R/S触发器记忆，复位投运指令及投运顺序控制模块。

（1）该油枪顺序启动完成。该油枪顺序启动第六步完成后发出该信号，复位投运指令及投运顺序控制模块。

（2）该油枪顺序停运指令发出（脉冲）。

（3）该油枪点火失败（脉冲）。

（4）锅炉MFT。

（5）燃油跳闸阀关指令。

（6）OFT未复位。

3-173 单只油枪投运顺序是什么？

（1）第一步：油枪投运置二次风燃油位。

1）允许条件：该油枪点火允许信号存在。

2）动作情况：发出指令置该层中心风调节阀燃油位。

3）完成条件：置该层中心风调节阀燃油位指令发出。

（2）第二步：进该油枪点火枪、关闭油枪吹扫阀。

1）允许条件：置该层中心风调节阀燃油位指令发出。

2）动作情况：①进该油枪点火枪；②关闭油枪吹扫阀。

3）完成条件：①该油枪点火枪进到位；②油枪吹扫阀关到位；

4）失败条件：①该油枪点火枪进故障；②油枪吹扫阀关故障；③该步15s内未完成。

（3）第三步：进该油枪、点火枪打火。

1）允许条件：第二步完成条件。

2）动作情况：进该油枪，油枪进到位后，点火枪打火15s，然后点火枪退出。

3）完成条件：点火枪打火（DO信号）与油枪进到位与第二步完成条件。

4）失败条件：①油枪推进器故障；②该步15s内未完成。

（4）第四步：开油阀、置三次风门燃油位。

1）允许条件：第三步完成条件。

2）动作情况：开油阀，油阀开到位后延时3s置三次风门燃油位。

3）完成条件：油阀开到位与三次风门燃油位与第三步完成条件。

4）失败条件：①油阀开故障；②该步20s内未完成。

（5）第五步：火焰检测信号判断。

1）允许条件：第四步完成条件。

2）动作情况：判断油火焰检测信号，油火焰检测信号有火且无对应火焰检测放大器故障信号时判断为有火。

3）完成条件：油火焰检测信号有火与第四步完成条件。

4）失败条件：该步15s内未完成。

（6）第六步：油枪状态检查。

1）允许条件：第五步完成条件。

2）动作情况：检查油枪已投入，各执行器状态正确。

3）完成条件：①油枪吹扫阀关到位；②三次风门燃油位；③油阀开到位；④油火焰检测信号有火；⑤点火枪退到位；⑥无点火枪打火（DO信号）。

3-174 单只油枪停运顺序控制停运指令的发出及复位的条件分别是什么？

单只油枪停运总指令发出时，触发R/S触发器记忆，发出停运指令。

停运总指令有几种方式：运行人员手动停运、油枪启动故障停运、手动程序该层全部油枪。

单只油枪停运指令总复位信号发出时，复位R/S触发器记忆，复位停运指令及停运顺序控制模块。

单只油枪停运指令总复位信号有以下几个条件：

(1) 该油枪顺序停运完成。该油枪顺序停运第六步完成后发出该信号，复位停运指令及停运顺序控制模块。

(2) 该油枪顺序投运指令发出（脉冲）。

(3) 该油枪停运失败（脉冲）。

3-175 单只油枪停运的顺序是什么？

(1) 第一步：关闭油枪油阀。

1) 允许条件：无。

2) 动作情况：

①关闭油枪油阀。该步启动或该油枪点火失败（脉冲）或该油枪火焰检测丧失或MFT、OFT、燃油跳闸阀关（脉冲）。

②投停点火枪。该步启动且无以下任意信号时：ⓐMFT、OFT、燃油跳闸阀关（脉冲）；ⓑ磨煤机投运；ⓒ该油枪不需要吹扫；ⓓ投入点火枪并点火15s后退出点火枪。

3) 完成条件：以下条件全部满足时该步完成条件。

①以下任意条件满足：ⓐ点火枪进到位且点火枪点火（DO信号）；ⓑ磨煤机投运中；ⓒ该油枪不需要吹扫；ⓓMFT、OFT、燃油跳闸阀关（脉冲）。

②油阀关到位。

4) 失败条件：该步10s内未完成。

(2) 第二步：进该油枪。

1) 允许条件：第一步完成条件。

2) 动作情况：进该油枪。

3) 完成条件：以下任意条件满足该步完成。① 该油枪进到位且第一步完成条件满足；② 吹扫旁路信号存在。

4) 失败条件：①该油枪进故障；②该步15s内未完成。

(3) 第三步：开吹扫阀。

1）允许条件：第二步完成条件。

2）动作情况：开吹扫阀，延时50s置三次风门燃煤位或关位。

3）完成条件：以下任意条件满足该步完成。①油阀关到位且吹扫阀开到位；② 吹扫旁路信号存在。

4）失败条件：吹扫阀开故障；该步15s内未完成。

（4）第四步：吹扫完成。

1）允许条件：第三步完成条件。

2）动作情况：吹扫60s计时。

3）完成条件：吹扫60s计时完成且第三步完成条件存在。

4）失败条件：该步70s内未完成。

（5）第五步：关吹扫阀。

1）允许条件：第四步完成条件。

2）动作情况：关吹扫阀。

3）完成条件：吹扫阀关闭与第四步完成条件。

4）失败条件：该步15s内未完成。

（6）第六步：油枪状态检查。

1）允许条件：第五步完成条件。

2）动作情况：检查油枪已退出，各执行器状态正确。

3）完成条件：油枪吹扫阀关到位；油阀关到位；点火枪退到位；油枪退到位。

3-176 油层启动指令触发条件是什么？复位条件是什么？

（1）以下条件全部满足时，触发R/S触发器记忆，发出油层启动指令。

1）以下任意条件满足：①磨煤机低负荷；②磨煤机顺控启动第一步；③磨煤机顺控停止第一步；④磨煤机1支吹扫请求启动油层；⑤磨煤机2支吹扫请求启动油层；⑥磨煤机4支吹扫请求启动油层。

2）该油层不在手动模式。

（2）以下任意条件满足时，油层启动指令复位。

1）该油层手动模式。

2）锅炉 MFT。

3）OFT。

4）油层程控中断指令。

3-177 油层启动顺序是什么？

油层启动顺序为5→4→8→1→6→3→7→2。当该油枪点火启动旁路信号存在，油层启动时旁路该油枪。当满足以下任意条件时，油枪点火启动旁路信号发出。

（1）该油枪启动完成。

（2）油点火公用条件不满足或无该油枪点火允许条件。

（3）该油枪不正常。

（4）该油枪在就地控制方式。

3-178 燃煤控制逻辑的作用是什么？

燃煤控制逻辑完成各制粉系统磨煤机的投入、切除操作，并在正常运行时密切监视各煤层的重要参数，必要时切断进入炉膛的煤粉，以保证炉膛安全。

当煤层的点火能量建立起来之后，操作员就可以进行煤层投入的操作。煤燃烧器投入以层为单位进行，这是由于双进双出磨煤机不允许半磨运行，必须同时投入八只煤燃烧器。

3-179 磨煤机顺序控制启动的允许条件是什么？

（1）磨煤机投粉允许：

1）MFT 已复位。

2）火焰检测冷却风母管压力正常。

3）任意送风机运行。

4）该层燃烧器二次风压力合适。

5）一次风机运行。以下任意条件满足时该信号发出。①多于3台磨煤机运行时，A、B一次风机都运行；②少于3台磨煤机运行时，A、B一次风机任意一台运行。

（2）该磨煤机对应的给煤机全停。

（3）该磨煤机无程序控制在运行，包括顺序启动、顺序停止、程序吹扫都未运行。

（4）该磨煤机对应油层的全部油阀关闭或火焰检测无火。

（5）火焰检测设备正常，无故障信号。

（6）所有油枪投运或准备就绪。

（7）无磨煤机跳闸条件。

3-180 磨煤机顺序控制启动的步骤是什么？

（1）第一步：关闭磨煤机一次风隔绝门、关闭磨煤机所有清扫风门、关闭磨煤机所有出口门、关闭一次风及旁路风调节阀、关闭给煤机出口门、启动该磨煤机对应的油层。

（2）第二步：启动磨煤机低压油泵。

（3）第三步：启动磨煤机吹扫程控。该步有三种吹扫方式：磨煤机1只吹扫程控、磨煤机2只吹扫程控、磨煤机4只吹扫程控。

（4）第四步：磨煤机充惰置换（该步可旁路）。

（5）第五步：磨煤机充惰置换完成（该步可旁路）。

（6）第六步：开磨煤机出口门（BSOD）。

（7）第七步：启动磨煤机高压油泵、启动磨煤机大齿轮密封风机、启动磨煤机喷射油站、启动磨煤机减速机油泵。

（8）第八步：启动磨煤机。

（9）第九步：开磨煤机一次风隔绝门。

（10）第十步：开给煤机出、入口插板门。

（11）第十一步：启动给煤机。

3-181 磨煤机顺序控制停止步骤是什么？

（1）第一步：启动该磨煤机对应的油层。

（2）第二步：停止给煤机。

（3）第三步：关给煤机出口插板门。

（4）第四步：启动磨煤机高压油泵。

（5）第五步：停止磨煤机。

（6）第六步：关磨煤机一次风隔绝门。

（7）第七步：启动磨煤机慢传电机、慢传电机油泵（该步可旁路）。

（8）第八步：停磨煤机大齿轮密封风机。

(9) 第九步：磨煤机充惰置换（该步可旁路）。

(10) 第十步：磨煤机充惰置换完成（该步可旁路）。

(11) 第十一步：关磨煤机出口门。

(12) 第十二步：启动磨煤机吹扫程控。

3-182 磨煤机启动允许条件是什么？

(1) 磨煤机投粉允许：

1) MFT 已复位。

2) 火焰检测冷却风母管压力正常。

3) 任意送风机运行。

4) 该层燃烧器二次风压力合适。

5) 一次风机运行。以下任意条件满足时该信号发出。①多于 3 台磨煤机运行时，A、B 一次风机都运行；②少于 3 台磨煤机运行时，A、B 一次风机任意一台运行。

(2) 该磨煤机对应的给煤机全停。

(3) 该磨煤机无程序控制在运行，包括顺序启动、顺序停止、程序吹扫都未运行。

(4) 磨煤机热风门阀位小于 5%。

(5) 磨煤机全部八只出口门全开。

(6) A 或 B 密封风机运行。

(7) 磨煤机大齿轮密封风机运行。

(8) 磨煤机密封风压合适。

(9) 所有油枪启动完成。

(10) 无磨煤机跳闸条件。

(11) 磨煤机高压油站就绪。

(12) 磨煤机低压油站就绪。

(13) 磨煤机慢传装置断开。

(14) 磨煤机一次风隔绝门关闭。

(15) 磨煤机一次风压力合适。

(16) 磨煤机停止。

(17) 磨煤机全部八只清扫风门关。

3-183　磨煤机启动指令包含什么？磨煤机保护停止指令（跳闸）有哪些？

磨煤机启动指令包含：运行人员手动启动；顺序控制启动。

磨煤机保护停止指令（跳闸）如下：

（1）锅炉 MFT 磨煤机跳闸。

（2）50%RB 磨煤机跳闸。

（3）所有一次风机停止磨煤机跳闸。

（4）运行人员手动跳闸。

（5）磨煤机火检失去跳闸。

（6）磨煤机出口门开数量小于 5 只跳闸。

（7）磨煤机运行时一次风隔绝门关闭跳闸。

（8）给煤机运行时磨煤机停止跳闸。

（9）磨煤机运行时给煤机全部停止延时 600s 跳闸。

（10）磨煤机轴承温度高或磨煤机电动机轴承温度高跳闸。

（11）磨煤机低压油站故障跳闸。

（12）磨煤机减速机油站故障跳闸。

3-184　HIACS-5000M 系统的功能是什么？

H-5000M 系统的功能有：汽轮机升速控制；自动同期；汽轮机转速调节；负荷控制；负荷限制；甩负荷控制；锅炉汽轮机协调控制；减负荷控制；加速继电器；PLU；阀门在线试验信号协调；阀门开度与蒸汽流量之间非线性匹配；汽轮机自启动；后备超速。

3-185　HIACS-5000M 系统控制上有何特点？

H-5000M 系统控制上有以下特点：

（1）采用冗余控制系统，当在线的 DEH 的 CPU 单元发生故障时，系统将自动、无扰动地切换到备用的冗余 DEH 的 CPU 单元，由其控制汽轮机的运行。从而允许机组连续运行，可靠性高。

（2）故障安全原则设计。

（3）由于采用数字式控制器，维护性能好。

（4）带有自诊断功能。

（5）易于添加/删减控制功能及改变设定值，控制灵活。

(6) 允许在线试验。

(7) 控制稳定性能好，抗温度等外界干扰能力强。

(8) 允许向高一级的设备升级。

3-186 DEH控制系统的主要目的是什么?

DEH控制系统的主要目的是控制汽轮发电机组的转速和功率，从而满足电厂供电的要求。机组在启动和正常运行过程中，DEH接收CCS指令或操作人员通过人机接口所发出的增、减指令，采集汽轮机发电机组的转速和功率以及调节阀的位置反馈等信号，进行分析处理，综合运算，输出控制信号到电液伺服阀，改变调节阀的开度，以控制机组的运行。

3-187 DEH控制系统的原理是什么?

机组采用高压缸启动方式。DEH具有CV阀壳预暖功能，机组在冲转前，当接收到CV阀壳预暖指令时，微开2、3号高压主汽阀，对4个CV阀壳进行预暖。机组在升速过程中（即机组没有并网），DEH通过加速度控制回路和速度控制回路来控制机组升转速，直到实际转速和目标转速相等为止。当DEH接收到同期指令时，实际转速在额定转速附近根据同期增、同期减指令进行摇摆，直到并网为止。机组并网以后，可以通过手动设定阀位指令来进行升负荷，到达一定负荷后可以通过投入CCS方式来控制负荷增、减，也可以通过手动设定阀位指令来进行增、减负荷。

3-188 DEH控制系统有哪些功能?

DEH有功率—负荷不平衡继电器和加速度继电器动作回路，当功率—负荷不平衡继电器动作时，快关CV阀和ICV阀，当加速度继电器动作时，快关ICV阀。DEH具有阀门活动试验功能。当有一个CV阀活动试验进行时，通过主蒸汽补偿器产生负荷补偿信号指令，控制其他CV阀门的开度，使实际负荷在CV阀活动期间基本保持不变。机组跳闸时，置阀门开度给定一个负偏置信号，关闭所有阀门。DEH控制系统设有阀位限制、快卸负荷、汽轮机保护、一次调频等多种功能。DEH控制系统设有CCS协调控制、ATS自启动、自动控制、手动控制等运行方式。DEH进入ATS

控制方式时，根据热应力计算结果，自动设定目标，选择合适的升速率或负荷率对机组进行全自动控制。

3-189 D-EHC 的特点是什么？

所有的汽轮机的控制系统均执行相似的控制功能，如常规的机械式 MHC、模拟式 EHC 以及数字式 D-EHC。但具体如何实现控制功能，它们各自采用的原理不同，其相对于其他的控制系统有以下一些特点。

（1）控制的灵活性。由于 D-EHC 是通过软件的形式把各种控制功能固化到 D-EHC 中的微处理器单元的，故调整控制的性能、添加或改变控制功能可以通过改变软件的方式来实现。

（2）可维护性能好。常规的机械式 MHC、模拟式 EHC 需要通过调整模拟的电阻器来改变设定值，较复杂；而 D-EHC 只需要根据程序来调整设定值。并且 D-EHC 自带自检功能，易于发现故障。

（3）高可靠性。

3-190 汽轮机自启停（ATS）顺序控制分为几步？

顺序控制分为下列 6 步：

（1）汽轮机准备：当盘车装置脱开时，ATS 根据汽轮机金属温度从冷、温、热和非常热方式之间自动选择汽轮机启动方式，随后根据选择的方式和金属温度执行自动控制，此步包括 CV 预暖，当预暖结束后汽轮机开始升速至 200r/min。

（2）汽轮机摩擦检查：在此步骤中目标转速自动设定 200r/min，汽轮机转速达到目标转速后，所有阀门关闭命令被选中，汽轮机惰走，当转速低于 100r/min 时，发摩擦检查成功信号，此步完成后机组开始升速。

（3）升速：汽轮机升速时，ATS 按汽轮机启动方式自动设定目标加速度和目标转速，在冷启动方式中，选择 700r/min 作为目标转速，而加速度是根据汽轮机转子热应力计算出的。汽轮机转速达到 700r/min 时，根据汽轮机金属温度计算出的暖机时间运行，暖机结束后，目标转速设定为 1500r/min，转速升至目标转速后再进行暖机，暖机结束目标转速设为3000r/min，汽轮机转速升至3000r/min，升速过程结束。如果在升速期间发生振动大、差胀大、排汽温度高、凝汽器真空低等情况时升速保持命令自动输出。

（4）励磁：一旦在额定速度时结束了暖机运转，就进入到励磁控制过程，励磁开始指令被输出到自动调压器（AVR），电气现场开关闭合和发电机电压已建立信号发出后，励磁结束，自动进入自动同期。

（5）同期、带初负荷：此步骤时，ATS发出一个同期开始信号至电气，同时，接收电气自动同期装置发出的15R、15L信号，汽轮机转速在3000r/min附近摆动，当满足同期条件时，油开关闭合，机组并网加初负荷（20MW）。

（6）正常操作。

3-191　CV预暖控制分为几步？

（1）汽轮机启动时，如果调节阀的内、外壁温度较低，必须对调节阀进行预热以避免在调节阀室内产生过大的热应力，损坏设备或减少设备的寿命。

（2）调节阀的预热是通过EHC控制2、3号主汽门微开来实现的。

（3）调节阀的预热控制模式有三种：自动、手动和“Cancel”。

（4）当汽轮机已复位且EHC控制盘台上的转速选择为“All Valves Close”时，调节阀的预热控制模式自动由DCC来的指令或手动由操纵员选择。

（5）当调节阀的控制模式为“自动”时，EHC根据调节阀的内外壁的温差来控制。当调节阀的内外壁温差小于某一定值时，DCC给出一“Cancel”信号，则调节阀的控制模式由“自动”变为“Cancel”。

3-192　转子应力计算的方法是什么？

对高压转子来说，计算高压第一级后应力，对中压转子来说，计算再热蒸汽入口处的应力，在这两处，应力最大。

高压转子应力计算为：首先，根据主蒸汽流量、主蒸汽温度及修正蒸汽流量（根据无负荷时的汽轮机转速计算得出）计算出第一级后的蒸汽温度。转子表面的传热系数从蒸汽流量函数得到。根据第一级后蒸汽温度及传热系数，计算得到转子的温度场（温度分布）。然后根据转子表面温度、转子平均温度、转子中心孔温度计算得到转子表面应力及转子中心孔应力。

中压转子应力计算方法与高压转子相同，只不过蒸汽温度是通过直接测量得到的。

由于热应力有滞后效应，因此，根据蒸汽温度或压力的变化得到其预期值，使用预期值进行控制。当高压和中压转子应力被选作控制参数时，以应力水平不超限来选择合适的升速率或负荷率。

3-193 汽轮机自启停控制（ATS）的监视和顺序控制的功能分别是什么？

（1）HITASS有下列两个检查功能：

1）条件检查：当完成任一控制步骤要转到下一控制步骤前，检查规定的汽轮机及其辅助设备的条件是否得到满足。

2）当HITASS执行任一控制步骤时，连续检查规定的条件。

（2）监视功能：当主汽轮机或其辅助设备不满足要求的条件时，相关的不满足项显示在操作员站上，以提示运行人员。

3-194 ATS控制方式有哪些？

（1）自动方式：它是一种汽轮机自动启动的方式。它监视所有的条件，当所有条件得到满足时，ATS根据控制步骤自动启动汽轮机。当违反条件出现时，ATS将违反条件告知运行人员，并停止顺序启动。运行人员可以设法满足条件，或者忽略它，然后执行启动顺序。

（2）半自动方式：除了控制信号不是自动输出以外，其余同自动方式。操作员根据显示在CRT上的条件进行手动操作。

（3）退出方式：除了应力计算以外，ATS不执行任何操作。

3-195 DEH控制功能包含哪些内容？

（1）挂闸。

(2) 启动前的控制。

(3) 转速控制。

(4) 调速控制（governing control），即一次调频。

(5) 负荷控制。

(6) 负荷限值的控制。

(7) 凝汽器真空卸荷装置。

(8) 初始压力低减负荷装置。

(9) 阀门位置的控制。

(10) 加速继电器（acceleration relay）。

(11) 功率—负荷不平衡回路（PLU）。

(12) 后备超速停机（back up overspeed trip）。

(13) 在电厂正常运行时，需要做一些定期试验以验证 EHC 控制系统及汽轮机的相关设备正常运行与否。

(14) TCS 与 DCS 通信功能。

3-196 DEH 控制挂闸功能如何实现？

汽轮机挂闸以前，满足“所有阀关”、“汽轮机已跳闸”条件，此时，由 DEH 输出挂闸指令，使复位阀组件 1YV 电磁阀带电，推动危急遮断装置的活塞，带动连杆使转块转动，DEH 在 20s 检测到行程开关 ZS1 的动合触点由断开到闭合，ZS2 的触点由断开到闭合，此时，DEH 输出信号使 1YV 断电，ZS1 的触点又由闭合到断开，则低压部分挂闸完成。DEH 发出挂闸指令，同时使主遮断电磁阀 5YV、6YV 带电，高压安全油建立，压力开关 PS2、PS3 的动合触点闭合，高压部分挂闸完成。

3-197 启动前的控制包含哪些内容？

启动前的控制包含如下内容：

(1) 自动判断热状态。

(2) 机组启动过程中的阀门控制。

3-198 如何自动判断热状态？

汽轮机的启动过程，对汽轮机、转子是一个加热过程。为减少启动过程的热应力，对于不同的初始温度，应采用不同的启动曲线。HP启动时，自动根据汽轮机调节级处高压内缸壁温 T 的高低划分机组热状态。

$T<320℃$　冷态

$320℃\leqslant T<420℃$　温态

$420℃\leqslant T<445℃$　热态

$445℃\leqslant T$　极热态

3-199　机组启动过程中的阀门如何控制？

系统设置有四个高压调节阀油动机，四个高压主汽阀油动机，两个中压主汽阀油动机，两个中压调节阀油动机。其中高压、中压调节阀及2、3号高压主汽阀油动机由电液伺服阀实现连续控制，1、4号高压主汽阀油动机、中压主汽阀油动机由电磁阀实现二位控制。

机组挂闸后，高压保安油建立后，DEH自动判断机组的热状态，根据需要可完成阀门预暖。预暖开始时，DEH首先控制2、3号高压主汽阀油动机的电液伺服阀，使高压油进入油缸下腔，使活塞上行并在活塞端面形成与弹簧相适应的负载力。由于位移传感器（lvdt）的拉杆和活塞连接，活塞移动便由位移传感器产生位置信号，该信号经解调器反馈到伺服放大器的输入端，直到与阀位指令相平衡时活塞停止运动。此时蒸汽阀门已经开到了所需要的开度，完成了电信号—液压力—机械位移的转换过程。DEH控制2、3号高压主汽阀的开度，使蒸汽进入主汽阀并达到高压调节阀前，完成阀门预暖。然后DEH发出开主汽阀指令，并送出阀位指令信号分别控制2、3号高压主汽阀油动机的电液伺服阀及1、4号高压主汽阀和中压主汽阀油动机的试验电磁阀失电使主汽阀门全开。再控制各高、中压调节阀油动机的电液伺服阀使调节阀开启（调节阀油动机电液伺服阀的控制原理与2、3号高压主汽阀油动机相同），随着阀位指令信号变化，各调节阀油动机不断地调节蒸汽门的开度。

3-200　汽轮机转速控制原理是什么？

在汽轮发电机组并网前，DEH为转速闭环调节系统。转速控制器计算产生阀门的流量指令，该指令通过阀门流量曲线分配以产生每一CV及ICV的开度指令。高压缸启动时，中压调节阀一开始就接近全开，依靠高压调节阀进行转速调节。汽轮机转速探头共有3只，经现场的转速前置板转换出9路转速信号，接入汽轮机控制柜。

比例积分控制器用以实现转速加速度控制，通过比较设定升速率与实际升速率来完成，当实际转速接近目标转速时，目标转速与实际转速之间的偏差变小，这个小偏差信号被小选器选中，实际上相当于目标升速率逐渐变小，结果使实际转速控制在目标转速上。汽轮机启动以前，选择“所有阀门关闭方式”，所有阀门关闭，当选定目标转速和升速率后，汽轮机立刻启动。在升速开始时，汽轮机被控制在“加速1”方式，根据设定的升速率和对实际速度不完全微分获得的实际升速率之间的偏差进行比例和积分运算，输出控制阀门指令。当汽轮机转速接近目标转速偏差小于δ_1（20～50rad/min）时，控制方式转到“加速2”方式，在此方式中加速的降低正比于低值选通的速度偏差信号。在升速控制中，通过慢慢降低升速率控制汽轮机转速达到目标转速而不会导致过冲。当汽轮机转速进一步上升直到速度偏差小于δ_1（3～10rad/min）时，控制方式转到“速度控制”方式，在此方式中，汽轮机转速通过使用转速偏差的比例积分作用被控制在设定转速上。

3-201　汽轮机转速控制具体包括哪些内容？其各自的含义分别是什么？

（1）目标转速。运行人员可通过操作员站CRT上的按钮设置目标转速，该目标转速有200、700、1500、3000四挡。在自启动方式时，目标转速由HITASS产生。

（2）升速率。冷态启动时速率为100rad/min^2，温态启动时速率为150rad/min^2，热态、极热态启动时速率为300rad/min^2。

（3）临界转速。轴系临界转速当前设定值如下：

第一阶：910～1113rad/min。

第二阶：1541～1946rad/min。

（4）摩擦检查。当实际转速达到200rad/min时，操作CRT上的“All Valve Close”按钮，汽轮机转速逐渐下降，进行摩擦检查，检查完后再设定相应的升速率及目标转速，机组重新升速。

（5）暖机。汽轮机在到达目标转速值后，可自动停止升速进行暖机。若在升速过程中，需暂时停止升速，可进行操作：操作员发出“保持”指令，在临界转速区内时，保持指令无效。

（6）并网。机组并网前，当 DEH 接收到自同期投入信号时，汽轮机转速根据同期增减信号在 3000rad/min 附近摆动，当满足同期条件时，油开关闭合，机组并网加 20MW 初负荷。

3-202 调速控制的功能是什么？

调速控制（governing control）即一次调频，是汽轮机控制系统（DEH）最基本的控制功能。

（1）当汽轮发电机与电网同步后，由于电网用户的不断变化，造成电网的频率发生改变，汽轮发电机的转速也跟着发生改变，这样需要控制的汽轮发电机的进汽量不同，汽轮发电机的输出也改变。为了适应这种控制需求，EHC 中设计有一 Speed Droop Characteristic Set，它根据汽轮机的实际转速和额定转速的偏差，产生需要的汽轮发电机的进汽量的变化值，EHC 根据此值控制汽轮机调节阀的开度，即改变汽轮发电机的输出。

（2）Speed Droop Factor 在 2%～6%间可调，正常运行时，此值设定为 5%，死区±2rad/min。

（3）当电网频率上升到 104%额定转速对应的值时，汽轮发电机的输出控制为 8%EL（无负荷流量）。电网频率越高，机组输出越小。

3-203 负荷控制功能是什么？

油开关合闸以后，机组自动加初负荷直到实际负荷升到 2%为止。此后，可通过 Gov Set 设定阀位指令继续升负荷，到达一定负荷之后可投入 CCS 控制，也可通过 Gov Set 设定阀位指令进行增、减负荷。H-5000M 系统逻辑中无单独的负荷控制逻辑，只有通过调节器设定值去控制调节阀流量总指令，从而控制调节阀开度，实现对负荷的控制。在机组并网后接收汽轮机主控发出的指令通过逻辑与一次调频、负荷限制、减负荷等信号叠加选择最后输出为流量总指令。

3-204 负荷限值的控制功能是什么？

独立于转速控制与负荷控制功能，汽轮机的高压调节阀（CV）与中压调节阀（ICV）可通过操作员站的CRT画面实现从全开到全关的限制，变化速率在0～100%/min间可调。如果卸荷装置投入运行，负荷限值随卸荷装置要求的信号自动快速下降。

3-205 凝汽器真空卸荷装置的功能是什么？

当凝汽器的背压上升，汽轮发电机的输出将受到限制。具体为：当凝汽器背压大于13.3kPa时，负荷限制自动下降，汽轮发电机的输出开始减少；当凝汽器背压大于或等于22.7kPa时，汽轮发电机的输出为无负荷状态。当凝汽器真空逐渐恢复，需要机组升负荷时，先手动将负荷设定降下来，再手动升负荷限制和负荷设定。

3-206 阀门位置控制的功能是什么？

EHC根据汽轮机设定值（Gov Set）、负荷限值，以及汽轮机卸荷器等电信号，产生一要求的汽轮机的进汽流量信号，此流量信号经调节阀或/和再热调节阀的阀门特性曲线方程，给出调节阀（CV）和/或再热调节阀的开度信号，此开度信号与阀门的实际位置信号比较，得出差值，此差值经差分放大器送至伺服阀，转变为液压油压力信号，此油压驱动调节阀（CV）和/或再热调节阀到要求的开度。

3-207 加速继电器（acceleration relay）的功能是什么？其逻辑是什么？

当汽轮机转速大于3060 rad/min、加速度大于49(rad/min)/s时，加速度限制回路动作，快速关闭中压调节阀，抑制汽轮机的转速飞升。加速继电器的逻辑如下：

（1）汽轮机的转速的微分为汽轮机的实际升速率。

（2）汽轮机的实际升速率与升速率的设定值比较。

（3）汽轮机的转速与转速的设定值（102%）比较。

(4) 如果汽轮机的实际转速大于升速率的设定值，而且汽轮机的转速大于102%，则ICV1、ICV2的快关电磁阀得电。

3-208　功率—负荷不平衡回路（PLU）的功能是什么?

配备此回路以防止负载切断时汽轮机的超速。当甩负荷情况发生时，这个回路用来避免汽轮机超速。当汽轮机功率（用再热器压力表征）与汽轮机负荷（用发电机电流表征）不平衡时，会导致汽轮机超速。PLU回路检测到这一情况时，迅速关闭高、中压调节阀（CV与ICV），抑制汽轮机的超速。当再热器压力与发电机电流之间的偏差超过设定值并且发电机电流的减少超过40%/10ms时，功率—负荷不平衡继电器动作，快速关闭高压调节阀和中压调节阀。功率—负荷不平衡回路采用三取二组态以提高可靠性，因此，在正常带负荷运行时可对每一个回路进行试验检查。

3-209　后备超速停机（back up overspeed trip）的功能是什么?

当汽轮机转速超过设定值（112%额定转速）时，后备超速保护动作，跳闸继电器动作，使汽轮机跳闸。后备超速保护为三取二回路，因此，在额定转速、正常运行时，每一回路可逐一进行试验。

3-210　在电厂正常运行时，为验证EHC控制系统及汽轮机的相关设备正常运行与否，需要做哪些定期试验?

需要作以下定期试验以验证EHC控制系统及汽轮机的相关设备正常运行与否。

(1) 喷油试验。

(2) 机械超速试验。

(3) 主遮断电磁阀试验。

(4) 阀门活动试验。

(5) PLU/BUG试验。

(6) 超速试验（overspeed test）。

3-211 何谓喷油试验？喷油试验的目的是什么？

喷油试验是在机组正常运行时及做提升转速试验前，将低压汽轮机油注入危急遮断器飞环腔室，依靠油的离心力将飞环压出的试验。

喷油试验的目的是活动飞环，以防飞环可能出现的卡涩。在不停机的情况下，通过给高压遮断组件的隔离阀带电，使进入主遮断的高压安全油从由紧急遮断阀提供转换成由隔离阀提供，以避免飞环压出引起的停机，此时高压遮断组件的主遮断电磁阀处于警戒状态。

3-212 喷油试验的过程是什么？

在飞环喷油试验情况下，先使高压遮断组件的隔离阀（4YV）带电动作，由紧急遮断阀提供给主遮断阀的高压保安油被隔离阀截断，隔离阀直接向主遮断阀提供高压安全油，其上设置的行程开关ZS4的动断触点闭合、ZS5的动断触点闭合并对外发讯，DEH检测到该信号后，使复位试验阀组的喷油电磁阀（2YV）带电动作，汽轮机油润滑油从导油环进入危急遮断器腔室，危急遮断器飞环被压出，打击危急遮断装置的撑钩，使危急遮断装置撑钩脱扣，通过危急遮断装置连杆使高压遮断组件的紧急遮断阀动作。由于高压保安油已不由紧急遮断阀提供，机组在飞环喷油试验情况下不会被遮断。此时系统的遮断保护由主遮断电磁阀（5YV、6YV）及各阀油动机的遮断电磁阀来保证。

3-213 机械超速试验的目的是什么？

在汽轮机首次安装或大修后，必须验证机械超速保护动作的准确性，投入超速保护试验时，DEH自动将目标转速设置为3390rad/min，机组由3000 rad/min开始以速率300rad/min^{2}升速到108%额定转速，然后速率变为100rad/min^2，转速缓慢上升到飞环动作转速，遮断汽轮机。飞环动作转速在110%～111%之间，满足要求。

3-214 何谓主遮断电磁阀试验？

在高压遮断集成块上有两个主遮断电磁阀（5YV、6YV）及各自的试验位置开关，5YV、6YV应分别作试验，确保作试验时始终有一个遮断电磁阀常带电。在主遮断电磁阀试验状态下，DEH使5YV（或6YV）分别失电，当DEH检测到行程开关ZS6（或ZS7）的动断触点由断开变为闭合时，则主遮断电磁阀5YV（或6YV）试验成功。

3-215 阀门活动试验包括哪些？

为确保阀门活动灵活，需定期对阀门进行活动试验，以防止卡涩。阀门活动试验包括几项：

（1）MSV阀活动试验。

（2）CV阀活动试验。

（3）ICV及RSV活动试验。

3-216 MSV阀活动试验的内容是什么？

MSV阀活动试验的内容是：MSV2及MSV3开始试验时，选中的阀门以10%/s的速度从全开位到全关位，当关到10%时，对应的快关阀带电，全关到零位，然后，快关阀失电，阀门以10%/s的速度从全关位到全开位；MSV1及MSV4开始试验时，选中的阀门试验电磁阀带电，阀门从全开位到全关位，当关到10%时，对应的阀门快关阀带电，全关到零位，然后，试验电磁阀及快关阀失电，阀门从全关位到全开位。

注意：每个阀门不能同时试验。

3-217 CV阀活动试验的内容是什么？

CV1试验时，CV1以10%/s的速度从全开位到全关位，当关到10%时，快关阀带电，全关到零位，然后，CV1快关阀失电，CV1以10%/s的速度从全关位到全开位。CV2、CV3、CV4活动试验同CV1。当有一个CV阀试验时，其他CV阀不能同时试验。

3-218 ICV及RSV活动试验的内容是什么？

左侧试验时，ICVL以10%/s的速度从全开位到全关位，当关到10%时，快关阀带电，全关到零位，接着，RSVL试验电磁阀带电，RSVL从全开位到全关位，当RSVL关到10%时，RSVL快关阀带电，全关到零位，然后，RSVL 试验电磁阀及快关阀失电，RSVL 从全关位到全开位，接着，ICVL 快关阀失电，ICVL 以10%/s 的速度从全关位到全开位。右侧活动试验同左侧。当左侧试验时，右侧不能同时试验。

3-219 PLU/BUG 试验的条件是什么？其内容分别是什么？

由于 PLU/BUG 模板三重冗余，三取二回路，因此，可以对 PLU/BUG 模板通道逐一进行试验。

PLU 试验回路：按下试验按钮时，大约额定发电机电流信号的-40%被加到实际发电机电流测量信号上，通常发电机电流信号和再热器压力信号是平衡的，所以加上试验信号后使 PLU 动作，试验正常。

PLU 试验只能在下列条件满足时进行。

（1）任何其他试验按钮没有被按下。

（2）无 PLU 信号输出，且无其他 PLU 卡件通道在试验状态。

BUG 卡件试验时，卡件内的定值降为 3000rad/min 以下，使 BUG 卡件通道动作。BUG 试验条件如下：

（1）任何其他试验按钮没有被按下。

（2）无 BUG 信号输出，且无其他 BUG 卡件通道在试验状态。

3-220 超速试验（overspeed test）的功能是什么？试验的过程是什么？超速试验过程中的注意事项是什么？

汽轮机的控制保护系统设计有一危急遮断器（emergency governor），当汽轮机的转速超过 110%额定转速，汽轮机脱扣，以防止汽轮机的超速。超速试验就是试验危急遮断器的功能。其试验的过程如下：

（1）当按下 EHC 试验盘台上的"超速试验"按键时，首先汽轮机的转速上升到 108%额定转速，之后上升到危急遮断器的动作设定值。

（2）当汽轮机的转速到达危急遮断器的动作设定值时，危急遮断器将动作，且自动选定"All Valves Close"，EHC 控制盘台上的

"All Valves Close" 灯亮。

(3) 在汽轮机的转速到达危急遮断器的动作值之前，如果松开EHC试验盘台上的"超速试验"按键，汽轮机的转速将下降到额定转速。

超速试验过程中的注意事项如下：

(1) 超速试验按键只能在机组处于无负荷额定功率状态下使用。

(2) 按键在生速过程中必须一直按住。

3-221 TCS与DCS的通信功能是什么？

TCS有两块Modbus卡件，与DCS实现通信功能，在TCS操作员站画面上显示的主机TSI信号都是通过通信取自DCS，TCS内的点通过Modbus通信到DCS作为显示用。

3-222 汽轮机紧急停机系统（ETS）的目的和功能分别是什么？

目的为当汽轮机运行异常，汽轮发电机控制系统无法控制汽轮机系统在正常范围内时，为防止损害汽轮发电机系统，ETS使汽轮机跳闸，关闭所有的汽轮机进汽阀。

功能为ETS的功能为监视汽轮机的某些参数，当这些参数超过其运行限制值时，该系统就关闭全部汽轮机蒸汽进汽阀门。具体有以下两个功能。

(1) 在危险工作状态下通过励磁机械跳闸电磁线圈（MTS）以及使主跳闸电磁阀（MTSV）失电对汽轮机提供跳闸逻辑。

(2) 当汽轮机启动条件确定时，在中央控制室中手动做汽轮机复位工作。

ETS是TCS系统的一部分，它除了完成机组的危急遮断功能外，现场电磁阀的控制信号也由ETS输出。

3-223 ETS主要完成哪些保护功能？

ETS主要完成以下保护功能。

(1) 轴承油压非常低跳机。

(2) 抗燃油压非常低跳机。

(3) A低压缸排汽口温度非常高跳机。

(4) B低压缸排汽口温度非常高跳机。

(5) 汽轮机并网以后，在额定负荷工况下，MSV入口汽温非常低跳机。

(6) 凝汽器真空非常低跳机。

(7) 推力轴承金属温度非常高跳机。

(8) 汽轮机/电机轴振非常高跳机。

(9) EHG输出主要故障跳机。

(10) 超速跳机。

(11) 锅炉总燃料故障跳机。

(12) 发电机故障跳机。

(13) 发电机定子冷却水出口温度高跳机。

(14) 发电机定子冷却水入口压力低跳机。

(15) 轴向位移大跳机。

(16) 加热器旁路快切故障跳机。

(17) VV阀故障开跳机。

ETS为PLC控制，所有逻辑通过PLC卡件中的程序自动执行，可以通过ATS的CPU进行逻辑查询和修改。

3-224 ETS的设计准则是什么？

(1) 对保护设备的设计采用故障安全准则，如丧失控制液压油将导致立即关闭所有的主汽门及调节阀。

(2) ETS系统设计为当出现停机信号时，ETS系统动作，关闭所有的汽轮机的蒸汽阀（即MSV、CV、RSV和ICV），同时关闭到加热器的抽汽止回阀，以确保汽轮机发生故障时安全停下，避免损坏汽轮机或其辅助设备。

(3) 设计有两种不同原理的停机方式，即机械引发的停机和电气引发的停机。这样增加了系统的可靠性。

(4) 多重性，如停机参数均采用多通道，PLC采用三套，三取二动作跳机。

(5) 采用局部符合逻辑，如局部三取二逻辑。

3-225 ETS跳闸保护逻辑包括哪些内容?

ETS跳闸保护逻辑包括以下内容。

(1) 轴承油压非常低跳机。

(2) 抗燃油压非常低跳机。

(3) A低压缸排汽口温度非常高跳机。

(4) B低压缸排汽口温度非常高跳机。

(5) 汽轮机并网以后，在额定负荷工况下，MSV入口汽温非常低跳机。

(6) A低压缸凝汽器真空非常低跳机。

(7) B低压缸凝汽器真空非常低跳机。

(8) 前推力轴承金属温度非常高跳机。

(9) 后推力轴承金属温度非常高跳机。

(10) 轴振非常高跳机。

(11) EHG输出主要故障跳机。

(12) TSI超速跳机。

(13) 锅炉总燃料故障跳机。

(14) 发电机故障跳机。

(15) 主机轴向位移大跳机。

(16) 加热器旁路快切故障跳机。

(17) VV阀故障开跳机。

(18) 安全油压低跳机。

(19) BUG (后备超速)。

(20) DI电源失去。

(21) 手动停机。

汽轮机跳闸信号发出后，两个主跳闸电磁阀失电，机械跳闸电磁阀带电，安全油压失去，所有阀门关闭，汽轮机跳闸。

3-226 ETS跳闸保护逻辑是什么?

(1) 轴承油压非常低跳机：三个压力开关安装在轴承润滑油供油母管上，压力开关定值为0.07MPa，PLC中作三取二逻辑，任意两个压力开关触点闭合发出压力低信号后发汽轮机跳闸信号。

(2) 抗燃油压非常低跳机：EH油泵出口母管上安装有三个压力开关，压力开关定值为7.55MPa，PLC中作三取二逻辑，任意两个压力开关触点闭合发出压力低信号后发汽轮机跳闸信号。

(3) A低压缸排汽口温度非常高跳机：现场三支温度元件，接入DCS，每个温度模拟量信号由DCS作逻辑判断，温度高于107℃后送出一个开关量信号至ETS，在ETS中作三取二逻辑跳机。

(4) B低压缸排汽口温度非常高跳机：现场三支温度元件，接入DCS，每个温度模拟量信号由DCS作逻辑判断，温度高于107℃后送出一个开关量信号至ETS，在ETS中作三取二逻辑跳机。

(5) 汽轮机并网以后，在额定负荷工况下，MSV入口汽温非常低跳机：实际主汽门前主蒸汽温度低于汽轮机第一级压力通过函数曲线对应出的主蒸汽温度值时，且发电机负荷高于10%发跳机信号。

(6) A低压缸凝汽器真空非常低跳机：现场有三个真空开关，三取二跳机，真空开关定值为－74.7kPa，报警定值为－86.6kPa，该保护自动解投，当跳机后所有主汽门全关信号发出后真空低跳闸信号解除，开机时，当真空高至报警值以上后该保护投入。

(7) B低压缸凝汽器真空非常低跳机：现场有三个真空开关，三取二跳机，真空开关定值为－74.7kPa，报警定值为－86.6kPa，该保护自动解投，当跳机后所有主汽门全关信号发出后真空低跳闸信号解除，开机时，当真空高至报警值以上后该保护投入。

(8) 前推力轴承金属温度非常高跳机：现场三支温度元件，接入DCS，每个温度模拟量信号由DCS作逻辑判断，温度高于107℃后送出一个开关量信号至ETS，在ETS中作三取二逻辑跳机。

(9) 后推力轴承金属温度非常高跳机：现场三支温度元件，接入DCS，每个温度模拟量信号由DCS作逻辑判断，温度高于107℃后送出一个开关量信号至ETS，在ETS中作三取二逻辑跳机。

(10) 轴振非常高跳机：TSI系统继电器卡件中作逻辑，逻辑为1～10号轴承任一轴承X/Y相振动危险值与其他任一轴承X/Y相振动报警值相与（包括9、10、11号盖振），发出三个轴振高跳机信号，三取二跳机，轴承振动停机值为250μm。

(11) EHG输出主要故障跳机：ETS直流电源故障、交流电源故障、DEH三路转速信号中任意两路故障、ETS三个PLC中任意两路故障、两个EHG CPU全停，以上信号任一信号发出均触发DEH主控器严重故障信号，驱动跳闸继电器动作，使机械跳闸电磁阀带电，主跳闸电磁阀失电，汽轮机跳闸。

(12) TSI超速跳机：TSI系统继电器卡件中作逻辑，逻辑为1～10号轴承任一轴承X/Y相振动危险值与其他任一轴承X/Y相振动报警值相与（包括9、10、11号盖振）。发出三个轴振高跳机信号，三取二跳机，TSI超速卡件停机值为3300rad/min。

(13) 锅炉总燃料故障跳机：DCS的MFT继电器送给ETS三个锅炉总燃料跳闸信号，三取二跳机。

(14) 发电机故障跳机：电气控制柜送给ETS三个发电机跳闸信号，三取二跳机。

(15) 主机轴向位移大跳机：TSI系统继电器卡件输出三个跳机信号进ETS，三取二跳机，主机轴向位移停机定值为+0.8、−1.28mm。

(16) 加热器旁路快切故障跳机：当机组负荷高于1000MW时，如果任意一个高、低压加热器解列或任意一个至高、低压加热器的抽汽止回阀关闭，DCS发出加热器旁路快切减负荷信号，DEH中减负荷的目标值为950MW，10s内机组负荷减不到目标值则发加热器旁路快切故障信号至ETS，汽轮机跳闸。

(17) VV阀故障开跳机：现场VV阀上有三个关到位行程开关，关到位信号接入ETS，逻辑中将关到位信号取非，当三个开关中的两个关到位信号消失时跳机。

(18) 安全油压低跳机：现场两个压力开关，接入ETS，两个开关同时动作跳机，压力开关定值为3.9MPa。

(19) BUG（后备超速）：由DEH转速探头送三路转速信号到三块BUG卡件，当任意两块BUG卡件发出超速跳闸信号时，汽轮机跳闸，超速定值为3360r/min。

(20) DI电源失去：ETS 8块DI隔离卡件中任何一块失电跳机，在每个隔离卡的18、38端子有一短接片，用于检测卡件是否失电。

(21) 手动停机：同时按下集控室控制台上的两个手动停机按钮，或者操作汽轮机机头的手动打闸把手，汽轮机跳闸。

汽轮机跳闸信号发出后，两个主跳闸电磁阀失电，机械跳闸电磁阀带电，安全油压失去，所有阀门关闭，汽轮机跳闸。

3-227 超超临界机组的主要辅助设备有哪些？常用泵有哪些？

超超临界机组的主要辅助设备有磨煤机、送风机、一次风机、引风机、炉循环水泵、锅炉给水泵、凝结水泵、循环水泵等。

发电厂系统中其他常用泵有发电机冷却系统中的定子冷却水泵、除氧再循环泵、EH油泵、真空泵、开式循环水泵、闭式循环水泵等。

3-228 双进双出正压直吹式磨煤机的特点是什么？

能够确保锅炉安全、高效、长期连续可靠地燃用设计煤和校核煤，以及电厂可能燃用其他煤种，提高制粉系统的可用率和灵活性。一般每台锅炉配有六台双进双出钢球磨煤机，锅炉燃烧校核煤种时，六台磨煤机出力可满足锅炉B-MCR工况。该类磨煤机正压直吹式制粉系统在整个负荷范围内均能达到较高的煤粉细度，双进双出磨煤机对不同煤种有很强的适应性，同中速磨煤机正压直吹式制粉系统相比，其低负荷稳燃性能更好。

3-229 磨煤机跳闸保护与总燃料跳闸保护的关系主要体现在哪几条逻辑上？

因经过磨煤机磨出的煤粉直接送入炉膛，为保证炉膛安全，对危及炉膛安全及稳定燃烧的任何工况都必须切除磨煤机，因此该磨煤机跳闸保护与总燃料跳闸保护的关系更加直接和密切，主要体现如下几条逻辑：

(1) 锅炉MFT，所有磨煤机跳闸。

(2) 两台一次风机全停，所有磨煤机跳闸。

(3) 当任一台一次风机或任一台送风机或任一台引风机或任一台给水泵跳闸时，若有四台及以上磨煤机运行，则磨煤机跳闸。磨煤机跳闸顺序为：若六台磨煤机都运行则先跳A磨煤机，10s后跳C磨煤机，10s后跳B磨煤机，保留D磨煤机、E磨煤机和F磨煤机，其他组合则也是按六台磨煤机运行的模式进行跳闸的，最终保留三台磨煤机运行。

（4）磨煤机与给煤机运行30s后，磨煤机火焰检测有火焰信号的数量少于5个，则相应磨煤机跳闸。磨煤机火焰检测信号包括油火焰检测和煤火焰检测信号。

（5）磨煤机分离器出口挡板开到位的数量少于5个，则相应磨煤机跳闸。

磨煤机一次风关断挡板关，则相应磨煤机跳闸。一次风关断挡板异常关闭将导致磨煤机跳闸，为防止出现挡板误关导致异常情况的发生，将磨煤机一次风关断挡板关到位信号与磨煤机一次风关断挡板开到位反信号相与后，送入磨煤机跳闸回路中，减少保护误动的几率。

3-230 磨煤机本身相应的保护，主要体现在哪几条逻辑中？

（1）磨煤机轴承温度高，则相应磨煤机跳闸。针对温度元件均为单只元件，为防止保护的误动，根据以前机组的经验，增加了温度变化速率的判断和温度质量品质的判断：当温度变化率超过5℃/s或温度质量品质变坏时，则自动切除保护；当温度值低于该温度点报警值10℃且温度品质变好后，此时温度变化率小于5℃/s时自动投入保护。

（2）磨煤机高低压油站故障，则相应磨煤机跳闸。磨煤机高低压油站故障是指磨煤机高低压油站出口油压低低。为减少单点误动的几率，该信号由磨煤机高低压油站出口油压低低与磨煤机高低压油站出口油压低信号相串联组成。

（3）磨煤机减速机油泵未运行或主减速机润滑油压力正常延时30s，则相应磨煤机跳闸。

（4）磨煤机电机油系统重故障，则相应磨煤机跳闸。磨煤机电机油系统重故障简单描述应为电机油站出口油压低和电机油站油位低的组合。磨煤机厂家原设计逻辑为磨煤机出口压力低于0.15MPa后，联启备用泵，若两台油泵都运行后，4s内出口油压没有达到0.3MPa，则跳磨煤机，另外，磨煤机电机油站油位低也会造成磨煤机跳闸。现场实际情况为磨煤机油压在0.2 MPa左右时也能提供给磨煤机良好的润滑油量及油压，另外，磨煤机电机的油压合适就能满足磨煤机电机的正常运行。根据实际情况以及设备本身的要求进行磨煤机电机油站保护逻辑修改，将磨煤机电机油站出口油压低跳磨煤机的定值改为0.20MPa（原为0.3MPa），将若两台油泵都运行后，4s内出口油压没有达到0.2MPa跳磨煤机的逻辑，修改为磨煤机电机油站出口油压低于0.2MPa 4s后跳磨煤机。磨煤机的油站油位低保护，因油站油位低测点可靠性差，误动率很高，运行中油位低并不会立即引起机械故障，因此取消了其跳闸功能，仅保留其报警功能。

（5）磨煤机不对应，则相应磨煤机跳闸。

（6）任意给煤机运行磨煤机已跳闸信号发出，则相应磨煤机跳闸。

（7）手动跳磨。

3-231　一次风机的作用是什么？它有何特点（以超超临界机组实例说明）？

一次风机在火力发电厂主要供给磨煤机干燥燃煤和输送煤粉所需的热风、冷风。一般情况，均设两台50%容量的一次风机。一次风机输送出的一次风一部分经过空气预热器加热后，与另一部分由一次风机直接输送出的冷一次风混合后送入磨煤机，然后携带煤粉进入布置在前、后墙的煤粉燃烧器。该一次风机为动叶可调轴流风机。

它的特点是较离心风机运行效率高、调节特性好、电耗低、振动小，质量轻、检修方便。

3-232　一次风机的保护内容有哪些？

具体保护内容如下：

（1）锅炉MFT。

(2) 两台送风机全停。

(3) 两台引风机全停。

(4) 一次风机轴承温度高。该保护包括了温度变化率及温度质量品质的判断。

(5) 一次风机电机轴承温度高。该保护包括了温度变化率及温度质量品质的判断。

(6) 一次风机电机油压低低。

(7) 一次风机启动后90s内出口挡板全关。

(8) 一次风机轴承振动大。风机轴承振动包括轴承的垂直和水平方向的振动，当某一方向振动大时，另一方向也会相应的增大，因此，为减少保护误动的几率，在当某一方向振动值达到保护定值时，需另一方向的振动达到报警值，才触发一次风机跳闸。

3-233 送风机的作用是什么（以超超临界机组实例说明）?

送风机主要为锅炉燃烧提供所需空气。一般情况下，设有两台50%容量的动叶可调轴流式风机。某发电厂百万千瓦机组每台锅炉配备两台50%容量的送风机，形式为动叶可调轴流式风机。送风机将空气送往两台三分仓空气预热器，锅炉的热烟气将其热量传送给进入的空气。受热的二次风进入燃烧器风箱，并通过各调节挡板而进入每个燃烧器二次风、旋流二次风通道，同时，部分二次风进入燃烧器上部的燃尽风喷口，另外有少量的二次风通过专门的中心风通道进入燃烧器中心。送风机是为保证炉膛安全稳定以及作为锅炉燃烧系统中重要的辅助设备。

3-234 送风机的保护内容有哪些？ 引风机的作用是什么（以超超临界机组实例说明）?

送风机所设保护如下：

(1) 风机轴承温度高。该保护包括了温度变化率的判断。

(2) 电机轴承温度高。该保护包括了温度变化率的判断。

(3) 送风机电机油压低低。

(4) 送风机轴承振动大。风机轴承振动包括轴承的垂直和水平方向的振动，当某一方向振动大时，另一方向也会相应的增大，因此，为减少保护误动的几率，在当某一方向振动值达到保护定值时，需另一方向的振动达到报警值，才触发一次风机跳闸。

(5) 送风机启动后 90s 内出口挡板均未开。

(6) 本侧引风机跳闸。

(7) 炉膛压力高高跳闸。当锅炉 MFT 5min 后，若炉膛压力依然超过第二高定值，则送风机跳闸。因锅炉 MFT 后，需对炉膛剩余的燃料吹扫以及对炉膛降温和通风，故锅炉 MFT 后，没有直接跳送风机。

引风机主要是将炉膛中的烟气抽出，经过尾部受热面、空气预热器、电除尘器、脱硫装置和烟囱排向大气。在电除尘后设有两台 50%容量的静叶可调轴流式引风机。某发电厂百万千瓦机组每台炉配备两台 50%容量的引风机，形式为静叶可调轴流式风机，风量裕量系数为 30%，风压裕量系数为 32%。

3-235 引风机的保护内容有哪些？

保护内容如下：

(1) 引风机启动后 90s 内入口烟气挡板均未开。

(2) 风机轴承温度高。该保护包括了温度变化率的判断。

(3) 电机轴承温度高。该保护包括了温度变化率的判断。

(4) 引风机轴承振动大。风机轴承振动包括轴承的垂直和水平方向的振动，当某一方向振动大时，另一方向也会相应的增大，因此，为减少保护误动的几率，在当某一方向振动值达到保护定值时，需另一方向的振动达到报警值，才触发引风机跳闸。

(5) 本侧空气预热器跳闸。

(6) 两台引风机运行时同侧送风机跳闸。

(7) 引风机电机稀油站润滑油油压低。

(8) 两台引风机冷却风机未运行。

(9) 炉膛压力低低跳闸。当锅炉 MFT 5min 后，若炉膛压力依然超过第二低定值，则引风机跳闸。因锅炉 MFT 后，需对炉膛剩余的燃料吹扫以及对炉膛降温和通风，故锅炉 MFT 后，没有直接跳引风机。

3-236 汽动给水泵组的组成、作用是什么（以超超临界机组实例说明）?

汽动给水泵组是由汽动给水泵（主泵）和前置泵组成。

汽动给水泵组是用来将除氧器水箱中具有一定温度、压力的水连续不断地输送到锅炉中去的设备。随着单元机组容量的增大，给水泵越来越趋向于大容量、高转速、高效率、自动化程度高的方向发展。

以某发电厂两台百万千瓦机组为例，每台机组配置两台50% B-MCR容量的汽动给水泵，各给水泵前均设有前置泵。给水泵汽轮机正常工作汽源来自主汽轮机四级抽汽，备用汽源来自主汽轮机高压缸排汽，当主汽轮机负荷降至正常工作汽源压力不能满足汽轮机驱动锅炉给水泵的要求时，调节器自动地将汽源从工作汽源无扰动地切换到备用汽源（冷段），并在此工况下运行。当主机负荷重新上升时，调节器又能自动地将汽源切换到工作汽源。另有一路辅助蒸汽汽源作为给水泵汽轮机的启动调试汽源，该汽源能保证机组用汽动给水泵启动的要求。给水泵汽轮机排汽进入主凝汽器。机组正常运行时，两台汽动给水泵并联运行，单台给水泵可供给锅炉55%B-MCR的给水量；当一台汽动泵因事故停运时，另一台汽动给水泵和电动调速给水泵并联运行可保证机组在85%THA工况下的给水量。

3-237 汽动给水泵保护内容有哪些?

汽动给水泵保护如下：

(1) 排汽压力高。

(2) 给水泵汽轮机润滑油压低。

(3) 给水泵汽轮机超速。

(4) 给水泵汽轮机超速保护通道故障。

(5) 给水泵汽轮机润滑油温高。该保护包括了温度变化率和温度质量品质的判断。

(6) 汽动给水泵入口给水流量低。该定值为汽动给水泵出口压力的函数。

(7) 汽动给水泵推力轴承、支持轴承温度高。该保护包括了温度变化率和温度质量品质的判断。

(8) 汽动给水泵入口压力低。

(9) 给水泵汽轮机手动跳闸。有三种实现方式：①控制柜按钮；②就地按钮；③CRT 手动跳闸。

(10) 锅炉 MFT。

(11) 给水泵汽轮机任一轴向位移大。

(12) 汽动给水泵、给水泵汽轮机轴振大。

(13) 汽动给水泵前置泵跳闸。

(14) 汽动给水泵润滑油压低低。

(15) 除氧器水位低低低。

(16) 给水泵汽轮机控制油压低。

(17) 给水泵汽轮机 505 事故跳闸。

3-238 给水泵前置泵保护的内容有哪些？

给水泵前置泵保护如下：

(1) 前置泵润滑油压低。

(2) 前置泵轴承振动高。

(3) 前置泵支持轴承温度高。该保护包括了温度变化率的判断。

(4) 前置泵推力轴承温度高。该保护包括了温度变化率的判断。

(5) 给水泵汽轮机跳闸。

(6) 除氧器水位低低低。

3-239 电动给水泵组的作用是什么（以超超临界机组实例说明）？

电动给水泵也称启动给水泵。在冷态启动和某些热态启动时，蒸汽不可能获得足够的压力去驱动锅炉给水泵的给水泵汽轮机。在这时，电动给水泵前置泵从除氧器给水箱吸水。电动给水泵前置泵送水至电动给水泵主泵。电动机驱动的电动给水泵组供应给水到锅炉。

以某发电厂两台百万千瓦机组为例，配有一台30%B-MCR容量的电动调速给水泵作为启动和备用泵，电动给水泵组布置在底层，该泵组由一台前置泵和一台主泵串联连接，并由同一台电动机驱动。电动给水泵组在汽动给水泵组解列时，将投入运行并带25%汽轮机额定负荷（定压工况）。电动给水泵除了驱动方式与汽动给水泵不同外，其本体的结构性能与汽动给水泵基本相同，也为双壳体、筒形、双吸、卧式离心泵，共有六级。

3-240 电动给水泵组的保护的内容有哪些？

电动给水泵组的保护如下：

（1）在机组负荷大于25万kW时MFT动作。

（2）除氧器水位低低低。

（3）电动给水泵润滑油压低低。

（4）主给水泵入口压力低。

（5）电动给水泵入口流量低。

（6）电动给水泵前置泵轴温高。该保护包括了温度变化率和温度质量品质的判断。

（7）电动给水泵轴承温度高。该保护包括了温度变化率的判断。

（8）电动给水泵轴振高。

（9）前置泵电机线圈温度高。该保护包括了温度变化率和温度质量品质的判断。

（10）电动给水泵耦合器轴温高。该保护包括了温度变化率和温度质量品质的判断。

（11）电动给水泵油温高。该保护包括了温度变化率和温度质量品质的判断。

3-241 凝结水泵的作用是什么？

凝结水泵是将低压缸排汽进入凝汽器后冷凝成的凝结水抽出，送入精除盐装置处理的设备。凝结水系统正常情况下设3台50%容量的凝结水泵，其中2台运行，1台备用，当运行泵事故跳闸时，备用泵自动投入运行。

3-242　凝结水泵保护的内容有哪些（以超超临界机组实例说明）？

以某发电厂百万千瓦机组为例，每台机组配置3台50%容量立式定速凝结水泵，其中2台运行，1台备用。凝结水泵保护设计为：

（1）凝结水泵电机轴承温度高。该保护包括了温度变化率的判断。

（2）凝结水泵推力轴承温度高。该保护包括了温度变化率的判断。

（3）凝结水泵出口电动门关。

（4）高压凝汽器热井水位低低。

（5）凝泵电机线圈温度高。该保护包括了温度变化率的判断。

3-243　锅炉再循环泵的作用是什么？

针对直流锅炉，从锅炉冷态清洗阶段建立起循环清洗开始，在锅炉启动的整个过程直至25%BMC工况，来自储水罐出口的饱和水全部或部分通过锅炉再循环泵（BCP）回流到省煤器入口。每台锅炉配备1台锅炉循环水泵。

3-244　锅炉再循环泵保护的内容有哪些（以超超临界机组实例说明）？

以某发电厂的百万千瓦机组为例，相关保护如下：

（1）储水箱水位低低。

（2）炉循泵上部电机腔体冷却水温度高。该保护包括了温度变化率的判断。

（3）炉再循环泵运行，且出口门与小流量阀都关。

（4）炉再循环泵入口气动门关。

3-245　循环水泵的作用是什么？其工作特点是什么？

循环水泵是汽轮发电机的重要辅机，失去循环水，汽轮机就不能继续运行，同时，循环水泵也是火力发电厂中主要的辅机之一，在凝汽式电厂中循环水泵的耗电量约占厂用电的10%～25%。火力发电厂运行中，循环水泵总是最早启动，最先建立循环水系统。其作用是将大量的冷却水输送到凝汽器中去冷却汽轮机的乏汽，使之凝结成水，并保持凝汽器的高度真空。

循环水泵的工作特点是流量大而压头低，一般循环水量为凝汽器凝结水量的50～70倍，即冷却倍率为50～70。为了保证凝汽器所需的冷却水量不受水源水位涨落或凝汽器铜管堵塞等原因的影响，要求循环水泵的q_V-H性能曲线应为陡降形。此外，为适应电厂负荷的变化及汽温的变化等，循环水泵输送的流量应相应变化，通常采用并联运行的方式，每台汽轮机设2台循环水泵，其总出力等于该机组的最大计算用水量。对集中水泵房母管制供水系统，安装在水泵房中的循环水泵数量，应达到规定容量时应不少于4台，总出力满足冷却水的最大计算用水量，不设置备用泵。

3-246　循环水泵保护的内容有哪些（以超超临界机组实例说明）？

某电厂百万千瓦机组每台机组配置3台循环水泵及1台辅助冷却水泵。以A循环水泵为例，有关保护如下：

（1）泵运行2min后出口门仍处于关状态。

（2）循环水泵轴承导向瓦温度高。该保护包括了温度变化率的判断。

（3）循环水泵轴承推力瓦温度高。该保护包括了温度变化率的判断。

（4）循环水泵电动机绕组温度高。该保护包括了温度变化率的判断。

第四章

现场总线技术在火电厂中的应用

4-1 什么是现场总线？

现场总线是应用在生产现场、在多个微机化测量控制设备之间实现双向串行多节点数字通信的系统，也被称为开放式、数字化、多点通信的底层控制网络。现场总线技术将专用微处理器置入传统的测量控制仪表，使它们各自具有了数字计算和数字通信能力。采用可进行简单连接的双绞线等作为总线，把多个测量控制仪表连接成网络系统，并按公开、规范的通信协议，在位于现场的多个微机化测量控制设备之间及现场仪表与远程监控计算机之间，实现数据传输与信息交换，形成各种适应实际需要的自动控制系统。现场总线是20世纪80年代中期在国际上发展起来的，随着微处理器与计算机功能的不断增强和价格的降低，计算机与计算机网络系统得到迅速发展。现场总线可实现整个企业的信息集成，实施综合自动化，形成工厂底层网络，完成现场自动化设备之间的多点数字通信，实现底层现场设备之间以及生产现场与外界的信息交换。

现场总线的定义有多种说法，下面给出几种常用的表述。

(1) 现场总线是指安装在制造或过程区域的现场装置之间、现场装置与控制室内的自动控制装置之间的开放式、数字化、串行和多点通信的数据总线。

(2) 现场总线是一种串行的数字数据通信链路，它沟通了过程控制领域的基本控制设备（场地级设备）之间以及更高层次自动控制领域的自动化控制设备（车间级）之间的联系。

(3) 现场总线是连接智能现场设备和自动化系统的数字式、双线传输、多分支结构的通信网络。

4-2 现场总线的本质特征是什么?

现场总线的本质特征如下:

(1) 现场通信网络。

(2) 现场设备互连。各种现场设备(传感器、变送器、执行器智能仪表和 PLC 等),通过一对传输线互连,成为现场总线的各个节点。

(3) 互操作性与互用性。

(4) 分散功能块。现场总线把传统的集散控制系统 DCS 控制站的功能块分散地分配给各现场仪表,从而构成虚拟控制站。

(5) 通信线供电。允许现场仪表直接从通信线上摄取能量。

(6) 开放式系统。现场总线为开放式互联网络,它既可与同层网络互连,也可与不同层网络互连,还可以实现网络数据库共享。

(7) 对现场环境的适应性。工作在生产现场前端,作为工厂网络底层的现场总线,是专为现场环境而设计的,可支持双绞线、同轴电缆、光缆、射频、红外线、电力线等,具有较强的抗干扰能力,能采用两线制实现供电与通信,并可满足本质安全防爆要求等。

4-3 现场总线在国内火电站应用时遇到哪些困难?

现场总线在国内火电站的应用中遇到的困难如下:

(1) 现场总线的国际标准太多,多标准就意味着无标准。在这种局面下,仪表制造商感到困惑,系统集成商、设计院、用户都不免感到无所适从,因而在很大程度影响了现场总线的推广应用。

(2) 目前,没有一家现场总线设备制造商能提供装备整个火电站的所有现场总线产品,因此,要在火电站构筑完整的符合所有现场总线特点的现场总线控制系统(FCS)尚无能为力。

(3) 国内有不少火电站部分装置中也具备采用 FCS 的条件,但实施起来就比较困难。首先,对电站设计来说现场总线是完全不同于 DCS 和 PLC 的。DCS 和 PLC 是以 I/O 和处理器为核心的,而 FCS 是以智能化的现场仪表和设备为核心的;DCS 和 PLC 的控制任务完全由处理器来完成,而 FCS 的控制任务基本上由现场仪表和设备来完成。因此,从设计的思路、方法等方面将有很大的变革,这对于须严格遵从设计规程的电力设计院来说,进行这种变革绝非易事。其次，FCS的应用对生产和管理具有很大的冲击性。如何利用FCS将火电站的生产和管理提高到一个新层次本身就是一项富有挑战意义的课题。所以，从设计到生产，从生产到管理，在尚未做好面对FCS的准备的情况下，将FCS引入火电站（即使是火电站的一部分）是比较困难的。

4-4 超超临界机组采用现场总线技术的原因是什么（以某发电厂为例）？

某发电厂1000MW机组采用现场总线技术主要考虑如下原因：

近年来，现场总线标准逐渐规范，技术日益成熟，而且现场总线在网络技术先进性方面和有利于提高系统可靠性方面是比较明确的。最主要的是对于火电厂来讲，采用现场总线的最大优点是可大大节约连接导线、维护和安装费用，同时现场总线能够传送多个过程变量。电厂中传统的4～20mA控制回路一般只能携带一个信号，通常为过程变量。而采用现场总线后，在传输变量过程的同时，仪表的标识符和简单的诊断信息也可一并传送。数字信号的精确性是现场总线的又一个优点，数字信号比4～20mA模拟信号分辨率高，因此，可排除过去在模/数转换中所产生的误差。远程维护在采用数字通信和现场智能仪表后也将成为可能。由于现场总线是双向的，因此能够从中心控制室对现场智能仪表进行标定、调整及运行诊断，甚至能够在故障发生前进行预测。一个更为重要的方面是仪表的兼容性可以使电厂大大受益。因此，1000MW机组在设计过程中就大胆地选用与控制系统相兼容的FF控制技术，将其应用于主机轴封系统控制和大量的温度测点的数据传输中。

4-5 什么是现场总线的互操作性与互用性？

互操作性是指实现互连设备间、系统间的信息传送与沟通；而互用性则意味着不同生产厂家的性能类似的设备可实现相互替换。

由于现场设备种类繁多，没有任何一家制造商可以提供一个工厂所需的全部现场设备。在现场总线中，允许不同厂商的现场设备既可互连，也可互换，并可以统一组态构成用户所需要的性能价格比最优的控制回路。

4-6 现场总线的特点是什么？

现场总线是3C技术（计算机、通信、控制）的融合。现场总线技术的特点可以简单概括为信号传输全数字、标准统一全开放、控制功能全分散。

（1）信号传输全数字：它给系统带来的本质优点，使系统的精度提高和有效性提高，节省电缆（70%～90%）和施工量。

（2）标准统一全开放：FCS可做到系统从上到下全开放（DCS只能做到操作站以上开放，而控制层不可能开放），这样打破了个别厂商的垄断，给技术以强大的支持群体，促进了技术进步。

（3）控制功能全分散：由高度智能的现场设备来分散地完成DCS控制器的功能，可省去其中控制器的层次，降低了设备费用，同样使控制风险彻底分散，提高了系统的可靠性。

4-7 超超临界机组现场总线的特点具体有哪些？

超超临界机组现场总线具有如下特点：

（1）一对*N*结构。一对传输线，*N*台仪表，双向传输多个信号，这使得接线简单，工程周期短，安装费用低，接线容易。如果增加现场设备或现场仪表，只需并行挂接到电缆上，无需架设新的电缆。

（2）可靠性高。数字信号传输抗干扰能力强、精度高，无需采用抗干扰和提高精度的措施，从而减少了成本。

（3）可控状态。操作员在控制室既可了解现场设备或现场仪表的工作状况，也能对其参数进行调整，还可预测或寻找故障，始终处于操作员的远程监控和可控状态，提高了系统的可靠性、可控性和可维护性。

（4）互换性。用户可以自由选择不同制造商所提供的性能价格比最优的现场设备或现场仪表，并将不同品牌的仪表互连。即使某台仪表故障，换上其他品牌的同类仪表可照常工作，实现“即接即用”。

（5）互操作性。用户把不同制造商的各种品牌的仪表集成在一起，进行统一组态，构成他所需的控制回路。用户不必绞尽脑汁，为集成不同品牌的产品而在硬件或软件上花费力气或增加额外投资。

(6) 综合功能。现场仪表既有检测、变换和补偿功能，又有控制和运算功能。实现一表多用，不仅方便了用户，也节省了成本。

(7) 分散控制。控制站功能分散在现场仪表中，通过现场仪表就可以构成控制回路，实现了彻底的分散控制，提高了系统的可靠性、自治性和灵活性。

(8) 统一组态。由于现场设备或现场仪表都引入了功能块的概念，所有厂商都使用相同的功能块，并统一组态方法。这样就使得组态非常简单，用户不需要因为现场设备或仪表种类不同带来组态方法的不同，而进行培训或学习组态方法及编程语言。

(9) 开放式系统。现场总线为开放式互联网络，所有技术和标准都是公开的，所有制造商都必须遵循。这样用户可以自由集成不同制造商的通信网络，既可与同层网络互连，又可与不同层网络互连。另外，用户可极其方便地共享数据库。

4-8 什么是开放系统？

所谓开放系统是指它可以与世界上任何地方的、遵守相同标准的其他设备或系统连接，通信协议一致公开，各不同厂家的设备之间可实现信息交换。用户可按自己的需要和考虑，选择不同供应商的设备连入现场总线。

4-9 与DCS相比现场总线有哪些优点？

与DCS相比，应用FCS系统具有如下五大优势：

(1) 节省硬件数量与投资；

(2) 节省安装费用；

(3) 节省维护开销；

(4) 用户具有高度的系统集成主动权；

(5) 提高了系统的准确性与可靠性。

此外，由于它的设备标准化、功能模块化，因而还具有设计简单、易于重构等优点。

4-10 目前主要有哪几种主流现场总线？

(1) 基金会现场总线FF (foundation fieldbus)。

(2) 局部操作网络LonWorks (local operating network)。

(3) 过程现场总线 Profibus (process filed bus)。

(4) 控制局域网络 CAN (controller area network)。

(5) HART 协议 (highway addressable remote transducer)。

4-11 什么是基金会现场总线 FF?

基金会现场总线 FF (foundation fieldbus) 是在过程自动化领域得到广泛支持和具有良好发展前景的技术。

1994 年由美国 Ficher-Rosemount、Smar 等 120 多个成员合并成立了基金会现场总线，它覆盖了世界上著名的 DCS 与 PLC 的厂商，它以 ISO/OSI (国际标准化组织/开放系统互连) 开放系统互连模型为基础，取其 1 、2、7 层 (物理层、数据链路层和应用层)，并增加了用户层，作为通信模型。

基金会现场总线分低速 H1 和高速 H2 两种通信速率：H1 传输速率为 31.25Kbit/s，通信距离可达 1900m，H1 总线经网桥可直接链接高速以太网；H2 传输速率为 1Mbit/s 和 2.5Mbit/s，其通信距离可达 750m 和 500m 两种。

4-12 什么是过程现场总线 Profibus?

过程现场总线 Profibus (process filed bus) 是由西门子公司为主的十几家德国公司共同推出的，它采用了 ISO/OSI 模型的物理层、数据链路层和应用层(1、2、7 层)，传输速率为 9.6Kbit/s～12Mbit/s，最大传输距离 (在 12Mbit/s) 100m，可用中继器延长至 10km，最多可挂接 127 个站点。

Profibus 由三个兼容部分组成，即 Profibus-DP (decentralized periphery)、Profibus-PA (process automation) 和 Profibus-FMS (fieldbus message specification)。

Profibus 是一种用于工厂自动化车间级监控和现场设备层数据通信与控制的现场总线技术。可实现现场设备层到车间级监控的分散式数字控制和现场通信网络，从而为实现工厂综合自动化和现场设备智能化提供了可行的解决方案。

4-13 什么是控制局域网络 CAN?

控制局域网络 CAN (controller area network) 是由德国

BOSCH 公司推出，最早用于汽车内部测量与执行部件之间的数据通信，现在已经逐步应用到其他控制领域。它广泛运用在离散控制领域，取 OSI 的物理层、数据链路层应用层的通信模型。通信速率最高可达 1Mbit/s/40m，最远可达 10km/5Kbit/s，可挂接设备数为 110 个。

4-14 CAN 的特点是什么？

CAN 的信号传输采用短帧结构（每帧的有效字节数为 8 个），因而传输的时间短，受干扰的概率低，每帧信息均有 C_RE 校验和其他检错措施。通信误码率极低。当节点严重错误时，具有自动关闭的功能，以切断该节点与总线的联系，这时故障节点与总线脱离，使其他节点的通信不受影响。

4-15 什么是 HART 协议？

高速可寻址远程传感器数据通路（HART）最早是由美国 Rosemount 研制的。HART（highway addressable remote transducer）协议参照 ISO 的 OSI 模型的 1、2、7 层（物理、数据链路和应用层）。其特点是在现有模拟信号传输线上实现数字信号通信，通信速率为 1200bit/s，单台设备的最大通信距离为 3000 m，多台设备互连的最大通信距离为 1500 m，通信介质为双绞线，最大节点数为 15 个。

HART 采用可变长帧结构，每帧最长为 25 个字节，寻址范围为 0～15。当地址为 0 时，处于 4～20mA 与数字通信兼容状态。而当地址为 1～15 时，则处于全数字状态。

HART 协议的应用层规定了三类命令：第一类是通用命令，适用于遵循 HART 协议的所有产品；第二类称为普通命令，适用于遵循 HART 协议的大多数产品；第三类称为特殊命令，适用于遵循 HART 协议的特殊设备。

4-16 现场总线的发展趋势是什么？

现场总线主要向着以下几个方向发展：

（1）系统的开放性；

（2）基于以太网的现场总线技术；

（3）FCS 与 DCS 网络集成。

4-17　现场总线主要存在哪些问题？

（1）现场总线噪声问题：现场总线的应用必然涉及系统噪声问题，由于所有的现场设备完全连接到现场总线的网络当中，连接处必然使用 TAP 接头，这种接头长期处于现场环境较为恶劣的地方就会出现网络噪声的现象，继而出现设备与网络连接错误的报警，所以现场总线对现场的卫生条件，现场的振动条件都有严格的要求。

（2）冗余问题：现场总线设计思想，低速部分是不要冗余的，因为现场总线已经分散了危险，现场仪表在现场可以自成调节回路而实现自主调节。一旦总线故障，虽然可以完全依靠就地来完成功能调节，却无法让运行人员监视到全系统运行状况。按照热控的检修标准在控制系统机组主要运行参数无法进行监视的情况下就应该停止机组运行，所以要想达到安全的目的，冗余设计是很有必要的。

（3）维修成本较高。

（4）对机组保护设计应重点考虑。

4-18　基于现场总线的电厂 DCS 系统是如何构成的？

不同厂家的产品在系统构成上各有不同之处。总体而言，从低到高分别为现场控制层、监控层和企业管理层。

（1）现场控制层。现场控制层由现场设备和控制网络段组成。主要用于连接现场智能仪表，如压力、温度、液位、流量等变送器及其执行机构等。

（2）监控层。监控层由高速以太网（总线）以及连接在总线上的担任监控任务的工作站或显示操作站组成。主要用于连接现场智能设备（PLC、远程 I/O、电动门、变频器等）、操作员站、工程师站等设备，完成监控级的通信任务和比较复杂的控制策略。

（3）企业管理层。企业管理层由各种服务器和客户机组成。其主要目的是在分布式网络环境下集成企业的各种信息，实现与 Internet 的连接，完成管理、决策和商务应用的各种功能。

4-19 定义现场总线服务器的步骤是什么（以某发电厂 Ovation 系统为例）？

Ovation 系统的现场总线的服务器软件和 Ovation 系统一起组态和配置支持现场总线的设备，使得这些设备可以和其他传统设备一样在 Ovation 系统的网络上正常运行。定义现场总线服务器的步骤如下：

（1）进入 Ovation 系统开发组合平台（Ovation Developer Studio 窗口）。在 Ovation 系统中的任意一台工作站上，以 Ovation 用户或者管理员用户登录到系统中，打开 Ovation Developer Studio 应用程序，进入 Ovation Developer Studio 窗口。

（2）依次用鼠标点击 System，Configuration，Foundation Fieldbus item。

（3）用鼠标右键单击 Foundation Fieldbus，选择 Insert New，“New Foundation Fieldbus Window”窗口出现。

（4）从站的下拉菜单中选择现场总线服务器软件安装的站名。

（5）选择 OK 或者 Apply 按钮。

这样在 Developer Studio 应用程序中，现场总线服务器已经定义好。为使得此配置生效，组态必须下装到 Ovation 系统的每个站和每个 DPU。

4-20 组态和 Commissioning 的步骤是什么？

组态和 Commissioning 的步骤如下：

现场总线网关和设备的 Commissioning 分为两个部分：在 Ovation Developer Studio 应用程序中定义存储器；在“Fieldbus Engineering Window”窗口中 commissioning 网关和设备。

（1）在 Ovation Developer Studio 应用程序中定义存储器：

1）在控制器中插入新的设备号。

2）在控制器中添加 I/O 接口。

3）在 Ovation Developer Studio 添加网关存储器。

4）在 Ovation Developer Studio 插入设备存储器。

5）为 PlantWeb alerts 组态一个现场总线设备。

6）从 Developer Studio 中将组态信息导出到现场总线的服务器中。

（2）在“Fieldbus Engineering Window”窗口中 commissioning 网关和设备：

1）进入“Fieldbus Engineering Window”窗口。

2）从 Developer Studio 中将组态信息导入。

3）如果需要的话，编辑每个口的扫描时间。

4）Commission Ovation 系统的现场总线网关。

5）下装网关。

6）Commission 每个现场总线设备。

7）组态现场总线设备功能块参数。

8）对于每个设备，上装它的设备功能块参数。

9）对每个口下装设备和参数。

10）当对网关的组态满意后，执行下装，冷启动内存。

4-21 现场总线主要有哪些算法？

Foundation Fieldbus 算法包括以下 6 种：

（1）FFAI：现场总线模拟量输入模块。

（2）FFAO：现场总线模拟量输出模块。

（3）FFDI：现场总线数字量输入模块。

（4）FFDO：现场总线数字量输出模块。

（5）FFMAI：现场总线多模拟量输入模块。

（6）FFPID：现场总线 PID 算法模块。

4-22 什么是 Fieldbus？

Fieldbus 是数字现场仪器，含有监控装置性能和状态的处理器。Fieldbus 装置内有自备的称作功能块的软件模块。

这些功能块（FFAI、FFAO、FFDI、FFDO、FFPID 和 FF-MAI）与 Ovation Fieldbus 算法一起运行。因此，Fieldbus 装置受 Ovation Fieldbus 算法控制，并成为 Ovation 控制模式的一部分。

4-23 Ovation 算法对 Fieldbus 功能块的控制模式框图是怎样的？

Ovation 控制器能处理 Fieldbus 功能块对 Fieldbus 功能块或 Ovation 算法对 Fieldbus 功能块的控制模式。如图 4-1 和图 4-2 所示。

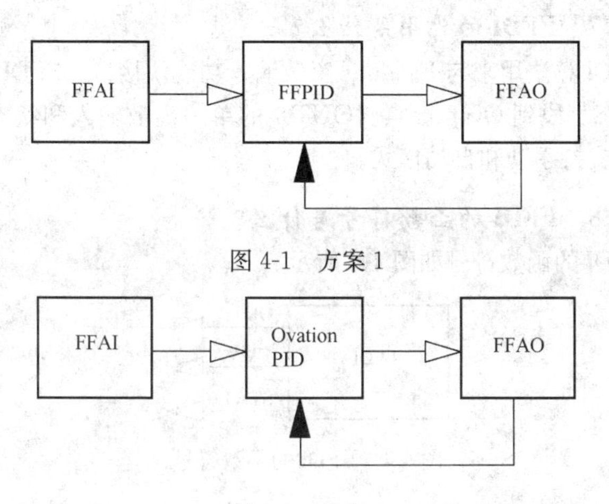

图 4-1 方案 1

图 4-2 方案 2

注意：仅 Ovation 2.3 及之后版本有 Fieldbus 算法。

4-24 FFAI 的作用是什么？

FFAI 算法用来与 Fieldbus 模拟输入功能块接口。FFAI 算法遮蔽从 Fieldbus 装置到 Ovation 点（OUT）的单一测量值和状态。FFAI 算法支持手动和自动模式。

4-25 FFAO 的作用是什么？

FFAO 算法用来与 Fieldbus 模拟输出功能块接口。FFAO 算法遮蔽从 fieldbus 装置到 Ovation 点（OUT）的单一测量值和状态。FFAO 算法支持手动、自动和级联模式。

4-26 FFAO 的函数符号是什么？

FFAO 的函数符号如图 4-3 所示。

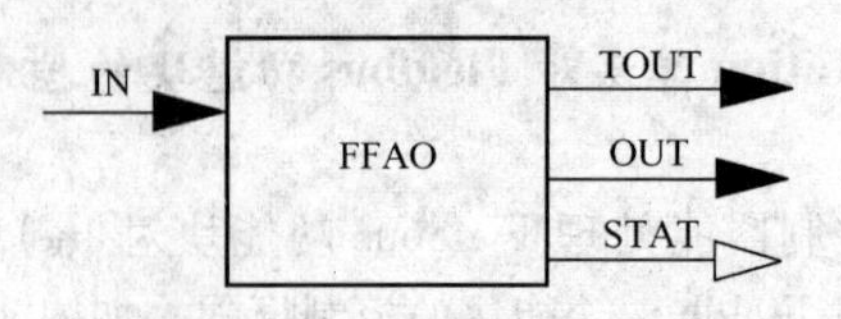

图 4-3 FFAO 的函数符号

4-27 FFDI 的作用是什么?

FFDI 算法用来与 Fieldbus 离散输入功能块接口。FFDI 算法遮蔽从双态字段到 Ovation 点（OUT）的单一离散输入和状态。FF-DI 算法支持手动和自动模式。

4-28 FFDI 的函数符号是什么?

FFDI 的函数符号如图 4-4 所示。

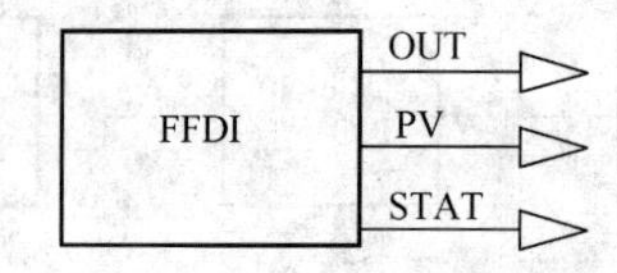

图 4-4 FFDI 的函数符号

4-29 FFDO 的作用是什么?

FFDO 算法用来与 Fieldbus 离散输出功能块接口。FFDO 算法遮蔽从 fieldbus 装置到 Ovation 点（OUT）的离散值和状态。

STAT 点指示功能块状态和出错信息。

FFDO 算法支持手动、自动和级联模式。从 Ovation 调整图以及 Developer Studio 的 Fieldbus 工程窗口中都可以调整这些模式。

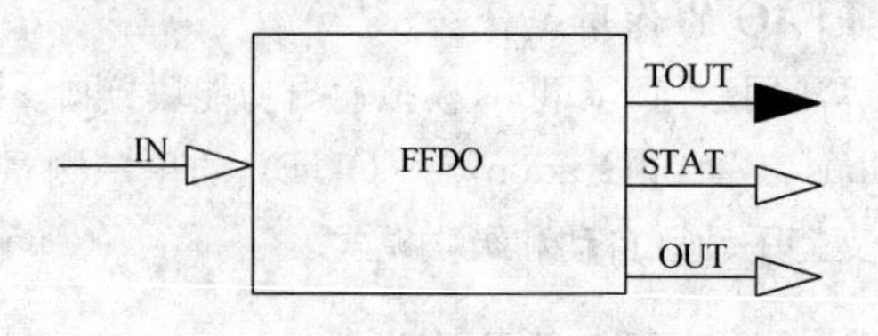

图 4-5 FFDO 的函数符号

4-30 FFDO 的函数符号是什么？

FFDO 的函数符号如图 4-5 所示。

4-31 FFDO 的跟踪信号是什么？

上下限标记和来自算法的跟踪信号输出到 TOUT，用于显示，并被上游算法使用。所有 fieldbus 功能块支持各种模式，这些模块也在 TOUT 点中反映。表 4-1 是与算法有关的 TOUT 输出信息。

表 4-1 与算法有关的 TOUT 输出信息

位	说 明	TOUT 信号
16	跟踪	当模式处于自动/手动/本地模式时为“真”
17	较低则跟踪	未使用
18	较高则跟踪	未使用
19	禁止降低	当输出值达到下限时为“真”
20	禁止提高	当输出值达到上限时为“真”
21	有条件跟踪	未使用
22	未使用	未使用
23	偏差报警	未使用
24	本地手动模式	本地模式
25	手动模式	手动模式
26	自动模式	自动模式
27	监督模式	未使用
28	级联模式	级联模式
29	DDC 模式	未使用
30	达到下限	达到下限
31	达到上限	达到上限

4-32 FFDO 的算法定义是什么？

算法记录类型＝LG

算法定义见表 4-2。

表 4-2 算法定义

名称	参数	类型	必需/可选	缺省值	说明	点记录最小长度
DLAG	—	LU-字节	必需	135	调整图编号	—
NORM	MODE NORMAL	X3-字节	必需	MANUTAL	FFDO 的正常模式选项为 MANUAL、AUTO 和 CASCADE	—
QUAL	—	X4-字节	必需	BAD	如果 Fieldbus 质量不确定，则将输出点质量设置为 BAD、GOOD、FAIR 或 POOR 中的一个	—
FERR	—	X5-字节	必需	BAD	如果在从 Fieldbus 装置读取和写入 Fieldbus 装置之间发生错误，则将输出点质量设置为 BAD、GOOD、FAIR 或 POOR	—
INI	CAS_IN_D	—	必需	—	必需的数字输入点	LD
TOUT	BKCAL_OUT_D	—	必需	—	模式和跟踪信号	LA
OUT	OUT	—	必需	—	必需的数字输出点	LD
PV	PV_D	—	可选	—	可选择的过程变量的数字输出点	LD
STAT	—	—	必需	—	必需的输出点，该点包含 Fieldbus 算法的状态	LP

4-33 FFMAI 的作用是什么？

FFMAI 算法用来与 Fieldbus 多模拟输入功能块接口。FFMAI 算法遮蔽从 fieldbus 装置到 Ovation 点（OUT）的最多八个测量值和状态。

FFMAI 算法支持手动和自动模式。从 Ovation 调整图以及 Developer Studio 的 Fieldbus 工程窗口中都可以调整这些模式。

4-34 FFMAI 的函数符号是什么？

FFMAI 的函数符号如图 4-6 所示。

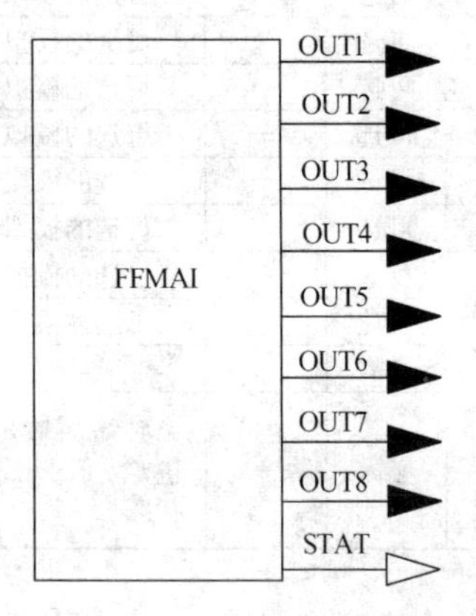

图 4-6 FFMAI 的函数符号

4-35 FFMAI 的跟踪信号和算法定义是什么？

上下限标记和来自算法的跟踪信号输出到 TOUT，用于显示，并被上游算法使用。所有 fieldbus 功能块支持各种模式，这些模块也在 TOUT 点中反映。与算法有关的 TOUT 输出信息见表 4-3，算法定义见表 4-4。

表 4-3 TOUT 输出信息

位	说 明	TOUT 信 号
16	跟踪	当模式处于自动/手动/本地模式时为“真”
17	较低则跟踪	未使用
18	较高则跟踪	未使用
19	禁止降低	未使用
20	禁止提高	未使用
21	有条件跟踪	未使用

表 4-4　算法定义

名称	Fieldbus 参数	类型	必需/可选	缺省值	说明	点记录最小长度
OUT1	OUT_1	—	可选	—	可选的模拟输出点	LA
OUT2	OUT_2	—	可选	—	可选的模拟输出点	LA
OUT3	OUT_3	—	可选	—	可选的模拟输出点	LA
OUT4	OUT_4	—	可选	—	可选的模拟输出点	LA
OUT5	OUT_5	—	可选	—	可选的模拟输出点	LA
OUT6	OUT_6	—	可选	—	可选的模拟输出点	LA
OUT7	OUT_7	—	可选	—	可选的模拟输出点	LA
OUT8	OUT_8	—	可选	—	可选的模拟输出点	LA
TOUT	—	—	必需	—		LA
STAT	—	—	必需	—	必需的输出点，该点包含 Fieldbus 算法的状态	LP

4-36　FFPID 的作用是什么？

FFPID 算法遮蔽 fieldbus FFPID 功能块输入输出值。它还将 Fieldbus 反算点映射到 Ovation 跟踪点。

STAT 点指示功能块状态和出错信息。位定义见表 4-4。

FFPID 算法支持手动、自动和级联模式。从 Ovation 调整图以及 Developer Studio 的 Fieldbus 工程窗口中都可以调整这些模式。

4-37　FFPID 算法的函数符号是什么？

FFPID 算法的函数符号如图 4-7 所示。

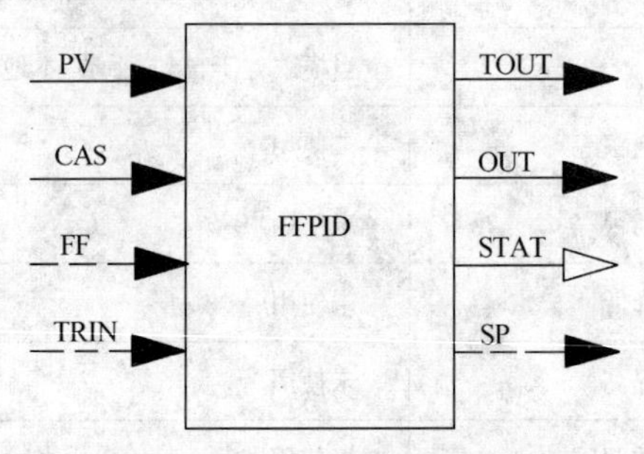

图 4-7　FFPID 算法的函数符号

4-38 FFPID 算法的跟踪信号和算法定义是什么?

算法经由模拟跟踪点第三状态字上部 16 位中通过的信号来实现外部跟踪和限制。这一算法采取下列动作对模拟输出信号 TRIN 第三状态字中的信息作出响应（见表 4-5）。

表 4-5 TOUT 信号

位	说明	TOUT 信号
16	跟踪	当模式处于自动/手动/本地模式时为“真”
17	较低则跟踪	未使用
18	较高则跟踪	未使用
19	禁止降低	当输出值达到下限时为“真”
20	禁止提高	当输出值达到上限时为“真”
21	有条件跟踪	未使用
22	未使用	未使用
23	偏差报警	未使用
24	本地手动模式	本地模式
25	手动模式	手动模式
26	自动模式	自动模式
27	监督模式	未使用
28	级联模式	级联模式
29	DDC 模式	未使用
30	达到下限	达到下限
31	达到上限	达到上限

上下限标记和来自算法的模式和跟踪信号输出到 TOUT，用于显示，并被上游算法使用。

算法记录类型=LG。

算法定义见表 4-6。

表 4-6　　　　算 法 定 义

名称	Fieldbus 参 数	类 型	必需/可选	缺省值	说　明	点记录最小长度
DLAG	—	LU—字节	必需	132	调整图编号	—
NORM	MODE NORMAL	X3-字节	必需	Manual	功能块的正常模式。选项为 MANUAL、AUTO 和 CASCADE	—
QUAL	—	X4-字节		BAD	如果 Fieldbus 质量不确定，则将输出点质量设置为 BAD、GOOD、FAIR 或 POOR 中的一个	—
FGAIN	FF _ GAIN	R1-实数	必需	1.0	前馈增益	—
GAIN	GAIN	R4-实数	必需	1.0	装置增益	—
TPSC	OUT _ HILIM	R2—实数	必需	100.0	最大输出值	—
BISC	OUT _ LO _ LIM	R3-实数	必需	0.0	最小输出值	—
DRAT	DRTE	R6-实数	必需	0.0	微分作用	—
INTG	RESET	R5-实数	必需	10.0	积分时间	—
TPSP	SP _ HI _ LIM	R7-实数	必需	100.0	最大设定点	—
BTSP	SP _ LO _ LIM	R8-实数	必需	0.0	最小设定点值	—
PV	IN	—	可选	—	可选的模拟输入	LA
CAS	CAS _ IN	—	必需	—	必需的模拟输入	LA
TOUT	BKCAL _ OUT	—	必需	—	模拟和跟踪信号	LA
FF	FF _ VAL	—	可选	—	可选的前馈值模拟输入	LA
OUT	OUT	—	必需	—	必需的模拟输出	LA
TRIN	BKCAL _ IN	—	可选	—	可选的模拟输入点。该点为跟踪输入点	LA
SP	SP	—	可选	—	可选的设定点模拟输出	LA
STAT	—	—	必需	—	必需的输出点	LP

第五章

百万千瓦超超临界机组外围辅助车间控制

5-1　大型火力发电厂的辅助生产车间一般由哪几部分组成?

大型火力发电厂的辅助生产车间一般均是由水网、煤网、灰网组成。

5-2　PLC控制面临的机遇是什么?

回顾自动化技术的发展，可以归结如下两点:

(1) 自动化技术从单机控制发展到工厂自动化，发展到系统自动化。近年来，自动化技术发展使人们认识到，单纯提高生产设备单机自动化水平，并不一定能给整个企业带来好的效益。因此，企业给自动化技术提出的进一步要求是：将整个工厂作为一个系统实现其自动化，目标是实现企业的最佳经济效益。

(2) 工厂底层设备状态及生产信息集成、车间底层数字通信网络是信息集成系统的基础。为满足工厂上层管理对底层设备信息的要求，工厂车间底层设备状态及生产信息集成是实现全厂MIS/SIS的基础。这就决定了实时性、可靠性，以至于成为现代电力工业通信网络的发展目标。

5-3　PLC的发展及其特点是什么?

1968年，通用汽车公司确立了第一个可编程逻辑控制器的标准，他们的目的是消除既复杂又昂贵的继电器控制系统。到1969年，第一个PLC诞生。当时称为可编程逻辑控制器，英文是Programmable Logic Controller，缩写为PLC。由于第一代PLC是为了取代继电器的，因此，采用了梯形图语言作为编程方式，形成了工厂的编程标准。这些早期的控制器满足了最初的要求，并且打开了新的控制技术的发展的大门。在很短的时间，PLC就迅速扩展到食品、饮料、金属加工、制造和造纸等多个行业。

现在的PLC功能，如运行速度、接口种类、数据处理能力已经获得了很大的提高，但PLC的一直保持了其最初的设计原则，那就是简单至上。基于以太网通信技术的PLC开发人员主要是电气技术人员，主要针对于汽车制造，善于逻辑控制，如实现电气回路逻辑控制，它用计算机的逻辑运算代替继电器逻辑，属于强电设备，主要用于控制电机的启停等，模拟量极少甚至没有。但是逻辑速度极快，一个与非门的运算PLC只要零点几毫秒。并且PLC对维护的要求不是很严格，特别对接地电阻要求不严格，造成硬件损坏的几率很小，所以维护费用比较低。

5-4 为什么说电厂中的公用系统（BOP）控制部分大都是基于PLC控制实现的？

对于电厂的辅助车间（公用系统）控制而言，大部分的功能只是实现顺序控制，而PLC的诸多优点正好迎合了这种需要。所以，电厂中的公用系统（BOP）控制部分大都是基于PLC控制实现的。

5-5 基于工业以太网的PLC控制有什么特点？

基于工业以太网的PLC控制的特点是：

（1）冗余性；

（2）开放性；

（3）扩展性；

（4）可靠性。

5-6 什么是基于工业以太网的PLC控制的冗余性？

在程序控制系统中，PLC系统的专用通信网络的冗余一直是一个比较难解决的问题，包括硬件方面的通信网和通信模块，以及软件方面的通信问题都不能实现。如果一旦通信网和通信模块出现问题，整个通信网络就会瘫痪。如果通信网络系统采用工业以太网，通过工业服务器和数据交换机，就能采用冗余配置，通过交换机，可以任意扩展通信模块，并可采用多层通信结构。

5-7　在控制系统中，一般有哪两级网络？

在控制系统中，一般有两级网络，即过程控制网和实时监控网。

5-8　什么是基于工业以太网的PLC控制的开放性？

在过程控制网中，专用网络的开放性是制约PLC发展的一个重要原因，一个生产厂商的PLC不能兼容别的生产厂商的PLC，而在一个大型火力发电厂，要统一PLC型号几乎是不可能的。采用工业以太网，就很好地解决了联网问题。目前，已经推出了工业以太网的通信模块，也有了适用工业以太网的通信协议，这是过程控制网采用以太网的开放性的优点。在监控网中，采用工业以太网，既可以与下一级过程控制网统一通信，又可以与厂级通信网实现通信，如MIS系统等，使辅助车间的信息（如燃油量、燃煤量等）均可在厂级通信系统中监控。

5-9　为什么说工业以太网具有更高的可靠性？

在网络的通信数据量相同时，工业以太网的负荷率比令牌网的负荷率降低50%。一般地，专用网的通信速率是10M，而工业以太网可达到100M，甚至1000M，所以大大提高了系统监控的实时性。因此，工业以太网具有更高的可靠性。

5-10　水网系统的作用是什么？

水网系统在化学补给水处理车间设置水网集中控制室，在该集中控制室内对化学补给水处理、净水站、化学废水处理、生活污水和灰水回收、启动锅炉、制氢站等实行统一监控。

5-11　煤网系统的作用是什么？

煤网系统在输煤综合楼设置煤网集中控制室，在该集中控制室内对输煤配煤系统、燃油泵房、含煤废水、含油污水等实行统一监控。

5-12　灰网系统的作用是什么？

灰网系统主要将水力除灰、干除灰以及除渣系统作为一个控制网，将电除尘设备的控制也纳入灰网的控制，在除灰车间设立上位机，统一实现监控。

5-13 辅助车间控制系统控制网络采用双冗余星形结构的特点是什么（以某发电厂为例）？

整个辅助车间控制系统的网络结构采用可靠性高的双冗余星形结构。双冗余星形结构的特点是网络结构灵活、便于网络扩展和维护、适合辅助车间系统控制应用。星形网络结构中各通信点均为独立通道，某一段通信线路故障不会影响其他通信节点的正常工作，对现场故障查处也很方便。双冗余星形结构较单一星形结构网络可靠性更高。

辅助车间控制网络通过网络中心交换机与其它站点交换机（或集线器）连接，构成网络的主干。此网络采用100Mbit/s的光纤以太网（快速以太网）作为数据传输的媒体，而控制层采用以太网连接。网络拓扑结构采用可靠性高的双冗余的星形结构，将远方1号/2号热工电子设备间的网络中心交换机与各站交换机（或集线器）用光纤连接，构成100Mbit/s快速以太网主干。

5-14 水网网络结构简图及配置情况是怎样的？

水网网络结构简图如图5-1所示。

水网配置了2台Windows NT PC电脑，分别作为操作管理、维护分析用途的人机界面设备，在以太网上它们是独立的对等节点。数据库和DDE驱动是分开的。2台PC电脑装入了不同的实用软件。PC电脑之间唯一可交换的信息是报警信息，若一台PC电脑出现故障，即可在另一台电脑上显示出来，通过SCADA运行版软件对水网进行控制和操作。PLC采用法国施耐德公司昆腾系列。CPU为140CPU43412。本地站必须配置MODBUSPLUS通信模板140NOM 21200，远程I/O方案各站点必须配置适配模板，主站采用140CRP93200，远程站采用140CRA93200。为保证PLC系统的完整性，配备了系统所需的各种接头、分支器、终端器、电缆，各车间PLC配置时I/O点裕量不小于10%，机架槽位裕量不小于10%。上位机监控软件可以基于简体中文版Windows 2000及以上版本环境下运行，使系统既有较好的运行实时性和多任务性，又有良好的开放性和稳定性。每个PLC控制网应至少配给1套开发版

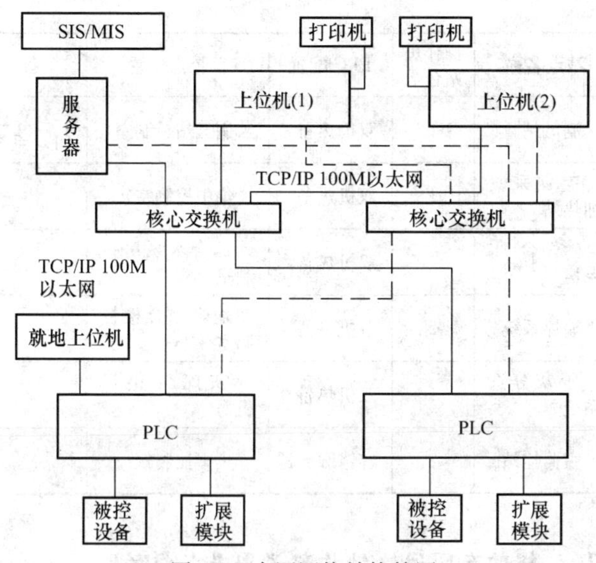

图 5-1　水网网络结构简图

监控软件。上位机监控软件应支持分布式 CLIENT/SERVER 结构，并支持冗余以太网。

5-15　辅助车间网络控制站点是如何配置的（以某发电厂为例）？

网络控制站点配置如表 5-1 所示。

表 5-1　　网络控制站点配置

站点序号	站点名称	操作员站台数	PLC 配置	监控点位置	备　注
1	电除尘	2	单片机	四期脱硫控制室	网络接口在操作员站上
	除灰渣	2	双机热备	四期脱硫控制室	
2	三期补给水除盐	2	双机热备	三期补给水车间控制室	
3	四期超滤反渗透	2	双机热备	四期超滤反渗透车间控制室	
4	四期中水处理系统	3	双机热备	四期中水处理控制室	

续表

站点序号	站点名称	操作员站台数	PLC配置	监控点位置	备　注
5	制氢站	1+1	双机热备	制氢站控制室	2套独立的PLC系统
6	空调采暖加热站	1	双机热备	集中控制室	
7	综合水泵房	1	双机热备	综合水泵房控制室	
8	输煤系统	2	双机热备	输煤综合楼控制室	
9	干灰分选系统	1	双机热备	灰库气化风机房	
10	主监控站	2	容错服务器	集中控制室	

5-16　辅助车间网络结构配置图是怎样的？

辅助车间网络结构图配置如图5-2所示。

5-17　网络系统的技术功能是什么？

全厂辅助车间监控网采用1000M工业以太网（光纤），网络通信介质冗余配置。全厂辅助车间控制系统网络设计按站点数不小于20个，I/O点容量不小于8000点，标签量点不小于20000点来配置。

所有硬件都是制造厂的标准产品或标准配置。所有功能相同的硬件设备统一型号，利于减少备品备件的型号和数量。所有设备能在强电场、强磁场和振动环境中连续稳定运行，能在环境温度0～50℃，相对湿度10%～95%（不结露）的环境中连续运行。

网络配备2台独立的上位监控机作为操作员站，操作员站均采用美国进口Nematron品牌原装工控机，每台操作员站配供1个LCD，2台上位机之间有操作上的互相闭锁功能，另外，配一台工程师站以便于软件的开发、组态工作。操作员站运行监视具有数据采集、LCD画面显示、参数处理、越限报警、制表打印以及各系统PLC参数设置、控制逻辑的修改、系统的调试等功能。对控制

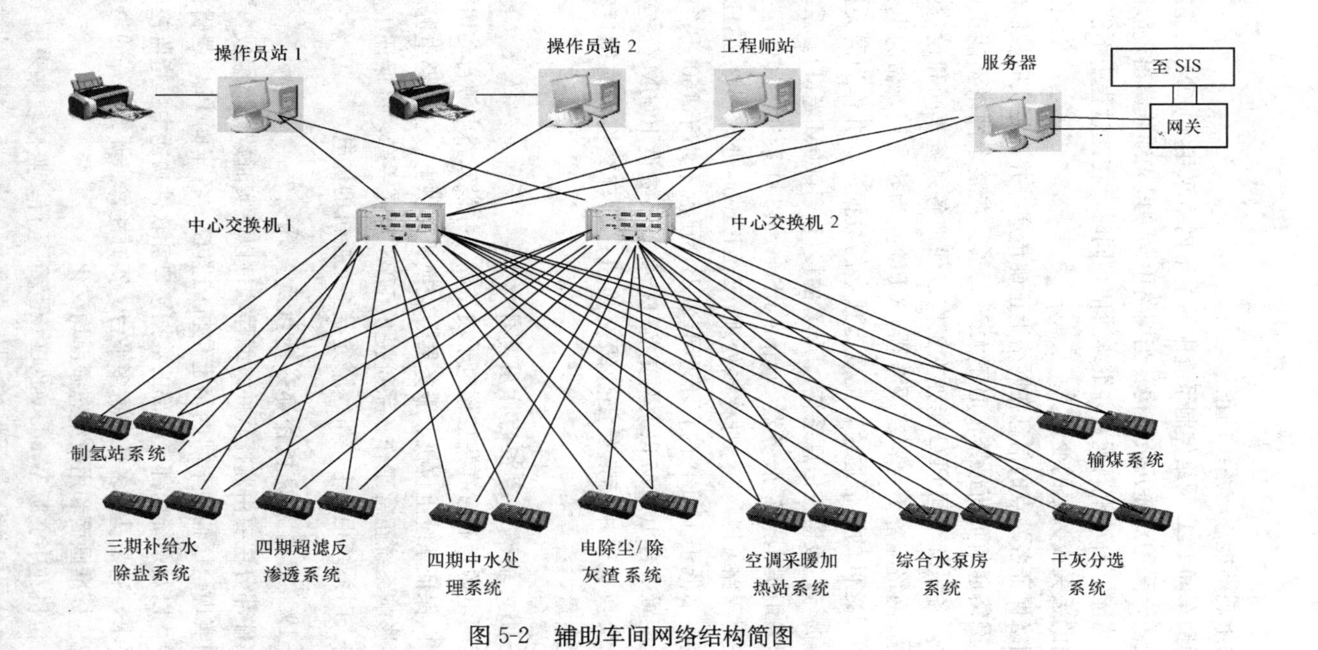

图 5-2　辅助车间网络结构简图

系统的组态不能影响系统的正常运行。

辅助车间 PLC 网络控制系统中的主干网络采用 1000M 工业以太网光缆，采用双缆冗余结构，当网络中某一段光缆线路出现故障时，网络能够自动重新配置并继续通信，同时，在此过程中不能造成数据的丢失或数据的变化。

网络保证各站点的信息在网络上正确传递，并满足实时控制的需要，网络通信负荷最繁忙时不大于 20%。在整个网络不能正常工作时，各系统车间 PLC 能独立工作以保证各系统车间和设备的安全性。网络配备 1 台容错服务器，CPU 互为热备用，做为上位机与 PLC 之间的通信通道，配置有独立的数据库，并作为网关计算机负责与厂级监控信息系统（SIS）的接口（1000M 光口）。系统服务器采用美国容错服务器 Stratus ftServer4300 系列，具体配置为：采用双路 CPU 进行对称多处理，Intel Xeon 处理器 3.2GHz，高速缓存不低于 1MB，内存不小于 2GB，硬盘不小于 160GB；整个系统配置 2 台 1000M 以太网交换机，各子系统设 1000M 分支交换机；交换机采用赫斯曼工业级交换机；所有交换机的接口有 10%冗余量。

5-18　辅网电源柜的作用是什么？

辅网电源柜布置在集控楼电子设备间，并设双路电源自动切换开关，以保证系统上位机、服务器、交换机的供电，任一路电源断电都不影响系统正常工作。系统提供 UPS 装置一套，以保证工业电源失去时系统柜、上位机、服务器、交换机的供电。

5-19　网络系统软件部分的组成是什么？

软件部分主要由监控软件、编程软件以及实时数据库组成，它们分别实现全厂辅助车间网络上位机的监控、各车间 PLC 逻辑控制功能，以及系统内部、外部的数据接口。软件功能主要指监控软件的要求，它是基于多任务、多平台、实时性好、开放性好的集成软件包。标准画面和用户组态画面均汉化。

上位机在中文版 Windows2000 环境下运行，监控软件采用 Intellution 公司的 iFIX 最新版本，服务器采用 server 版，操作员站采用 client 版，确保系统既有较好的运行实时性，又有良好的开放性。

编程软件基于 Windows 2000 环境下运行，能对各系统 PLC 进行控制算法和逻辑组态的软件。编程软件支持功能块图、梯形图、顺序功能流程图、指令表、结构化文本等多种方法编程，既可离线又可在线进行组态。

实时数据库安装于系统的容错服务器内，提供操作员站和厂级监控信息系统（SIS）的数据接口。

对系统组态的修改在工程师工作站上进行。不论该系统是在线或离线都能对系统的组态进行修改。当系统内增加或变换一个测点时，不必重新编译整个系统的程序。

5-20　网络系统的软件功能主要有哪些？

软件功能主要指监控软件的要求，它是基于多任务、多平台、实时性好、开放性好的集成软件包。软件功能主要包括：

（1）操作员站的基本功能；

（2）服务器的基本功能；

（3）显示功能；

（4）安全功能；

（5）历史数据管理；

（6）打印报表；

（7）事件记录；

（8）监控 TAG 及调试；

（9）数据库接口与数据通信；

（10）在工程师站上生成的任何显示画面和趋势图等，均能通过网络加载到操作员站；

（11）控制操作功能。

5-21　操作员站的基本功能有哪些？

操作员站的基本功能主要有：监视系统内每一个模拟量和数字量；显示并确认报警；显示操作指导；建立趋势画面并获得趋势信息；打印报表；控制驱动装置；自动和手动控制方式的选择；调整

过程设定值和偏置等。

5-22 工程师站的基本功能有哪些？

工程师站的基本功能主要有：程序开发；系统诊断；控制系统组态；数据库管理和维护；画面的编辑及修改。

5-23 服务器的基本功能有哪些？

服务器的基本功能为 I/O 驱动，数据库。

5-24 显示功能主要有哪些？

显示功能主要有：具有多窗口的 PID 图、报警画面、趋势图、指导画面、控制画面、参数修改画面、故障诊断画面、动态画面等各种监视画面；调用任一画面的击键次数不大于 3 次，任何 LCD 画面均能在 1s 的时间内完全显示出来；任何操作指令均在 1s 或更短的时间内完全被执行，从发出操作指令到返回信号输入至 LCD 上显示的总时间小于 2s。

5-25 网络系统的安全功能主要有哪些？

分别设定操作员和系统员的进入口令。在运行环境下，屏蔽 Windows 所有热键，从而锁定系统自由进出。系统受电后自动恢复运行状态。设定操作站的优先级来保证控制室内操作站与现场人机接口同时操作的安全性。

5-26 事件记录功能是什么？

事件和内部时钟可按时间顺序区分和管理，并可及时显示和打印。

(1) 定期记录包括交接班记录、日报和月报。对交接班记录和日报，系统在每一小时的时间间隔内，提供 200 个预选变量的记录。而对月报，则在每一天的时间间隔内，提供 200 个预选变量的记录。在每一个交接班后，或每一天结束时，或每一个月结束时，自动进行记录打印，或根据运行人员指令召唤打印。

(2) 系统记录运行人员在集控室进行的所有操作项目及每次操作的精确时间。通过对运行人员操作行为的准确记录，可便于分析运行人员的操作意图，分析事故原因。

5-27 采用结构化TAG定义有什么优点?

采用结构化TAG定义，可通过TAG定义随时修改每个测点的有效状态、报警管理、历史数据、死区与PLC通信参数等，同时按修改实时数据库的TAG值来执行调试操作。

5-28 网络系统的数据通信功能是什么?

具备开放性的实时数据可接受任何任务的访问并与其交换数据。系统具备复制和分发功能，将信息分送给其他的通用数据库应用程序，同时支持SQL、ODBC或OLE DB的应用程序。所有数据可用符号代表，如VAVLE、MOTOR等，需要时可对变量的每次改变进行监视和处理。

5-29 网络系统的控制操作功能是什么?

可按组态通过鼠标指定画面上的对象进行开关或增减操作。回路响应时间不大于2s。控制系统采用程控、远控、就地控制相结合的方式，对于电动门、气动门、泵、风机等控制对象除了在控制室进行远方控制外，保留就地操作手段。

在手动方式下操作员启停电动机、开关阀门及其他设备时，LCD画面提供操作指导。现场设备故障，影响程控前进时，在满足相关约束下，运行人员干预可进行跳步操作。设备处于就地操作方式时，上位机操作无效。

5-30 网络系统的画面设计规则是什么?

按照各系统工艺流程图设计LCD画面，设有足够的幅数以保证各工艺系统和控制对象的完整性及所控系统的运行和控制状况。各系统的监控画面统一，使各系统具有统一的风格，统一的操作方式，并能合理、灵活地进行切换和调用。

可显示系统内所有的过程点，包括模拟量输入、模拟量输出、数字量输入、数字量输出、中间变量和计算值。

对显示的每一个过程点，显示其标志号（通常为TAG）、中文或英文说明、数值、性质、工程单位、高低限值等。

根据工程的P&ID和运行要求，提供至少100幅用户画面。用户画面的数量可在工程设计阶段按实际要求进行增加。

运行人员可通过键盘，对画面中的任何被控装置进行手动控制。画面上的设备正处于自动程控状态时，模拟图上反映出运行设备的最新状态及自动程序目前进行至哪一步。若自动程序失败，有报警并显示故障出现在程序的哪一步，且可切换到自动顺序逻辑原理图，显示条件满足情况。

LCD画面能分别显示各系统的工艺流程及测量参数、控制方式、顺序运行状况、控制对象状态，也能显示成组参数。当参数越限报警、控制对象故障或状态变化时，设备符号闪烁进行显示，同时有音响提示。不同的操作有不同的声音反馈。键盘的操作有触感、有声音反馈，反馈的音量大小可以调整。

采用多层显示结构，显示的层数根据工艺过程和运行要求来确定。多层显示包括功能组显示和细节显示。

功能组显示可观察某一指定功能组的所有相关信息，可采用棒状图形式，或者采用模拟M/A站（功能块）面板的画面，面板上有工程单位的所有相关参数，并用数字量显示出来。功能组显示包含过程输入变量、报警条件、输出值、设定值、回路标号、缩写的文字标题、控制方式和报警值等。卖方组态的功能组显示画面包括所有调节控制回路和程序控制回路。

细节显示可观察以某一回路为基础的所有信息。对于调节回路，至少显示出设定值、过程变量及过程变量曲线、输出值、运行方式、高/低限值、报警状态、工程单位、回路组态数据等调节参数。对于断续控制的回路，则显示出回路组态数据和设备状态。

5-31　报警显示功能是什么？

系统若确认某一点越过预先设置的限值，LCD屏幕显示报警画面，并发出声响信号。

不少于100点的重要报警，这些报警区别于其他级别的报警方式，如采用弹出报警窗并发出不同于其他报警的声响信号。

报警显示按时间顺序排列，最新发生的报警优先显示在报警画面的顶部，每个报警点可有六个不同的优先级，并用六种不同的颜色显示该点的TAG，加以区分。

若某一已经确认的报警再一次发出报警时，作为最新报警再一次显示在报警画面的顶部，报警点的标签号颜色的改变能表示出该报警点重复报警的次数。

所有带报警限值的模拟量输入信号和计算变量均分别设置“报警死区”以减少参数在接近报警限值时产生的频繁报警。

在设备停运及设备启动时，有模拟量和数字量信号的“报警闭锁”功能，以减少不必要的报警。启动结束后，“报警闭锁”功能自动解除。“报警闭锁”不影响对该变量的扫描采集。

所有设备操作均以窗口的方式实现，与监视画面分开。在设备符号上单击，将弹出操作窗口，窗口内包括该设备所有可选状态，供操作人员选择。

操作窗口弹出后，可以方便地在窗口内对设备的参数进行修改或改变设备的运行状态，所进行的任何操作均在确认后方可生效。

采用弹出式窗口操作的内容有仪表、阀门、双项或多项选择开关、泵及马达的启停等。选择相应的设备进行操作时，由闪烁的红色边框（或设备提示符）给予操作人员提示，该操作激活后可连续操作。

可以定义一些热键用于完成某个操作或快速调出一幅画面，从而简化操作程序，提高操作速度。

5-32 辅助车间控制网络系统的分配方案是什么（以某发电厂为例）？

某电厂辅助车间的控制系统在设计时已经考虑到方便实用、易于维护的原则，对系统硬件大部分都做了明确要求，即是大厂家的一线产品，做到硬件品种单一化，以利于人员培训和降低维护费用。各个系统提供商在开发应用软件时已经达成协议，采用合同约定的数据库描述和地址，以利于辅助车间控制网络的组建。此电厂辅助车间控制网络系统由武汉明大电力总集成。

辅助车间控制网络系统从根本上来说也是一个完整的PLC系统。唯一的区别在于它包含整个电厂辅助车间的PLC控制系统，是各个车间PLC控制的整合。

如公用系统的综合泵房控制。只控制一套PLC，那么就只在他的 MBE 里面配置了综合泵房的 PLC 地址。而辅助车间控制网络的 MBE 驱动里面配置了全厂辅控车间的 PLC 地址，故在辅助车间控制网络的操作站上可以操作全厂辅控车间的设备，看到全厂辅控车间的过程数据。

简单的说，辅助车间控制网络就是通过光纤把各个辅控系统所包含的 PLC 程控系统连接起来，然后在辅助车间控制网络的服务器上装一套 iFIX 软件，配置一个包含所有子系统 PLC 的 MBE 文件。

首先，服务器通过 MBE 将下面各子系统的 PLC 数据读上来（此过程和单系统的 PLC 是一样的，只不过是读的地方和东西多一点），工程师站和操作员站会和服务器进行握手连接。连接后自己就会去寻找服务器上收集来的数据。然后反映到画面上来，呈现各种不同的状态，和下面子系统所看到的一致。当在操作员站或者是工程师站上进行启动/停止的操作时，也是将数据先发到服务器，由服务器来将指令通过配置好的 MBE 发给相对应的 PLC，以实现控制。

本辅助车间控制网络覆盖电除尘及除灰渣、三期补给水除盐、四期超滤反渗透、四期中水处理、制氢站、空调采暖加热、综合水泵房、输煤、干灰分选 9 个系统，另外还有和厂级监控信息系统（SIS）接口。为了系统能够更好地投入运行以及资源更好地利用，对各个子系统做出设计规范，由生产厂家按照规定设定规范系统。

5-33 辅助车间控制网络子系统地址和名称配置是什么？

辅助车间控制网络子系统地址和名称配置见表 5-2。

表 5-2 辅助车间控制网络子系统地址和名称配置

序号	系统名称	IP 分配	iFIX 本地节点名称	上位机名称
1	电除尘	192.168.100.20～192.168.100.30	无	DCC-OPER1 DCC-OPER2
2	除灰渣	192.168.100.35～192.168.100.45	CZ	CZ-OPER1 CZ-OPER2
3	三期补给水除盐	192.168.100.50～192.168.100.60	BS	BS-OPER1 BS-OPER2
4	四期超滤反渗透	192.168.100.65～192.168.100.75	FST	FST-OPER1 FST-OPER2

续表

序号	系统名称	IP 分 配	iFIX 本地节点名称	上位机名称
5	四期中水处理	192.168.100.80～ 192.168.100.90	ZS	ZS-OPER1 ZS-OPER2 ZS-OPER3
6	制氢站	192.168.100.95～ 192.168.100.105	ZQZ	ZQZ-OPER1 ZQZ-OPER2
7	空调采暖加热	192.168.100.110～ 192.168.100.125	KT	KT-OPER1 KT-OPER2
8	综合水泵房	192.168.100.130～ 192.168.100.140	ZHS	ZHS-OPER1 ZHS-OPER2
9	输煤系统	192.168.100.145～ 192.168.100.170 192.168.100.190～ 192.168.100.210	SM	SM-OPER1 SM-OPER2
10	干灰分选系统	192.168.100.175～ 192.168.100.185	GH	GH-OPER1 GH-OPER2

5-34 辅助车间控制网络服务器及操作员站名称及地址分配是怎样的？

辅助车间控制网络服务器及操作员站名称及地址分配见表 5-3。

表 5-3 辅助车间控制网络服务器及操作员站名称及地址分配

序号	系统名称	IP 分 配	iFIX 本地节点名称	上位机名称
1	辅助车间控制网络服务器	192.168.100.1～ 192.168.100.2	FW01	FW-SRV1
2	操作员站 1	192.168.100.3～ 192.168.100.4	FW02	FW-OPER1
3	操作员站 2	192.168.100.5～ 192.168.100.6	FW03	FW-OPER2
4	操作员站 3	192.168.100.7～ 192.168.100.8	FW04	FW-OPER3

5-35 构架辅助车间控制网络时应考虑哪些问题？

（1）对于全局变量，编写使用时要加相应的前缀，前缀等同于iFIX本地节点名。

（2）在配方中，本地节点设计的时候选择“使用本地节点别名”，在任何组态的地方使用数据库里面的标签的时候采用“fix32. thisnode. tagname. f_cv”。要用thisnode而不是本地iFIX节点名。

（3）对于标签组，或者数据库里面的TAG命名的时候，都需要加上前缀，如除灰渣为“CZ_tagname”，或者“CZ_tgdname. tgd”。

（4）对于需要在趋势中显示的模拟量，命名时统一在其前缀后加AI，如灰渣为CZ_Aitagname。

（5）每个子系统需要报警的点都需要划分自己的报警区域，报警区域的名称为该子系统的前缀。并且在上位机画面中的报警一览栏中加入相应的过滤条件，使该系统报警只报警该区域的点。

（6）所有不需要报警的点，都取消其报警配置，所有点不设电子签名。

（7）数据库配置时，对模拟量点的刷新率为1s，对开关量点应设为例外处理。在报警栏中，AI启用报警时请配置报警级别，DI报警时，请选择具体报警类型（无，变位，打开，关闭）。

5-36 全局变量相应的前缀是什么？

对于全局变量，编写使用时要加相应的前缀，前缀等同于iFIX本地节点名，见表5-4。

表5-4 全局变量相应的前缀

序号	系统名称	前缀
1	电除尘	DCC
2	除灰渣	CZ
3	三期补给水除盐	BS
4	四期超滤反渗透	FST

续表

序　号	系统名称	前　缀
5	四期中水处理	ZS
6	制氢站	ZQZ
7	空调采暖加热	KT
8	综合水泵房	ZHS
9	输煤系统	SM
10	干灰分选系统	GH

5-37　在配方中，本地节点设计时应怎样选择?

在配方中，本地节点设计时选择“使用本地节点别名”，在任何组态的地方使用数据库里面的标签的时候采用“fix32. thisnode. tagname. f _ cv”。要用 thisnode 而不是本地 iFIX 节点名。

5-38　对于标签组，或者数据库里面的 TAG 命名时，应注意哪些问题?

对于标签组，或者数据库里面的 TAG 命名时，都需要加上前缀，如除灰渣为“CZ _ tagname”，或者“CZ _ tgdname. tgd”。

5-39　对于需要在趋势中显示的模拟量，命名时应注意什么问题?

对于需要在趋势中显示的模拟量，命名时统一在其前缀后加 AI，如灰渣为 CZ _ Aitagname。

5-40　报警区域的名称是怎样定义的?

每个子系统需要报警的点都需要划分自己的报警区域，报警区域的名称为该子系统的前缀。如灰渣系统应该在自己的上位机数据库中建立报警区域为“CZ”，并且所有的报警数据库点都添加到该报警区域。并且在上位机画面中的报警一览栏中加入相应的过滤条件，使该系统报警只报警该区域的点。

5-41 怎样处理不需要报警的点？

所有不需要报警的点，都取消其报警配置，所有点不设电子签名。

5-42 数据库配置时刷新率是怎样规定的？

数据库配置时，对模拟量点的刷新率为1s，对开关量点应设为例外处理。

5-43 AI与DI报警配置有什么不同？

在报警栏中，AI启用报警时请配置报警级别，DI报警时，请选择具体报警类型（无，变位，打开，关闭）。

5-44 系统画面是如何设计的？

画面分辨率为1280×1024，颜色为真彩色32位，字体为windows标准。画面窗口底色为系统默认，颜色10；弹出小画面窗口底色为系统默认，颜色青。

5-45 系统画面分几部分？

画面分为三部分：顶菜单、底菜单和控制画面。其中，顶菜单画面大小为1280×80，由画面说明区、当前用户信息、当前时间日期及报警显示框组成。底菜单大小为1280×80，有画面切换按钮及登录按钮组成。中部为状态显示和控制操作区。

5-46 管道颜色是如何规定的？

（1）水：系统默认，颜色绿。

（2）酸：系统默认，颜色亮红。

（3）碱：系统默认，颜色亮黄。

（4）树脂：系统默认，颜色1。

（5）压缩空气：系统默认，颜色亮青。

（6）氢气：系统默认，颜色43。

（7）氧气：系统默认，颜色18。

（8）废水：系统默认，颜色107。

（9）渣水：系统默认，颜色灰75。

（10）加药、加氯：系统默认，颜色10。

5-47　控制颜色是怎样对应的？

控制颜色的对应关系如下：

开：红色。

关：绿色。

故障：黄色。

5-48　怎样实现辅助车间控制网络系统与就地操作员系统的操作闭锁？

为了实现辅助车间控制网络系统与就地操作员系统的操作闭锁，每个子系统厂家均在自己的上位机或者下位机程序中加写程序来实现此闭锁功能。

5-49　综合水泵房程控系统主要包括哪些内容（以某发电厂为例）？

综合水泵房程控系统从控制范围上分包括综合水泵房 10 台泵的连锁控制和 7 台泵的状态监视，并且把系统中的重要参数引入 PLC 中以便于远方监视。另外，综合水泵房程控系统还担负着雨水泵房设备的控制与监视和综合水泵房 PC 段进线开关及联络开关，综合水泵房 MCC，7、8 号循泵房 MCC，雨水泵房 MCC 进线及联络开关的控制。

5-50　综合水泵房程控系统中下位机和上位机是如何选型的？

综合水泵房控制部分是基于 PLC 控制的程控系统，下位机 PLC 硬件采用的是施耐德的昆腾系列产品，上位机操作站采用的是美国 Nematorn 的 PIV3. 0512M 工控机。下位机编程软件采用 CONCEPT2. 6，上位机 HMI 软件采用 iFIX3. 5，上位机和下位机的数据接口通过 MBE 驱动实现。只要是在上位机的数据库中定义好了 MBE 驱动，就能从上位机读出 PLC 内的数据，并且将上位机的指令写到 PLC 中。

对于下位机而言，当确定了控制对象以后，就可以很轻松地知道大约需要多少 IO 点和 IO 点的类型。下一步就可以进行硬件的组建，当硬件平台搭建完毕以后，就可以组态硬件的配置文件和创建用户程序。

5-51 综合水泵房的硬件架构图是怎样的（以某发电厂为例）？

某发电厂四期综合水泵房控制系统硬件架构见图 5-3。

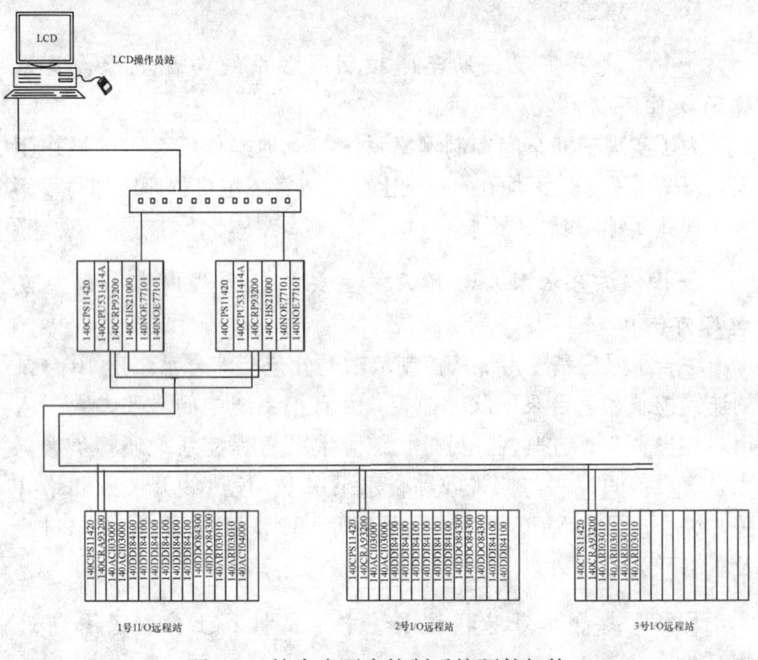

图 5-3 综合水泵房控制系统硬件架构

5-52 综合水泵房的下位机有什么特点（以某发电厂为例）？

综合水泵房下位机硬件选用 Modicon 昆腾高端 PLC 产品，Modicon Quantum 自动化平台以其卓越性能、全系列、兼容的控制产品为控制需求提供最恰当的解决方案。组态软件 Concept 软件是 Quantum，Compact，Momentu 和 Atrium 产品共用的配置工具。硬件组件（如 CPU、程序内存、输入/输出单元等）可以在程序创建之前、之中和之后指定。组态简单，使用方便。

5-53 综合水泵房的控制逻辑是怎样的（以某发电厂为例）？

综合水泵房按无人值班设计，水泵的控制、运行状态和显示在远方控制室内实现。综合水泵房内设4台工业水泵、1套生活水变频供水装置（配3台变频泵）、2台自动喷水消防水泵及其稳压系统设备、2台消火栓消防水泵及其稳压系统设备、2台集水坑排水泵。各水泵就地设控制按钮。

（1）考虑到工业水对于机组安全运行的重要性，综合水泵房内4台工业水泵分别设置了完善的连锁保护逻辑：2台大泵、2台小泵，2台大泵可互为备用，2台小泵可互为备用，2台小泵可作为1台大泵的备用泵。工业水泵的启停与出口母管压力连锁：工业水泵的出口母管压力应维持不低于0.55MPa（现场可调）。当低于0.55MPa时，依次连锁启动其他工业水泵；当水泵均已运行，出口母管压力仍低于0.55MPa（现场可调）时，发出低压报警；当出口母管压力高于0.7MPa（现场可调）时，依次连锁停运其他备用工业水泵。

（2）考虑到消防系统的特殊作用，综合水泵房内设有2台自动喷水消防泵（1台配电动机，1台配柴油机）及其稳压装置、2台消火栓系统消防泵（1台配电动机，1台配柴油机）及其稳压装置，各消防水泵及稳压装置既可就地控制操作，也可在远方控制室进行控制操作。电动消防泵为指定运行泵，柴油消防泵为备用泵。当运行泵事故时，备用泵应自动投入运行。

5-54 综合水泵房的消防水泵与稳压装置之间的连锁关系是什么（以某发电厂为例）？

消防水泵与稳压装置之间的连锁关系如下：

（1）常规水消防系统的消防稳压系统在正常情况下维持厂区常规消防管网的压力，当系统压力下将至1.0MPa（现场可调）时，自动启动一台稳压泵，当气压罐及管网压力升高至1.3MPa（现场可调）时，自动停止稳压泵，此时由气压罐维持系统压力。当运行稳压泵故障时，自动启动备用稳压泵。当消防稳压泵启动后，系统管网压力仍继续下降至0.80～0.85MPa（现场可调）时，自动连锁启动电动消防泵。当电动消防泵事故时，备用柴油泵自动投入运行。

（2）自动喷水消防系统的稳压系统在正常情况下维持厂区消防管网的压力，当系统压力下将至0.65MPa（现场可调）时，自动启动一台稳压泵，当气压罐及管网压力升高至0.85MPa（现场可调）时，自动停止稳压泵，此时由气压罐维持系统压力。当运行稳压泵故障时，自动启动备用稳压泵。当消防稳压泵启动后，系统管网压力仍继续下降至0.50～0.55MPa（现场可调）时，自动连锁启动电动消防泵。当电动消防泵事故时，备用柴油泵自动投入运行。

5-55 PLC通常分为哪几类？

PLC通常根据CPU所带的I/O点数的规模分为微型PLC、小型PLC、中型PLC、大型PLC、PC插卡式PLC以及PC兼容的PLC。各种规模PLC的分类标准如表5-5所示。

表5-5 各种规模PLC的分类标准

PLC种类	外观	典型I/O点数范围	典型应用
微型PLC	固定I/O点，砖块式	＜32点	替代继电器，分布式I/O
小型PLC	砖块式，模块式	33～128点	工业机器开关控制和商业用途
中型PLC	模块式，小机架	129～512点	复杂机器控制和一些分布式系统
大型PLC	大机架	＞513点	分布式系统，监控系统
PC插卡式PLC	ISA或PCI总线卡式	＞129点	机器控制，监控系统
PC兼容控制器	模块式，大或小机架	＞129点	机器控制，监控系统

5-56 一套典型的PLC通常包括哪些部分？

一套典型的PLC通常包括CPU模块、电源模块和一些输入/输出模块，这些模块被插在一块背板上。如果配置增加，可能会包括一个操作员界面、监控计算机、通信模块、软件以及一些可选的特殊功能模块。可编程控制器不仅容易安装，占用空间小，能源消耗小，带有诊断指示器可以帮助故障诊断，而且可以被重复使用到其他的项目中去。现在，尽管PLC的功能，如运行速度、接口种类、数据处理能力已经获得了很大的提高，但PLC一直保持了其最初设计的原则，那就是简单至上的原则。

5-57 从硬件方面PLC主要有哪些进展？

PLC的硬件进展：采用新的先进的微处理器和电子技术达到快速的扫描时间；小型的、低成本的PLC，可以代替4～10个继电器；高密度的I/O系统，以低成本提供了节省空间的接口；基于微处理器的智能I/O接口扩展了分布式控制能力，典型的接口，如PID、网络、CAN总线、现场总线、ASCII通信、定位、主机通信模块和语言模块（如BASIC，PASCALC）等；包括输入输出模块和端子的结构设计改进，使端子更加集成；特殊接口允许某些器件可以直接接到控制器上，如热电偶、热电阻、应力测量、快速响应脉冲等；外部设备改进了操作员界面技术，系统文档功能成为了PLC的标准功能。以上这些硬件的改进，导致了PLC的产品系列的丰富和发展，使PLC从最小的只有10个I/O点的微型PLC，到可以达到8000点的大型PLC，应有尽有。这些产品系列，用普通的I/O系统和编程外部设备，可以组成局域网，并与办公网络相连。整个PLC的产品系列概念对于用户来说，是一个非常节约成本的控制系统概念。

5-58 从软件方面PLC主要有哪些进展？

PLC的软件进展为：与硬件的发展相似，PLC的软件也取得了巨大的进展，大大强化了PLC的功能，PLC引入了面向对象的编程工具，并且根据国际电工委员会的IEC61131-3的标准形成了多种语言；小型PLC也提供了强大的编程指令，并且因此延伸了应用领域；高级语言，如BASIC，C在某些控制器模块中已经可以实现，在与外部通信和处理数据时提供了更大的编程灵活性；梯形图逻辑中可以实现高级的功能块指令，可以使用户用简单的编程方法实现复杂的软件功能；诊断和错误检测功能从简单的系统控制器的故障诊断扩大到对所控制的机器和设备的过程和设备诊断；浮点算术可以进行控制应用中计量、平衡和统计等所牵涉的复杂计算；数据处理指令得到简化和改进；可以进行涉及大量数据存储、跟踪和存取的复杂控制、数据采集和处理功能。尽管PLC比原来复杂了很多，但是，它们依然保持了令人吃惊的简单性，对操作员来说，今天的高功能PLC与30年前的PLC一样容易操作，甚至更为简单。

5-59 各外围辅助控制系统利用最广的PLC是哪些系列的（以某发电厂为例）？

某电厂各外围辅助控制系统利用最广的PLC当属施耐德系列和西门子系列，另外，AB系列的PLC也有少许应用。

5-60 Quantum自动化平台的特点是什么？

Quantum自动化平台的特点如下：

（1）基于486、586及Pentium型处理器的高扫描速率提高了系统的输出性能。

（2）紧密地将控制系统集成在一起，其中包括运动控制、ASCII、通信和过程控制。

（3）为关键应用场合提供冗余电源、I/O缆接选件及热备能力，使系统的可靠性最高。

（4）关键应用场合，通过配置输出“故障”状态以获取更多的预置性能。

（5）隔离级别高，恶劣电气环境下的抗噪声干扰能力强。

（6）高精度模拟量I/O，适用于过程的密切监视和控制。

（7）高速开关电路和中断处理能力使系统性能更好。

（8）带电插拔功能（带电插拔模块时不影响其他单元的运行）简化系统维护，提高系统的可用性。

（9）一些 CPU 带两个 PCMCIA 插槽，用于增加程序和数据存储空间。

（10）一些 CPU 有内置式 Ethernet 端口及独立协处理器，提供高级通信性能。

（11）Quantum 自动化解决方案有多种形式。

（12）安装这些新型 Quantum 处理器需要 Unity Pro XL 编程软件。

（13）带有涂敷涂层的外表，能延长产品的使用寿命，并且增强了设备在恶劣环境下的运行能力。所有的 Quantum 底板、电源，I/O 模块、专用模块和 CPU 都可以是带涂敷涂层的模块。

（14）基于 486、586 和 Pentium 处理器，Unity Quantum CPU 是一个具有优秀品质可编程的控制器系列产品。

5-61　Unity Quantum CPU 有什么特点？

Unity Quantum CPU 的特点如下：

（1）出众的扫描时间和 I/O 吞吐量。

（2）基于时控和 I/O 的中断处理能力。

（3）快速任务和主要任务的处理能力。

（4）通过 PCMCIA 卡扩展数据和程序的存储能力。

（5）内置于 CPU 内的多路通信接口。

（6）有些型号的 CPU 具有用户友好诊断和运行 LCD 显示，根据不同的存储能力处理速度和通信选件的需求，可提供不同型号的处理器。

（7）存储器的后备、保护和扩展。

（8）通信端口。

（9）LCD 显示。

（10）热备（冗余）。

5-62　Quantum 自动化解决方案有哪些形式？

Quantum 自动化解决方案有多种形式。单机架控制系统最大 448 个 I/O 点，多站点控制系统可配置网络服务功能，最大 64000 个 I/O 点。在通信选件的支持下具有至工厂级和现场总线网络的连接性。支持超过8个工业标准的网络，从Ethernet到ASCII。由于使用了先进的英特尔CPU，Quantum的逻辑解算时间和I/O吞吐速率非常之大，足以满足机械控制和材料处理行业的高速处理命令要求。应用程序的存储容量为2～4MB，而一些型号的CPU，其存储能力通过PCMCIA卡可扩展到7.2MB。所有型号的CPU都配有浮点协处理器芯片，能够在最佳速度下完成过程运算和数学计算工作，因此增强了过程控制的完整性和质量性。

5-63 安装新型Quantum处理器需要什么样的编程软件?

安装新型Quantum处理器需要Unity Pro XL编程软件，Unity Pro XL编程软件与Premium自动化软件兼容。可提供Unity Studio软件套件，用于设计分布式应用程序；在Windows 2000 Professional或Windows XP环境下使用的Unity Pro具有5种编程语言：结构式文本（ST），指令表（IL），梯形图（LD），功能块图（FBD）和顺序功能图（SFC）。

5-64 Quantum自动化平台能否在腐蚀性环境中使用?

如果控制系统需要在腐蚀性的环境中使用，提供的Quantum模块的机盖和前盖可以带有涂敷涂层。带有涂敷涂层的外表能延长产品的使用寿命，并且增强了设备在恶劣环境下的运行能力。所有的Quantum底板、电源、I/O模块、专用模块和CPU都可以是带涂敷涂层的模块，绝大部分Quantum通信适配器带有涂敷涂层模块，只有140 CRP 811 pp Profibus和140 EIA 921 00模块除外。

5-65 存储器的后备保护功能是什么?

使用电池将CPU中的应用程序存储到RAM中，电池位于模块的前面板处，与CPU一起工作。运行期间，为了保护应用程序不被偶然因素改动，140 CPU 311 10处理器提供一个存储器保护滑动开关。其他Quantum CPU使用钥匙进行保护，还可以使用该钥匙启动和停止CPU的运行。

在配置方式中可以设置一个存储器保护位，用此方法也可以锁住对程序的任何修改（通过PC编程或下载完成）。

5-66　Quantum 处理器支持什么样的通信端口？

所有型号的 CPU 都支持下列端口：

（1）Modbus RS-232 端口（在某些型号的 CPU 中可设置成 Modbus RS-485）。

（2）Modbus Plus 网络端口。

根据不同的型号，Quantum 处理器可附加下列功能：

（1）1 个 10BASE-T/100BASE-TX Ethernet TCP/IP 端口（RJ45 连接）。

（2）1 个 USB 型 TER 端口（用于连接 1 个编程端口）。

5-67　Quantum 自动化平台是否具有热备（冗余）功能？

Quantum CPU140 CPU 671 60 将会有一个专用协处理器，并带有 1 个 100Mbit/s 的光纤链路，用于管理热备功能。通过 LCD 显示可以诊断所有被热备的参数，也可以执行系统操作。

5-68　处理器的前面板包括哪些内容？

处理器的前面板包括如下内容：

（1）7 个 LED 灯组成的显示单元。

（2）1 个电池后备槽。

（3）1 个微型开关，用于选定 Modbus 端口通信参数。

（4）1 个微型开关（仅 140 CPU 311 10 型有），用于写保护存储器。

（5）1 个钥匙开关（140 CPU434 12A/534 14A 型号）。

（6）2 个 9 针 SUB-D 连接器，用于连到 Modbus 总线。

（7）1 个 9 针 SUB-D 连接器，用于连到 Modbus Plus 网络。

（8）1 个带个性化 ID 标签的可拆卸转动门。

5-69　显示单元中各 LED 灯分别指示哪些功能？

（1）Ready LED（绿色）：CPU 已通过上电诊断。

（2）Run LED（绿色）：已经启动 CPU，并开始解算逻辑。

（3）Modbus LED（绿色）：Modbus 端口 1 或端口 2 的通信工作正常。

（4）Modbus Plus LED（绿色）：Modbus Plus 端口的通信工作正常。

（5）Mem Prt LED（橙色）：存储器处于写保护（存储器写保护开关工作）。

（6）Bat Low LED（红色）：没有电池或电池需要更换。

（7）Error A LED（红色）：表示 Modbus Plus 端口通信错误。

（8）Mem Prt LED（琥珀色）：存储器处于写保护（存储器写保护开关通）。

5-70　施耐德系列 PLC 的编程步骤是什么？

Concept 软件是 Quantum，Compact，Momentum 和 Atrium 产品共用的配置工具。硬件组件（如 CPU、程序内存、输入/输出单元等）可以在程序创建之前、之中和之后指定，即在一个项目中，PLC 配置和所需程序部件可以以任意次序创建（自上而下或自下而上）。具体步骤如下：

（1）首先打开 Concept 软件，点击文件菜单，新建一个项目。

（2）配置 PLC。

（3）创建用户程序。

（4）保存创建的项目。

（5）程序的载入及测试。

（6）项目的优化和分离。

5-71　怎样配置 PLC？

首先要设置 PLC 的类型，选择系统的 PLC 名称，然后设置 PLC 的内存分区。安装装载包，设定 I/O 映像。

5-72　怎样创建用户程序？

用户程序是以区段创建的。每个区段可以用可用语言中的一种来进行编程，在项目中拥有唯一的名称。区段可以在编程期间的任何时候生成。

5-73　怎样保存创建的项目？

如果您没有存储就退出一个项目，您将被自动询问是否想要保存此项目。如果您回答 yes，就会以如下所述的步骤开始。

第一次保存一个项目在 File 主菜单中调用 Save Project As... 菜单命令。在 File name（文件名）文本框中输入项目名.prj。在目录列表中选择想要的驱动器和目录。作为选择，可在文件名文本框中输入整个路径说明，如 c:\product1\reactor3.prj(max. 28characters+.prj，最长 28 个字符+.prj)，如果这些目录并不存在，它们将自动生成。点击 OK 命令按钮响应：项目被储存在给定名称下的指定目录里。如果项目已经保存过，则从 File 主菜单中直接选择 Save 菜单命令即可。为了防止数据丢失，在配置或编程期间应当时常保存项目。

5-74 怎样载入及测试程序？

仅当以下情况时才可能进行装载和测试程序。

Concept SIM 16-bit 模拟器关机，但是有一台 PLC 联到 Modbus Plus、Modbus、TCP/IP 网上或者 16 位模拟器 Concept SIM 开机，或者 Concept PLCSIM32 模拟器开机。载入及测试 PLC 程序共经过以下 9 步。

（1）将 EXEC 文件装入 PLC。

（2）连接 PC 和 PLC。

（3）装载并启动程序。

（4）激活动画。

（5）更改立即数。

（6）更改变量值。

（7）定位错误。

（8）下载更改。

（9）启动并停止 PLC。

5-75 优化项目的步骤是什么？

项目的优化和分离：在安装结束或在几次运行 Download Changes...之后，执行一次优化是很有用的，这样可以填充在程序内存管理中的间隙。优化以后在 PC 和 PLC 上的项目会 Unequal（不等），而程序必须以 Download...（警告：程序必须被停止并再次启动!）载入 PLC。

优化项目的步骤如下：

（1）以 File→Save Project 保存项目。

（2）在 File 主菜单中调用 Close project 菜单命令并注意其后出现的对话框。

（3）在 File 主菜单中调用 Optimize Project... 菜单命令并选择要优化的项目。注意随后出现的对话框。

（4）在 Online 主菜单中以 Memory Statistics... 菜单命令检查程序数据内存的大小。此大小可以随后在 PLC 配置中更改。

（5）以 File→Save Project 保存项目。

（6）使用 Online→Download... 将优化过的程序重新载入 PLC。要做到这一点，当前运行的程序必须被终止。

（7）以 Online→Online Control Panel 启动新载入的程序。

5-76 项目的分离步骤是什么?

项目的分离步骤如下：

（1）请注意在脚注中的程序状态！在那里必须保持一致性 Equal。如果在那里出现 Modified，则首先必须进行修正装载。如果出现 Unequal，程序必须再次装载到 PLC 中。

（2）从 Online 主菜单访问 Disconnect 菜单命令。在分离以后此项目必须被关闭。在 File 主菜单中调用 Close project... 菜单命令。如果显示对话框，须注意其中的信息。

5-77 什么是组态?

通过专用的软件定义系统的过程就是组态（configuration）。定义过程站各模块的排列位置和类型的过程叫过程站硬件组态；定义过程站控制策略和控制程序的过程叫控制策略组态；定义操作员站监控程序的过程叫操作员站组态；定义系统网络连接方式和各站地址的过程叫网络组态。因此，组态就是用应用软件中提供的工具、方法，完成工程中某一具体任务的过程。

5-78 什么是组态软件?

组态软件是指一些数据采集与过程控制的专用软件，它们是自动控制系统监控层一级软件平台和开发环境，使用灵活的组态方式，为用户提供快速构建工业自动控制系统监控功能的、通用层次的软件工具。组态软件应该能支持各种工控设备和常见的通信协议，并且通常应提供分布式数据管理和网络功能。对应于原有的HMI（人机接口软件，Human Machine Interface）的概念，组态软件应该是一个使用户能快速建立自己的HMI的软件工具或开发环境。

5-79 最早进入我国的组态软件是什么？

Wonderware的InTouch软件是最早进入我国的组态软件。在20世纪80年代末、90年代初，基于Windows3.1的InTouch软件曾让我们耳目一新，并且InTouch提供了丰富的图库。但是，早期的InTouch软件采用DDE方式与驱动程序通信，性能较差，最新的InTouch7.0版已经完全基于32位的Windows平台，并且提供了OPC支持。

5-80 什么是iFix软件？

iFix软件是一套工业自动化软件，为用户提供一个“过程化的窗口”，提供实时数据给操作员及软件应用。

5-81 iFix的基本功能是什么？

(1) 数据采集：与工厂的I/O设备直接通信；通过I/O驱动程序与I/O设备接口。

(2) 数据管理：处理、使用所取数据；数据管理，包括过程监视、监视控制、报警、报表、数据存档。

5-82 iFix对硬件的要求是什么？

(1) 内存：256M。

(2) CPU：PII450M。

(3) 硬盘容量大于120M。

(4) CD-ROM驱动器。

(5) 网络适配器。

(6) 一个并口或USB端口。

(7) SVGA 或更高颜色图形监视器，24 位图形卡分辨率 800×600 且至少 65535 颜色。

(8) 双按钮鼠标或兼容的点击设备（如触摸屏）。

5-83 iFix 对软件的要求是什么？

(1) Windows NT v4.0 操作系统并安装 Service Pack5 或 Windows2000 操作系统与 ServicePack1。

(2) 系统的 IE 浏览器版本不要小于 Ver. 6.0。

(3) 网络接口软件，用于网络通信和一些 I/O 驱动器。

(4) SCADA（supervisory control and data acquisition）服务器使用的 I/O 驱动器。Intellution 提供了很多可编程控制器的 I/O 驱动器或可另外购买一个驱动器。一定要确定所购买的 I/O 驱动器与硬件兼容。

(5) Microsoft Office 家族产品先于 iFIX 安装。

5-84 iFix 软件的结构是怎样的？

iFix 软件包括四个部分：

(1) I/O 驱动器。I/O 驱动器是 iFIX 和 PLC 之间的接口。从 I/O 设备中读写数据（称为轮询 polling）。

(2) 过程数据库 PDB。过程数据库 PDB 代表由标签变量（也叫块）组成的一个过程。标签是一个完成某个过程功能的指令单元。

(3) 图形显示。一旦数据写入 PDB，可以用图形方式显示图形对象。

(4) 分布式结构。数据源提供了数据信息标识的基本方法，使用数据源的名称，可以从本地或控制网络节点浏览数据。

5-85 标签功能是什么？

标签功能包括将过程值与报警限进行比较和基于特殊的过程数据进行计算将数据写入过程硬件。

5-86 什么是 OPC 技术？

OPC 全称是 OLE for Process Control，它的出现为基于 Windows 的应用程序（驱动程序）和现场过程控制应用建立了桥梁。

OLE 是 Object Linking and Embedding 的缩写，直译为对象连接与嵌入。OPC 标准以微软公司的 OLE 技术为基础，它的制定是通过提供一套标准的 OLE/COM 接口完成的，在 OPC 技术中使用的是 OLE 2 技术，OLE 标准允许多台微机之间交换文档、图形等对象。

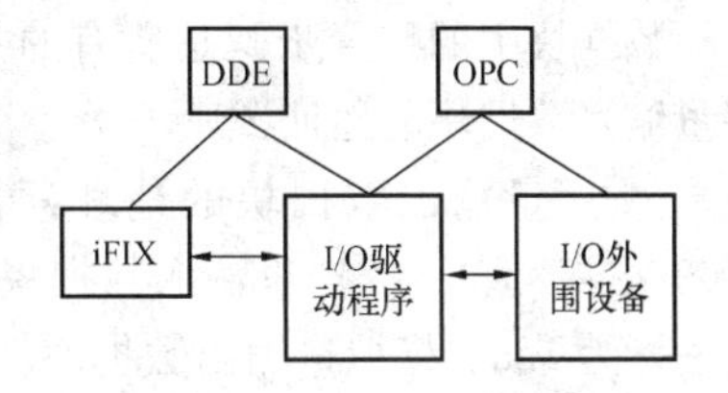

图 5-4　基于 Windows 的 I/O 驱动程序关系图例

OPC、iFix 和基于 Windows 的 I/O 驱动程序关系图例见图 5-4。

5-87　iFix 软件和 PLC 之间的数据交换是通过什么实现的？

iFix 软件和 PLC 之间的数据交换是通过 I/O 驱动器来实现的，根据 PLC 硬件配置的不同，iFix 软件和 Modicon Quantum 系列 PLC 之间的通信方式通常有两种，即 TCP/IP 和 Modbus Plus。对应的 I/O 驱动程序分别为 MMP 和 MBE。

5-88　iFix 软件的 I/O 驱动器配置是什么？

（1）安装 SETUP. EXE 文件。

（2）打开 I/O 驱动（在开始菜单或工作台 I/O 驱动）。

（3）在 DEVICE（设备）填写过程硬件的 IP 地址，在 Datablock（数据块）填写需要通信的 PLC 数据（地址）将 Channel（通道）Device（设备）Datablock（数据块）启用（选中 Enable），检查通信是否正常，运行后，接收和发送次数应该接近保存设置，Options→Setup→Befault Path，填写配置文件名。

5-89　监视 I/O 驱动器的方法有哪些？

通常有两种监视 I/O 驱动器的方法：

（1）通过 iFix 任务控制程序下的（I/O 控制）功能菜单。

（2）驱动程序里的配置工具（Power Tool）。

5-90 数据块中的配置步骤是什么？

数据块中的配置步骤是所有的数据块均应选中 Enable 项。数字量输入数据块的地址：1 * * * * * *，address 项为 1000（推荐值）。数字量输出数据块的地址：0 * * * * * * *，address 项为 1000（推荐值）。模拟量输入数据块：3 * * * * * *，address 项最大输入为 125。模拟量输出数据块：4 * * * * * *，address 项最大输入为 125。MBE 中数字量输入数据块的设定见图 5-5。

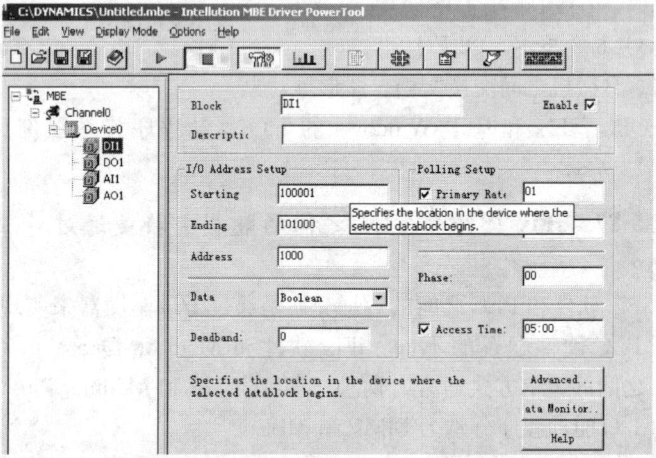

C:\DYNAMICS\Untitled.mbe - Intellution MBE Driver PowerTool

File Edit View Display Mode Options Help

MBE
Channel0
Device0
DI1
DO1
AI1
AO1

Block DI1 Enable
Descriptic
I/O Address Setup
Starting 100001
Ending 101000
Address 1000
Data Boolean
Deadband: 0
Polling Setup
Primary Rate 01
Specifies the location in the device where the selected datablock begins.
Phase: 00
Access Time: 05:00
Specifies the location in the device where the selected datablock begins.
Advanced...
ata Monitor..
Help

图 5-5 MBE 中数字量输入数据块的设定

配置完成后存储该配置，如目录路径为 C:\dynamics\default.mbe，自动装载配置文件的方法是 options→setup，弹出如图 5-6 所示画面。

Default configuration 下面的输入框内填入 *.mbe 如 default.mbe，在 Default path for 下面的输入框内填入配置文件所在路径，如 C:\dynamics\，点击确定按钮退出，以后每次打开 MBE 就会自动上载配置文件了。

5-91 过程数据库由哪几部分组成？

过程数据库是 iFix 系统的核心，从硬件中获取或给硬件发送过程数据。过程数据库由标签（块）组成：

图 5-6　自动装载配置文件的画面

（1）编辑数据库。

（2）增加标签。

（3）选择标签类型，设定标签名称，选择驱动器名称，填写驱动器 I/O。

（4）驱动器 I/O 填写格式 Device 和 Address。

（5）报警值设定。

（6）保存数据库，在 SCU 里指定这个数据库的名称（介绍数据库的导入和导出格式）。

5-92　动画对象主要由哪几部分组成？

主要由工作台工具栏，动画，动画专家，动画对话框等部分组成。

5-93　Intellution 工作台上用户首选项菜单中需要设置的内容有哪些？

用户首选项菜单中需要设置的内容有常规、环境保护、启动画面。

5-94　举例说明脚本中给数据库标签赋值的方法是什么？

右键对象选择【编辑脚本】，进入脚本编辑界面对象常用的事件有 Click(　)、MouseDown(　)MouseUp(　)、MouseMove(　)，脚本中给数据库标签通常有两种赋值方法（仅对 0* * * * *和 4 * * * * *）。

（1）直接赋值。例如：Fix32. nodename. tagname. f_* =1。

（2）赋值函数。

1）常用的函数：WriteValue（写值）。例如：writevalue "1", "Fix32. nodename. tagname. f_ *"。

2）当从硬件读取数据时，用函数 ReadValue（读值）。例如：readvalue（"fix32. nodename. tagname"）。

5-95　画面切换和变量赋值的方法是什么（以 Button 控件为例演示）？

（1）画面切换。

1）创建两个画面，名称为画面 1，画面 2。在画面 1 上放置一个 Button 控件，Caption 为"切换到画面 2"，在画面 1 上放置一个 Button 控件，名 Caption 为"切换到画面 1"（见图 5-7、图 5-8）。

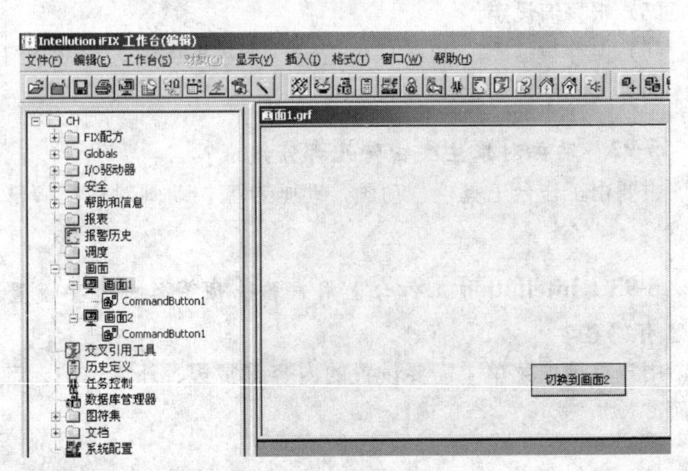

图 5-7　图形编辑工作台画面 1

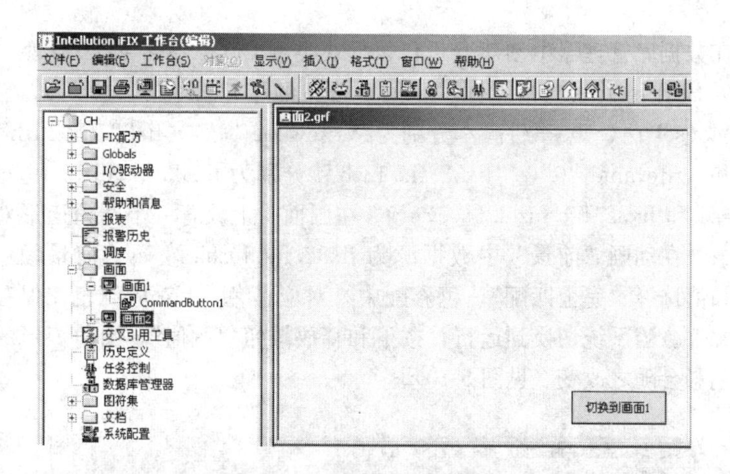

图 5-8　图形编辑工作台画面 2

2）按画面 1“切换到画面 2”控件右键，选择“编辑脚本”，在脚本事件 _ click（）中输入 Replacepicture“画面 2”，“画面 1”，同样在画面 2 的控件脚本中输入 Replacepicture“画面 1”，“画面 2”（见图 5-9）。

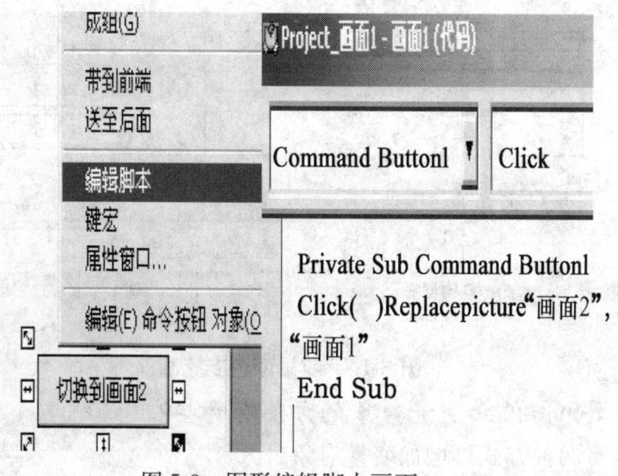

图 5-9　图形编辑脚本画面

切换至运行，点击按钮，画面来回切换。

（2）变量赋值。在画面 1 上再添加 Caption 为“赋值”的按钮，在数据库管理器中创建变量：数据块类型 DO 标签名 FUZHI 驱动器 SIM I/O 地址 0：0，“赋值”按钮的 _ MouseDown（ ），_ MouseUp（ ）事件脚本分别为 Writevalue “1”，“fix32. fix. fuzhi” 和 writevalue “0”，“fix32. fix. fuzhi” 分别为 fix32. fix. fuzhi. f _ cv＝1 和 fix32. fix. fuzhi. f _ cv＝0。在画面 1 上放置一个圆角矩形对象，在动画“前景”中数据源为 fix32. fix. fuzhi. f _ cv，前景颜色阈值选择“完全匹配”，色彩配中 0 对应蓝色，1 对应红色，保存文件。当系统切换到运行，按下和释放按钮“赋值”，圆角矩形的色彩会随之改变（见图 5-10）。

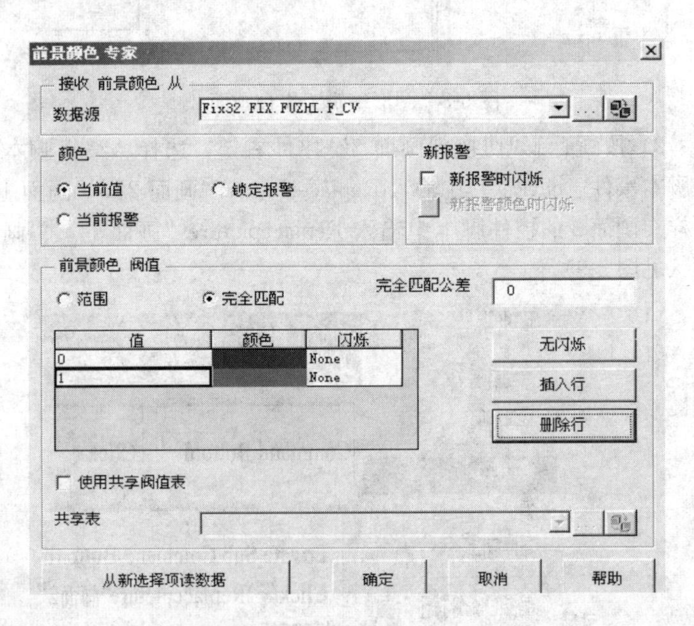

图 5-10　前景颜色专家画面

5-96　添加变量对象的方法有哪些?

有两种方式可增加变量对象。

(1) 右击用户全局并选择“创建变量”。

(2) 从“工具框”中选择“变量”按钮。

5-97　使用全局变量的句法是什么？

全局变量的句法为：User. VariableName。属性举例：User. VariableName. CurrentValue。

5-98　什么是全局阀值表？

全局阀值表也称为查找表，常用于创建反复使用、有共性的表，可用于颜色阀值、字符串值或范围。

5-99　如何使用全局阀值表？

全局阀值表的值通过下面的表达式获得，—User. TableName。在对象动画中选择“共享查找表”，使用全局阀值表（用画面对象演示）。全局过程、窗体在画面中演示。

5-100　数据趋势包括哪几部分？

数据趋势包括实时数据趋势和历史数据趋势。

（1）实时数据趋势。数据库中编辑扩展趋势标签；画面中添加图表对象，插入图表对象；编辑图表对象，设定笔数，设定笔的颜色，设定显示时间范围。

（2）历史数据趋势。定义历史数据，通过历史趋势定义功能（工具栏按钮 Historical Assign）；历史数据纪录占用硬盘空间。

5-101　历史数据采集的方法有哪些？

开始采集有两种方式：在任务控制窗口中启动 HTC 或在 SCU 中将“HTC. exe”加入到任务列表中，系统需重新启动一次。

画面中添加图表对象，插入图表对象显示历史数据。

5-102　iFix 制作报表的步骤是什么？

（1）创建报表。在调度中编写 VBA 脚本，通过 ODBC 接口使用第三方软件，如 EXCEL 获取外部数据——增加数据库查询。

（2）决定报表输出/显示格式。

（3）生成报表。用 Microsoft Web Browser 控件，用其 Navigate2 方法。例如：WebBrowser1. Navigate2“e:\运行日志 . xls”。用第三方控件显示，如水晶报表。

5-103　PLC控制在电厂中有哪些应用？

目前，PLC控制在电厂中主要应用在辅助生产车间的控制系统中，这大大提高了全厂的自动化生产水平，同时为电厂的辅控车间达到无人值班提供了可能。国际上已经有一些公司在积极推广PLC控制技术，比如说法国施耐德公司，面向工厂自动化提出了基于以太网＋TCP/IP，称之为“透明工厂”的解决方案。将以太网技术引入工厂设备底层，广泛取代现有现场总线技术的积极倡导者和实践者，已有一批工业级产品问世和实际应用。因此，随着控制水平的不断发展，PLC控制的应用范围越来越大，发展前途也越来越广阔。

PLC的未来发展不仅取决于产品本身的发展，还取决于PLC与其他控制系统和工厂管理设备的集成情况。PLC通过网络，被集成到计算机集成制造（CIM）系统中，把它们的功能和资源与数控技术、机器人技术、CAD/CAM技术、个人计算机系统、管理信息系统以及分层软件系统结合起来，在工厂的未来发展中，将占据重要的地位。新的PLC的技术进展包括更好的操作员界面、图形用户界面（GUI）、人机界面，也包括与设备、硬件和软件的接口，并支持人工智能，如逻辑I/O系统等。软件进展将采用广泛使用的通信标准提供不同设备的连接，新的PLC指令将立足于增加PLC的智能性，基于知识的学习型的指令也将逐步被引入，以增加系统的能力。可以肯定的是，未来的工厂自动化中，PLC将肯定占据重要的地位，控制策略将被智能地分布开来，而不是集中。超级PLC将在需要复杂运算、网络通信、对小型PLC和机器控制器的监控应用中获得使用。

第六章

百万千瓦超超临界机组仪表及执行机构

6-1　超超临界机组采用的仪表阀门的主要特点是什么（以某发电厂为例）？

超超临界机组采用的仪表阀门的主要特点如下：

（1）以 SuparcaseTM 为注册商标的球阀/耳轴使用寿命更长。

（2）三通和两通设计，简洁的 FNPT 样式，适用于紧促的工作环境。

（3）两片球/茎防喷装置。

（4）低运作转矩。

（5）手工发动，电力发动，或者风力发动。

（6）嵌板厚度 3/8 英寸（9.6mm）。

（7）无需调节包装。

（8）彩色编码防断手柄。

（9）手柄显示流动方向。

（10）可靠的手柄制动装置。

（11）阀门操作有多种变化。

（12）茎干顶部标记显示流量方向。

（13）100%生产试验。

（14）热信号追溯性能。

6-2　超超临界机组采用的仪表阀门的主要技术参数是什么（以某发电厂为例）？

阀门的技术参数如下：

（1）额定压力：10000 表压（68.9MPa），CWP 附带 PEED（PKR）基座；6000 表压（41.4MPa），CWP 附带 PCTEE（K）

基座。

(2) 额定温度：-650～4000℉ (-540～2040℃)。

(3) 使用材料：不锈钢。

(4) 阀体结构：两通和三通。

(5) 端口连接：压缩管 (CPITM/A-LOKTM)；长/短美国标准内锥管螺纹。

(6) 端口尺寸：1/8～1/2 英寸 (6～12mm)。

6-3 怎样进行阀门测试？

阀门100%生产试验，在1000表压 (6.9MPa) 的压力下，用氮气测试基座和机身的密封泄漏情况。基座和机身两处的泄漏均须小于0.1cm^2/min。满足上述条件下，也可自动进行测试。

6-4 通过运行发现 Parker 高压阀门主要有哪些优点？

通过运行，发现 Parker 高压阀门主要有以下优点：

(1) 能够满足高温高压参数运行。

(2) 操作方便。

(3) 没有出现阀门泄漏的现象。

6-5 节流变压降流量计的工作原理是什么？

节流变压降流量计的工作原理是：在管道内安装节流件，流体流过节流件时流束收缩，于是在节流件前后产生差压，对于一定形状和尺寸的节流件，一定的测压位置和前后直管段的情况，以及一定参数的流体，节流件前后产生的差压值是随着流量变化的，而且二者之间有着确定的关系，因此可通过测量差压来测量流量。

6-6 超利巴流量测量装置的特点是什么？

超利巴流量测量装置是依据最新专利技术和航空高科技术研制发明的适用于各种口径圆形及矩形管道的气体、液体、多相混合流体等介质的流量测量的最新一代流量测量装置，它继承了文丘里管和匀速管式流量计的优点，是一种高性能、高性价比的流量测量装置，它具有如下特点：

(1) 引入流量传感器入口流束面积变化的自动修正和平均速度

自动测量等技术，具有差压信号多级放大功能，具有流量信号多级提升功能，在超小流速下仍可获得较大的差压信号，可用于超低流速下的气体流量测量。

（2）出众的抗干扰能力，可用于直管段极端的工况，本身具有来流方向及流场分布奇变校正功能。

（3）专有的防堵孔设计，采用椭圆取压长孔，从根本上解决了插入式流量测量装置易堵塞的弊病。

（4）采用全新的航空进气道及翼型气动学设计，取压孔处流场更加平稳、无漩涡，信号稳定、无脉动。

（5）具有本质防堵特性，低端取压孔设在无杂质聚集区，传感器后部采用流线型闭流设计，从本质上实现了真正意义上的防堵。

（6）具有温度、压力自动修正功能。装有压力和温度变送器的流量测量装置，具有压力和温度自动补偿功能。

（7）安装简便，无需改变原有管道的结构。

（8）压力损失小，节能效果好，使用寿命长。

（9）可直接与DCS或各种类型智能流量信号转换仪配套使用。

6-7　超利巴流量测量装置的工作原理是什么？

超利巴流量测量装置是基于皮托管测速原理和文丘里喷嘴测量原理，在均速管和多喉径流量传感器的基础上发展起来的，它是通过管道截面平均流速、流体密度及管道的有效截面积来确定流量的。

管道中的流速分布是不均匀的，为了准确计量，将管道中截面分为多个环区。检测棒由异型管、提取速度装置和隔板等组成的多个动静压的测量区，用于测量不同流速下的差压，在检测棒中差压被平均后输出，接至差压变送器中转换为相对应的直流电流信号传输到DCS系统中进行显示。其测量公式为

$$q_m = Kf(P_A, T)D^2\sqrt{\rho\Delta P}\quad (\mathrm{kg/h})$$

6-8　超利巴流量测量装置在使用中存在什么问题？

主要存在的问题是测量管路的泄漏问题，在目前使用的流量测量方式下，取样的差压信号很微小，如果整个管路上稍微有一点渗

漏的情况，就会对机组安全稳定运行造成很大的危害。①如果管路的正压侧漏，将造成测量的差压变小，整个风量指示偏低，导致送风机出力增加，严重时会造成锅炉风量低保护动作，致使锅炉出现灭火的情况；②如果管路的负压侧漏，造成测量的差压信号偏大，导致送风机降低出力，燃烧不充分，影响机组的经济运行。但从电厂 1000MW 机组使用的状况来看该装置在风量测量上比较准确。

6-9 DEH 是如何产生的？

数字电液控制技术是建立在两大基础技术之上的：①数字电子技术，它主要包括计算机技术、网络控制技术、电子集成电路技术等；②液压伺服控制技术。从 20 世纪 70 年代开始，随着大规模或超大规模集成电路技术的应用和推广，计算机及网络控制技术的普及和发展，数字电子技术的可靠性、安全性已越来越高；同时，液压伺服控制技术也得到了充分的发展，如液压装置的集成化，电液比例阀、伺服阀的使用等。所有这些综合运用于汽轮机控制、保护系统，就形成了适合电站汽轮机控制的数字电液控制系统，简称 DEH。在 DEH 控制系统中，信号流部分（主要包括信号的采集、处理和放大）采用的是数字电子技术；而能量流部分（主要包括能量或功率的传递和放大）则采用了液压伺服控制技术。

6-10 液压技术原理及特性分别是什么？

液压系统是依靠对封闭液体的推力来工作的。它有两个表示其特征的主要参数，即压力 p 和流量 q。液压系统通过压力来传递功率，通过流量来产生运动。只要液体流动，必然存在引起运动的不平衡力，即必然存在压差或压降。该压差或压降是克服管道的摩擦阻力所必需的。在流量恒定的系统中，系统不同点之处的动能与压力能之和必恒定。

液压系统的应用领域非常广泛，如机械加工业、建筑装备业、塑料加工业、农业机械、行走机械等。它已成为人类生产、生活活动中不可缺少的技术。

6-11 液压系统具有哪些优点？

同机械、电力、电子和气动等其他控制系统相比，液压系统具有许多无可比拟的优点。

（1）无级变速性。液压系统的执行器（如液压缸等）可以很容易地实现无级变速控制，并且变速过程平稳、可靠。

（2）方向可逆性。很少有原动机是可以反向的。可以反向的原动机通常必须先减速到完全停止然后才能反向。而液压执行器则能在全速运动中突然反向且不损坏。

（3）控制精确性。液压控制系统有极好的运动精度，这是由其采用的传递介质（液压油）的性质所决定的。由于油液的可压缩性很小，因此其控制精度可达到极高的水平。

（4）过载保护性。液压系统中可设置溢流阀以防止过载损坏。当负载超过设定值时，溢流阀把来自泵的流量引向油箱，限制输出力或力矩。这样液压执行器可在过载时停止运动而无损坏，并将在负载减小后立即启动。

（5）高功效性。液压系统可在高达 40MPa 的范围内工作，由于元件的高速、高压能力，可以用很小的质量和尺寸提供很大的输出功率。加之集成化、通用化的设计，可使系统紧凑、合理，有较高的性能价格比。

6-12　汽轮机的 EH 控制系统主要由哪些部分组成？

汽轮机的 EH 控制系统主要由液压伺服系统、液压遮断系统和抗燃油供油系统组成。

6-13　EH 系统的作用是什么？

EH 系统接受数字电液控制系统（DEH）发出的指令，完成机组的挂闸、阀门驱动、遮断等任务，确保机组的安全、稳定运行。

6-14　液压伺服系统主要由哪些部分组成？

液压伺服系统是 DEH 控制系统的重要组成部分，它主要由操纵座、油动机、LVDT 组件等构成。

6-15　油动机的作用是什么？

油动机是液压伺服系统的关键部件，是汽轮机调节保安系统的执行机构，它接受 DEH 控制系统发出的指令，操纵汽轮机阀门的开启和关闭，从而达到控制机组转速、负荷以及保护机组运行安全的目的。

6-16　油动机主要有哪些类型？

油动机主要有以下分类方法：

(1) 按照其控制方式的不同，油动机可分为连续型（主要用于调节阀油动机）和开关型（主要用于主汽阀油动机）两类。

(2) 按照其结构方式的不同，则可分为单作用缸和双作用缸两类。

6-17　油缸主要由哪些部分组成？有什么特点？

油缸为活塞式液压伺服缸，主要由活塞、活塞杆、前端盖、后端盖、缸筒、缓冲装置、防尘导向环、活塞杆串联密封、活塞密封和相应的连接件构成。所有的密封件对于磷酸酯抗燃油都具有优良的理化适应性。

其特点如下：

(1) 采用防尘导向环。

(2) 活塞杆采用唇形串联密封，提高杆密封的可靠性。

(3) 活塞密封采用活塞环密封。

(4) 液压缸缓冲采用圆锥形缓冲。

6-18　控制集成块的作用是什么？

控制集成块的作用是将所有的液压部件安装连接在一起。由于采用了油路块，大大减少了系统中元件之间相互连接的管子和管接头，消除了许多潜在的泄漏点。

6-19　液压伺服系统有什么功能？

液压伺服系统有两个功能：一个是控制阀门的开度，另一个是伺服机构、阀门系统的快速卸载，即阀门的快关功能。对于连续型油动机，其阀门的开度控制是一个典型的闭环位置控制系统。对于开关型油动机，其阀门的开度控制则是一个开环控制系统。

6-20　油动机的工作原理是什么？

现以连续型（调节阀）油动机为例加以说明。当遮断电磁阀失电时，控制油通过遮断电磁阀进入卸载阀上腔，在卸载阀上腔建立起安全油压，卸载阀关闭；同时在安全油的作用下，切断阀打开，将压力油接通至伺服阀，此时，油动机工作准备就绪。计算机送来的阀位控制信号通过伺服放大器传到伺服阀，使其通向负载的阀口打开，高压油进入油缸下腔，使活塞上升并在活塞端面形成与弹簧相适应的负载力。由于位移传感器的拉杆与活塞连接，所以活塞的移动便由位移传感器产生位置信号，该信号通过解调器反馈到伺服放大器的输入端，直到与阀位指令相平衡时，伺服阀回到零位，遮断其进油口和排油口，活塞停止运动。此时蒸汽阀门已经开到了所需要的开度，完成了电信号—液压力—机械位移的转换过程。随着阀位指令信号有规律的变化，油动机不断地调节蒸汽阀门的开度。

6-21　卸载阀的作用是什么？

卸载阀装在油动机的控制集成块上。正常工作时，阀芯将负载压力、回油压力和安全油压力分开。当汽轮机机组遮断时，安全系统动作，安全油压泄压，卸载阀在油动机活塞下油压的作用下打开，这时油动机活塞下油压的压力迅速降低，油动机活塞在阀门操纵座弹簧紧力下迅速下降。油动机活塞下的油液通过卸载阀向油动机活塞上腔转移，多余的油液则通过单向阀流回油箱，使阀门快速关闭。

6-22　伺服阀的作用是什么？

电液伺服阀是DEH控制系统中电液转换的关键元件，它可将电调装置发出的控制指令，转变成相应的液压信号，并通过改变进入液压缸液流的方向、压力和流量，来达到驱动阀门、控制机组的目的。

6-23　伺服阀的结构特点是什么？

伺服阀是一个由力矩马达、两级液压放大及机械反馈所组成的系统。第一级液压放大是双喷嘴挡板系统；第二级放大是滑阀系统。

6-24　力矩马达的作用和结构特点分别是什么？

（1）力矩马达的作用。力矩马达是一种电气—机械转换器，可产生与电指令信号成比例的旋转运动，用在伺服阀的输入级。

（2）力矩马达的结构特点。力矩马达包括电气线圈、极靴和衔铁等组件。衔铁装在一个薄壁弹簧管上，弹簧管在力矩马达和阀的液压段之间起流体密封作用。衔铁、挡板和反馈杆刚性固接，并由薄壁弹簧管支撑。

6-25 伺服阀的工作原理是什么？

当力矩马达没有电信号输入时，衔铁位于极靴气隙中间，平衡永久磁铁的磁性力。当有欲使调节阀动作的电气信号由伺服放大器输入时，力矩马达的线圈中有电流通过，产生一磁场，在磁场作用下，产生偏转力矩，使衔铁旋转，同时带动与之相连的挡板转动，此挡板伸到两个喷嘴中间。在正常稳定工况时，挡板两侧与喷嘴的距离相等，两侧喷嘴泄油面积相等，使喷嘴两侧的油压相等。当有电气信号输入，衔铁带动挡板转动时，挡板移近一只喷嘴，使这只喷嘴的泄油面积变小，流量变小，喷嘴前的油压变高，而对侧的喷嘴与挡板间的距离变大，泄油量增大，使喷嘴前的压力变低。这样就将原来的电气信号转变为力矩产生机械位移信号，再转变为油压信号，并通过喷嘴挡板系统将信号放大。挡板两侧喷嘴前油压与下部滑阀的两个端部腔室相通，当两个喷嘴前的油压不等时，滑阀两端的油压也不相等，使滑阀移动，由滑阀上的凸肩所控制的油口开启或关闭，从而控制通向油动机活塞下腔的高压油，以开大调节阀的开度，或者将活塞下腔通向回油，使活塞下腔的油泄去，由弹簧力关小调节阀。为了增加系统的可靠性，在伺服阀中设置了反馈弹簧，使伺服阀有一定的机械零偏（可外调）。在运行中如突然发生断电或失去电信号时，靠机械力最后可使滑阀偏移一侧，使调节阀关闭。

6-26 伺服阀在装卸时应注意哪些问题？

（1）安装伺服阀前应确认：安装面无污粒附着；供油和回油管路正确；底面各油口的密封圈齐全；定位销孔位正确。

（2）伺服阀从液压系统卸下时，必须做到：将阀注满清洁工作液，装上运输护板；妥善保护好安装座上各油口，以免污物侵入。

（3）伺服阀的使用：伺服阀外接导线应屏蔽，并良好接地；阀的极性应按使用说明书规定连接；阀的输入电流不允许超过制造厂允许值；伺服阀在未供油压的情况下，应尽量避免输入交变电信号。

6-27 伺服阀的常见故障有哪些？产生这些故障的原因有哪些？

伺服阀常见故障及原因见表6-1。

表 6-1　　伺服阀常见故障及原因

常见故障	原　因
阀不工作（无流量或压力输出）	外引线断路；电插头焊点脱焊；线圈霉断或内引线断路（或短路）；进油或回油未接通，或者进、回油口接反
阀输出流量或压力过大或不可控制	阀安装座表面不平或底面密封圈未装妥，使阀壳体变形，阀芯卡死；阀控制级堵塞；阀芯被脏物或锈块卡住
阀反应迟钝，响应降低，零偏增大	系统供油压力低；阀内部油滤太脏；阀控制级局部堵塞；调零机械或力矩马达（力马达）部分零组件松动
阀输出流量或压力（或执行机构速度或力）不能连续控制	系统反馈断开；系统出现正反馈；系统的间隙、摩擦或其他非线性因素；阀的分辨率变差、滞环增大；油液太脏
系统出现抖动或振动（频率较高）	系统开环增益太大；油液太脏；油液混入大量空气；系统接地干扰；伺服放大器电源滤波不良；伺服放大器噪声变大；阀线圈绝缘变差；阀外引线碰到地面；电插头绝缘变差；阀控制级时堵时通
系统变慢（频率较低）	油液太脏；系统极限环振荡；执行机构摩擦大；阀零位不稳（阀内部螺钉或机构松动，或外调零机构未锁紧，或控制级中有污物）；阀分辨率变差
外部漏油	安装座表面粗糙度过大；安装座表面有污物；底面密封圈未装妥或漏装；底面密封圈破裂或老化；弹簧管破裂

6-28 方向阀的作用是什么？

方向阀的作用是实现两个不同液压回路之间的连通和切断，或者是在不同液压回路间实现连续的交叉切换。通过方向阀可控制执行机构的启动、停止或运动的方向。

对于方向阀来说，油路通道的数目和阀工作位置的数目是非常重要的。对于每个确定位置，方向阀的图形符号都含有一个单独的方框，表示该位置的流动路径。

6-29 在液压伺服系统中，最常用的方向阀有哪些？

在液压伺服系统中，最常用的方向阀有电磁换向阀和单向阀等。

6-30 电磁换向阀的作用是什么？

电磁换向阀是用电磁铁推动阀芯，从而变换流体流动方向的控制阀。在液压伺服系统中，它主要用于控制油路的通断和切换，或者作为先导阀，控制卸荷阀。

6-31 DEH液压系统中采用的电磁换向阀有哪几种形式？

DEH液压系统中采用的是湿式电磁换向阀，有两种形式，即二位四通阀和三位四通阀。

6-32 电磁换向阀主要由哪几部分组成？

电磁换向阀主要由阀体、一个电磁铁、控制阀芯和一个复位弹簧组成。

6-33 电磁换向阀机能符号是什么？

电磁换向阀的机能符号见图6-1。

6-34 电磁换向阀的工作原理是什么？

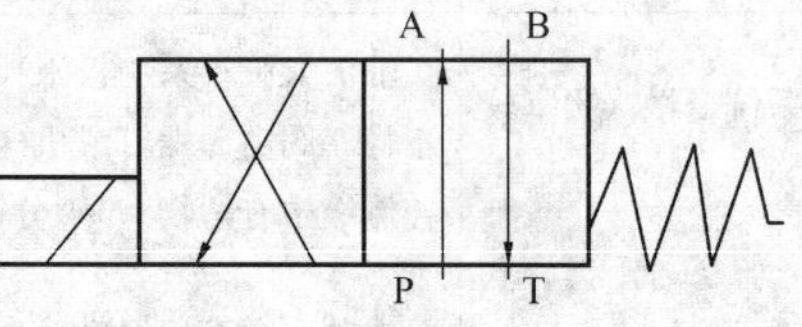

图6-1 电磁换向阀机能符号

以二位四通阀为例加以说明。滑阀机能符号如图6-1所示。在未操纵（电磁铁断电）状态下，阀芯由复位弹簧保持在初始位置，油口P与A相通，B与T相通。当电磁铁通电时，电磁铁的力径推杆作用在控制阀芯上，将推到末端的换向位置。此时，油口P与B相通，A与T相通。当电磁铁断电时，控制阀芯靠复位弹簧返回初始位置。

6-35 电磁换向阀的技术参数（WE6型）是什么？

流量：最大80L/min。

工作压力：油口P、A和B最高350bar，油口T最高140 bar。

工作介质：磷酸酯抗燃油。

密封材料：氟橡胶。

工作油温范围：30～70℃。

保持功率：28W。

6-36 西门子现场总线型智能定位器有什么特点？

西门子SIPART PS2智能定位器的特点如下：

SIPART PS2系列阀门定位器是一种采用高集成度微处理器的数字式现场设备。定位器由壳体和盖、PCB印刷电路板组件、具有相应带HART通信的电子部件、符合IEC 1158-2技术规范Profibus-PA通信的总线供电功能电子部件等组成。压电阀组安装在壳体内部，进气和输出压力的气动接口位于定位器的右侧。可另选一个压力表模块和/或一个电磁阀接在上面。位于壳体内部的电路板安装架留有数个插槽，按编号分别插入具有以下功能的模块：ly模块；二线制4～20mA位置反馈信号模块报警模块（3个输出，1个输入）；采用二进制信号作为行程或转角的两个限位信号。这两个限位信号可单独设置为最大或最小值，在自动方式，如果执行单元达不到设定位置或发生故障时，输出一个报警信号，第二个二进制输入用于报警信号或触发安全响应，或做锁定/发讯功能，或做安全定位。广泛用于石化、化工、电力等行业。直行程与角行程方式自动转换。微处理器控制，自动初始化及多种可组态的功能，如阀位反馈。耗气量极小，抗震性好。本质安全防爆及隔爆结构4～20mA或HART通信协议及Profibus

PA 接口工作方式。SIPART PS2 电气定位器与常规定位器的工作方式完全不同。微控制器对设定值与实际阀位的电子信号进行比较。如果微控制器检测到偏差，它就用一个五步开关程序来控制压电阀，压电阀进而调节进入执行机构气室的空气流量。当 SIPART PS2 与二线制系统连接时，它完全从 4～20mA 给定信号中获取电源。SIPART PS2 及其集成的附加功能为用户在定位器安装、操作上带来相当多的好处。

6-37 SIPART PS2 及其集成的附加功能为用户在定位器安装、操作上带来哪些好处?

SIPART PS2 及其集成的附加功能为用户在定位器安装、操作上带来相当多的好处，现简述如下：

(1) 定位器工作时消耗的压缩空气与传统定位器相比可以忽略。

(2) 安装简单，自动初始化，意味着节省时间，并确保可靠运行。

(3) 一个在线自适应程序意味着即使在不利的工况条件下也能高质量地实现控制。

(4) SIPART PS2 不受振动影响，因为它只有很少的几个可动部件。

(5) 温度和气源压力对 SIPART PS2 定位器的影响可以忽略。

(6) 免维护运行。

(7) 借助于显示窗和按键，可以手动调阀门位置。不需要另外的电流源。

(8) SIPART PS2 定位器中固化的参数只在相应地组态就可以提供许多功能，如阀门特性、行程限定或分程操作。

(9) 紧密关闭确保对阀座的最大定位压力。SIPART PS2 定位器通过不同的安装配件安装到直行程或角行程执行机构上。执行机构的直线运动或转动通过连接件传送给电位器。对于直行程执行机构，检测的角度误差可以自动校正。微处理器根据偏差（即给定值 W 与控制输出 X 之间的偏差）的大小和方向输出一个电控指令给压电阀。压电阀将控制指令转换为气动位移增量。当控制偏差很大（高速区）时，定位器输出一个连续信号；如控制偏差不大（低速区）时，定位器将输出脉冲序列；当控制偏差很小时（自适应或可调死区状态），则没有定位信号输出。压电阀是以极长的工作寿命而著称的，其操纵元件是压电弯曲转换器，它连接气动主控单元。压电阀由于质量小，可以发出很短的控制脉冲，因而能达到很高的定位精度。调试（初始化）在很大程度上是自动进行的。在初始化期间，微处理器自动确定执行机构的零点。它用这些来确定最小脉冲时间和死区，从而使控制达到最佳。用 SIPART PS2 定位器上的按钮和 LCD 可以手动操作气动执地机构。

6-38 选用西门子的智能阀门定位器的原因主要有哪几方面？

在工程设计中，选择西门子的智能阀门定位器，主要有以下几方面的原因：

(1) 满足现场工况，实现智能化的要求，选用智能阀门定位器，就是要获得其智能化的功能并提高整体控制性能。因此，在满足现场工况的条件下，智能化是重要的指标。智能包括其通信功能、在线或离线故障诊断功能等。

(2) 该定位器现场操作要方便，由于设定比较复杂，影响了产品在实际使用中的效果。所以，首选操作方便的产品。

(3) 要求性价比高，节约能耗和成本，除考虑仪表的一次投资外，还要考虑其运行成本。从 3～5 年的时间段上看，该产品综合性能高，所以选取西门子的智能定位器。

(4) 要求现场显示，对某些智能阀门定位器产品，由于没有现场液晶显示，所以在现场调节时必须借助手操器调节，这增加了成本。另外，对 LCD 液晶显示，要注意其在极低环境温度下的显示效果。西门子的产品能够满足这样的要求。

(5) 另外，要求在某些情况下，保证远距离安装的正常工作。由于现在大型电厂采用联合中控室的越来越多，所以从控制室到现场智能阀门定位器的距离可能很远，电缆电压降的问题必须考虑，否则智能阀门定位器不能正常工作。西门子定位器在这方面与现场的工作情况要求一致。

6-39 什么是 Uvisor MFD?

Uvisor MFD 是一种用于大型发电锅炉上的先进的双放大器火焰信号检测智能单元。它表现为真正的“两个系统合一”，通过两个探头同时处理火焰信号，无论传感器光谱的范围（紫外线或红外线）还是电气类型信号（振幅/调频信号或脉冲率信号），都能准确地检测多燃烧器锅炉的各种燃料火焰，并且能将某一燃烧器的火焰与背景光源和其他燃烧器的火焰区分开，同时能够检测出稳定的着火状态信号。在各种不同锅炉负荷以及复杂的工况下，通过适当的运算，分析火焰闪烁光谱，调整放大器的参数，以获得最佳的检测效果。

6-40 Uvisor MFD 有什么特点?

Uvisor MFD 提供“单独通道停电维修”，因此为工厂提供了一个最经济的应用方案，可以进行对燃烧器及点火燃烧器或两个燃烧器火焰探头同时检测或各自独立检测。

Uvisor MFD 智能单元与原 MFD. SA 的电气和功能完全兼容。

Uvisor MFD 具有两个完全独立的放大器通道，能同时处理两个火焰检测探头发出的火焰信号。而且每个通道可以组态两种不同方法检测火焰。

6-41 Uvisor MFD 每个通道可以组态哪两种不同方法检测火焰?

基于检测器的类型，检测火焰的方法如下：

（1）闪烁频率接收器。

（2）脉冲计数接收器。

两个通道能独立使用一个，另一个驱动联合的火焰继电器，它们通过内部逻辑“与/或”连接起来产生一个火焰状态信号。

两个通道内部逻辑“与 & 或”连接，第二个通道继电器提供辅助的火焰信号有火状态。

6-42 MFD的通道的参数能否独立地调整?

MFD的任一通道的参数都可以独立地调整。

6-43 MFD的每一通道最多可以设置几个参数?

每一通道都可以设置多达四套参数。可由BMS(燃烧器管理系统)自动选择,在燃烧器/锅炉运行时,达到最佳的调整参数。所有设定的参数(包括MFD智能单元的参数和每一放大器通道的参数)都保存在永久性存储器中。

6-44 Uvisor MFD实现智能检测的核心是什么?

微处理器是Uvisor MFD实现智能检测的核心,它能完成数据的采集、处理、显示和控制等所有功能。

6-45 锅炉燃烧控制的安全和可靠是怎样保证的?

硬件和固件的安全特性和其不间断的自诊断功能保证了锅炉燃烧控制的安全和可靠。

6-46 Uvisor MFD提供了哪些增强特性?

为简化火焰检测器探头的调整和各通道参数的优化,并可以检测火焰质量,加速诊断,Uvisor MFD提供了以下增强特性:

(1)对每个火焰检测器有独立的模拟量输出。

(2)自动参数调整。

(3)通过RS-232接口连接一个本地的监控站提供更多功能。

(4)在线实时显示火焰信号趋势,并可以将其归档。

(5)浏览和上传MFD中设置的参数,或将备份的参数下载到MFD中。

(6)下载更新固件版本。

(7)火焰闪烁频谱分析(显示包括燃烧器投运/停运和二者之差曲线)。

(8)将多个MFD通过RS-485网络连接到远程SCADA(监控和数据采集)上。它基于工业标准MODBUS协议。

(9)火焰原始信号符合PC标准的声波频谱。未经处理的火焰信号可以提供更进一步的火焰特性分析,为燃烧优化奠定基础。

（10）一个热电偶输入和相关报警输出，测量、保护、防止探头热端过热。

（11）多种语言液晶图像显示器。对用户更加友好的命令选择图标。

6-47 MFD智能单元和探头UR450之间连接时，电缆距离和类型应遵循什么原则？

在MFD智能单元和探头UR450之间的连接时，电缆距离和类型遵循以下原则：

（1）最大连接距离是300m。

（2）与电源电缆使用不同通道。

（3）建议使用4芯、柔性、总屏蔽、阻燃电缆。

6-48 MFD智能单元和监控器之间连接时，电缆距离和类型应遵循什么原则？

在MFD智能单元和监控器之间连接时，电缆距离和类型遵循以下原则：

（1）最大连接距离是600m，并远离电源线。

（2）电缆类型应该是双极、柔性、有防护层、防火的电缆，并且应满足如下特性：

1）导线：芯数2、横截面0.35mm^2、绝缘PCV 105℃、AFUMEX 70℃。

2）外部护套：绝缘PCV 105℃、AFUMEX 70℃，特点是阻燃、抗油和抗磨损。

3）电缆特性：电容70pF/m最大（导体/屏蔽）、电容70 pF/m最大（导体/屏蔽）、工作电压300V、绝缘电压1500V（导体/屏蔽）、屏蔽层（成分为镀锡铜辫、覆盖大于或等于90%）。

6-49 对于模拟输出电缆有什么要求？

对于模拟输出，可用标准的2芯，横截面1mm^{2}屏蔽电缆。电缆最大长度为50m（150英尺）。

6-50 “闪烁”放大器型火焰探头的工作原理是什么？

“闪烁”放大器型火焰探头的原理是由探头中的检测元件对火焰中红外线的闪烁效应进行检测的。在 MFD 中，由一个数字滤波器对火焰探头送来的信号进行处理。该数字滤波器的高、低频切断频率和增益均是可调整的。这些过滤器参数由应用于微处理器的智能处理软件管理。并且运用对数转换器（分贝转换器）处理信号，以增加信号处理的动态范围。最终的检测结果拥有很大的动态范围和非常可靠的信号值，并能很好的防止其他燃烧器的影响。此检测结果减去炉膛背景强度就得到了实际使用的火焰信号强度输出，该信号同时用于产生有火/无火二进制火焰状态信号及预报警。

6-51 怎样选择数字滤波器的高、低频切断频率？

由于火焰闪烁频率要受到燃烧器类型不同、观测火焰的区域不同以及燃烧技术（如低氮化物燃烧器）不同的影响，相应的数字滤波器的高、低频切断频率可以在以下组合中选择。

低频切断频率（LF）在 20～640Hz 间有 16 挡。

高频切断频率（HF）有 5 挡设置，即 0.5、1、2、4 和 8。两者的关系为

$$HF=1.5\times LF$$

$$HF=2\times LF$$

$$HF=3\times LF$$

$$HF=5\times LF$$

$$HF=9\times LF$$

如此丰富的参数选择范围，能够完全满足多种形式的燃烧器类型、燃料以及工况变化，或者调整不同的检测标准，如单火嘴鉴别（高频率范围）或检测炉膛火球（低频率范围）。

6-52 怎样设置滤波器的高、低切断频率和背景值？

可以通过以下两种手段来设置滤波器的高、低切断频率和背景值。

(1) Manual Set（手动设定）。在任何时候，都可以通过菜单设

置新的参数值。

(2) Autotuning(自动调整)。优化参数，LF、HF和B，从处理描述“有火”及“无火”输入基于高比率结果。

当待检的燃烧器停运时，使用“Scan Flame Off”功能，处理器将分析此时火焰检测探头接收到的光谱，并扫描参数库中的每一种滤波器低频切断频率。每一种低频切断频率都会运行一段时间以保证信号的稳定和火焰信号值的存储。

在扫描过程中，火焰信号继电器的输出被强制为“Off”。

当待检的燃烧器投运时，使用“Scan Flame On”功能，重复以上扫描过程。

在扫描过程中，火焰信号继电器的输出被强制为“On”。

每一次扫描需要20s。当以上扫描结束后，使用“Autotune Set”功能，MFD将自动计算滤波器高、低切断频率（LF和HF）和背景值（BK)。自动调整功能将根据燃烧器停运和投运时的扫描结果自动寻找使火焰信号最强和防止偷看效果最好的一套参数。

6-53 脉冲计数器型火焰探头的工作原理是什么？

脉冲计数器型放大器应用于：“气体放电管”紫外线火焰探头，当紫外线被检测到，“紫外线管”产生一个脉冲率信号；固态红外及紫外传感器“气体放电管”产生的脉冲信号随火焰强度变化而变化，这种技术被使用于当传感器作为“脉冲输出”时的预先处理；“气体放电管”产生的脉冲信号随火焰强度的变化而变化，其频率通过平均值等计算得到一个稳定而反应迅速的火焰检测信号；运用对数转换器（分贝转换器）处理该信号，以增加信号处理的动态范围；此检测结果减去炉膛背景强度就得到了实际使用的火焰信号强度，该信号同时用于产生有火/无火火焰状态二进制信号及边际报警。

6-54 MFD的诊断功能是什么？

MFD所有的诊断任务在前面板有一个“Safe”（安全）指示。在其背后连接器有一个SPDT继电器接点提供给其他系统的接口。“Safe”(安全）驱动监视继电器。在上电时，当MFD通过诊断测试时，“Safe”（安全）继电器闭合及相关的LED指示灯变亮。

一旦在诊断测试时发生致命的错误，监视继电器断开。

万一发生故障，MFD单元完成在线诊断任务，发布错误信息。

如果没有监测到致命故障，不会停止整个设备的工作，仅发生故障部分处于失效状态。“Safe”指示灯在前面板上闪烁。一旦故障影响到所有功能的情况下“Safe”继电器才会失电；在此情况下火焰继电器最终也要失电。

这些错误信息可通过网络传送至监控系统，并列在MFD监视器中“事件清单”。

6-55 探头自检查诊断技术IR（红外）/UV（紫外）“固态”传感器类型与“高灵敏放电管”类型有什么不同？

探头自检查诊断技术IR（红外）/UV（紫外）“固态”传感器类型与“高灵敏放电管”类型不同。“固态”光敏电阻或光敏二极管传感器只在火焰存在时工作，具有故障防护功能，给出处理器单元一个AC交流信号（闪烁）。IR（红外）/UV（紫外）传感器探头的诊断测试是通过解除传感器扫描电压并检查最终从传感器送至监测控制单元的假信号。

紫外（UV）放电管传感器故障时可能会在没有任何火焰时放电管仍自放电，检测程序将电压送出以驱动UV探头上的电子快门对探头进行检测，将进行如下检测。

（1）电子一体化自检电路。

（2）检测命令后火焰信号趋向于零。自检期间，如火检信号未在规定的时间内达到零，则会产生一致的错误信息。同时，在出现盲线短路情况时，将会产生错误信息。两种错误均引起各自的通道火焰继电器失电。

6-56 MFD的通信功能是什么？

通过两个嵌入式串行端口，MFD能够与外部数据采集或监控系统交换数据。在背板提供一个RS-485多路网络端口连接器，在前面板有一个DB9（九针）RS-232连接器进行本地监控。

MFD单元使用的MODBUS接口兼容AEG/Gould Modbus

标准。

6-57 MFD的监控功能是什么？

ABB已经开发了一个基于PC工具的选件，设计了MFD监控系统接口至UVISOR监控系统。“MFD监控”允许长期监视/归档工厂多燃烧器锅炉，也可作为一个方便的工具来浏览，编程和保存每一个Uvisor MFD监测控制单元的运行参数。“MFD监控”划分并保存每一个燃烧器火焰闪烁的光谱分析，有助于燃烧质量评价。主要特点如下：

（1）每个网络可连接80个探头信号。

（2）自动组态RS-485网络。

（3）上传、检查、保存及下载参数文件。

（4）上传、打印并保存闪烁光谱图。

（5）所有火焰信号及动态/可调整的火焰质量的棒图显示。

（6）扩展的在线诊断浏览。

（7）内部（控制单元）及外部（探头）温度显示和报警。

（8）整个系统连接的事件清单。

（9）兼容Windows9x，NT，2K。

6-58 MFD与监测系统的连接是怎样的？

多台的MFD，火焰监控系统以“菊花链”形式连接，它使用在背板的螺栓型连接头的RS-485通信端口。通过RS-232端口，MFD监控能够在任何时候访问网络。RS-485/RS-232适配卡作为典型的应用，通过计算机来支持监控系统站。

参　考　文　献

［1］ 张磊，柴彤．大型火力发电机组故障分析．北京：中国电力出版社，2007.

［2］ 文群英，等．热力过程自动化．北京：中国电力出版社，2007.

［3］ 孙奎明，时海刚．600MW级火力发电机组丛书　热工自动化．北京：中国电力出版社，2006.

［4］ 唐涛．电力系统厂站自动化技术的发展与展望．电力系统自动化，2004，(4).

［5］ 肖增弘．汽轮机数字式电液调节系统．北京：中国电力出版社，2003.

［6］ 郑体宽．热力发电厂．北京：中国电力出版社，2001.